Heidelberger Taschenbücher Band 233

S. Maaß H. Mürdter H. Rieß

Statistik für Wirtschafts- und Sozial- wissenschaftler II

Induktive Statistik

Springer-Verlag
Berlin Heidelberg New York Tokyo 1983

Priv.-Doz. Dr. Siegfried Maaß, Volkswirtschaftliches Institut der Friedrich-Alexander-Universität Erlangen-Nürnberg, Lange Gasse 20, 8500 Nürnberg

Heinz Mürdter, Diplom-Volkswirt, Referent im Ifo-Institut für Wirtschaftsforschung, Fallmerayerstraße 17, 8000 München 40

Hugo Christian Rieß, Diplom-Volkswirt, Diplom-Mathematiker, Unternehmensberater, Kamerunerstraße 27, 8000 München 82

ISBN 3-540-12969-3 Springer-Verlag Berlin Heidelberg New York Tokyo
ISBN 0-387-12969-3 Springer-Verlag New York Heidelberg Berlin Tokyo

CIP-Kurztitelaufnahme der Deutschen Bibliothek
Maaß, Siegfried: Statistik für Wirtschafts- und Sozialwissenschaftler / S. Maaß; H. Mürdter; H. Ch. Rieß. - Berlin; Heidelberg; New York; Tokyo: Springer
Bd. 1 verf. von Siegfried Maaß
NE: Mürdter, Heinz:; Rieß, Hugo Ch.: 2. Induktive Statistik. - 1983. (Heidelberger Taschenbücher, Bd. 233)
ISBN 3-540-12969-3 (Berlin, Heidelberg, New York, Tokyo)
ISBN 0-387-12969-3 (New York, Heidelberg, Berlin, Tokyo)

Druck- und Bindearbeiten: Weihert-Druck GmbH, Darmstadt
2142/3140-543210

Vorwort

Der vorliegende 2. Teil der "Statistik für Wirtschafts- und Sozialwissenschaftler" beinhaltet die Darlegung wichtiger Methoden der inferentiellen Statistik. Die Darstellung baut unmittelbar auf den im 1. Teil behandelten Grundlagen der Wahrscheinlichkeitstheorie auf. Sie dient einem dreifachen Zweck.

Als vorlesungsbegleitender Text soll er durch übersichtliche und zusammenfassende Darstellung des Stoffes die Vorbereitung auf die im Rahmen des Grundstudiums abzulegende Prüfung in Induktiver Statistik erleichtern.

Sodann soll nach ernsthaftem Durcharbeiten des Buches der Studierende in die Lage versetzt sein, auch zu weiterführenden, zum Teil hochformalisierten Werken der statistischen Literatur raschen Zugang zu finden.

Anhand dieses Buches soll es schließlich möglich sein, ein konkretes statistisches Schätz- oder Testproblem aufzugliedern, ein seiner Struktur entsprechendes Lösungsschema zu finden und anzuwenden, wodurch die Anschaffung dieses Buches eine über den Zwischenprüfungstermin hinaus nützliche wird.

Um diesem dreifachen Zweck gerecht zu werden, wurde besonderer Wert auf Übersichtlichkeit und Einheitlichkeit der Darstellung gelegt.

Der Übersichtlichkeit dienen die tiefe Untergliederung des Stoffes und die im Text enthaltenen Übersichten, die einen schnellen Zugang zu den jeweils interessierenden Problemkreisen ermöglichen.

Die einheitliche Vorgehensweise bei der Behandlung der Stichprobenfunktionen, d.h. die Untergliederung in Erwartungswert, Varianz und Verteilungsgesetz, soll den Leser mit diesen zentralen Begriffen der Statistik vertraut machen und ihn durch stete Übung befähigen, mit Hilfe des aufgezeigten Schemas eigenständige Problemlösungen zu entwickeln.

Auf den ersten Blick mag der Umfang dieses Grundkurses erschrecken. Es sollte jedoch berücksichtigt werden, daß auf 90 Seiten Aufgaben und ausführliche Lösungsvorschläge dargeboten werden.

Allein dadurch wird schon auf die bedeutende Funktion der Aufgaben in diesem Text hingewiesen. Die am Schluß eines jeden Kapitels befindlichen Aufgaben sollen nicht nur zum Erwerb einer für Klausuren erforderlichen Lösungsroutine beitragen, sondern auch dazu benutzt werden, das bei Durcharbeitung des Textes erworbene Verständnis zu vertiefen und gleichzeitig in Auseinandersetzung mit den Lösungsvorschlägen kritisch zu überprüfen.

Interessante Aspekte oder Beweise, die den geradlinigen Fortgang der Ausführungen gestört hätten, wurden oftmals in die Form einer Aufgabe gekleidet, wodurch die im Text behandelten Sachverhalte abgerundet und in einen größeren Beziehungszusammenhang eingeordnet werden.

Nur derjenige also, der sich nach Lektüre eines Kapitels der Mühe unterzieht, die dazugehörigen Aufgaben soweit wie möglich ohne Zuhilfenahme der Lösungsvorschläge zu bearbeiten, wird den Nutzen, den dieses Buch zu stiften vermag, voll ausschöpfen können.

Aus Gründen des Umfanges wurde darauf verzichtet, die zur Lösung der Aufgaben erforderlichen statistischen Tafeln in den Anhang aufzunehmen.

Voraussetzung für den Nachvollzug der Beweise und die Bewältigung der Aufgaben sind die in Teil 1 des Kurses vermittelten Kenntnisse in Wahrscheinlichkeitstheorie und an einigen Stellen elementare Kenntnisse der Integral- und Differentialrechnung.

Das vorliegende Werk stellt eine verbesserte Fassung des von den Autoren 1975 in Skriptenform herausgegebenen Textes dar. Die Verfasser bedanken sich bei Herrn cand.rer.pol. Helmut Uschner für die Durchsicht des Textes und der Aufgaben. Besonderer Dank gilt Frau Anita Eggers, Frau Ingrid Hemmeter und Frau Ursula Sachse für die außerordentlich sorgfältige Reinschrift des gewiß nicht einfachen Textes.

Nürnberg, im Juli 1983

Siegfried Maaß
Heinz Mürdter
Hugo Ch. Rieß

Inhaltsverzeichnis

Seite

Seite

Verzeichnis der Übersichten

8. Einführung in die Stichprobentheorie

Mit der Einführung in die Stichprobentheorie sind wir im Begriff, von der Wahrscheinlichkeitstheorie zur induktiven oder inferentiellen Statistik überzugehen. Die Wahrscheinlichkeitstheorie liefert die formalen Grundlagen dieses Bereichs der Statistik.

In der Wahrscheinlichkeitstheorie geht es ganz allgemein darum, bei bekannter Wahrscheinlichkeit bestimmter Ereignisse Schlüsse auf das Verhalten dieser Ereignisse im Verlaufe zufälliger Versuche zu ziehen oder die Wahrscheinlichkeit von Ereignissen zu bestimmen, die mit anderen Ereignissen in bekannter Weise zusammenhängen. Ähnliche Fragestellungen werden auch bei der Untersuchung von Zufallsvariablen betrachtet. Hier ist es die Aufgabe der Wahrscheinlichkeitstheorie, von gegebenen Ereignissen auf die Verteilungen der Zufallsvariablen oder von Zufallsvariablen mit bekannter Verteilung auf die Verteilung anderer, daraus ableitbarer Zufallsvariablen zu schließen. Die Folgerungen der Wahrscheinlichkeitstheorie sind demnach deduktiver Art.

Wir beschäftigen uns in diesem Kapitel noch ausschließlich mit solchen deduktiven Schlüssen, nämlich mit Schlüssen von der Verteilung einer Zufallsvariablen auf die Ergebnisse von Stichproben, genauer, auf die Verteilung von Stichprobenparametern. Diese Schlußweise wird auch als Inklusionsschluß bezeichnet.

Die Problemstellungen der induktiven Statistik sind anderer Natur. Sie beschäftigt sich mit Methoden, die es ermöglichen, auf der Grundlage von Beobachtungswerten (Stichprobenwerten) einer Zufallsvariablen Schlüsse auf die Parameter ihrer Verteilung zu ziehen. Man geht hier also den umgekehrten Weg wie in der Wahrscheinlichkeitstheorie. Die Schlußweise von Stichprobenergebnissen auf die Parameter der Verteilung einer Zufallsvariablen bezeichnet man als Repräsentationsschluß.

Allgemein läßt sich der Anwendungsbereich des statistischen Repräsentationsschlusses zweiteilen in die Prüfung von statistischen Hypothesen und in die statistische Schätzung. Die Prüfung von Hypothesen soll ein Urteil über Billigung oder Ablehnung einer bestimmten, vorher formulierten Annahme über die Parameter der Verteilung einer Zufallsvariablen abgeben. Die statistische Schätzung versucht, allein mit Hilfe von Stichprobenergebnissen die Parameter der Verteilung einer Zufallsvariablen zu bestimmen.

Mit dem Repräsentationsschluß beschäftigen wir uns vom 9. Kapitel an.

8.1. Grundgesamtheit und Stichprobe

8.1.1. Grundgesamtheit

Der Zweck einer statistischen Arbeit ist die Untersuchung eines bestimmten Merkmals, Merkmalspaares usw. Die Träger dieser Merkmale bezeichnet man als Untersuchungseinheiten. Die Menge aller Untersuchungseinheiten bezeichnen wir als Grundgesamtheit. Der Gesamtheit von Untersuchungseinheiten ist die Gesamtheit der zugehörigen Ausprägungen des untersuchten Merkmals, Merkmalspaares usw. zugeordnet.

In der Praxis kann die Grundgesamtheit endlich oder unendlich sein. Ein Beispiel für endliche Gesamtheiten ist die Gesamtzahl von Haushalten in einem bestimmten Land zu einem bestimmten Zeitpunkt. Häufig gibt es Probleme, bei denen die zugehörige Grundgesamtheit praktisch unendlich ist. Wenn z.B. auf Versuchsfeldern die Ertragskraft einer neuen Weizensorte geprüft wird, so werden Schlußfolgerungen von den Erträgen der Testfelder auf alle Felder vergleichbarer Bodenqualität und klimatischer Bedingungen in Gegenwart und Zukunft gezogen, solange die vorgenannten Bedingungen als konstant angenommen werden können.

Als Grundgesamtheit kann auch eine hypothetische, unendliche Gesamtheit konstruiert werden. Diesem Fall werden wir in der Regressionsanalyse begegnen. Will man beispielsweise die Höhe des gesamtwirtschaftlichen privaten Verbrauchs eines Landes als Funktion des volkswirtschaftlichen Einkommens und einer Zufallskomponente erklären, dann besteht die Grundgesamtheit für ein bestimmtes Land und ein bestimmtes Jahr aus unendlich vielen Werten für den privaten Verbrauch, die sich durch den Wert der Zufallskomponente unterscheiden. Die Erhebung des gesamtwirtschaftlichen privaten Verbrauchs ist dann als Stichprobe aus dieser Grundgesamtheit anzusehen, d.h. als Realisierung des privaten Verbrauchs in Abhängigkeit von einer Realisierung des Einkommens und einer Realisierung der Zufallskomponente.

8.1.2. Zur Definition von Stichproben

Definition

Unter einer Stichprobe soll eine Folge von Merkmalswerten einer bestimmten Anzahl von Elementen verstanden werden, die zur Grundgesamtheit gehören. Die Anzahl der Glieder der Folge heißt der Umfang der Stichprobe.

Eine Folge ist definiert durch eine Vorschrift, nach der jeder Zahl k der natürlichen Zahlen oder einer Teilmenge daraus der Merkmalswert genau eines Elementes zugeordnet wird. Ist die Zahl der Glieder einer Folge unendlich, so heißt die Folge unendlich, andernfalls heißt sie endlich (vgl. hierzu 1.3.4.).

Beispiel

Ist eine Grundgesamtheit von Merkmalswerten gegeben durch die Menge $M = \{1,3,5,10,20,50\}$, so können Stichproben im Umfang $n = 5$ beispielsweise wie folgt lauten:

a) 1, 5, 20, 1, 5

b) 3, 3, 3, 3, 3

c) 1, 3, 5, 10, 20

d) 3, 10, 20, 5, 1

Aus der Definition einer Folge wird klar, daß ein gegebenes Element der Grundgesamtheit mehr als einmal in einer Stichprobe vorkommen kann. Ferner ist für eine spezielle Folge die Veränderung der Anordnung der Glieder unzulässig, da dies eine Änderung der Zuordnungsvorschrift bedeutet. Die Fälle (c) und (d) unseres Beispiels stellen daher verschiedene Folgen und damit verschiedene Stichproben dar.

Gelegentlich wird in der Literatur eine Definition verwendet, die von der oben eingeführten abweicht. Dort versteht man unter einer Stichprobe eine endliche Teilmenge von Merkmalswerten der Grundgesamtheit. Der Begriff der Teilmenge impliziert, daß ein gegebenes Element höchstens einmal in der Stichprobe vorkommen kann. Ferner ist die Anordnung der Elemente in einer Menge unerheblich; die Fälle (c) und (d) des obigen Beispiels würden demnach keine verschiedenen Stichproben darstellen. Die Definition der Stichprobe mit Hilfe der Teilmenge ist damit enger als die oben eingeführte; sie kann hier nicht verwendet werden, da verschiedene Ziehungsvorschriften für Stichprobenelemente die Möglichkeit wiederholter Ziehung gleicher Elemente fordern und die Unterscheidung der Reihenfolge der Ziehung vorschreiben.

8.1.3. Das Prinzip der uneingeschränkten Zufallsauswahl

Bisher wurde nur ausgeführt, was man unter einer Stichprobe zu verstehen hat. Es wurde nichts über die Prinzipien zur Auswahl von Stichprobenelementen gesagt, die von großer Bedeutung sind für die Art der Schlußfolgerungen, die man aus den Stichprobenergebnissen ziehen kann. Die folgenden Ableitungen gelten für diejenigen Auswahlverfahren, die unter der Bezeichnung uneingeschränkte Zufallsauswahl zusammengefaßt werden. Kompliziertere Auswahlverfahren wie geschichtete Stichproben und Klumpenstichproben werden hier nicht behandelt.

8.1.3.1. Definition der uneingeschränkten Zufallsauswahl

Definition

Ein Auswahlverfahren für eine Stichprobe im Umfang n genügt dem Prinzip der uneingeschränkten Zufallsauswahl, wenn für jedes Element der Grundgesamtheit die Wahrscheinlichkeit, k-mal in die Stichprobe zu gelangen, gleich ist $(k=0,1,2,\ldots,n)$.

In der Kombinatorik (Kapitel 1.4.) sind bereits vier Ziehungsvorschriften vorgestellt worden, die der Forderung nach Gleichwahrscheinlichkeit für die Auswahl jedes Elements entsprechen.

Bei der Wahl einer Ziehungsvorschrift müssen zwei Entscheidungen getroffen werden: sollen gezogene Elemente zurückgelegt und soll die Reihenfolge der Ziehung der Elemente beachtet werden. Danach lassen sich vier Fälle unterscheiden:

Reihenfolge	Zurücklegen ja	Zurücklegen nein
beachtet	1. Geordnete Stichproben mit Zurücklegen (vgl. 1.4.3.1.)	2. Geordnete Stichproben ohne Zurücklegen (vgl. 1.4.3.2.)
nicht beachtet	3. Ungeordnete Stichproben mit Zurücklegen (vgl. 1.4.4.3.)	4. Ungeordnete Stichproben ohne Zurücklegen (vgl. 1.4.4.1.)

Nur die Ziehungsvorschriften der Fälle (1) und (2), bei denen die Reihenfolge der Ziehung beachtet wird, liefern Folgen. Sie sollen daher im weiteren genauer betrachtet werden. Dabei werden die Anzahl der Elemente der Grundgesamtheit mit N, der Stichprobenumfang mit n und die Merkmalsausprägungen der gezogenen Stichprobenelementen mit $x_1, x_2, \ldots, x_n$ bezeichnet.

8.1.3.2. Stichproben als n-tupel

Es werde im folgenden mit E die Grundgesamtheit bezeichnet. Sie bestehe aus N Elementen und kann formal dargestellt werden als

$$E = \{a_1, a_2, \ldots, a_N\}.$$

Dabei denkt man sich die Untersuchungseinheiten durchnumeriert und identifiziert mit a_i (i=1,...,N) die i-te Untersuchungseinheit.

Aus der Grundgesamtheit werden geordnete Stichproben im Umfang n gezogen. Man kann eine Stichprobe demnach als n-tupel auffassen und formal darstellen als

$$(x_1, x_2, \ldots, x_n).$$

Der Grund dafür, daß die Komponenten des n-tupels mit x_j (j=1,...,n) und die Untersuchungseinheiten der Grundgesamtheit mit a_i (i=1,...,N) bezeichnet werden, besteht darin, daß das erste Element, das in die Stichprobe gelangt (x_1) nicht unbedingt die Untersuchungseinheit mit der Nummer 1 (a_1) sein muß. Entsprechendes gilt auch für die restlichen Komponenten der Stichprobe. Würden nun sowohl die Elemente der Grundgesamtheit als auch die Komponenten der Stichprobe x_i genannt werden, so könnte das zu Mißverständnissen führen. Aus der Darstellung der Stichproben vom Umfang n ergibt sich, daß diese Stichproben als Elemente der Produktmenge E^n aufgefaßt werden können. Dabei wird der Ergebnisraum der Stichproben mit Zurücklegen durch die vollständige Produktmenge E^n repräsentiert, während der Ergebnisraum der Stichproben ohne Zurücklegen durch eine Teilmenge von E^n dargestellt wird. Diese Teilmenge sei mit E_T^n bezeichnet.

Es gilt:

$$E_T^n \subset E^n \quad \text{und}$$

$$E_T^n = \{(x_1,\ldots,x_n) \mid x_i \varepsilon E \text{ und } x_i \neq x_j \text{ für alle } i,j \text{ mit } i \neq j\}$$

8.1.3.2.1. Ziehung der Stichprobenelemente aus einer Urne mit Zurücklegen und Beachten der Reihenfolge der Ziehung

Dieses Auswahlverfahren ist wie folgt charakterisiert:

(a) Es sind insgesamt N^n verschiedene Stichproben möglich

(b) Die Wahrscheinlichkeit, eine spezielle Stichprobe im obigen Sinne zu bekommen, ist daher $\frac{1}{N^n}$

(c) Die Wahrscheinlichkeit für ein bestimmtes Element, k-mal in die Stichprobe zu gelangen (k=0,1,2,...,n) ist gegeben durch (vgl. Binomialverteilung)

$$p(k) = \binom{n}{k}\left(\frac{1}{N}\right)^k\left(\frac{N-1}{N}\right)^{n-k} \qquad k=0,1,2,\ldots,n$$

8.1.3.2.2. Ziehung der Stichprobenelemente aus einer Urne ohne Zurücklegen und mit Beachten der Reihenfolge der Ziehung

Dieses Auswahlverfahren ist wie folgt charakterisiert:

(a) Es sind insgesamt $\frac{N!}{(N-n)!}$ verschiedene Stichproben möglich

(b) Die Wahrscheinlichkeit für eine spezielle Stichprobe ist demnach $\frac{(N-n)!}{N!}$

(c) Die Wahrscheinlichkeit für ein bestimmtes Element, k-mal in der Stichprobe zu erscheinen (k=0,1) ist (vgl. hypergeometrische Verteilung):

$$p(k) = \frac{\binom{1}{k}\binom{N-1}{n-k}}{\binom{N}{n}} \qquad k=0;1$$

8.1.3.3. Die Stichprobe als Folge von Ziehungen

8.1.3.3.1. Allgemeine Einführung und Problemstellung

Bisher wurde jede einzelne Stichprobe als n-tupel von Merkmalsausprägungen aufgefaßt; ihre Gesamtheit bildet den n-dimensionalen Stichprobenraum (vgl. 8.1.3.2.). Die Anzahl aller möglichen Stichproben sowie die Eintrittswahrscheinlichkeiten für die einzelnen Stichproben werden mit Hilfe der Kombinatorik nach den oben angegebenen Formeln bestimmt.

Es sollen nun die einzelnen Stichproben von einem anderen Blickwinkel aus betrachtet werden, den auch die Definition der Stichprobe als Folge von Merkmalswerten nahelegt. Die Ziehung der Stichprobe läßt sich gedanklich in eine geordnete Abfolge von Ziehungen einzelner Elemente zerlegen, sie kann also durch n Einzelziehungen dargestellt werden.

Anwendungen dieser Idee sind bereits in der Wahrscheinlichkeitstheorie gegeben worden, so bei der Bestimmung des Erwartungswertes einer Summe von Zufallsvariablen (5.1.1.3.) und bei der Bestimmung der Varianz einer Summe unabhängiger Zufallsvariablen (5.2.4.); ferner bei der Ableitung des Erwartungswertes (7.1.3.4.) und der Varianz (7.1.3.5.) der Binomialverteilung.

Im folgenden spielt die Zerlegung von Stichproben in Einzelziehungen eine große Rolle. Sie erleichtert ganz erheblich die mathematische Handhabung der anstehenden Problemlösungen:

Zur knappen Charakterisierung der Stichproben sind Maßzahlen wie arithmetisches Mittel, Anteilswert oder Varianz gebräuchlich. Da Stichproben Ergebnisse eines Zufallsvorgangs sind, unterliegen auch die Werte dieser Maßzahlen dem Zufall. Um deren Verteilungen bzw. Parameter zu bestimmen, ist eine n-dimensionale Betrachtung notwendig. Eine derart komplexe Analyse kann umgangen werden durch die Zerlegung der Stichproben in Einzelziehungen. Somit erhält man n eindimensionale Ergebnisräume, was eine wesentliche Vereinfachung der Berechnungen ermöglicht.

8.1.3.3.2. Zuordnung von Ziehungen und Zufallsvariablen

Die Stichprobe wurde gedanklich in eine Abfolge von Ziehungen zerlegt. Illustrieren läßt sich diese Vorstellung durch ein Baumdiagramm für das Beispiel des dreifachen Münzwurfs. Dabei ist allgemein der n-fache Münzwurf charakterisiert durch die Ziehung einer geordneten Stichprobe mit Zurücklegen vom Umfang n aus der Grundgesamtheit {Wappen, Zahl}.

Mögliche Realisationen der 1. Ziehung:

Mögliche Realisationen der 2. Ziehung:

Mögliche Realisationen der 3. Ziehung:

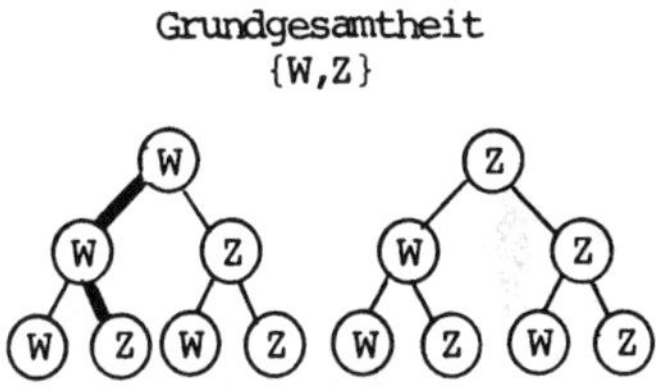

Jeder Pfad durch das Diagramm stellt eine Stichprobe dar. Insbesondere wird die mögliche Stichprobe (W,W,Z) durch den stark ausgezeichneten Pfad des Diagramms dargestellt. Allgemein entspricht bei einer Stichprobe vom Umfang n die gedankliche Realisierung der i-ten Ziehung der i-ten Koordinate eines n-tupels.

Jede der drei Ziehungen kann als Zufallsvariable aufgefaßt werden; die Zufallsvariable "Ergebnis der ersten Ziehung" sei mit X_1, die Zufallsvariable "Ergebnis der zweiten Ziehung" mit X_2 bezeichnet usw. Diese Zufallsvariablen können die Merkmalsausprägungen Wappen oder Zahl annehmen. Es sind dies die gleichen Ausprägungen wie die der Zufallsvariablen X, die definiert ist als "Ergebnis beim einfachen Münzwurf".

Aus den vorangehenden Überlegungen lassen sich folgende allgemeinen Aussagen herausarbeiten: Die Ziehungen der einzelnen Stichprobenelemente werden als Zufallsvariable aufgefaßt, die man mit $X_1, X_2, \ldots, X_n$ bezeichnet. Jede dieser Zufallsvariablen kann die gleichen Merkmalsausprägungen annehmen, die denen der Zufallsvariablen X entsprechen, definiert als "Ergebnis der Ziehung eines einzelnen Elementes aus der

Grundgesamtheit". Die Gesamtheit der Stichproben wird so durch die Folge der Zufallsvariablen $X_1, X_2, \ldots, X_n$ dargestellt. Die Wahrscheinlichkeitsverteilungen dieser Zufallsvariablen sind im folgenden für Stichproben mit Zurücklegen und ohne Zurücklegen abzuleiten.

8.1.3.3.3. Die Verteilung der Zufallsvariablen X_i

Die Wahrscheinlichkeitsfunktionen der Zufallsvariablen $X_1, \ldots, X_n$ seien mit $f_{X_1}, \ldots, f_{X_n}$ bezeichnet. Wie diese Wahrscheinlichkeitsfunktionen zu bestimmen sind, wird im folgenden für Stichproben mit Zurücklegen und ohne Zurücklegen gezeigt. Die einführenden Beispiele verdeutlichen, daß die Wahrscheinlichkeitsfunktionen f_{X_i} $(i=1,\ldots,n)$ als eindimensionale Randverteilungen zu interpretieren sind (vgl. 4.2.6.).

Beispiel a):

Aus einer Grundgesamtheit von $N = 5$ Kugeln mit $M = 2$ roten und $N-M = 3$ schwarzen Kugeln werden $n = 2$ Kugeln mit Zurücklegen gezogen. Die beiden roten Kugeln bezeichnen wir mit r_1 und r_2, die schwarzen Kugeln mit s_1, s_2, s_3. Unter der Zufallsvariablen X wollen wir die Häufigkeit des Auftretens einer schwarzen Kugel bei einer Ziehung verstehen; sie kann die Werte 0 oder 1 annehmen. Die zugehörige Wahrscheinlichkeitsfunktion lautet:

x	0	1
$f_X(x)$	2/5	3/5

Die Zufallsvariable X_1 heißt "Anzahl der gezogenen schwarzen Kugeln bei der ersten Ziehung", die Zufallsvariable X_2 heißt entsprechend "Anzahl der gezogenen schwarzen Kugeln bei der zweiten Ziehung"; beide können, wie auch die Zufallsvariable X, die Werte 0 oder 1 annehmen. Wir wollen nun alle möglichen Stichproben aufschreiben und dann den Übergang zu den Wahrscheinlichkeitsverteilungen der Zufallsvariablen X_1 und X_2 zeigen.

Die möglichen Stichproben im Umfang $n = 2$ aus $N = 5$ mit Zurücklegen lauten

r_1r_1	r_1r_2	r_2s_1	s_1s_2	s_2s_3
r_2r_2	r_1s_1	r_2s_2	s_1s_3	s_3r_1
s_1s_1	r_1s_2	r_2s_3	s_2r_1	s_3r_2
s_2s_2	r_1s_3	s_1r_1	s_2r_2	s_3s_1
s_3s_3	r_2r_1	s_1r_2	s_2s_1	s_3s_2

Die Wahrscheinlichkeitsfunktionen f_{X_1} und f_{X_2} können wir daraus sofort ablesen. X_1 ist das Ergebnis der ersten Ziehung und ist durch das erste Symbol in den fünf Spalten gekennzeichnet. In den 25 Stichproben tauchen bei der ersten Ziehung insgesamt 10 mal rot (= 0 mal schwarz) auf, in den restlichen Fällen schwarz, so daß wir die Wahrscheinlichkeitsfunktion für X_1 hinschreiben können:

x_1	0	1
$f_{X_1}(x_1)$	$\frac{10}{25} = \frac{2}{5}$	$\frac{15}{25} = \frac{3}{5}$

Entsprechend erhält man für X_2 die Funktion:

x_2	0	1
$f_{X_2}(x_2)$	$\frac{2}{5}$	$\frac{3}{5}$

Als wichtigstes Ergebnis können wir festhalten: Die Wahrscheinlichkeitsfunktionen für X_1 und X_2 sind untereinander gleich und außerdem gleich der Verteilung der Zufallsvariablen X; in Symbolen ausgedrückt ist $f_{X_1} = f_{X_2} = f_X$.

Mit Hilfe unserer Aufzählungen aller möglichen Stichproben können wir eine weitere Überlegung anstellen. Wir ermitteln die zweidimensionale Verteilung f_{X_1,X_2}, die wir sofort als Matrix schreiben können:

x_1 \ x_2	0	1	$f_{X_1}(x_1)$
0	$\frac{4}{25}$	$\frac{6}{25}$	$\frac{2}{5}$
1	$\frac{6}{25}$	$\frac{9}{25}$	$\frac{3}{5}$
$f_{X_2}(x_2)$	$\frac{2}{5}$	$\frac{3}{5}$	1

Als Randverteilungen ergeben sich f_{X_1} und f_{X_2}. Aus der Matrix ersehen wir, daß die Zufallsvariablen X_1 und X_2 stochastisch unabhängig sind, denn es ist $f_{X_1,X_2}(x_1,x_2) = f_{X_1}(x_1)\cdot f_{X_2}(x_2)$ für alle Wertepaare (x_1,x_2).

Die Ergebnisse des Beispiels gelten allgemein (vgl. Aufgabe 8.2.). Bei Stichproben mit Zurücklegen (und Beachtung der Reihenfolge der Ziehung) im Umfang n haben die Zufallsvariablen $X_1, X_2, \ldots, X_n$ die gleiche Wahrscheinlichkeitsfunktion, d.h. es ist $f_{X_1} = f_{X_2} = \ldots = f_{X_n} = f_X$. Sie sind außerdem voneinander unabhängig.

Beispiel b):

Unter Modellbedingungen wie in Beispiel a) erfolgt die Ziehung jetzt ohne Zurücklegen. Die 20 möglichen Stichprobenergebnisse sind dann folgende:

r_1r_2	r_2s_1	s_1s_2	s_2s_3
r_1s_1	r_2s_2	s_1s_3	s_3r_1
r_1s_2	r_2s_3	s_2r_1	s_3r_2
r_1s_3	s_1r_1	s_2r_2	s_3s_1
r_2r_1	s_1r_2	s_2s_1	s_3s_2

Die Wahrscheinlichkeitsfunktion für die Zufallsvariable X ("Ziehung von x schwarzen Kugeln in einem Versuch") ist

x	0	1
$f_X(x)$	$\frac{2}{5}$	$\frac{3}{5}$

Die Wahrscheinlichkeitsfunktionen für X_1 und X_2 lauten:

x_1	0	1
$f_{X_1}(x_1)$	$\frac{8}{20} = \frac{2}{5}$	$\frac{12}{20} = \frac{3}{5}$

bzw.

x_2	0	1
$f_{X_2}(x_2)$	$\frac{8}{20} = \frac{2}{5}$	$\frac{12}{20} = \frac{3}{5}$

Das Beispiel zeigt: Auch wenn die Stichprobe ohne Zurücklegen gezogen wird, sind die Wahrscheinlichkeitsfunktionen der beiden Zufallsvariablen untereinander gleich und gleich der Verteilung der Variablen X. Die Variablen X_1 und X_2 sind jedoch nicht stochastisch unabhängig, wie die zweidimensionale Wahrscheinlichkeitsfunktion f_{X_1,X_2} zeigt. Es gilt nicht $f_{X_1,X_2}(x_1,x_2) = f_{X_1}(x_1) \cdot f_{X_2}(x_2)$ für alle Paare (x_1,x_2).

X_1 \ X_2	0	1	$f_{X_1}(x_1)$
0	$\frac{2}{20}$	$\frac{6}{20}$	$\frac{2}{5}$
1	$\frac{6}{20}$	$\frac{6}{20}$	$\frac{3}{5}$
$f_{X_2}(x_2)$	$\frac{2}{5}$	$\frac{3}{5}$	1

Das Ergebnis von Beispiel b) gilt allgemein (vgl. Aufgabe 8.3.). Bei Stichproben ohne Zurücklegen (und mit Beachten der Reihenfolge der Ziehung) sind die Wahrscheinlichkeitsfunktionen untereinander gleich und gleich der Wahrscheinlichkeitsfunktion von X, d.h. es ist $f_{X_1} = f_{X_2} = \ldots = f_{X_n} = f_X$. Die Zufallsvariablen $X_1, X_2, \ldots, X_n$ sind stochastisch abhängig.

8.1.3.3.4. Anmerkung: Die einfache Zufallsstichprobe

Neben der Definition der uneingeschränkten Zufallsauswahl wird in der Literatur häufig der Begriff der einfachen Zufallsstichprobe verwendet. Hierbei wird auf die Überlegungen der vorstehenden Abschnitte zurückgegriffen.

Definition

Ein Verfahren zur Auswahl einer Stichprobe heißt zufällig, wenn alle Variablen $X_1, X_2, \ldots, X_n$ die gleiche Wahrscheinlichkeitsfunktion haben und wenn diese Verteilung außerdem gleich der Verteilung der Zufallsvariablen X ist, d.h. wenn $f_{X_1} = f_{X_2} = \ldots f_{X_n} = f_X$. Ein Verfahren zur Auswahl einer Stichprobe heißt einfach, wenn die Zufallsvariablen $X_1, X_2, \ldots, X_n$ voneinander unabhängig sind. Sind beide Bedingungen erfüllt, so spricht man von einer einfachen Zufallsstichprobe.

Mit dieser Definition sind exakt nur Stichproben mit Zurücklegen vereinbar. Stichproben ohne Zurücklegen erfüllen die Bedingungen nur näherungsweise, und zwar um so besser, je größer die Grundgesamtheit ist. Mit steigendem Umfang der Grundgesamtheit werden die Abhängigkeiten zwischen den Einzelziehungen, gemessen durch die Kovarianz, geringer (vgl. 8.3.2.2.).

Die Definition der einfachen Zufallsstichprobe ist zu wählen, wenn der Umfang der Grundgesamtheit unendlich wird. Für diesen Fall versagt die Definition der uneingeschränkten Zufallsauswahl, da die Auswahlwahrscheinlichkeit für jedes Element gleich Null wird.

8.2. Stichprobenfunktionen

Nachdem eine Stichprobenziehung als Zufallsvorgang interpretiert werden kann (vgl. 2.1.), sind Stichproben vom Umfang n (n-tupel) als Elementarereignisse aufzufassen. Der zugehörige Stichprobenraum als Menge aller Elementarereignisse (vgl. 2.2.) besteht je nach Ziehungsvorschrift aus E^n bzw. E^n_T. Eine auf dem Stichprobenraum definierte Zufallsvariable heißt Stichprobenfunktion.

Beispiele:

a) n-facher Münzwurf mit der Zufallsvariablen "Anzahl der Wappen";

b) Zerlegung einer Stichprobe in Einzelziehungen: jedem n-tupel wird die i-te Koordinate zugeordnet; die i-te Koordinate stellt die Realisation der i-ten Ziehung dar;

c) dreifacher Würfelwurf mit der Zufallsvariablen "Summe der Augenzahlen";

d) Stichprobe aus einer Menge von Einkommensbeziehern; das Durchschnittseinkommen der Stichprobenelemente wird berechnet.

Von besonderem Interesse ist eine Klasse von Stichprobenfunktionen, die als Stichprobenparameter (Stichprobenmaßzahlen) bezeichnet werden. Dazu gehören Mittelwert, Anteilswert und Varianz (vgl. Beispiel d)).

Die Wahrscheinlichkeitsverteilung einer Stichprobenfunktion wird auch als Stichprobenverteilung dieser Funktion bezeichnet. Die Frage nach der Verteilung einer Stichprobenfunktion gehört zu den fundamentalen Problemen der induktiven Statistik. Sie zerfällt im wesentlichen in zwei Teile: in die Theorie der exakten Verteilungen und die Theorie der asymptotischen Verteilungen. Eine exakte Verteilung einer Stichprobenfunktion liegt vor, wenn sie für alle Werte n des Stichprobenumfangs gilt; eine asymptotische Verteilung liegt dann vor, wenn ihr die Verteilung einer Stichprobenfunktion für $n \to \infty$ zustrebt.

8.3. Die Verteilung des Stichprobenmittels

Als erste Stichprobenfunktion betrachten wir das arithmetische Mittel der Stichprobe. X sei eine Zufallsvariable mit dem Erwartungswert $E(X) = \mu_X$ und der Varianz $Var(X) = \sigma_X^2$. Aus der Grundgesamtheit der Merkmalswerte der Zufallsvariablen X wird eine Stichprobe im Umfang n gezogen. Die äquivalente Darstellung durch n Einzelziehungen liefert Zufallsvariablen $X_1, X_2, \ldots, X_n$. Dann ist auch das arithemetische Mittel der Stichprobe $\bar{X}$ eine Zufallsvariable; es gilt $\bar{X} = \frac{1}{n} \sum_{i=1}^{n} X_i$. Liegen bereits realisierte Stichprobenwerte vor, so werden sie mit kleinen Buchstaben $x_1, x_2, \ldots, x_n$ bezeichnet. Das arithmetische Mittel dieser Stichprobe ist dann $\bar{x} = \frac{1}{n} \sum_{i=1}^{n} x_i$.

Gesucht werden die Parameter und das Verteilungsgesetz der Zufallsvariablen $\bar{X}$. $E(\bar{X})$ und $Var(\bar{X}) = \sigma_{\bar{X}}^2$ sind die Parameter dieser Zufallsvariablen. Zur Einführung und Veranschaulichung soll anhand eines einfachen Beispiels die Stichprobenverteilung des arithmetischen Mittels errechnet werden.

Beispiel:

5 Studenten (N) haben die folgenden Beträge als wöchentliches Taschengeld zur Verfügung: 50 DM, 60 DM, 70 DM, 80 DM, 90 DM. Der durchschnittliche Taschengeldbetrag ist $E(X) = \mu_X = 70$ DM, die Standardabweichung beträgt $\sigma_X = 14$ DM.

Alle möglichen Stichproben im Umfang n = 2 mit Zurücklegen und mit Beachtung der Reihenfolge sind in der folgenden Tabelle mit ihren zugehörigen Mittelwerten zusammengestellt. Es sind insgesamt $N^n = 25$ Stichproben. Dieser Vorgang kann durch Ziehung aus einer Urne dargestellt werden: Die Urne enthält 5 Kugeln, auf jeder Kugel ist ein Taschengeldbetrag notiert.

Stichprobe x_1, x_2	Mittelwert $\bar{x}$	Stichprobe x_1, x_2	Mittelwert $\bar{x}$
50, 50	50	70, 80	75
50, 60	55	70, 90	80
50, 70	60	80, 50	65
50, 80	65	80, 60	70
50, 90	70	80, 70	75
60, 50	55	80, 80	80
60, 60	60	80, 90	85
60, 70	65	90, 50	70
60, 80	70	90, 60	75
60, 90	75	90, 70	80
70, 50	60	90, 80	85
70, 60	65	90, 90	90
70, 70	70		

Aus den errechneten 25 Werten für das Stichprobenmittel wird die Häufigkeitsfunktion $h(\bar{x})$ und die Wahrscheinlichkeitsfunktion $f_{\bar{X}}$ der Zufallsvariablen $\bar{X}$ gebildet.

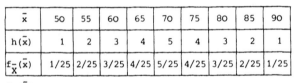

$\bar{x}$	50	55	60	65	70	75	80	85	90
$h(\bar{x})$	1	2	3	4	5	4	3	2	1
$f_{\bar{X}}(\bar{x})$	1/25	2/25	3/25	4/25	5/25	4/25	3/25	2/25	1/25

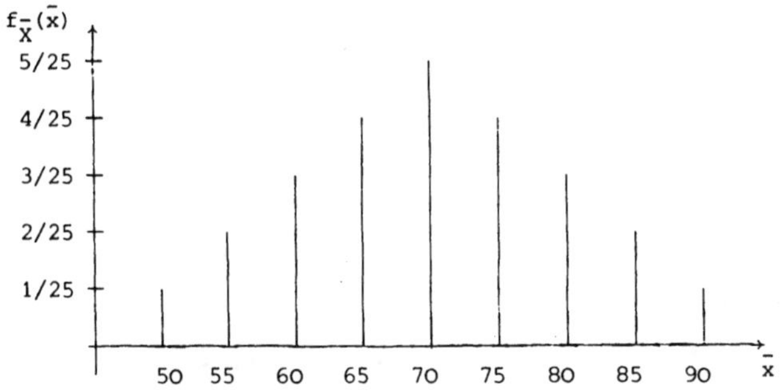

Aus der Wahrscheinlichkeitsfunktion für $\bar{X}$ errechnen wir den Erwartungswert $E(\bar{X}) = 70$ DM und $\sigma_{\bar{X}} = 10$ DM. Der Erwartungswert der Variablen $\bar{X}$ stimmt also mit dem Erwartungswert der Variablen X überein. Die Standardabweichung von $\bar{X}$ ist geringer als die von X. Die folgenden Ableitungen zeigen, daß beide Beobachtungen nicht vom zufällig gewählten Beispiel abhängen. Die Graphik zeigt darüber hinaus, daß die Verteilung von $\bar{X}$ symmetrisch ist. Auch diese Beobachtung hängt nicht vom gewählten Beispiel ab.

8.3.1. Der Erwartungswert des Stichprobenmittels

Das arithmetische Mittel $\bar{X}$ der Stichprobe hat den Erwartungswert

$$E(\bar{X}) = E(X) = \mu_X$$

d.h. der Erwartungswert $E(\bar{X})$ des Stichprobenmittels ist gleich dem Erwartungswert $E(X)$ der Zufallsvariablen X. Zu beachten ist, daß dieser Satz gilt, unabhängig davon, wie die Zufallsvariable X verteilt ist und unabhängig davon, ob die Stichproben mit oder ohne Zurücklegen gezogen werden.

Beweis:

Wir betrachten die Folge von Zufallsvariablen $X_1, X_2, \ldots, X_n$. Aus den Überlegungen in 8.1.3.3.3. ist bekannt, daß alle diese Variablen die gleiche Wahrscheinlichkeitsverteilung haben wie die Zufallsvariable X, d.h. daß $f_{X_1} = f_{X_2} = \ldots = f_{X_n} = f_X$. Folglich haben sie auch den gleichen Erwartungswert, d.h. es gilt $E(X_1) = E(X_2) = \ldots = E(X_n) =$ $= E(X) = \mu_X$.

Dann ist

$$E(\bar{X}) = E(\frac{1}{n} \sum_{i=1}^{n} X_i) = \frac{1}{n} E(\sum_{i=1}^{n} X_i) = \frac{1}{n} \sum_{i=1}^{n} E(X_i) = \frac{1}{n} \cdot n \cdot \mu_X = \mu_X$$

(vgl. 5.1.1.3.)

8.3.2. Die Varianz des Stichprobenmittels

Auch für die nun folgenden Aussagen über die Varianz des Stichprobenmittels gilt, daß sie unabhängig sind von der Verteilung der Variablen X.

8.3.2.1. Stichproben mit Zurücklegen

Das Stichprobenmittel hat bei Stichproben mit Zurücklegen die Varianz

$$Var(\bar{X}) = \sigma_{\bar{X}}^2 = \frac{\sigma_X^2}{n}$$

Beweis:

Nach Voraussetzung sind $X_1, X_2, \ldots, X_n$ identisch verteilt, haben also gleiche Erwartungswerte und Varianzen. Es ist damit

$$\mathrm{Var}(X_1) = \mathrm{Var}(X_2) = \ldots = \mathrm{Var}(X_n) = \mathrm{Var}(X) = \sigma_X^2$$

Für $\mathrm{Var}(\bar{X})$ erhält man (vgl. 5.2.4.):

$$\mathrm{Var}(\bar{X}) = E[(\bar{X}-E(\bar{X}))^2] = E[(\bar{X}-\mu_X)^2] = E[(\frac{1}{n}\sum_{i=1}^{n} X_i-\mu_X)^2] =$$

$$= E[\frac{1}{n}(X_1-\mu_X)+\frac{1}{n}(X_2-\mu_X)+\ldots+\frac{1}{n}(X_n-\mu_X)]^2 =$$

$$= \frac{1}{n^2}[E(X_1-\mu_X)^2+E(X_2-\mu_X)^2+\ldots+E(X_n-\mu_X)^2+\sum_{i}\sum_{\substack{j \\ i\neq j}} E(X_i-\mu_X)(X_j-\mu_X)] =$$

$$= \frac{1}{n^2}[\mathrm{Var}(X_1)+\mathrm{Var}(X_2)+\ldots+\mathrm{Var}(X_n)+\sum_{i=1}^{n}\sum_{\substack{j=1 \\ i\neq j}}^{n} \mathrm{Cov}(X_i,X_j)]$$

Bei Stichproben mit Zurücklegen sind die Zufallsvariablen $X_1, X_2, \ldots, X_n$ stochastisch unabhängig (vgl. 8.1.3.3.3.). Daher wird $\mathrm{Cov}(X_i, X_j) = 0$ (für alle i und j, $i\neq j$) wegen Folgerung aus 5.2.4. und es ergibt sich

$$\mathrm{Var}(\bar{X}) = \frac{1}{n^2}(\mathrm{Var}(X_1)+\mathrm{Var}(X_2)+\ldots+\mathrm{Var}(X_n)) = \frac{1}{n^2}(n\sigma_X^2) = \frac{\sigma_X^2}{n}$$

8.3.2.2. Stichproben ohne Zurücklegen

Das Stichprobenmittel hat bei Stichproben ohne Zurücklegen die Varianz

$$\mathrm{Var}(\bar{X}) = \sigma_{\bar{X}}^2 = \frac{\sigma_X^2}{n} \cdot \frac{N-n}{N-1}$$

Beweis:

Nach der Ableitung in 8.3.2.1. können wir sofort schreiben:

$$\mathrm{Var}(\bar{X}) = \frac{1}{n^2}[\mathrm{Var}(X_1)+\ldots+\mathrm{Var}(X_n)+\sum_{i=1}^{n}\sum_{\substack{j=1 \\ i\neq j}}^{n} \mathrm{Cov}(X_i,X_j)] =$$

$$= \frac{1}{n^2}[n\sigma_X^2+\sum_{i=1}^{n}\sum_{\substack{j=1 \\ i\neq j}}^{n} \mathrm{Cov}(X_i,X_j)]$$

Nun hat sich in 8.1.3.3.3. gezeigt, daß bei Stichproben ohne Zurücklegen die Variablen $X_1, X_2, \ldots, X_n$ stochastisch abhängig sind, daß also $Cov(X_i, X_j) \neq 0$. Die Ausdrücke $Cov(X_i, X_j)$ sind jedoch gleich für alle i, j, nämlich

$$Cov(X_i, X_j) = \sum_{r=1}^{N} \sum_{s=1}^{N} (a_r - \mu_X)(a_s - \mu_X) \cdot f(a_r, a_s)$$

Nun ist

$$f(a_r, a_s) = \begin{cases} \frac{1}{N(N-1)} & \text{für } r \neq s \\ 0 & \text{für } r = s \end{cases}$$

(vgl. Aufgabe 8.4.).

Also wird

$$Cov(X_i, X_j) = \sum_{\substack{r=1 \\ r \neq s}}^{N} \sum_{s=1}^{N} (a_r - \mu_X)(a_s - \mu_X) \cdot \frac{1}{N(N-1)} =$$

$$= \frac{1}{N-1} \Big[\sum_{\substack{r=1 \\ r \neq s}}^{N} \sum_{s=1}^{N} (a_r - \mu_X)(a_s - \mu_X)\frac{1}{N} + \sum_{r=1}^{N} (a_r - \mu_X)(a_r - \mu_X)\frac{1}{N} -$$

$$- \sum_{r=1}^{N} (a_r - \mu_X)(a_r - \mu_X)\frac{1}{N}\Big]$$

Die beiden ersten Summanden ergeben $N \cdot Cov(X_i, X_j)$ für Stichproben mit Zurücklegen und sind deshalb gleich 0. Der dritte Summand ist $-\sigma_X^2$, also ist

$$Cov(X_i, X_j) = \frac{1}{N-1}(-\sigma_X^2) = -\frac{\sigma_X^2}{N-1}$$

Diesen Ausdruck setzen wir in die Größe $Var(\bar{X})$ ein und erhalten:

$$Var(\bar{X}) = \frac{1}{n^2}\Big(n\sigma_X^2 - \sum_{\substack{i=1 \\ i \neq j}}^{n} \sum_{j=1}^{n} \frac{\sigma_X^2}{N-1}\Big)$$

Da die Doppelsumme genau n(n-1) Ausdrücke enthält, erhalten wir:

$$Var(\bar{X}) = \frac{1}{n^2}\Big(n\sigma_X^2 - n(n-1)\frac{\sigma_X^2}{N-1}\Big) = \frac{\sigma_X^2}{n}\Big(1 - \frac{n-1}{N-1}\Big) = \frac{\sigma_X^2}{n}\,\frac{N-n}{N-1}$$

Den Ausdruck $\frac{N-n}{N-1}$ bezeichnet man als "Korrekturfaktor für endliche Gesamtheiten". Dieser Faktor ist uns bereits bei der hypergeometrischen Verteilung begegnet. Man kann dafür schreiben $\frac{N-n}{N-1} \doteq \frac{N-n}{N} = 1 - \frac{n}{N}$. Dabei wird $\frac{n}{N}$ als Auswahlsatz bezeichnet. Je geringer dieser Auswahlsatz ist, desto weniger unterscheidet sich die Varianz des arithmetischen Mittels bei Stichproben ohne Zurücklegen von derjenigen mit Zurücklegen. Für hinreichend große Grundgesamtheiten wird also (bei gegebenem Stichprobenumfang) die Unterscheidung in Stichproben mit Zurücklegen und ohne Zurücklegen überflüssig.

8.3.3. Das Verteilungsgesetz des Stichprobenmittels

Bisher wurden die Parameter des arithmetischen Mittels abgeleitet. Dabei hat sich gezeigt, daß diese unabhängig sind vom Verteilungsgesetz der Grundgesamtheit; sie kann der Normalverteilung oder auch einer beliebigen anderen Verteilung folgen. Es soll nun untersucht werden, welchem Verteilungsgesetz das Stichprobenmittel folgt. Dabei spielt eine entscheidende Rolle, wie die Zufallsvariable X in der beobachteten Grundgesamtheit verteilt ist. Ist die Zufallsvariable X normalverteilt, so können wir eine exakte Verteilung des Stichprobenmittels angeben: das Stichprobenmittel ist für jeden Stichprobenumfang n ebenfalls normalverteilt. Ist die Verteilung von X nicht bekannt, so können wir nur eine asymptotische Verteilung des Stichprobenmittels angeben. Mit Hilfe des Zentralen Grenzwerttheorems läßt sich nämlich zeigen, daß die Verteilung des Stichprobenmittels mit wachsendem Stichprobenumfang einer Normalverteilung zustrebt, unabhängig davon wie die Variable X verteilt ist.

8.3.3.1. Normalverteilte Grundgesamtheit

Satz

Ist eine Zufallsvariable X normalverteilt mit dem Mittelwert $E(X) = \mu_X$ und der Varianz σ_X^2, so ist auch das Stichprobenmittel $\bar{X}$ normalverteilt (mit den Parametern $E(\bar{X}) = \mu_X$ und $\sigma_{\bar{X}}^2 = \frac{\sigma_X^2}{n}$, wie bereits in 8.3.2.1. gezeigt wurde).

Beweis:

Zum Beweis verwenden wir die momenterzeugende Funktion. Sie ist für die Zufallsvariable $\bar{X}$ definiert als

$$M_{\bar{X}}(\Theta) = E(e^{\Theta\bar{X}}) = E(e^{\Theta\cdot\frac{1}{n}\cdot(X_1+X_2+\ldots+X_n)}) = E(e^{\frac{X_1}{n}\cdot\Theta}\, e^{\frac{X_2}{n}\cdot\Theta}\cdots e^{\frac{X_n}{n}\cdot\Theta})$$

Die Variable X ist nach Voraussetzung normalverteilt, also sind es auch die Variablen X_i. Ferner sind die Variablen X_i voneinander unabhängig (wegen der unendlichen Grundgesamtheit (vgl. 2.2.) auch bei Stichproben ohne Zurücklegen), so daß für $M_{\bar{X}}(\Theta)$ folgt:

$$M_{\bar{X}}(\Theta) = E(e^{\frac{X_1}{n}\cdot\Theta})E(e^{\frac{X_2}{n}\cdot\Theta})\cdot\ldots\cdot E(e^{\frac{X_n}{n}\cdot\Theta})$$

Die Variablen X_i sind normalverteilt mit $E(X_i) = \mu_X$ und σ_X^2. Dann sind auch die Variablen

$\frac{X_i}{n}$ normalverteilt mit $E(\frac{X_i}{n}) = \frac{1}{n}E(X_i) = \frac{\mu_X}{n}$ und $Var(\frac{X_i}{n}) = \frac{1}{n^2}Var(X_i) = \frac{\sigma_X^2}{n^2}$. Sie haben dann die momenterzeugende Funktion

$$M_{\frac{1}{n}X_i}(\Theta) = E(e^{\frac{X_i}{n}\Theta}) = e^{\frac{\mu_X}{n}\Theta+\frac{1}{2}\frac{\sigma_X^2}{n^2}\Theta^2} \qquad \text{(vgl. 7.2.2.5.)}$$

Dann wird

$$M_{\bar{X}}(\Theta) = (e^{\frac{\mu_X}{n}\Theta+\frac{1}{2}\frac{\sigma_X^2}{n^2}\Theta^2})^n = e^{\mu_X\Theta+\frac{\sigma_X^2}{2n}\Theta^2}$$

Als Ergebnis erhält man für die Verteilung des Stichprobenmittels die momenterzeugende Funktion der Normalverteilung mit

$$E(\bar{X}) = \mu_X \text{ und } Var(\bar{X}) = \frac{\sigma_X^2}{n}$$

Gleichzeitig mit dem Beweis der Normalverteilung des Stichprobenmittels wurden noch einmal die Parameter der Verteilung abgeleitet.

8.3.3.2. Nicht normalverteilte Grundgesamtheit

Die Anwendungsmöglichkeiten der Ergebnisse von 8.3.3.1. sind in der empirischen Wirtschaftsforschung beschränkt, da viele interessierende Merkmale die Voraussetzung der Normalverteilung nicht einmal annähernd erfüllen. Nun ist aber bemerkenswert, daß sich die Verteilung des Stichprobenmittels für $n \to \infty$ der Normalverteilung annähert, gleichgültig, welche Verteilung die Zufallsvariable X besitzt. Einen ersten optischen Eindruck dieses fundamentalen Sachverhalts gibt das einführende Beispiel zu 8.3. Die Grundlage hierfür bietet das Zentrale Grenzwerttheorem, das bereits in 7.2.2.7. eingeführt wurde und hier in der folgenden Form dargestellt werden soll.

Zentrales Grenzwerttheorem

Sei eine Folge identisch verteilter, unabhängiger Zufallsvariabler X_i $(i=1,\dots,n)$ gegeben mit $E(X_i) = \mu_X$ und $Var(X_i) = \sigma_X^2$. Die Zufallsvariable

$$Z = \frac{\sum_{i=1}^{n} X_i - n\mu_X}{\sigma_X\sqrt{n}} = \frac{\bar{X}-\mu_X}{\frac{\sigma_X}{\sqrt{n}}}$$

hat dann eine Verteilung, die mit steigendem Stichprobenumfang n zur Standardnormalverteilung konvergiert.

Anmerkungen

(a) Bei Stichproben mit Zurücklegen gestattet dieses Theorem für hinreichend großes n sofort die Anwendung der Normalverteilung.

(b) Bei Stichproben ohne Zurücklegen ist die Unabhängigkeit der Zufallsvariablen X_i $(i=1,\dots,n)$ nicht gegeben. Das Zentrale Grenzwerttheorem gilt jedoch in vielen Fällen auch für abhängige Zufallsvariable. Unter einer Voraussetzung sind hierunter Stichproben ohne Zurücklegen zu fassen: der Umfang N der Grundgesamtheit muß hinreichend groß sein, damit die Kovarianzen $Cov(X_i, X_j) = -\frac{\sigma_X^2}{N-1}$ verschwinden (vgl. 8.3.2.2.). Die Bedingung eines genügend großen Stichprobenumfanges n bleibt davon unberührt.

Unter Berücksichtigung des Korrekturfaktors und den genannten Voraussetzungen ist demnach die Zufallsvariable

$$z = \frac{\bar{X}-\mu_X}{\frac{\sigma_X}{\sqrt{n}}\sqrt{\frac{N-n}{N-1}}}$$

asymptotisch normalverteilt.

(c) Da in der Realität sehr viele Zufallsvariable nicht normalverteilt sind, kommt dem Zentralen Grenzwerttheorem große praktische Bedeutung zu. Soll eine vorgesehene Annäherung an die Normalverteilung erreicht werden, so ist natürlich der Stichprobenumfang um so größer zu wählen, je stärker die Verteilung der Grundgesamtheit von der Normalverteilung abweicht. Als Faustregel für die Verwendung der Normalverteilung gilt $n \geq 25$.

Beispiele:

a) Ein Seilproduzent hat in langen Versuchsreihen festgestellt, daß sein Produkt eine nahezu normalverteilte Reißfestigkeit mit dem Mittelwert $\mu_X = 30$ Pfund und der Standardabweichung $\sigma_X = 4$ Pfund hat. Ein zeit- und geldsparender neuer Produktionsprozeß wird eingeführt; man entnimmt 25 Teststücke des neuen Seils und erhält eine durchschnittliche Reißfestigkeit von 28 Pfund. Wenn man annimmt, daß die Qualität des Seils durch den neuen Produktionsprozeß nicht geändert wurde, wie groß ist dann die Wahrscheinlichkeit, bei n = 25 Teststücken eine Reißfestigkeit von 28 Pfund oder weniger zu erhalten?

$$z = \frac{\bar{x}+\frac{1}{2n}-\mu_X}{\sigma_X/\sqrt{n}} = \frac{28+\frac{1}{50}-30}{4/\sqrt{25}} = -\frac{1,98}{0,8} = -2,475$$

Das heißt

$P(\bar{X} \leq 28) \doteq 0,67\ \%$.

Die Kontinuitätsberichtigung hat bei Mittelwerten den Wert $\frac{1}{2n}$; denn wird die Reißfestigkeit in Pfund gemessen, so ist die Kontinuitätsberichtigung 0,5 Pfund. Bei der Mittelwertbildung liegen die gemessenen Werte nicht mehr mindestens 1 Pfund auseinander, sondern nur noch $\frac{1}{n}$ Pfund, wobei n der Stichprobenumfang ist. Die Kontinuitätsberichtigung ist folglich

$$\frac{1}{2}\cdot\frac{1}{n} = \frac{1}{2n}$$

b) Für 101 Firmen liegen Monatsproduktionsangaben einer bestimmten Ware vor. Der Mittelwert ist $\mu_X = 15$ t mit einer Standardabweichung von $\sigma_X = 4$ t. Gesucht ist die Wahrscheinlichkeit, bei einer Stichprobe im Umfang n = 25 Mittelwerte von 13,5 t oder weniger zu erhalten.

Bei n = 25 können wir das Zentrale Grenzwerttheorem und damit die Normalverteilung anwenden. Die Kontinuitätsberichtigung lassen wir unberücksichtigt. Dann ist:

$$z = \frac{\bar{x}-\mu_X}{\frac{\sigma_X}{\sqrt{n}}\sqrt{\frac{N-n}{N-1}}} = \frac{13,5-15}{\frac{4}{\sqrt{25}}\sqrt{\frac{101-25}{101-1}}} = -2,16$$

Daraus ergibt sich:

$P(\bar{X} \leq 13,5) = 1,57$ %

8.4. Die Verteilung des Stichprobenanteilswertes

Nach der Verteilung des Stichprobenmittels leiten wir die Verteilung des Stichprobenanteilswertes ab. Es wird sich zeigen, daß man den Anteilswert als Spezialfall des Mittelwertes auffassen kann. Zur Veranschaulichung soll wieder mit einem Beispiel begonnen werden.

Beispiel:

In einer Gesamtheit von N = 10 Personen seien M = 4 Frauen und N-M = 6 Männer. Die Zufallsvariable X ordne dem Geschlechtsmerkmal "weiblich" den Wert 1 und "männlich" den Wert 0 zu. Die zugehörige Wahrscheinlichkeitsfunktion ist dann 0,6 für die Ausprägung 0 und 0,4 für die Ausprägung 1, mit den Parametern E(X) = 0,4 und Var(X) = 0,24. E(X) gibt den Anteil der Frauen in der Grundgesamtheit an. Aus diesen Personen ist ein Gremium von n = 4 Personen zu wählen, und wir fragen nach dem prozentualen Anteil der Frauen in diesem Gremium. Mit P werde die Zufallsvariable "Stichprobenanteilswert" bezeichnet, mit p deren Realisation in einer konkreten Stichprobe. In eine Auswahl von 4 aus 10 Personen können 0, 1, 2, 3 oder 4 Frauen gelangen, mithin kann P die Werte 0, 1/4, 2/4, 3/4 oder 1 annehmen. Die Auswahl erfolgt ohne Zurücklegen (mit Beachten der Reihenfolge der Ziehung). Dann gibt es insgesamt

$$\frac{N!}{(N-n)!} = \frac{10!}{6!} = 5.040$$

verschiedene Stichproben.

Eine Aufzählung aller möglichen Stichprobenergebnisse ist an dieser Stelle nicht möglich, jedoch können sofort die Häufigkeits- und Wahrscheinlichkeitsverteilung für P mit Hilfe der hypergeometrischen Verteilung angegeben werden:

p = Anteil der Frauen in einer Stichprobe	0	1/4	2/4	3/4	1
h(p) = Anzahl der Stichproben mit einem Anteil p von Frauen	360	1.920	2.160	576	24
$f_P(p)$ = Wahrscheinlichkeit für eine Stichprobe mit einem Anteil p von Frauen	0,071	0,381	0,429	0,114	0,005

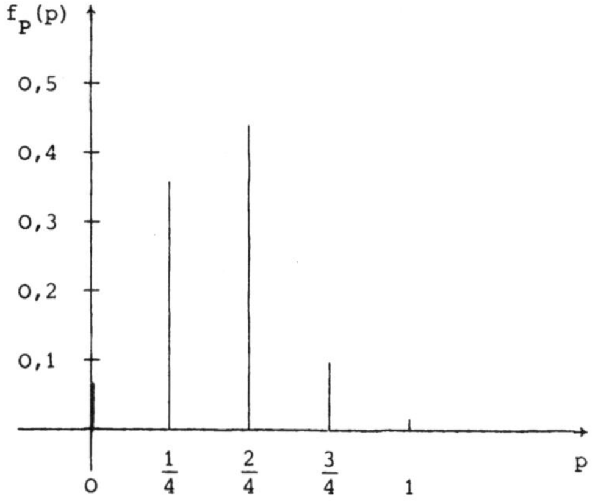

Aus der Wahrscheinlichkeitsfunktion für P werden E(P) = 0,4 und σ_P = 0,2 berechnet. Wie beim arithmetischen Mittel stimmt der Erwartungswert der Stichprobenverteilung des Anteilswertes mit dem Anteilswert der Grundgesamtheit überein.

Mit den folgenden Überlegungen soll gezeigt werden, daß es sich beim Anteilswert um einen Spezialfall des arithemetischen Mittels handelt. In einer Grundgesamtheit von N Elementen sei ein Merkmal anzutreffen, das bei M Elementen vorhanden, bei den übrigen N-M Elementen nicht vorhanden ist. Die Zufallsvariable X nimmt den Wert 1 an, wenn die Eigenschaft bei einem Element vorhanden ist, den Wert 0, wenn sie nicht vorhanden ist. X besitzt keine weiteren Ausprägungen. Die Ausprägung X = 1 tritt mit der Wahrscheinlichkeit

$\Pi = \frac{\sum_{i=1}^{N} a_i}{N} = \frac{M}{N}$, die Ausprägung X = O mit der Wahrscheinlichkeit $\frac{N-M}{N} = 1-\Pi$ auf, wobei $a_i (i=1,\ldots,N)$ diejenige Ausprägung ist, die die Zufallsvariable dem i-ten Element der Grundgesamtheit zuordnet. Dann wird $E(X) = \Pi$ und $Var(X) = \sigma_X^2 = \Pi(1-\Pi)$. Die Größe Π ist also die Erfolgswahrscheinlichkeit bei einem einzigen Versuch. Als Erfolg wird die Ziehung eines Elementes betrachtet, das die Eigenschaft besitzt.

Aus dieser Grundgesamtheit wird eine Stichprobe im Umfang n gezogen, die einzelnen Zufallsvariablen $X_1, X_2, \ldots, X_n$ haben wiederum die gleiche Verteilung wie die Variable X; die Summe der Erfolge bei n Ziehungen ist dann $\sum_{i=1}^{n} X_i$, der Anteil der Erfolge in der Stichprobe ist $P = \frac{\sum_{i=1}^{n} X_i}{n}$. Da nun gezeigt ist, daß P die gleiche Definition hat wie $\bar{X}$, ist es zulässig, die Ergebnisse von 8.3. auf die Stichprobenverteilung des Anteils P zu übertragen.

8.4.1. Der Erwartungswert des Stichprobenanteilswertes

Der Stichprobenanteilswert P hat sowohl für Stichproben mit Zurücklegen als auch für Stichproben ohne Zurücklegen den Erwartungswert

$$E(P) = E(X) = \Pi$$

Beweis:

Ergibt sich sofort aus 8.3.1.

8.4.2. Die Varianz des Stichprobenanteilswertes

8.4.2.1. Stichproben mit Zurücklegen

Der Stichprobenanteilswert P hat für Stichproben mit Zurücklegen die Varianz

$$\mathrm{Var}(P) = \frac{\Pi(1-\Pi)}{n} =: \sigma_P^2$$

Beweis:

Nach 8.3.2.1. ist

$$\mathrm{Var}(P) = \frac{\sigma_X^2}{n} = \frac{\Pi(1-\Pi)}{n}$$

8.4.2.2. Stichproben ohne Zurücklegen

Die Verteilung des Anteilswertes P hat für Stichproben ohne Zurücklegen die Varianz:

$$\mathrm{Var}(P) = \sigma_P^2 = \frac{\Pi(1-\Pi)}{n}\,\frac{N-n}{N-1}$$

Beweis:

Nach 8.3.2.2. ist

$$\sigma_P^2 = \frac{\sigma_X^2}{n}\,\frac{N-n}{N-1} = \frac{\Pi(1-\Pi)}{n}\,\frac{N-n}{N-1}$$

8.4.3. Das Verteilungsgesetz des Stichprobenanteilswertes

Für den Stichprobenanteilswert können wir sowohl eine exakte als auch eine asymptotische Verteilung angeben.

8.4.3.1. Exakte Verteilung

Die Verteilung der Zufallsvariablen P läßt sich indirekt bestimmen. Es gilt $p = \frac{np}{n}$. Damit ist jedem realisierten Stichprobenanteilswert p eindeutig eine Anzahl n·p von Erfolgen unter n Stichprobenelementen zugeordnet. Die Wahrscheinlichkeit für jede Ausprägung von P ist gleich der Wahrscheinlichkeit der zugehörigen Ausprägung von n·P. Die Verteilung von n·P ist aber bekannt. Sie folgt bei Stichproben mit Zurücklegen einer Binomialverteilung mit den Parametern $E(nP) = n\Pi$ und $Var(nP) = n\Pi(1-\Pi)$ und bei Stichproben ohne Zurücklegen einer hypergeometrischen Verteilung mit $E(nP) = n\Pi$ und $Var(nP) = n\Pi\cdot(1-\Pi)\cdot\frac{N-n}{N-1}$.

Demnach ist $f_P(p) = f_{nP}(np) = \binom{n}{np}\Pi^{np}(1-\Pi)^{n-np}$ für Stichproben mit Zurücklegen bzw. $f_P(p) = f_{nP}(np) = \frac{\binom{M}{np}\binom{N-M}{n-np}}{\binom{N}{n}}$ für Stichproben ohne Zurücklegen.

Die entsprechenden Parameter von P wurden bereits in 8.4.2. abgeleitet.

8.4.3.2. Asymptotische Verteilung

Auch für den Stichprobenanteilswert als Spezialfall gilt bei hinreichend großem Stichprobenumfang das Zentrale Grenzwerttheorem. Danach ist P annähernd normalverteilt mit $N(\Pi; \frac{\Pi(1-\Pi)}{n})$ für Stichproben mit Zurücklegen bzw. $N(\Pi; \frac{\Pi(1-\Pi)}{n}\,\frac{N-n}{N-1})$ für Stichproben ohne Zurücklegen.

Begründung:

Bei der Approximation der Binomialverteilung durch die Normalverteilung (vgl. 7.2.2.8.1.), einem Spezialfall des Zentralen Grenzwerttheorems, wurde dargelegt, daß

$$\frac{\sum_{i=1}^{n} X_i - n\Pi}{\sqrt{n\Pi(1-\Pi)}} \doteq N(0;1) \text{ für } n\to\infty$$

Nun ist aber:

$$\frac{\sum\limits_{i=1}^{n} X_i - n\Pi}{\sqrt{n\Pi(1-\Pi)}} = \frac{\frac{1}{n}\sum\limits_{i=1}^{n} X_i - \Pi}{\sqrt{\frac{\Pi(1-\Pi)}{n}}} = \frac{P-\Pi}{\sigma_P} \stackrel{\cdot}{\sim} N(0;1) \text{ für } n\to\infty$$

Ferner ergibt sich für die Wahrscheinlichkeit, daß der Anteilswert im Intervall $p_1 \leq P \leq p_2$ liegt:

$$\text{Wahrscheinlichkeit } (p_1 \leq P \leq p_2) \to \frac{1}{\sqrt{2\pi}} \int\limits_{z_1}^{z_2} e^{-\frac{z^2}{2}} dz,$$

$$\text{wobei } z_1 = \frac{p_1 - \frac{1}{2n} - \Pi}{\sigma_P} \text{ und } z_2 = \frac{p_2 + \frac{1}{2n} - \Pi}{\sigma_P}$$

$\frac{1}{2n}$ ist der Wert der Kontinuitätsberichtigung.

Beispiele:

a) In einer (sehr großen) Grundgesamtheit von Familien beziehen 20 % eine bestimmte Zeitschrift. Wie groß ist die Wahrscheinlichkeit, bei einer Stichprobe von n = 225 einen Anteil von weniger als 16 % zu erhalten?

$$z = \frac{0{,}16 - \frac{1}{2\cdot 225} - 0{,}20}{\sqrt{\frac{0{,}2\ 0{,}8}{225}}} = -1{,}583$$

d.h. die Wahrscheinlichkeit dafür, daß der Stichprobenanteilswert $P < 0{,}16$ ist 5,57 %.

b) Von 2.000 Händlern gaben 40 % an, ihre Preise in der nächsten Periode konstant zu halten. Wie groß ist die Wahrscheinlichkeit, bei einer Stichprobe in der nächsten Periode (ohne Zurücklegen) von 400 Händlern einen Anteil von mindestens 46 % mit konstanten Preisen zu erhalten?

$$z = \frac{0{,}46 - \frac{1}{2\cdot 400} - 0{,}40}{\sqrt{\frac{0{,}4\cdot 0{,}6}{400}\ \frac{2.000-400}{2.000-1}}} = 2{,}68$$

Für z = 2,68 lesen wir ab, daß die Wahrscheinlichkeit für einen Stichprobenanteil von 46 % oder mehr der Befragten 0,37 % ist.

8.5. Die Verteilung der Stichprobenvarianz

Als nächste Stichprobenfunktion soll die Varianz betrachtet werden. Sie wird mit $S_{X,n}^2$ bezeichnet und ist wie folgt definiert:

$$S_{X,n}^2 = \frac{1}{n} \sum_{i=1}^{n} (X_i - \bar{X})^2$$

Gemäß der eingeführten Vereinbarung werden realisierte Stichprobenergebnisse mit kleinen Buchstaben bezeichnet; demnach ist $s_{X,n}^2 = \frac{1}{n} \Sigma (x_i - \bar{x})^2$ die Varianz einer gezogenen Stichprobe.

Ist speziell die betrachtete Zufallsvariable X eine 0-1-Variable, d.h. nimmt sie den Wert 0 mit der Wahrscheinlichkeit $1-\Pi$ und den Wert 1 mit der Wahrscheinlichkeit Π an, so gilt für die Stichprobenvarianz eine Formel, in der speziell $\bar{X}$ der Anteil P der Erfolge in der Stichprobe ist:

$$S_{X,n}^2 = \frac{1}{n} \sum_{i=1}^{n} (X_i - P)^2 = \frac{1}{n} \sum_{i=1}^{n} X_i^2 + P^2 - \frac{2}{n} P \sum_{i=1}^{n} X_i = \frac{1}{n} \sum_{i=1}^{n} X_i^2 - P^2$$

Da für 0-1 Variable stets gilt $X_i^2 = X_i$, erhält man $\frac{1}{n} \sum_{i=1}^{n} X_i^2 =$ $= \frac{1}{n} \sum_{i=1}^{n} X_i = P$ und damit

$$S_{X,n}^2 = P(1-P)$$

8.5.1. Der Erwartungswert der Stichprobenvarianz

Im Gegensatz zu den früher behandelten Stichprobenfunktionen muß bei der Berechnung des Erwartungswertes für die Verteilung der Stichprobenvarianz bereits zwischen Stichproben mit Zurücklegen und ohne Zurücklegen unterschieden werden. Die abgeleiteten Ergebnisse gelten indessen unverändert für jede beliebige Verteilung der Grundgesamtheit X.

8.5.1.1. Stichproben mit Zurücklegen

Für Stichproben mit Zurücklegen hat die Stichprobenvarianz den Erwartungswert

$$E(S^2_{X,n}) = \frac{n-1}{n}\sigma^2_X$$

Ist die Zufallsvariable X insbesondere 0-1 verteilt, so ergibt sich:

$$E[P(1-P)] = \frac{n-1}{n}\Pi(1-\Pi)$$

Beweis:

$$\frac{1}{n}\sum_{i=1}^{n}(X_i-\mu_X)^2 = \frac{1}{n}\Sigma(X_i-\bar{X}+\bar{X}-\mu_X)^2 = \frac{1}{n}\Sigma(X_i-\bar{X})^2+\frac{1}{n}\Sigma(\bar{X}-\mu_X)^2+\frac{2}{n}(\bar{X}-\mu_X)\underbrace{\Sigma(X_i-\bar{X})}_{0}=$$

$$= S^2_{X,n}+(\bar{X}-\mu_X)^2$$

Damit gilt:

$$E(S^2_{X,n}) = E[\frac{1}{n}(X_i-\mu_X)^2]-E(\bar{X}-\mu_X)^2 = \frac{1}{n}\sum_{i=1}^{n}E(X_i-\mu_X)^2-E(\bar{X}-\mu_X)^2 = \frac{1}{n}\cdot n\sigma^2_X-\sigma^2_{\bar{X}} =$$

$$\sigma^2_X-\sigma^2_{\bar{X}} = \sigma^2_X-\frac{\sigma^2_X}{n} = \frac{n-1}{n}\sigma^2_X$$

8.5.1.2. Stichproben ohne Zurücklegen

Für Stichproben ohne Zurücklegen hat die Stichprobenvarianz den Erwartungswert

$$E(S^2_{X,n}) = \frac{n-1}{n}\cdot\frac{N}{N-1}\sigma^2_X$$

Ist die Zufallsvariable X insbesondere 0-1 verteilt, so wird diese Formel zu:

$$E[P(1-P)] = \frac{n-1}{n}\frac{N}{N-1}\Pi(1-\Pi)$$

Beweis:

$$E(S^2_{X,n}) = \sigma^2_X-\mathrm{Var}(\bar{X}) \quad \text{(vgl. 8.5.1.1.)}$$

Daraus ergibt sich für Stichproben ohne Zurücklegen:

$$E(S^2_{X,n}) = \sigma^2_X-\frac{\sigma^2_X}{n}\cdot\frac{N-n}{N-1} = \frac{n-1}{n}\cdot\frac{N}{N-1}\sigma^2_X$$

8.5.2. Die Varianz der Stichprobenvarianz

Die Formeln für die Varianz der Stichprobenvarianz sind recht komplizierte Ausdrücke. Wir benötigen die Formeln später nur im Zusammenhang mit einer normalverteilten Grundgesamtheit. Diese Voraussetzung führt aber zu einem einfacheren Zusammenhang. Es wird daher darauf verzichtet, die Formeln für die Varianz (für Stichproben mit bzw. ohne Zurücklegen) in ihrer allgemeinen Form, d.h. unabhängig von der Verteilung der Grundgesamtheit, hier einzuführen. Unter Voraussetzung einer normalverteilten Grundgesamtheit wird die Varianz im Abschnitt 8.5.3.2. abgeleitet. Der an der allgemeinen Formel interessierte Leser sei für Stichproben mit Zurücklegen auf die Aufgabe 8.10. verwiesen; die sehr komplizierte Formel für Stichproben ohne Zurücklegen kann z.B. bei Hansen, Hurwitz, Madow, Band II, S. 101, nachgelesen werden, wobei dort allerdings die Ableitung für die in 8.5.4. einzuführende Stichprobenfunktion S_X^2 gilt.

8.5.3. Das Verteilungsgesetz der Stichprobenvarianz bei normalverteilter Grundgesamtheit

Zur Ableitung des Verteilungsgesetzes der Stichprobenvarianz wird im folgenden stets von einer normalverteilten Grundgesamtheit X mit dem Erwartungswert $E(X) = \mu_X$ und der Varianz $Var(X) = \sigma_X^2$ ausgegangen. Ferner werden für die Beweise zwei Sätze benötigt, die zunächst vorgestellt werden sollen.

Satz 1

Ist X eine normalverteilte Zufallsvariable mit $N(\mu_X;\sigma_X^2)$, und sind $X_1,\ldots,X_n$ unabhängige Zufallsvariable mit der gleichen Verteilung wie bei X, dann folgt die Summe der Quadrate der Standardnormalvariablen $Z_i = \frac{X_i-\mu_X}{\sigma_X}$, also die Größe

$$W = \sum_{i=1}^{n} Z_i^2 = \sum_{i=1}^{n} \left(\frac{X_i-\mu_X}{\sigma_X}\right)^2,$$ einer χ^2-Verteilung mit n Freiheitsgraden.

Beweis:

Der Beweis wird mit Hilfe der momenterzeugenden Funktion geführt. Man vergleiche hierzu die etwas andere Beweisführung in 7.2.3.2.4.1.

$$M_W(\Theta) = E(e^{W\Theta}) = E(e^{z_1^2\Theta+..+z_n^2\Theta}) = E(e^{z_1^2\Theta} e^{z_2^2\Theta} \dots e^{z_n^2\Theta}) =$$

$$= E(e^{z_1^2\Theta})E(e^{z_2^2\Theta})\dots E(e^{z_n^2\Theta}) = [E(e^{z^2\Theta})]^n$$

Nun ist

$$E(e^{z^2\Theta}) = \int_{-\infty}^{\infty} e^{z^2\Theta} f(z)dz = \frac{1}{\sqrt{2\pi}} \int_{-\infty}^{\infty} e^{z^2\Theta} e^{-\frac{z^2}{2}} dz = \frac{1}{\sqrt{2\pi}} \int_{-\infty}^{\infty} e^{-\frac{z^2(1-2\Theta)}{2}} dz$$

Setzen wir $t = z(1-2\Theta)^{1/2}$, so wird $dz = \frac{dt}{(1-2\Theta)^{1/2}}$ und

$$E(e^{z^2\Theta}) = \frac{1}{\sqrt{2\pi}} \int_{-\infty}^{\infty} e^{-\frac{t^2}{2}} \frac{1}{(1-2\Theta)^{1/2}} dt = (1-2\Theta)^{-1/2} \underbrace{\frac{1}{\sqrt{2\pi}} \int_{-\infty}^{\infty} e^{-\frac{t^2}{2}} dt}_{=1} =$$

$$= (1-2\Theta)^{-1/2}$$

Damit wird

$$M_W(\Theta) = [E(e^{z^2\Theta})]^n = (1-2\Theta)^{-\frac{n}{2}}$$

Damit ist gezeigt, daß $M_W(\Theta)$ die momenterzeugende Funktion einer χ^2-Verteilung mit $\nu = n$ Freiheitsgraden ist. Die Größe $W = \sum_{i=1}^{n} z_i^2$ ist also χ^2-verteilt mit n Freiheitsgraden.

Es zeigt sich an dieser Stelle, daß die χ^2-Verteilung sowohl als Spezialfall der Gamma-Verteilung angesehen werden kann (vgl. 7.2.3.2.) als auch als Funktion der Normalverteilung, nämlich als Summe der Quadrate von Standardnormalvariablen.

Die in Satz 1 eingeführte Größe ist jedoch noch nicht geeignet, die Verteilung von $S_{X,n}^2$ zu bestimmen, denn sie enthält den Parameter μ_X; die Stichprobenvarianz $S_{X,n}^2$ ist jedoch eine Funktion des Stichprobenmittels $\bar{X}$. Daher soll nun die Größe

$$W_1 = \sum_{i=1}^{n} \left(\frac{X_i-\bar{X}}{\sigma_X}\right)^2$$

betrachtet werden. Das Ergebnis von Satz 1 ist wie folgt zu modifizieren:

Satz 2

Ist X eine normalverteilte Zufallsvariable mit $N(\mu_X;\sigma_X^2)$ und sind $X_1,\ldots,X_n$ unabhängige Zufallsvariablen mit der gleichen Verteilung wie X, so folgt die Größe

$$W_1 = \sum_{i=1}^{n} \left(\frac{X_i-\bar{X}}{\sigma_X}\right)^2$$

einer χ^2-Verteilung mit ν = n-1 Freiheitsgraden.

Beweis:

Auf den Beweis soll an dieser Stelle verzichtet werden. Der interessierte Leser findet ihn z.B. bei Hoel, S. 252 ff.

Die Größe W_1 kann dazu verwendet werden, um die Paramater der Verteilung von $S_{X,n}^2$ für normalverteilte Grundgesamtheiten abzuleiten und um Wahrscheinlichkeitsaussagen für $S_{X,n}^2$ zu machen.

Wegen $W_1 = \frac{\Sigma(X_i-\bar{X})^2}{\sigma_X^2} = \frac{nS_{X,n}^2}{\sigma_X^2}$ folgt die Größe $\frac{nS_{X,n}^2}{\sigma_X^2}$ einer χ^2-Verteilung mit ν = n-1 Freiheitsgraden. Da $E(W_1)$ = n-1 und $Var(W_1)$ = 2(n-1) (vgl. 7.2.3.2.2.), können Erwartungswert und Varianz von $S_{X,n}^2$ bestimmt werden.

8.5.3.1. Der Erwartungswert von $S_{X,n}^2$

Es ist

$$E(S_{X,n}^2) = \frac{n-1}{n}\,\sigma_X^2$$

Beweis:

$$E(W_1) = E\left(\frac{nS_{X,n}^2}{\sigma_X^2}\right) = \frac{n}{\sigma_X^2}\,E(S_{X,n}^2) = n-1 \text{ und damit}$$

$$E(S_{X,n}^2) = \frac{n-1}{n}\,\sigma_X^2 \text{ (vgl. 8.5.1.1.)}$$

8.5.3.2. Die Varianz von $S^2_{X,n}$

Es ist

$$Var(S^2_{X,n}) = \frac{2(n-1)}{n^2}\sigma^4_X$$

Beweis:

$$Var(W_1) = Var\left(\frac{nS^2_{X,n}}{\sigma^2_X}\right) = \frac{n^2}{\sigma^4_X} Var(S^2_{X,n}) = 2(n-1) \text{ und damit}$$

$$Var(S^2_{X,n}) = \frac{2(n-1)}{n^2}\sigma^4_X$$

8.5.3.3. Schwankungsbereiche für $S^2_{X,n}$

Aus Satz 2 wurde gefolgert, daß die Größe $\frac{nS^2_{X,n}}{\sigma^2_X}$ einer χ^2-Verteilung von $\nu = n-1$ Freiheitsgraden folgt. Damit können Wahrscheinlichkeitsaussagen für vorgegebene Schwankungsbereiche von $S^2_{X,n}$ gemacht werden.

Beispiel:

Gegeben sei eine normalverteilte Zufallsvariable X mit $Var(X) = \sigma^2_X$. Eine Stichprobe im Umfang $n = 31$ wird gezogen. Gefragt ist nach der Wahrscheinlichkeit $P(0{,}8\sigma^2_X < S^2_{X,n} < 1{,}3\,\sigma^2_X)$.

Zur Lösung dieser Frage formt man wie folgt um:

$$P(0{,}8\,\sigma^2_X < S^2_{X,n} < 1{,}3\,\sigma^2_X) = P\left(\frac{n}{\sigma^2_X}0{,}8\,\sigma^2_X < \frac{nS^2_{X,n}}{\sigma^2_X} < \frac{n}{\sigma^2_X}1{,}3\,\sigma^2_X\right) =$$

$$= P(31\cdot 0{,}8 < W_1 < 31\cdot 1{,}3) = P(24{,}8 < W_1 < 40{,}3)$$

W_1 ist χ^2-verteilt mit $\nu = n-1 = 30$ Freiheitsgraden. Aus der Tabelle mit der χ^2-Verteilung ist dann die gesuchte Wahrscheinlichkeit mit 0,636 abzulesen.

8.5.4. Die Verteilung der Stichprobenfunktion S_X^2

Bei der Behandlung des Stichprobenmittels und des Stichprobenanteilswertes hat sich gezeigt, daß ihr Erwartungswert gleich dem entsprechenden Grundgesamtheitsparameter ist. Die Verteilung der Stichprobenvarianz jedoch hat diese Eigenschaft nicht; es ist $E(S_{X,n}^2) \neq \sigma_X^2$. Im weiteren Verlauf dieser Arbeit wird es notwendig sein, eine Stichprobenfunktion zur Verfügung zu haben, deren Erwartungswert gleich der Varianz σ_X^2 der Grundgesamtheit ist. Diese Funktion ist ähnlich konstruiert wie die Stichprobenvarianz. Sie wird mit S_X^2 bezeichnet und ist wie folgt definiert:

$$S_X^2 = \begin{cases} \dfrac{n}{n-1}\, S_{X,n}^2 = \dfrac{\Sigma(X_i-\bar{X})^2}{n-1} & \text{für Stichproben mit Zurücklegen} \\[2ex] \dfrac{n}{n-1}\cdot\dfrac{N-1}{N}\, S_{X,n}^2 = \dfrac{N-1}{N}\cdot\dfrac{\Sigma(X_i-\bar{X})^2}{n-1} & \text{für Stichproben ohne Zurücklegen} \end{cases}$$

Ist die Zufallsvariable X speziell 0-1 verteilt, so wird

$$S_X^2 = \begin{cases} \dfrac{n}{n-1}\cdot P(1-P) & \text{für Stichproben mit Zurücklegen} \\[2ex] \dfrac{n}{n-1}\cdot\dfrac{N-1}{N}\, P(1-P) & \text{für Stichproben ohne Zurücklegen} \end{cases}$$

Anmerkung

Analog zur Bezeichnung der Stichprobenvarianz wäre für die hier untersuchte Stichprobenfunktion die Bezeichnung $S_{X,n-1}^2$ angebracht gewesen. Um jedoch in Einklang mit dem überwiegenden Teil der Lehrbuchliteratur zu bleiben, wurde hierauf zugunsten der Bezeichnung S_X^2 verzichtet.

Man sieht sofort, daß die Stichprobenfunktion S_X^2 den Erwartungswert $E(S_X^2) = \sigma_X^2$ hat, denn es ist

$$E(S_X^2) = \begin{cases} \frac{n}{n-1} E(S_{X,n}^2) = \sigma_X^2 & \text{für Stichproben mit Zurücklegen} \\ \frac{n}{n-1} \frac{N-1}{N} E(S_{X,n}^2) = \sigma_X^2 & \text{für Stichproben ohne Zurücklegen} \end{cases}$$

Für 0-1 verteilte Zufallsvariablen gilt insbesondere

$$E(S_X^2) = \begin{cases} \frac{n}{n-1} E(S_{X,n}^2) = \Pi(1-\Pi) & \text{für Stichproben mit Zurücklegen} \\ \frac{n}{n-1} \frac{N-1}{N} E(S_{X,n}^2) = \Pi(1-\Pi) & \text{für Stichproben ohne Zurücklegen} \end{cases}$$

Die Varianz von S_X^2 soll wiederum nur für normalverteilte Grundgesamtheiten angegeben werden. Damit entfallen die 0-1 verteilten Variablen und die Ziehung ohne Zurücklegen, da eine normalverteilte Variable eine unendliche Grundgesamtheit hat. Es gilt

$$W_1 = \frac{(n-1)S_X^2}{\sigma_X^2}$$

und daher $\mathrm{Var}(W_1) = \frac{(n-1)^2}{\sigma_X^4} \mathrm{Var}(S_X^2) = 2(n-1)$ oder

$$\mathrm{Var}(S_X^2) = \frac{2\sigma_X^4}{n-1}$$

Auch für die Funktion S_X^2 kann W_1 dazu verwendet werden, Wahrscheinlichkeiten für Schwankungsbereiche zu bestimmen.

Beispiel:

Mit den Voraussetzungen von Beispiel 8.5.3.3. sei die Wahrscheinlichkeit $P(0{,}8\ \sigma_X^2 < S_X^2 < 1{,}14\ \sigma_X^2)$ gesucht. Dies läßt sich schreiben als

$$P\left(\frac{n-1}{\sigma_X^2} 0{,}8\ \sigma_X^2 < \frac{(n-1)S_X^2}{\sigma_X^2} < \frac{n-1}{\sigma_X^2} \cdot 1{,}14\ \sigma_X^2\right) = P(24 < W_1 < 34{,}2).$$

Dafür lesen wir aus der Tabelle für die χ^2-Verteilung eine Wahrscheinlichkeit von 50 % ab.

8.6. Die Verteilung einer Funktion zweier Stichprobenfunktionen

In der statistischen Praxis tauchen häufig Fragestellungen auf, die den Vergleich zweier Gruppen von Beobachtungen erfordern. So implizieren beispielsweise die Fragen, ob ein Medikament einen besseren Heilerfolg verspricht als ein anderes, die Lehrmethode A bessere Ergebnisse zeitigt als die Methode B, oder ein bestimmtes Düngemittel höhere Erträge bewirkt als eine andere Sorte, den Vergleich von Parametern der jeweiligen Gruppe von Beobachtungen.

Für Urteile dieser Art hat sich die Differenz von Parametern als besonders brauchbar erwiesen, insbesondere die Differenz von Stichprobenmittel- bzw. Anteilswerten. Die Verteilung dieser Differenzen ist mithin von besonderem Interesse hinsichtlich der analytischen Aufgaben der Statistik. In anderem Zusammenhang wird die Bildung des Quotienten von Varianzen zweier Stichproben erforderlich. Da hierbei die logische Struktur des Problems und seine formale Behandlung analog ist zu den Differenzen von Mittel- bzw. Anteilswerten, soll zunächst eine allgemeine Formulierung des Problems und seiner analytischen Bewältigung erfolgen.

Der abstrakte Charakter der Darstellung wird dabei aufgelockert durch die Verwendung einiger Beispiele, die sich direkt auf die Differenz von Stichprobenmittelwerten beziehen.

Gegeben seien zwei Grundgesamtheiten E_X und E_Y, auf denen zwei Zufallsvariable X und Y definiert sind. Diese Zufallsvariable ordnen den Untersuchungseinheiten deren Ausprägungen zu.

Aus Gründen der Einfachheit werden im folgenden die Elemente der Grundgesamtheit mit ihren Ausprägungen identifiziert, d.h. die Untersuchungseinheiten und ihre Ausprägungen (= reelle Zahlen) sollen als zwei Seiten derselben Medaille betrachtet werden.

Für die allgemeine Ableitung benötigen wir die Funktion Φ mit

$$\Phi: \mathbb{R} \times \mathbb{R} \rightarrow \mathbb{R}$$

die jedem geordneten Paar reeller Zahlen (u,v) den reellen Wert $\phi(u,v)$ zuordnet.

Ist diese Funktion Φ nicht auf der ganzen Produktmenge des $\mathbb{R} \times \mathbb{R}$, sondern nur auf einer Teilmenge $A \times B \subset \mathbb{R} \times \mathbb{R}$ definiert, so heißt dies die Restriktion von Φ auf A x B, in Zeichen:

$$\Phi/_{A \times B}: A \times B \rightarrow \mathbb{R}$$

Es sei nun die Restriktion $\Phi/_{E_X \times E_Y}$ definiert, die jedem geordneten Paar von Merkmalsausprägungen (x,y) mit $x \varepsilon E_X$ und $y \varepsilon E_Y$ die reelle Zahl $\phi(x,y)$ zuordnet.

Beispiel:

Seien $x \varepsilon E_X$ und $y \varepsilon E_Y$ zwei Merkmalsausprägungen von Untersuchungseinheiten aus E_X bzw. E_Y, so sei nun $\Phi/_{E_X \times E_Y}$ diejenige Funktion, die diesen Merkmalsausprägungen deren Differenz zuordnet, kurz

$$\phi(x,y) = x-y$$

Aus den beiden Grundgesamtheiten werden nun unabhängig voneinander Stichproben im Umfang n_X bzw. n_Y gezogen. Je nach Ziehungsvorschrift erhält man den Stichprobenraum $E_X^{n_X}$ oder eine Teilmenge davon, bzw. $E_Y^{n_Y}$ oder eine Teilmenge davon.

Ohne Beschränkung der Allgemeinheit der Ausführungen kann man im weiteren den Fall mit Zurücklegen betrachten, der $E_X^{n_X}$ bzw. $E_Y^{n_Y}$ als Stichprobenräume liefert.

Wir definieren eine beliebige Stichprobenfunktion Ω, wobei unterschieden wird zwischen Ω_X und Ω_Y, entsprechend dem zugrundeliegenden Stichprobenraum. Die zugehörigen Wertebereiche werden mit W_X bzw. W_Y bezeichnet, so daß man diesen Sachverhalt wie folgt darstellen kann:

$$\Omega_X : E_X^{n_X} \to W_X \subseteq \mathbb{R}$$

$$\Omega_Y : E_Y^{n_Y} \to W_Y \subseteq \mathbb{R}$$

Beispiel:

Gegeben sind $E_X^{n_X}$ und $E_Y^{n_Y}$. Als Stichprobenfunktion Ω wählen wir das Stichprobenmittel. Dabei wird Ω_X mit $\bar{X}$ und Ω_Y mit $\bar{Y}$ bezeichnet.

Alle möglichen Realisationen von $\bar{X}$ (= reelle Zahlen) bilden den Wertebereich $W_X \subseteq \mathbb{R}$. Entsprechendes gilt für $W_Y \subseteq \mathbb{R}$.

Damit sind die theoretischen Vorüberlegungen abgeschlossen. Es wird nun wieder die bereits eingeführte Funktion Φ verwendet, hier eingeschränkt auf die Produktmenge $W_X \times W_Y$:

$$\Phi/_{W_X \times W_Y}: W_X \times W_Y \to R.$$

Beispiel:

Sind Ω_X und Ω_Y die Stichprobenfunktionen $\bar{X}$ und $\bar{Y}$, so kann $\Phi/_{W_X \times W_Y}$ diejenige Funktion darstellen, die zwei Stichprobenmittelwerten $\bar{x} \varepsilon W_X$ und $\bar{y} \varepsilon W_Y$ deren Differenz zuordnet:

$$\phi(\bar{x},\bar{y}) = \bar{x}-\bar{y}$$

Diese allgemeinen Überlegungen finden nun Anwendung in den Abschnitten 8.7. und 8.8., wo Parameter und Verteilung der Differenz von Stichprobenmittelwerten bzw. der Differenz von Stichprobenanteilswerten abgeleitet werden.

8.7. Die Verteilung der Differenz zweier Stichprobenmittelwerte

Auf den Grundgesamtheiten E_X und E_Y seien zwei voneinander unabhängige Zufallsvariable X und Y definiert mit $E(X) = \mu_X$ bzw. $E(Y) = \mu_Y$ und den Varianzen σ_X^2 bzw. σ_Y^2.

Wir bilden die Zufallsvariable $\Phi/_{E_X \times E_Y} = X-Y$

Ihre Parameter werden mit $E(X-Y) = \mu_{X-Y}$ und $Var(X-Y) = \sigma^2_{X-Y}$ bezeichnet und können ohne Kenntnis der Verteilung von X-Y abgeleitet werden. Es ist $E(X-Y) = \mu_{X-Y} = E(X)-E(Y)$ (vgl. 5.1.1.3.) und $Var(X-Y) = \sigma^2_{X-Y} = \sigma^2_X+\sigma^2_Y$ (vgl. Folgerung in 5.2.4.).

Die Umfänge der beiden Grundgesamtheiten seien N_X und N_Y; wir ziehen Stichproben im Umfang n_X aus N_X und n_Y aus N_Y und bilden die Stichprobenfunktionen $\Omega_X = \bar{X}$ und $\Omega_Y = \bar{Y}$. Gesucht ist die Verteilung der Funktion zweier Stichprobenfunktionen $\Phi/_{W_X \times W_Y} = \bar{X}-\bar{Y}$. Die beiden Stichprobenbeziehungen aus E_X und E_Y sollen voneinander unabhängig sein. Damit können die Parameter der Verteilung $\bar{X}-\bar{Y}$ angegeben werden.

8.7.1. Der Erwartungswert der Differenz zweier Stichprobenmittelwerte

Die Funktion $\bar{X}-\bar{Y}$ hat den Erwartungswert $E(\bar{X}-\bar{Y}) = \mu_{X-Y}$

Beweis:

Es ist $E(\bar{X}-\bar{Y}) = E(\bar{X})-E(\bar{Y}) = \mu_X-\mu_Y = \mu_{X-Y}$

Dieses Ergebnis gilt unabhängig davon, ob die beiden Stichproben im Umfang n_X aus N_X und n_Y aus N_Y mit oder ohne Zurücklegen gezogen werden.

8.7.2. Die Varianz der Differenz zweier Stichprobenmittelwerte

8.7.2.1. Beide Stichproben werden mit Zurücklegen gezogen

Für Stichproben mit Zurücklegen (und Unabhängigkeit in der Ziehung der beiden Stichproben) hat die Zufallsvariable $\bar{X}-\bar{Y}$ die Varianz

$$Var(\bar{X}-\bar{Y}) = \sigma^2_{\bar{X}-\bar{Y}} = \frac{\sigma^2_X}{n_X} + \frac{\sigma^2_Y}{n_Y}$$

Beweis:

Ergibt sich sofort aus dem Theorem der Varianz einer Summe (vgl. 5.2.4. Folgerung und 8.3.2.1.).

8.7.2.2. Beide Stichproben werden ohne Zurücklegen gezogen

Für Stichproben ohne Zurücklegen (und Unabhängigkeit in der Ziehung der beiden Stichproben) hat die Zufallsvariable $\bar{X}-\bar{Y}$ die Varianz:

$$\mathrm{Var}(\bar{X}-\bar{Y}) = \sigma^2_{\bar{X}-\bar{Y}} = \frac{\sigma_X^2}{n_X}\,\frac{N_X-n_X}{N_X-1} + \frac{\sigma_Y^2}{n_Y}\,\frac{N_Y-n_Y}{N_Y-1}$$

Beweis:

Ergibt sich aus 5.2.4. Folgerung und 8.3.2.2.

8.7.3. Das Verteilungsgesetz der Differenz zweier Stichprobenmittelwerte

8.7.3.1. Die Zufallsvariablen X und Y sind normalverteilt

Sind die Zufallsvariablen X und Y normalverteilt, so ist auch die Funktion $\bar{X}-\bar{Y}$ normalverteilt mit den (bereits abgeleiteten) Parametern $E(\bar{X}-\bar{Y}) = \mu_{X-Y}$ und $\mathrm{Var}(\bar{X}-\bar{Y}) = \sigma^2_{\bar{X}-\bar{Y}} = \frac{\sigma_X^2}{n_X} + \frac{\sigma_Y^2}{n_Y}$.
Den Fall der Stichprobenziehung ohne Zurücklegen brauchen wir hier nicht zu beachten, da wegen der Annahme der normalverteilten Variablen X und Y die Umfänge der Grundgesamtheit N_X und N_Y unendlich sind und damit die Korrekturfaktoren 1 werden.

Beweis:

Falls X und Y normalverteilt sind, so sind auch $\bar{X}$ und $\bar{Y}$ normalverteilt mit den momenterzeugenden Funktionen

$$M_{\bar{X}}(\Theta) = e^{\mu_X\Theta + \frac{\sigma_X^2}{2n_X}\Theta^2} \quad \text{bzw.} \quad M_{\bar{Y}}(\Theta) = e^{\mu_Y\Theta + \frac{\sigma_Y^2}{2n_Y}\Theta^2}$$

(vgl. hierzu den Beweis 8.3.3.1.). Ferner ist

$$M_{-\bar{Y}}(\Theta) = E(e^{-\bar{Y}\Theta}) = e^{-\mu_Y\Theta + \frac{\sigma_Y^2}{2n_Y}\Theta^2}$$ da für $c \in \mathbb{R}$ gilt:

$M_{c\bar{Y}}(\Theta) = M_{\bar{Y}}(c\Theta)$ und speziell für $c = -1$ gilt $M_{-\bar{Y}}(\Theta) = M_{\bar{Y}}(-\Theta)$

Damit können wir die momenterzeugende Funktion der Zufallsvariablen $\bar{X}-\bar{Y}$ schreiben als:

$$M_{\bar{X}-\bar{Y}}(\Theta) = E(e^{(\bar{X}-\bar{Y})\Theta}) = E(e^{\bar{X}\Theta}e^{-\bar{Y}\Theta}) = E(e^{\bar{X}\Theta})\,E(e^{-\bar{Y}\Theta}) =$$

$$= e^{\mu_X\Theta + \frac{\sigma_X^2}{2n_X}\Theta^2}\, e^{-\mu_Y\Theta + \frac{\sigma_Y^2}{2n_Y}\Theta^2} = e^{(\mu_X-\mu_Y)\Theta + \frac{1}{2}\left(\frac{\sigma_X^2}{n_X} + \frac{\sigma_Y^2}{n_Y}\right)\Theta^2}$$

Die letzte Funktion ist die momenterzeugende Funktion einer Normalverteilung mit dem Erwartungswert $E(\bar{X}-\bar{Y}) = \mu_X - \mu_Y$ und der Varianz

$$\sigma^2_{\bar{X}-\bar{Y}} = \frac{\sigma_X^2}{n_X} + \frac{\sigma_Y^2}{n_Y}$$

8.7.3.2. Die Variablen X und Y sind nicht normalverteilt

Sind die Variablen X und Y nicht normalverteilt, so nähert sich die Verteilung der Funktion $\bar{X}-\bar{Y}$ asymptotisch einer Normalverteilung für $n_X \to \infty$ und $n_Y \to \infty$ mit den Parametern

$$E(\bar{X}-\bar{Y}) = \mu_X - \mu_Y \text{ und } Var(\bar{X}-\bar{Y}) = \frac{\sigma_X^2}{n_X} + \frac{\sigma_Y^2}{n_Y}$$

Zur Veranschaulichung dieses Sachverhaltes erinnern wir uns, daß die Zufallsvariablen $\bar{X}$ und $\bar{Y}$ unabhängig von der Verteilung von X und Y mit steigendem Stichprobenumfang n einer Normalverteilung zustreben (Zentrales Grenzwerttheorem). Dann strebt aber auch die Differenz $\bar{X}-\bar{Y}$ einer Normalverteilung zu mit den angegebenen Parametern. Erfolgt die Ziehung der Stichproben ohne Zurücklegen, so kann der Korrekturfaktor erforderlich werden und man verwendet dann die Varianz

$$Var(\bar{X}-\bar{Y}) = \frac{\sigma_X^2}{n_X} \cdot \frac{N_X-n_X}{N_X-1} + \frac{\sigma_Y^2}{n_Y}\,\frac{N_Y-n_Y}{N_Y-1}$$

(vgl. 8.3.3.2., Anmerkung b).

Beispiel:

Gegeben seien zwei normalverteilte Zufallsvariablen X und Y mit $\mu_X = 70$, $\sigma_X^2 = 36$, $\mu_Y = 67$ und $\sigma_Y^2 = 49$. Zwei Stichproben im Umfang $n_X = 400$ und $n_Y = 600$ werden gezogen. Gefragt ist nach der Wahrscheinlichkeit, daß die Differenz der Mittelwerte $\bar{X}-\bar{Y} \geq 4$ ist.

$$z = \frac{\bar{x}-\bar{y}-E(\bar{X}-\bar{Y})}{\sigma_{\bar{X}-\bar{Y}}} = \frac{4-3}{\sqrt{\frac{36}{400}+\frac{49}{600}}} = \frac{1}{0{,}414} = 2{,}41$$

Also ist $P(\bar{X}-\bar{Y}) \geq 4) = 0{,}79$ %.

8.8. Die Verteilung der Differenz zweier Stichprobenanteilswerte

Wenn zwei Stichproben aus 0-1 verteilten Grundgesamtheiten miteinander verglichen werden sollen, ist es zweckmäßig, die Anteilswerte der Erfolge und nicht deren absolute Werte zu vergleichen, es sei denn, die Stichprobenumfänge sind gleich. Von diesen Anwendungen her gewinnt die Stichprobenverteilung der Differenz von Anteilswerten Bedeutung. Im übrigen gelten die Voraussetzungen von 8.7. entsprechend.

Wir betrachten wiederum die Differenz der Anteilswerte als Spezialfall der Differenz zweier Mittelwerte. In der Grundgesamtheit E_X vom Umfang N_X wird die Variable X betrachtet, die die Ausprägung 1 mit der Wahrscheinlichkeit Π_X und die Ausprägung 0 mit der Wahrscheinlichkeit $1-\Pi_X$ annimmt; $E(X) = \Pi_X$, $Var(X) = \Pi_X(1-\Pi_X)$. Entsprechend ergeben sich N_Y, Π_Y, $E(Y) = \Pi_Y$ und $Var(Y) = \Pi_Y(1-\Pi_Y)$.

Nach Ziehung unabhängiger Stichproben im Umfang n_X bzw. n_Y definieren wir die Funktionen

$$\Omega_X = P_X = \frac{\sum_{i=1}^{n_X} X_i}{n_X} \quad \text{bzw.} \quad \Omega_Y = P_Y = \frac{\sum_{i=1}^{n_Y} Y_i}{n_Y}$$

Gefragt ist nach der Verteilung der Funktion

$$\Phi/_{W_X \times W_Y} = P_X - P_Y$$

8.8.1. Der Erwartungswert der Differenz von Anteilswerten

Die Funktion $P_X - P_Y$ hat den Erwartungswert

$$E(P_X - P_Y) = \Pi_X - \Pi_Y = \Pi_{X-Y}$$

Beweis:

Ergibt sich sofort aus 8.7.1.

8.8.2. Die Varianz der Differenz von Anteilswerten

8.8.2.1. Beide Stichproben werden mit Zurücklegen gezogen

Die Funktion $P_X - P_Y$ hat bei Stichproben mit Zurücklegen die Varianz

$$\mathrm{Var}(P_X - P_Y) = \frac{\Pi_X(1-\Pi_X)}{n_X} + \frac{\Pi_Y(1-\Pi_Y)}{n_Y} = \sigma^2_{P_X - P_Y}$$

Beweis:

Ergibt sich aus 8.7.2.1.

8.8.2.2. Beide Stichproben werden ohne Zurücklegen gezogen

Die Funktion $P_X - P_Y$ hat für Stichproben ohne Zurücklegen die Varianz

$$\mathrm{Var}(P_X - P_Y) = \frac{\Pi_X(1-\Pi_X)}{n_X} \cdot \frac{N_X - n_X}{N_X - 1} + \frac{\Pi_Y(1-\Pi_Y)}{n_Y} \cdot \frac{N_Y - n_Y}{N_Y - 1}$$

Beweis:

Ergibt sich sofort aus 8.7.2.2.

8.8.3. Das Verteilungsgesetz der Differenz von Anteilswerten

Wir betrachten hier nur die asymptotische Verteilung der Funktion $P_X - P_Y$. In 8.4.3.2. wurde gezeigt, daß P_X und P_Y für $n_X \to \infty$ und $n_Y \to \infty$ einer Normalverteilung zustrebt. Diese Approximation gilt auch für die Differenz $P_X - P_Y$ und wir formulieren das Ergebnis wie folgt:

Wenn die Zahl der Versuche n_X und n_Y hinreichend groß ist, ist die Differenz der Stichprobenanteilswerte $P_X - P_Y$ annähernd normalverteilt mit den Parametern $E(P_X - P_Y) = \Pi_X - \Pi_Y$ und der Varianz

$$\mathrm{Var}(P_X - P_Y) = \sigma^2_{P_X - P_Y} = \frac{\Pi_X(1-\Pi_X)}{n_X} + \frac{\Pi_Y(1-\Pi_Y)}{n_Y}$$

Erfolgen die Stichprobenziehungen ohne Zurücklegen, so kann der Korrekturfaktor erforderlich werden und es wird:

$$\mathrm{Var}(P_X - P_Y) = \sigma^2_{P_X - P_Y} = \frac{\Pi_X(1-\Pi_X)}{n_X}\,\frac{N_X - n_X}{N_X - 1} + \frac{\Pi_Y(1-\Pi_Y)}{n_Y}\,\frac{N_Y - n_Y}{N_Y - 1}$$

Beispiel:

Ein Unternehmen interessiert sich für den Anteil der Kleinmengenlieferungen (Lieferungen im Wert von 50 DM und darunter) am gesamten Geschäftsverkehr mit den Kunden. Aus der Gesamtheit der Rechnungen, die im Jahre 1967 an Kunden im Bezirk X bzw. Bezirk Y ausgestellt wurden, wurde je eine Stichprobe (mit Zurücklegen) im Umfang $n_X = n_Y = 400$ entnommen. Die Anteile der Kleinmengen-Rechnungen waren $p_X = 0{,}48$ und $p_Y = 0{,}45$. Wenn man weiß, daß in beiden Grundgesamtheiten die Anteile gleich sind und speziell $\Pi_X = \Pi_Y = 0{,}465$, wie groß ist dann die Wahrscheinlichkeit, in Stichproben obigen Umfangs eine Differenz $|P_X - P_Y| \geq 0{,}03$ zu erhalten?

$$z = \frac{p_X - p_Y - E(P_X - P_Y)}{\sigma_{P_X - P_Y}} = \frac{0{,}03}{\sqrt{\frac{0{,}465 \cdot 0{,}535}{400} + \frac{0{,}465 \cdot 0{,}535}{400}}} = 0{,}85$$

Damit hat die Wahrscheinlichkeit für $|P_X - P_Y| \geq 0{,}03$ den Wert $2 \cdot 0{,}1975 = 39{,}50$ %.

8.9. Die Verteilung eines Quotienten aus Stichprobenmittel und Stichprobenstandardabweichung

Die in 8.3. definierte Stichprobenfunktion $\bar{X}$ ist unter der Voraussetzung einer normalverteilten Grundgesamtheit exakt und bei beliebiger Verteilung der Grundgesamtheit asymptotisch normalverteilt mit $N(\mu_X; \frac{\sigma_X^2}{n})$. Häufig ist jedoch die Varianz der Grundgesamtheit unbekannt und somit auch die Verteilung von $\bar{X}$ nicht vollständig bestimmt. Eine Verwendung der Standardnormalverteilung ist daher ausgeschlossen.

In dieser Situation bieten sich zwei Lösungswege an:

(1) Bei hinreichend großen Stichprobenumfängen ersetzt man σ_X^2 durch einen geeigneten Schätzwert $\hat{\sigma}_X^2$. Als Folge davon weicht $\bar{X}$ zwar von der Normalverteilung ab, der Fehler ist jedoch bei großem Stichprobenumfang gering. Auf diese Lösung können wir wieder zurückkommen, wenn im Kapitel 9 Schätzfunktionen eingeführt sind.

(2) Bei normalverteilten Grundgesamtheiten ist für die Zufallsvariable $\frac{\bar{X}-\mu_X}{S_X/\sqrt{n}}$ ein exaktes Verteilungsgesetz ableitbar. Die Kenntnis der Varianz der Grundgesamtheit σ_X^2 ist für diese Zufallsvariable nicht erforderlich. Sie wird später anstelle oder zusätzlich zur Standardnormalvariablen für die Lösung bestimmter Probleme verwendet.

Gegeben sei eine Grundgesamtheit E_X. Auf E_X sei eine normalverteilte Zufallsvariable X definiert mit $E(X) = \mu_X$ und $Var(X) = \sigma_X^2$. Aus E_X wird eine Stichprobe im Umfang n gezogen. Auf dem zugehörigen Stichprobenraum werden zwei Stichprobenfunktionen $\Omega_{X_1} = \bar{X}$ und $\Omega_{X_2} = S_X$ definiert. Die zugehörigen Wertebereiche sind W_{X_1} und W_{X_2}. Die Verteilung der Größe

$$\phi \,|\, W_{X_1} \times W_{X_2} = \frac{\bar{X}-\mu_X}{S_X/\sqrt{n}}$$

ist gesucht.

Für die weitere Behandlung ist zu prüfen, ob die Stichprobenfunktionen $\bar{X}$ und S_X unabhängig verteilt sind. Da zu jeder möglichen Stichprobe die Parameter $\bar{x}$ und s_X berechnet werden, ist im allgemeinen der Wert von S_X abhängig von der Höhe des Stichprobenmittels $\bar{X}$, d.h. die Verteilungen von $\bar{X}$ und S_X sind abhängig. Ist jedoch die Grundgesamtheit normalverteilt, so sind die Zufallsvariablen $\bar{X}$ und S_X unabhängig verteilt (der interessierte Leser findet den Beweis bei Hoel, S. 370 ff.). Damit kann die t-Verteilung Verwendung finden, die in 7.2.4.1. wie folgt definiert wurde:

Definition der t-Verteilung:

Gegeben seien eine standardnormalverteilte Zufallsvariable Z und eine χ^2-verteilte Zufallsvariable Q mit ν Freiheitsgraden. Sind Z und $\sqrt{Q}$ unabhängig verteilt, dann hat die Zufallsvariable

$$T = \frac{Z}{\sqrt{\frac{Q}{\nu}}}$$

eine t-Verteilung mit ν Freiheitsgraden. Zur Ableitung der Dichtefunktion vgl. Aufgabe 7.10.
Um die t-Verteilung auf unser Problem anwenden zu können, definieren wir $Z = \frac{\bar{X}-\mu_X}{\sigma_X/\sqrt{n}}$ und $Q = \frac{(n-1)S_X^2}{\sigma_X^2}$. Dabei hat Q eine χ^2-Verteilung mit $\nu = n-1$ Freiheitsgraden. Also ist die Größe

$$T = \frac{Z}{\sqrt{\frac{Q}{\nu}}} = \frac{Z}{\sqrt{\frac{Q}{n-1}}} = \frac{\frac{\bar{X}-\mu_X}{\sigma_X/\sqrt{n}}}{\sqrt{\frac{(n-1)S_X^2}{(n-1)\sigma_X^2}}} = \frac{\bar{X}-\mu_X}{S_X/\sqrt{n}}$$

t-verteilt mit $\nu = n-1$ Freiheitsgraden.

Die Zufallsvariable $T = \frac{\bar{X}-\mu_X}{S_X/\sqrt{n}}$ hat nach 7.2.4. den Erwartungswert $E(T) = 0 (\nu>1)$ und die Varianz $Var(T) = \frac{\nu}{\nu-2}$ $(\nu>2)$.

Anmerkung 1

Anstelle der Zufallsvariablen S_X^2 kann auch die Stichprobenvarianz $S_{X,n}^2$ verwendet werden. Dann ist $Q = \frac{nS_{X,n}^2}{\sigma_X^2}$ χ^2-verteilt mit $\nu = n-1$ Freiheitsgraden und es ist $T = \frac{Z}{\sqrt{\frac{Q}{\nu}}} =$

$= \frac{\bar{X}-\mu_X}{S_{X,n}/\sqrt{n-1}}$ t-verteilt mit $\nu = n-1$ Freiheitsgraden.

Anmerkung 2

Die t-Verteilung konvergiert mit steigender Zahl von Freiheitsgraden zur Standardnormalverteilung (vgl. 7.2.4.4). Für große Stichproben ist also die Zufallsvariable $T =$

$= \frac{\bar{X}-\mu_X}{S_X/\sqrt{n}}$ annähernd standardnormalverteilt.

Beispiel:

Der Durchmesser eines Werkstücks sei normalverteilt mit unbekannter Varianz. Eine Stichprobe von $n = 9$ Messungen ergab ein Mittel von $\bar{x} = 4{,}38$ cm und eine Standardabweichung von $s_X = 0{,}06$ cm. Wenn der Erwartungswert

a) $\mu_1 = 4{,}352$ cm

b) $\mu_2 = 4{,}366$ cm

beträgt, wie groß ist dann in beiden Fällen die Wahrscheinlichkeit, eine größere Ausprägung der Variablen T zu erreichen als die zu μ_1 bzw. μ_2 gehörenden?

Es ist $\nu = 8$ und

a) $t_1 = \frac{\bar{x}-\mu_1}{s_X/\sqrt{9}} = 1{,}4$ und $P(T \geq t_1 = 1{,}4) = 0{,}1$

b) $t_2 = \frac{\bar{x}-\mu_2}{s_X/\sqrt{9}} = 0{,}7$ und $P(T \geq t_2 = 0{,}7) = 0{,}25$

8.10. Die Verteilung eines Quotienten zweier Stichprobenvarianzen

Vielfach kann man die Varianz als Indikator für die Qualität einer Produktionsserie ansehen. Wenn dann die Qualität zweier Serien verglichen werden soll, ist dies über den Vergleich der Varianzen möglich. Wird er anhand von Stichproben durchgeführt, so muß dafür eine Verteilung des Quotienten von Stichprobenvarianzen gefunden werden.

Gegeben seien zwei Grundgesamtheiten E_X und E_Y. Auf E_X sei eine normalverteilte Zufallsvariable X mit $E(X) = \mu_X$ und $Var(X) = \sigma_X^2$, auf E_Y eine normalverteilte Zufallsvariable Y mit $E(Y) = \mu_Y$ und $Var(Y) = \sigma_Y^2$ definiert. Aus E_X und E_Y werden unabhängig voneinander Stichproben im Umfang n_X bzw. n_Y gezogen. Schließlich werden auf den erhaltenen Stichprobenräumen die Zufallsvariablen

$$\Omega_X = Q_1 = \frac{(n_X-1)S_X^2}{\sigma_X^2} \quad \text{bzw.} \quad \Omega_Y = Q_2 = \frac{(n_Y-1)S_Y^2}{\sigma_Y^2} \quad \text{definiert.}$$

Q_1 und Q_2 sind χ^2-verteilte Zufallsvariablen mit $\nu_1 = n_X-1$ bzw. $\nu_2 = n_Y-1$ Freiheitsgraden.

Durch den Quotienten

$$F = \frac{Q_1/\nu_1}{Q_2/\nu_2} = \frac{S_X^2/\sigma_X^2}{S_Y^2/\sigma_Y^2}$$

wird dann gemäß 7.2.5.1. eine Zufallsvariable definiert, die einer F-Verteilung mit $\nu_1 = n_X-1$ und $\nu_2 = n_Y-1$ Freiheitsgraden folgt.

Der Erwartungswert dieser Zufallsvariablen F ist $E(F) = \frac{\nu_2}{\nu_2-2}$ $(\nu_2>2)$, ihre Varianz ist

$$Var(F) = \frac{2(\nu_1+\nu_2-2)}{\nu_1(\nu_2-4)} \left(\frac{\nu_2}{\nu_2-2}\right)^2 \quad (\nu_2>4)$$

(vgl. 7.2.5.2. und 7.2.5.3.).

Anmerkung

Analog zu Kapitel 8.9. können im Quotienten F jeweils die Stichprobenfunktionen S^2 durch S_n^2 ersetzt werden. Die Zufallsvariable F lautet dann

$$F = \frac{\frac{n_X}{n_X-1} \cdot \frac{S^2_{X,n}}{\sigma^2_X}}{\frac{n_Y}{n_Y-1} \cdot \frac{S^2_{Y,n}}{\sigma^2_Y}}$$

Beispiel:

Gegeben seien zwei normalverteilte Zufallsvariablen X und Y mit gleichen Varianzen $\sigma^2_X = \sigma^2_Y$. Es werden zwei Stichproben im Umfang $n_X = n_Y = 10$ gezogen. Welchen Wert F_o darf der Quotient S^2_X/S^2_Y höchstens annehmen, damit $P(S^2_X/S^2_Y \geq F_o) \geq 0{,}05$.

Da $\sigma^2_X = \sigma^2_Y$, ergibt sich $F = S^2_X/S^2_Y$ mit $\nu_1 = \nu_2 = 9$ Freiheitsgraden. Der maximale Wert F_o mit $P(F \geq F_o) \geq 0{,}05$ ist laut Tabelle $F_o = 3{,}18$.

8.11. Die Verteilung eines Quotienten aus der Differenz zweier Stichprobenmittelwerte und der Summe zweier Stichprobenvarianzen

Ähnlich wie die in 8.3. abgeleitete Stichprobenfunktion $\bar{X}$ wird die in 8.7. eingeführte Funktion $\bar{X}-\bar{Y}$ in ihren Anwendungsmöglichkeiten beschränkt, wenn die Varianzen der Grundgesamtheiten unbekannt sind.

Bei hinreichend großen Stichprobenumfängen können anstelle von σ^2_X und σ^2_Y Schätzwerte verwendet werden. Die Zufallsvariable $\bar{X}-\bar{Y}$ ist dann annähernd normalverteilt. Dieser Lösungsweg wird nach der Einführung von Schätzfunktionen in Kapitel 9 weiter verfolgt. Zwei weitere Lösungswege des Problems sollen nun erörtert werden. Dabei setzt der erste zwei normalverteilte Grundgesamtheiten voraus, der zweite erfordert noch zusätzlich die Gleichheit der Varianzen σ^2_X und σ^2_Y.

8.11.1. Normalverteilte Grundgesamtheiten

Nach den Überlegungen in 8.7. ist die Zufallsvariable

$$Z = \frac{\bar{X}-\bar{Y}-(\mu_X-\mu_Y)}{\sqrt{\frac{\sigma_X^2}{n_X}+\frac{\sigma_Y^2}{n_Y}}}$$

standardnormalverteilt. Sind die Grundgesamtheitsvarianzen σ_X^2 und σ_Y^2 unbekannt, so kann man an ihrer Stelle die Stichprobenfunktionen S_X^2 und S_Y^2 verwenden. Bei normalverteilten Grundgesamtheiten ist dann die Zufallsvariable

$$T = \frac{\bar{X}-\bar{Y}-(\mu_X-\mu_Y)}{\sqrt{\frac{S_X^2}{n_X}+\frac{S_Y^2}{n_Y}}}$$

annähernd t-verteilt. Die zugehörige Zahl von Freiheitsgraden ergibt sich aus der komplizierten Formel:

$$\nu = \frac{\left(\frac{S_X^2}{n_X}+\frac{S_Y^2}{n_Y}\right)^2}{\frac{\left(\frac{S_X^2}{n_X}\right)^2}{n_X+1}+\frac{\left(\frac{S_Y^2}{n_Y}\right)^2}{n_Y+1}} - 2$$

Diejenige ganze Zahl, der die Lösung dieser Formel am nächsten liegt, wird als Zahl der Freiheitsgrade verwendet. Erwartungswert und Varianz der Variablen T sind $E(T) = 0$ und $Var(T) = \frac{\nu}{\nu-2}$.

8.11.2. Normalverteilte Grundgesamtheiten mit gleichen Varianzen

Gegeben seien zwei Grundgesamtheiten E_X und E_Y. Auf E_X und E_Y seien normalverteilte Zufallsvariablen X und Y definiert mit den Erwartungswerten $E(X) = \mu_X$ bzw. $E(Y) = \mu_Y$ und gleichen Varianzen $\mathrm{Var}(X) = \mathrm{Var}(Y) = \sigma^2$. Aus E_X und E_Y werden unabhängige Stichproben im Umfang n_X bzw. n_Y gezogen und auf den resultierenden Stichprobenräumen die folgenden Stichprobenfunktionen definiert:

$$\Omega_{X_1} = \bar{X}; \quad \Omega_{X_2} = \frac{(n_X-1)S_X^2}{\sigma^2};$$

$$\Omega_{Y_1} = \bar{Y}; \quad \Omega_{Y_2} = \frac{(n_Y-1)S_Y^2}{\sigma^2}$$

Die zugehörigen Wertebereiche sind W_{X_1}, W_{X_2}, W_{Y_1}, W_{Y_2}. Schließlich wird die Funktion

$$\phi | W_{X_1} \times W_{X_2} \times W_{Y_1} \times W_{Y_2} = \frac{\bar{X}-\bar{Y}-(\mu_X-\mu_Y)}{\sqrt{(n_X-1)S_X^2+(n_Y-1)S_Y^2}} \sqrt{\frac{n_X n_Y(n_X+n_Y-2)}{n_X+n_Y}}$$

eingeführt. Das Verteilungsgesetz und die Parameter dieser Zufallsvariablen sollen ermittelt werden.

Da X und Y normalverteilt sind, ist $\bar{X}-\bar{Y}$ normalverteilt mit $E(\bar{X}-\bar{Y}) = \mu_X-\mu_Y$ und $\mathrm{Var}(\bar{X}-\bar{Y}) = \frac{\sigma_X^2}{n_X} + \frac{\sigma_Y^2}{n_Y} = \sigma^2(\frac{1}{n_X} + \frac{1}{n_Y})$, da $\sigma_X^2 = \sigma_Y^2 = \sigma^2$. Also ist die Zufallsvariable

$$Z = \frac{\bar{X}-\bar{Y}-\mu_{X-Y}}{\sigma\sqrt{\frac{1}{n_X} + \frac{1}{n_Y}}}$$

standardnormalverteilt. Die Variablen

$$Q_1 = \Omega_{X_2} = \frac{(n_X-1)S_X^2}{\sigma^2} \quad \text{und} \quad Q_2 = \Omega_{Y_2} = \frac{(n_Y-1)S_Y^2}{\sigma^2}$$

sind χ^2-verteilt mit $\nu_1 = n_X-1$ bzw. $\nu_2 = n_Y-1$ Freiheitsgraden. Dann ist auch die Summe

$$Q = Q_1+Q_2 = \frac{(n_X-1)S_X^2+(n_Y-1)S_Y^2}{\sigma^2}$$

χ^2-verteilt mit $\nu = \nu_1+\nu_2 = n_X+n_Y-2$ Freiheitsgraden. Da die Zufallsvariablen $\bar{X}$ und S_X^2 sowie $\bar{Y}$ und S_Y^2 unabhängig verteilt sind, ist die Funktion

$$T = \frac{Z}{\sqrt{\frac{Q}{\nu}}} = \frac{\bar{X}-\bar{Y}-(\mu_X-\mu_Y)}{\sqrt{(n_X-1)S_X^2+(n_Y-1)S_Y^2}} \sqrt{\frac{n_X n_Y(n_X+n_Y-2)}{n_X+n_Y}}$$

t-verteilt mit $\nu = n_X+n_Y-2$ Freiheitsgraden. Sie hat daher den Erwartungswert $E(T) = 0$ und $Var(T) = \frac{\nu}{\nu-2}$.

Anmerkung

Anstelle der Stichprobenfunktionen S_X^2 und S_Y^2 können auch die Funktionen $S_{X,n}^2$ und $S_{Y,n}^2$ verwendet werden. Es ist unmittelbar klar, wie sich dann die Zufallsvariable T ändert.

Beispiel:

Auf zwei verschiedenen Bodenarten wird eine bestimmte Weizensorte angebaut. Der Weizenertrag sei auf beiden Böden normalverteilt mit der gleichen Varianz. Von jedem Boden werden 10 Felder geerntet; es ergeben sich für den Ernteertrag folgende Werte:

$\bar{x} = 6$ $\quad s_X^2 = 0{,}071$

$\bar{y} = 5{,}828$ $\quad s_Y^2 = 0{,}027$

Wenn man annimmt, beide Böden hätten den gleichen Erwartungswert, wie groß ist dann die Wahrscheinlichkeit für einen größeren Wert der entsprechenden Zufallsvariablen?

Es ist

$$t = \frac{0{,}172}{\sqrt{0{,}64+0{,}24}} \sqrt{\frac{100\cdot 18}{20}} = 1{,}734$$

bei $\nu = 18$ Freiheitsgraden. $P(T \geq t = 1{,}734) = 0{,}05$.

Übersicht 8.1.: Aufbau von Kapitel 8.1. bis 8.8.

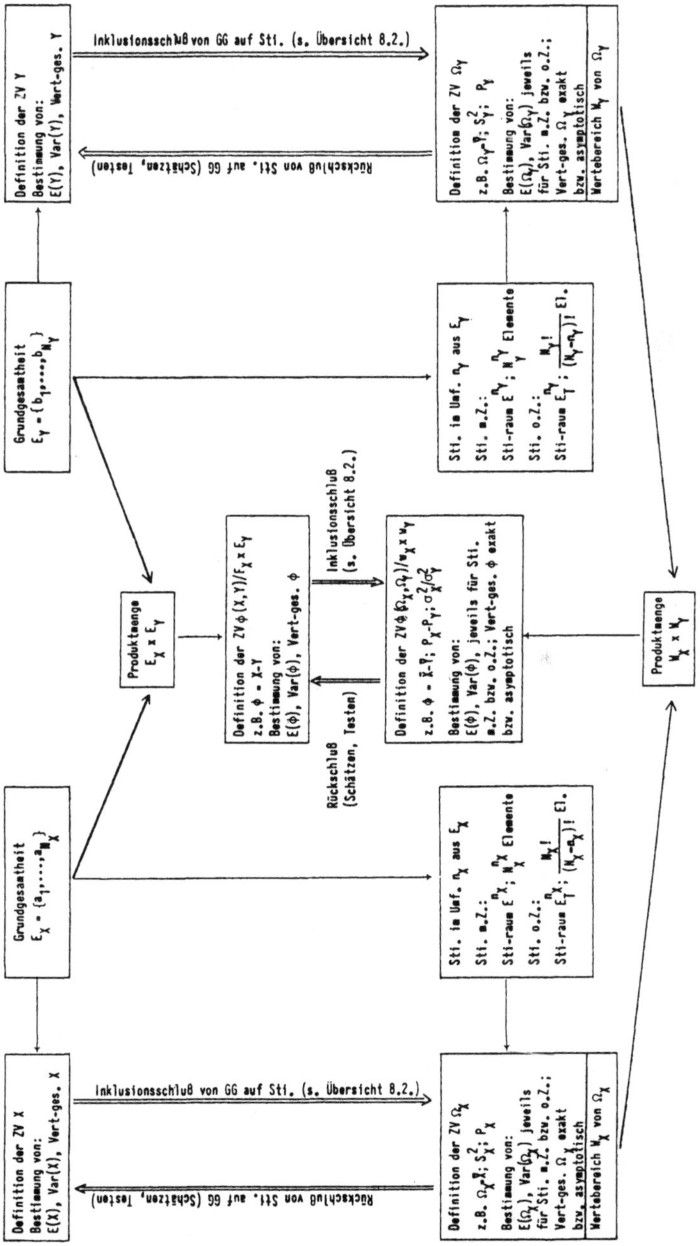

Übersicht 8.2.: Verteilungen wichtiger Stichprobenfunktionen

Stich-proben-funktion	Erwartungswert	Varianz	Verteilungsgesetz: exakte Verteilung	Verteilungsgesetz: asymptotische Verteilung	Bemerkungen
$\bar{X}$	$E(\bar{X}) = \mu_X$	m.Z. $Var(\bar{X}) = \frac{\sigma_X^2}{n}$ o.Z. $Var(\bar{X}) = \frac{\sigma_X^2}{n}\frac{N-n}{N-1}$	Annahme: X ist normalverteilt $f_N(x;\mu_X,\frac{\sigma_X^2}{n})$	Annahme: beliebige Verteilung von X m.Z. $f_N(x;\mu_X,\frac{\sigma_X^2}{n})$ o.Z. $f_N(x;\mu_X,\frac{\sigma_X^2}{n}\cdot\frac{N-n}{N-1})$	
$\bar{X}-\bar{Y}$	$E(\bar{X}-\bar{Y}) = \mu_{X-Y}$	m.Z. $Var(\bar{X}-\bar{Y}) = \frac{\sigma_X^2}{n_X}+\frac{\sigma_Y^2}{n_Y}$ o.Z. $Var(\bar{X}-\bar{Y}) = \frac{\sigma_X^2}{n_X}\frac{N_X-n_X}{N_X-1}+\frac{\sigma_Y^2}{n_Y}\cdot\frac{N_Y-n_Y}{N_Y-1}$	Annahme: X und Y sind normalverteilt $f_N(\bar{x}-\bar{y};\mu_{X-Y},\frac{\sigma_X^2}{n_X}+\frac{\sigma_Y^2}{n_Y})$	Annahme: beliebige Verteilung von X und Y m.Z. $f_N(\bar{x}-\bar{y};\mu_{X-Y},\frac{\sigma_X^2}{n_X}+\frac{\sigma_Y^2}{n_Y})$ o.Z. $f_N(\bar{x}-\bar{y};\mu_{X-Y},\frac{\sigma_X^2}{n_X}\frac{N_X-n_X}{N_X-1}+\frac{\sigma_Y^2}{n_Y}\frac{N_Y-n_Y}{N_Y-1})$	Voraussetzung: Unabhängigkeit der Ziehung der beiden Stichproben
P	$E(P) = \Pi$	m.Z. $Var(P) = \frac{\Pi(1-\Pi)}{n}$ o.Z. $Var(P) = \frac{\Pi(1-\Pi)}{n}\frac{N-n}{N-1}$	m.Z. $f_B(np;n,\Pi)$ o.Z. $f_H(np;N,n,M)$	m.Z. $f_N(p;\Pi,\frac{\Pi(1-\Pi)}{n})$ o.Z. $f_N(p;\Pi,\frac{\Pi(1-\Pi)}{n}\frac{N-n}{N-1})$	$\Pi = \frac{M}{N}$
$P_X - P_Y$	$E(P_X-P_Y) =$ $= \Pi_X - \Pi_Y$	m.Z. $Var(P_X-P_Y) = \frac{\Pi_X(1-\Pi_X)}{n_X}+\frac{\Pi_Y(1-\Pi_Y)}{n_Y}$ o.Z. $Var(P_X-P_Y) = \frac{\Pi_X(1-\Pi_X)}{n_X}\frac{N_X-n_X}{N_X-1}+\frac{\Pi_Y(1-\Pi_Y)}{n_Y}\frac{N_Y-n_Y}{N_Y-1}$		m.Z. $f_N(p_X-p_Y;\Pi_X-\Pi_Y,\frac{\Pi_X(1-\Pi_X)}{n_X}+\frac{\Pi_Y(1-\Pi_Y)}{n_Y})$ o.Z. $f_N(p_X-p_Y;\Pi_X-\Pi_Y,\frac{\Pi_X(1-\Pi_X)}{n_X}\frac{N_X-n_X}{N_X-1}+\frac{\Pi_Y(1-\Pi_Y)}{n_Y}\frac{N_Y-n_Y}{N_Y-1})$	Voraussetzung: Unabhängigkeit der Ziehung der beiden Stichproben

Fortsetzung der Übersicht 8.2.: Verteilungen wichtiger Stichprobenfunktionen

Stichprobenfunktion	Erwartungswert	Varianz	Verteilungsgesetz	Bemerkungen
$T = \frac{\bar{X}-\mu_X}{S_X/\sqrt{n}}$	$0 \quad (\nu > 1)$	$\frac{\nu}{\nu-2} \quad (\nu > 2)$	exakt $f_T(\frac{\bar{x}-\mu_X}{s_X/\sqrt{n}};\nu)$	Vor.: Grundgesamtheit normalverteilt $\nu = n - 1$
$F = \frac{S_X^2/\sigma_X^2}{S_Y^2/\sigma_Y^2}$	$\frac{\nu_2}{\nu_2-2} \quad (\nu_2 > 2)$	$\frac{2(\nu_1+\nu_2-2)}{\nu_1(\nu_2-4)}\left(\frac{\nu_2}{\nu_2-2}\right)^2$ $(\nu_2 > 4)$	exakt $f_F(\frac{s_X^2/\sigma_X^2}{s_Y^2/\sigma_Y^2};\nu_1,\nu_2)$	Vor.: Grundgesamtheiten normalverteilt $\nu_1 = n_X - 1$ $\nu_2 = n_Y - 1$ Stichproben unabhängig voneinander
$T = \frac{\bar{X}-\bar{Y}-(\mu_X-\mu_Y)}{\sqrt{\frac{S_X^2}{n_X}+\frac{S_Y^2}{n_Y}}}$	$0 \quad (\nu > 1)$	$\frac{\nu}{\nu-2} \quad (\nu > 2)$	näherungsweise $f_T(t;\nu)$	Vor.: Grundgesamtheiten normalverteilt Freiheitsgrade = nächstliegende ganze Zahl bei: $\nu = \frac{\left(\frac{S_X^2}{n_X}+\frac{S_Y^2}{n_Y}\right)^2}{\frac{(S_X^2/n_X)^2}{n_X+1}+\frac{(S_Y^2/n_Y)^2}{n_Y+1}} - 2$ Stichproben unabhängig voneinander
$T = \frac{\bar{X}-\bar{Y}-(\mu_X-\mu_Y)}{\sqrt{(n_X-1)S_X^2+(n_Y-1)S_Y^2}} \cdot \sqrt{\frac{n_X n_Y(n_X+n_Y-2)}{n_X+n_Y}}$	$0 \quad (\nu > 1)$	$\frac{\nu}{\nu-2} \quad (\nu > 2)$	exakt $f_T(t;\nu)$	Vor.: Grundgesamtheiten normalverteilt und $\sigma_X^2 = \sigma_Y^2$ $\nu = n_X + n_Y - 2$ Stichproben unabhängig voneinander

Fortsetzung der Übersicht 8.2.: Verteilungen wichtiger Stichproben-funktionen

Stichproben-funktion	Erwartungswert	Varianz	Verteilungsgesetz exakt	Bemerkungen
$S^2_{X,n}$	**m.Z.** $E(S^2_{X,n}) = \frac{n-1}{n}\sigma^2_X$ **o.Z.** $E(S^2_{X,n}) = \frac{n-1}{n}\frac{N}{N-1}\sigma^2_X$	$Var(S^2_{X,n}) = \frac{2(n-1)}{n^2}\sigma^4_X$	$f_{\chi^2}(w_1;n-1)$	$W_1 = \frac{n\,S^2_{X,n}}{\sigma^2_X}$ Bei den Formeln für die Varianz und das Verteilungsgesetz ist eine normalverteilte Zufallsvariable X unterstellt. Folgt die Variable X einer 0-1 Verteilung, so wird in den Formeln für den Erwartungswert: $\sigma^2_X = \Pi(1-\Pi)$
S^2_X	$E(S^2_X) = \sigma^2_X$	$Var(S^2_X) = \frac{2\sigma^4_X}{n-1}$	$f_{\chi^2}(w_1;n-1)$	$W_1 = \frac{(n-1)S^2_X}{\sigma^2_X}$ Bei den Formeln für die Varianz und das Verteilungsgesetz ist eine normalverteilte Zufallsvariable X unterstellt. Folgt die Variable X einer 0-1 Verteilung, so wird in der Formel für den Erwartungswert: $\sigma^2_X = \Pi(1-\Pi)$

Aufgaben zu Kapitel 8

8.1. Gegeben sei eine Grundgesamtheit mit E_X mit N = 36 Elementen a_0, $a_1, \ldots, a_{35}$. Eine Stichprobe im Umfang n = 5 mit Zurücklegen ist daraus zu ziehen. Die Auswahl der Elemente soll mit Hilfe von zwei Würfeln erfolgen, die folgende Zahlen tragen:

1\. Würfel 0, 1, 2, 3, 4, 5
2\. Würfel 0, 6, 12, 18, 24, 30

Überlegen Sie, wie man mit Hilfe der beiden Würfel die Stichprobenelemente ziehen kann derart, daß die Auswahl dem Prinzip der uneingeschränkten Zufallsauswahl genügt.

8.2. Gegeben sei eine Grundgesamtheit E von N Elementen $a_1, a_2, \ldots, a_N$. Daraus werde eine Stichprobe mit Zurücklegen im Umfang n gezogen.

a) Zeigen Sie, daß in jeder der n Einzelziehungen das Element a_k (k=1,2,...,N) die gleiche Wahrscheinlichkeit hat, in die Stichprobe zu gelangen, nämlich daß

$$P_i(a_k) = \frac{1}{N} \qquad i=1,2,\ldots,n$$

die Wahrscheinlichkeit für die Ziehung von a_k an der i-ten Stelle ist.

b) Bei dieser Grundgesamtheit soll es sich um eine Gruppe von Personen handeln, die ein bestimmtes Medikament Z eingenommen haben. Heilerfolg trat bei den m Personen $a_1, a_2, \ldots, a_M$ ein; ihnen wird der Merkmalswert 1 zugeordnet. Die N-M Personen $a_{M+1}, a_{M+2}, \ldots, a_N$ konnten nicht geheilt werden; ihnen wird der Wert 0 zugeordnet. Die so auf der Grundgesamtheit definierte Zufallsvariable X heißt "Heilerfolg bei Anwendung des Medikamentes Z" mit den Ausprägungen 0 für Versagen des Medikamentes bzw. 1 für Heilerfolg. Die Ausprägung 0 hat die Wahrscheinlichkeit $1-\Pi = \frac{N-M}{N}$, die Ausprägung 1 hat die Wahrscheinlichkeit $\Pi = \frac{M}{N}$.

Zeigen Sie mit Hilfe der Ergebnisse zu a), daß die Zufallsvariablen X_i : = "Heilerfolg bei der im i-ten Versuch ausgewählten Person" (i=1,2,...,n) die gleiche Verteilung haben wie die zuvor definierte Variable X.

c) Zeigen Sie, daß die Zufallsvariablen X_i stochastisch unabhängig sind. Verwenden Sie dazu die in 4.3. gegebene Definition der Unabhängigkeit von n Zufallsvariablen.

8.3. Gegeben sei eine Grundgesamtheit E von N Elementen. Daraus werde eine Stichprobe ohne Zurücklegen im Umfang n gezogen.

a) Zeigen Sie, daß in jeder der n Einzelziehungen das Element a_k (k=1,2,...,N) die gleiche Wahrscheinlichkeit hat, in die Stichprobe zu gelangen, nämlich daß

$$P_i(a_k) = \frac{1}{N} \qquad i=1,2,\ldots,n$$

die Wahrscheinlichkeit für die Ziehung von a_k an der i-ten Stelle ist.

b) Die Grundgesamtheit sei wiederum eine Menge von Personen, die mit dem Medikament Z behandelt werden, wobei bei den Personen $a_1, a_2, \ldots, a_M$ Heilerfolg erzielt wird, bei den Personen $a_{M+1}, \ldots, a_N$ dagegen nicht. Die Zufallsvariable X heißt "Heilerfolg bei Anwendung des Medikamentes Z" mit den Ausprägungen O (= kein Heilerfolg) und den zugehörigen Wahrscheinlichkeiten $\frac{N-M}{N} = 1-\Pi$ bzw. $\frac{M}{N} = \Pi$.

Zeigen Sie mit Hilfe der Ergebnisse zu a), daß die Zufallsvariablen X_i : = "Heilerfolg bei der im i-ten Versuch ausgewählten Person" (i=1,2,...,n) die gleiche Verteilung haben wie die zuvor definierte Zufallsvariable X.

8.4. Gegeben sei eine Grundgesamtheit E mit den Elementen $a_1, a_2, \ldots, a_N$. Daraus werde eine Stichprobe ohne Zurücklegen im Umfang n gezogen. Zeigen Sie, daß die Wahrscheinlichkeit, bei der i-ten Ziehung das Element a_r und bei der j-ten Ziehung a_s auszuwählen, gegeben ist durch

$$f_{i,j}(a_r, a_s) = f(a_r, a_s) = \frac{1}{N(N-1)}$$

8.5. Im Rahmen einer Betriebsbesichtigung soll die Präzision einer Dosierungsmaschine für pharmazeutische Produkte demonstriert werden. Es ist durch regelmäßig wiederholte Nachprüfungen bekannt, daß diese Maschine seit langem ein fast normalverteiltes durchschnittliches Füllgewicht von 2.750 Milligramm liefert mit einer Varianz $\sigma_X^2 = 49$ mg. Der Direktor läßt eine Stichprobe im Umfang n = 35 aus der laufenden Produktion entnehmen, die einen Mittelwert $\bar{x} = 2.746$ mg erbringt.

a) Wie groß war die Wahrscheinlichkeit für dieses oder ein noch schlechteres Ergebnis?

b) Der von diesem unwahrscheinlichen Ergebnis überraschte Betriebsingenieur entnimmt sofort eine zweite Stichprobe, die ein $\bar{x}$ von 2.751 mg liefert. Die Standardabweichung $\sigma_{\bar{X}}$ beträgt 1 mg.

   Wie groß war die Wahrscheinlichkeit für diesen oder einen kleineren Mittelwert? Wie groß war der Umfang der zweiten Stichprobe?

c) Wie groß ist die Wahrscheinlichkeit dafür, daß sich bereits bei der ersten Stichprobe ein Mittelwert aus dem Intervall 2.748 mg $\leq \bar{x} \leq$ 2.752 mg ergibt? Von Meßungenauigkeiten soll abgesehen werden.

8.6. Aus einer Großserie werden 122 Widerstände entnommen und besonders exakt gemessen.

Ihr durchschnittlicher Widerstand beträgt 7.000 Ohm bei einer Varianz von 9.225 Ohm^2, die Verteilung ist unbekannt. Aus diesen 122 Widerständen sollen 41 ausgewählt und in ein Gerät eingebaut werden. Durch ein Versehen sind indessen die Prüfprotokolle vernichtet worden.

Wie groß ist die Wahrscheinlichkeit dafür, daß 41 zufällig ausgewählte Widerstände einen Durchschnittswert von 6.970 Ohm oder weniger aufweisen?
(Kontinuitätsberichtigung wird vernachlässigt!)

8.7. Gegeben sei die Grundgesamtheit

$E_X = \{0,1,2,4,5,6\}$

a) Berechnen Sie den Erwartungswert E(X) und die Varianz σ_X^2 der Grundgesamtheit.

b) Wieviele Stichproben mit Zurücklegen im Umfang n = 2 können Sie aus obiger Grundgesamtheit ziehen? Schreiben Sie diese Stichproben nieder.

c) Berechnen Sie aus den Stichproben zu b) die jeweiligen Stichprobenmittel $\bar{x}$. Ermitteln Sie den Wertebereich W_X der Zufallsvariablen $\bar{X}$, ihre Häufigkeitsfunktion h sowie die Wahrscheinlichkeitsfunktion $f_{\bar{X}}$. Stellen Sie die Wahrscheinlichkeitsfunktion graphisch dar.

d) Berechnen Sie aus Ihren Ergebnissen zu c) den Erwartungswert $E(\bar{X})$ und die Varianz $Var(\bar{X})$ der Zufallsvariablen $\bar{X}$. Vergleichen Sie Ihre Resultate mit den Ableitungen zu 8.3.1. bzw. 8.3.2.1.

8.8. Eine Grundgesamtheit von 5 Personen

$E_X = \{M_1, M_2, K_1, K_2, K_3\}$

bestehe aus zwei Mädchen und drei Knaben. Auf dieser Grundgesamtheit wird eine Zufallsvariable X definiert, die den Wert $x_1 = 0$ für eine weibliche Person und den Wert $x_2 = 1$ für eine männliche Person annimmt, so daß $\Pi = 0{,}6$, $1-\Pi = 0{,}4$.

a) Bestimmen Sie alle möglichen Stichproben ohne Zurücklegen im Umfang n = 3 aus dieser Grundgesamtheit.

b) Berechnen Sie zu den Stichproben unter a) die jeweiligen Anteilswerte p für Knaben. Bestimmen Sie den Wertebereich W_X der Zufallsvariablen P sowie ihre Häufigkeitsverteilung und Wahrscheinlichkeitsfunktion Stellen Sie die Wahrscheinlichkeitsfunktion graphisch dar. Berechnen Sie E(P) und Var(P).

8.9. Statistiken ergeben, daß es bei jedem fünften Unfall schwerverletzte Personen gibt. Wie groß ist die Wahrscheinlichkeit, daß bei 30 Unfällen der Anteil p der Unfälle mit Schwerverletzten

a) unter 0,30 liegt,
b) über 0,20 liegt,
c) größer als 0,20 aber kleiner als 0,40 ist.

Verwenden Sie zur Berechnung der obigen Wahrscheinlichkeiten für den Anteilswert sowohl die exakte Verteilung als auch eine Näherung.

8.10. Auf einer Grundgesamtheit wird eine Zufallsvariable X definiert mit $E(X) = \mu_X$ und $Var(X) = \sigma_X^2$. Im Rahmen einer einfachen Zufallsauswahl werden Stichproben im Umfang n mit Zurücklegen gezogen.

a) Zeigen Sie: $Var(S_X^2) = E(S_X^4) - \sigma_X^4$!

b) Führen Sie an geeigneter Stelle die Transformationen

$Z_i : = X_i - \mu_X$

$\bar{Z} : = \bar{X} = \mu_X$ durch und zeigen Sie:

$$E(S_X^4) = \frac{1}{(n-1)^2} E[(\sum_{i=1}^{n} Z_i^2)^2 - 2n\bar{Z}^2 \sum_{i=1}^{n} Z_i^2 + n^2\bar{Z}^4] \quad !$$

c) Beweisen Sie:

$$\mathrm{Var}(S_X^2) = \frac{\mu_4}{n} - \frac{(n-3)\sigma_X^4}{n(n-1)}$$

mit $\mu_4 = E[(X_i - \mu_X)^4]$ (vgl. 5.1.3.)

Verwenden Sie dabei die Verallgemeinerung des Erwartungswertes für Produkte von zwei unabhängigen Zufallsvariablen (vgl. 5.1.1.3.)!

d) Berechnen Sie $\mathrm{Var}(S_{X,n}^2)$!

e) Ist X speziell normalverteilt, so gilt $\frac{\mu_4}{\sigma_X^4} = 3$.

Zeigen Sie, daß in diesem Fall in Übereinstimmung mit 8.5.3.2. gilt:

$$\mathrm{Var}(S_{X,n}^2) = \frac{2(n-1)}{n^2} \cdot \sigma_X^4.$$

8.11. Gegeben sei die Grundgesamtheit

$E_X = \{5,6,7,8,9\}$

a) Wieviele Stichproben ohne Zurücklegen im Umfang $n = 2$ können Sie aus obiger Grundgesamtheit ziehen? Schreiben Sie diese Stichproben nieder.

b) Berechnen Sie zu den Stichproben unter a) die zugehörigen Stichprobenvarianzen $s_{X,n}^2$.

c) Ermitteln Sie den Wertebereich W_X der Zufallsvariablen $S_{X,n}^2$, ihre Häufigkeitsfunktion h sowie die Wahrscheinlichkeitsfunktion f_{S^2}. Stellen Sie die Wahrscheinlichkeitsfunktion graphisch dar.

8.12. Aus einer normalverteilten Grundgesamtheit ($\mu_X = 17$, $\sigma_X^2 = 0{,}81$) wird eine einfache Zufallsstichprobe im Umfang $n = 17$ gezogen. Welcher Wert kann mit einer Wahrscheinlichkeit von 90 % für die Varianz der Stichprobe höchstens erwartet werden?

8.13. Das Materialamt der Bundeswehr weiß aus Voruntersuchungen, daß die Lebensdauer der Kampfstiefel normalverteilt ist. Um fortlaufend Kontrollen über die Kampfbereitschaft der Truppe durchführen zu können, soll die Verschleißkurve von n zufällig ausgewählten, fabrikneuen Kampfstiefeln (sog. Längsschnittanalyse) untersucht werden.

Wie groß ist der Umfang n der Stichprobe mindestens zu wählen, wenn die Varianz der Lebensdauer, wie sie sich aus der Stichprobe ergibt, mit einer Wahrscheinlichkeit von 0,5 um nicht mehr als 20 % von der Varianz der Grundgesamtheit abweichen soll?

8.14. Die Lebensdauer X der Bildröhre eines Fernsehgerätes der Firma A habe eine Verteilung mit dem Erwartungswert E(X) = 2.500 Stunden und einer Standardabweichung von 500 Stunden. Die Lebensdauer Y der Röhren der Fernsehgeräte der Marke B habe den Erwartungswert E(Y) = 2.300 Stunden und σ_Y = 800 Stunden. Aus der Produktion von A wird eine Stichprobe im Umfang n_X = 300, aus B eine Stichprobe im Umfang n_Y = 200 gezogen.

a) Wie groß ist die Wahrscheinlichkeit, daß die durchschnittliche Lebensdauer der Stichprobenelemente von A um nicht mehr als 100 Stunden größer ist als die von B?

b) Wie groß ist die Wahrscheinlichkeit, daß die durchschnittliche Lebensdauer der Stichprobenelemente von A um mehr als 200 Stunden die der Stichprobenelemente von B übersteigt?

8.15. Gegeben seien die beiden Grundgesamtheiten

$$E_X = \{e_{x_i} \mid e_{x_1} = m_1, e_{x_2} = m_2, e_{x_3} = k_1, e_{x_4} = k_2, e_{x_5} = k_3\}$$

$$E_Y = \{e_{y_j} \mid e_{y_1} = m_3, e_{y_2} = m_4, e_{y_3} = k_4, e_{y_4} = k_5\}.$$

a) Schreiben Sie die Paare der Produktmenge $E_X \times E_Y$ nieder.

b) E_X und E_Y seien Mengen von Personen. Auf E_X wird eine Zufallsvariable "Geschlecht" definiert und mit X bezeichnet. Sie nehme für die Knaben k_r (r=1,2,3) den Wert 0 und für die Mädchen m_s (s=1,2) den Wert 1 an.

Schreibweise: $X(e_{x_i}) = \begin{cases} 1 & \text{für } i=1,2 \\ 0 & \text{für } i=3,4,5 \end{cases}$

Entsprechendes gelte für die Zufallsvariable Y auf E_Y: Sie nehme für die Knaben k_r (r=4,5) den Wert 0 und für die Mädchen m_s (s=3,4) den Wert 1 an.

Schreibweise: $Y(e_{y_j}) = \begin{cases} 1 & \text{für } j=1,2 \\ 0 & \text{für } j=3,4 \end{cases}$

ba) Bestimmen Sie die Parameter der Verteilungen von X und Y!

bb) Berechnen Sie den Wertebereich und die Wahrscheinlichkeitsfunktion der Zufallsvariablen X-Y, sowie E(X-Y) und Var(X-Y)! Verwenden Sie hierzu die Verteilung von X und Y!

c) Unabhängig voneinander werden nun aus E_X und E_Y Stichproben ohne Zurücklegen im Umfang $n_X = n_Y = 2$ gezogen.

ca) Zählen Sie die möglichen Stichproben aus E_X auf und berechnen Sie die zugehörigen Ausprägungen der Stichprobenfunktion P_X (= Anteil der Mädchen in der Stichprobe).

cb) Ermitteln Sie den Wertebereich W_X der Zufallsvariablen P_X sowie die Wahrscheinlichkeitsverteilung von P_X.

cc) Berechnen Sie $E(P_X)$ und $Var(P_X)$.

cd) Verfahren Sie entsprechend bei den Stichproben aus E_Y.

d) Es soll nun die Wahrscheinlichkeitsverteilung der Differenz der Anteilswerte P_X-P_Y bestimmt werden.

da) Berechnen Sie dazu zunächst die zu jedem Element von $W_X \times W_Y$ gehörende Differenz $p_{X_i}-p_{Y_j}$ (i,j=1,2,3).

db) Berechnen Sie für jede Differenz die zugehörige Wahrscheinlichkeit $f_{P_X-P_Y}(p_{X_i}-p_{Y_i})$.

dc) Berechnen Sie aus da) und db) die Wahrscheinlichkeitsfunktion von P_X-P_Y. Ermitteln Sie $E(P_X-P_Y)$ und $Var(P_X-P_Y)$.

8.16. Zwei Medikamente X und Y zur Bekämpfung einer Krankheit haben den gleichen Heilerfolg von 60 %, d.h. $\Pi_X = 0{,}6$, $\Pi_Y = 0{,}6$. Mit dem Medikament X seien $N_X = 101$, mit Y seien $N_Y = 201$ Patienten behandelt worden. Es werden Stichproben im Umfang $n_X = 40$ bzw. $n_Y = 60$ gezogen. Es ergeben sich Werte $p_X = 0{,}7$ und $p_Y = 0{,}6$, also $p_X-p_Y = 0{,}1$. Wie groß ist die Wahrscheinlichkeit, ein Stichprobenergebnis $p_X-p_Y \geq 0{,}1$ zu erhalten?

9. Das Schätzen von Parametern

9.1. Einführung

Sind bestimmte Parameter der Verteilung einer Zufallsvariablen unbekannt, so bieten statistische Schätzmethoden die Möglichkeit, diese Parameter aus Stichprobenergebnissen zu schätzen. Unter Parametern versteht man dabei zumeist Momente der Verteilung der betrachteten Zufallsvariablen. Ist das Verteilungsgesetz bekannt, so bezeichnet man als Parameter die in diesem Verteilungsgesetz auftretenden Konstanten.

Die in diesem Kapitel darzustellenden Problemlösungen basieren auf Zufallsstichproben als Auswahlverfahren für die Stichprobenelemente, wodurch die Anwendung der Ergebnisse des Kapitels 8 ermöglicht wird.

Das Vorgehen beim Schätzen soll nun geschildert werden. Es sei Θ ein unbekannter Parameter der Verteilung der Zufallsvariablen. Die Schätzung dieses Parameters wird mit Hilfe einer Stichprobenfunktion durchgeführt. Jede Stichprobenfunktion, die zur Schätzung eines unbekannten Parameters herangezogen werden kann, heißt eine Schätzfunktion für diesen Parameter. Sie wird mit D bezeichnet. Da D von den Zufallsvariablen $X_1,\ldots,X_n$ abhängig ist, kann man ausführlicher schreiben: $D = D(X_1,X_2,\ldots,X_n)$ oder auch $D_n(X_1,\ldots,X_n)$, wenn die Abhängigkeit der Schätzfunktion vom Stichprobenumfang hervorgehoben werden soll. Eine Ausprägung $d(x_1,x_2,\ldots,x_n)$ dieser Schätzfunktion, die sich aus einer realisierten Stichprobe ergibt, wird als Näherungswert des unbekannten Parameters verwendet. Sie heißt Schätzwert des Parameters. Man schreibt $d(x_1,\ldots,x_n) = \hat{\Theta}$ (lies: d ist Schätzwert für Θ).

Der soeben beschriebene Vorgang heißt Punktschätzung, weil hier versucht wird, mit Hilfe der Stichprobenwerte eine Zahl zu ermitteln, die als Schätzwert des unbekannten Parameters dient. Demgegenüber hat die Intervallschätzung die Angabe eines Intervalls reeller Zahlen zum Ziel, innerhalb dessen sich der Parameter θ mit vorgegebener Wahrscheinlichkeit befindet. Wir werden uns in den Abschnitten 9.2. und 9.3. mit Problemen der Punktschätzung, in 9.4. mit der Frage der Intervallschätzung beschäftigen.

Es soll nun das Problem der Punktschätzung noch etwas veranschaulicht werden. Die Verteilung einer Zufallsvariablen X sei bis auf den gesuchten Parameter θ bekannt. Der Parameter θ soll mit Hilfe einer Stichprobe geschätzt werden. Nun ist die Stichprobe das Ergebnis eines Zufallsprozesses. Der daraus berechnete Schätzwert kann daher sehr weit vom numerischen Wert des Parameters θ abweichen. Man kann also nicht hoffen, eine Schätzmethode zu finden, die in jedem Falle einen Schätzwert liefert, der nahe beim Parameterwert der Grundgesamtheit liegt. Vielmehr ist es nur möglich, eine Methode zu finden, die eine große Wahrscheinlichkeit dafür liefert, daß der Schätzwert nahe beim gesuchten Parameterwert liegt.

Die voranstehenden Überlegungen machen deutlich, daß der Zufallsprozeß der Stichprobenziehung unter Verwendung der Schätzfunktion eine Verteilung von Schätzwerten erzeugt. Es geht im folgenden darum, die Eigenschaften dieser Verteilung zu erfassen im Hinblick auf die obengenannte Zielsetzung, Schätzwerte zu ermitteln, die eine hohe Wahrscheinlichkeit haben, nahe beim gesuchten Parameterwert zu liegen. Es geht somit um eine Beurteilung der Schätzfunktionen; sie werden nach der Verteilung der Schätzwerte beurteilt, die sie liefern, d.h. nach ihren Stichprobenverteilungen.

Um die Qualität einer Stichprobenfunktion als Schätzfunktion beurteilen zu können, sind Kriterien für gute Schätzfunktionen zu entwickeln. Dies wird im Abschnitt 9.2. geschehen; das folgende Beispiel soll dafür ein Vorverständnis erzeugen.

Beispiel:

Es sei X eine normalverteilte Zufallsvariable mit unbekanntem Erwartungswert $E(X) = \mu_X$ und der Varianz σ_X^2. Um den Parameter μ_X zu schätzen, wird eine einfache Zufallsstichprobe im Umfang n gezogen; das Stichprobenmittel $\bar{X}$ wird als Schätzfunktion verwendet. $\bar{X}$ ist normalverteilt mit $E(\bar{X}) = \mu_X$ und $Var(\bar{X}) = \frac{\sigma_X^2}{n}$ (vgl. 8.3.). Es fallen sofort zwei Eigenschaften dieser Verteilung auf, die die Verwendung des Stichprobenmittels als Schätzfunktion geeignet erscheinen lassen: (a) der Erwartungswert der Verteilung von $\bar{X}$ ist gleich dem gesuchten Parameter μ_X, (b) die Streuung der einzelnen Ausprägungen von $\bar{X}$ um den Erwartungswert wird mit steigendem Stichprobenumfang geringer; die Wahrscheinlichkeit, einen Schätzwert $\hat{\mu}_X = \bar{x}$ für μ_X aus der Stichprobe zu erhalten, der um mehr als einen vorgegebenen Betrag von μ_X abweicht, wird mit zunehmendem Stichprobenumfang geringer. Man kann sagen, die Genauigkeit der Schätzfunktion $\bar{X}$ steigt mit zunehmendem Stichprobenumfang.

9.2. Eigenschaften von Schätzfunktionen

Es soll nun die Frage erörtert werden, welche Eigenschaften man von guten Schätzfunktionen erwartet.

9.2.1. Erwartungstreue Schätzfunktionen

Eine Schätzfunktion D für einen Parameter Θ heißt erwartungstreu (unverzerrt, unbiased), wenn der Erwartungswert ihrer Verteilung gleich dem zu schätzenden Parameter ist, d.h. wenn gilt:

$$E(D) = \Theta$$

Beispiele:

a) Das Stichprobenmittel $\bar{X}$ ist eine erwartungstreue Schätzfunktion für den Erwartungswert der Grundgesamtheit, da gilt

$E(\bar{X}) = E(X) = \mu_X$ (vgl. 8.3.1.)

b) Das Stichprobenmittel $\bar{X}$ ist eine lineare Funktion der Stichprobenelemente $X_1, X_2, \ldots, X_n$ mit den Gewichten $\gamma_i = \frac{1}{n}$ $(i = 1,2,\ldots,n)$. In allgemeiner Form läßt sich eine lineare Funktion D der Stichprobenelemente schreiben als

$$D = \sum_{i=1}^{n} \gamma_i X_i \quad \text{mit} \quad \sum_{i=1}^{n} \gamma_i = 1$$

D ist eine erwartungstreue Schätzfunktion für μ_X, denn es ist

$$E(D) = E(\sum_{i=1}^{n} \gamma_i X_i) = \sum_{i=1}^{n} E(\gamma_i X_i) = \sum_{i=1}^{n} \gamma_i E(X_i) = \sum_{i=1}^{n} \gamma_i \mu_X = \mu_X \sum_{i=1}^{n} \gamma_i = \mu_X$$

c) Die Stichprobenvarianz ist keine erwartungstreue Schätzfunktion für die Varianz der Grundgesamtheit, denn es ist (für Stichproben mit Zurücklegen)

$$E(S^2_{X,n}) = \frac{n-1}{n_X} \sigma^2_X \quad \text{(vgl. 8.5.1.1.)}$$

d) Die Stichprobenfunktion S^2_X ist eine erwartungstreue Schätzfunktion für die Varianz der Grundgesamtheit, denn es gilt

$$E(S^2_X) = \sigma^2_X \quad \text{(vgl. 8.5.4.)}$$

e) Die Stichprobenfunktion S_X ist keine erwartungstreue Schätzfunktion für die Standardabweichung der Grundgesamtheit. Es mag überraschend erscheinen, daß S^2_X erwartungstreu ist, S_X jedoch nicht. Dies läßt sich wie folgt zeigen:

$$Var(S_X) = E(S^2_X) - [E(S_X)]^2 > 0 \quad \text{(keine Einpunktverteilung)}$$

Daraus folgt

$$E(S^2_X) > [E(S_X)]^2$$

Da $E(S^2_X) = \sigma^2_X$, gilt

$$E(S_X) < \sigma_X$$

Ist der Erwartungswert einer Schätzfunktion nicht gleich dem zu schätzenden Parameter, so sagt man, die Schätzfunktion sei verzerrt, sie habe einen "bias": $E(D) - \Theta$. Die Frage, ob eine Schätzfunktion erwartungstreu ist, wird also in bezug auf den Erwartungswert beantwortet. Es ist zu beachten, daß es sich hierbei um eine Konvention handelt; man hätte ebensogut den Median wählen können. Dann hieße eine Schätzfunktion erwartungstreu, wenn der Median ihrer Verteilung gleich dem zu schätzenden Parameter ist. Der Erwartungswert wird verwendet, da er mathematisch leicht zu handhaben ist.

Ist eine Schätzfunktion verzerrt, so kann der bias bisweilen leicht beseitigt werden durch eine mathematische Operation. So kann man aus der Stichprobenvarianz $S^2_{X,n}$ (für Stichproben mit Zurücklegen) die erwartungstreue Schätzfunktion $S_X^2 = \frac{n}{n-1} S_{X,n}^2$ gewinnen. Wegen der Erwartungstreue wird in der induktiven Statistik die Funktion S_X^2 zumeist der Stichprobenvarianz $S_{X,n}^2$ vorgezogen. Der bias der Stichprobenvarianz $S_{X,n}^2$ wird mit steigendem Stichprobenumfang immer geringer, denn es ist $\lim_{n\to\infty} \frac{n}{n-1} = 1$. Eine Schätzfunktion D_n mit der Eigenschaft $\lim_{n\to\infty}[E(D_n) - \theta] = 0$ heißt asymptotisch erwartungstreu.

9.2.2. Konsistente Schätzfunktionen

Die Eigenschaft steigender Genauigkeit ist offensichtlich sehr wünschenswert. Wenn die Varianz der Verteilung einer Schätzfunktion mit steigendem Stichprobenumfang sinkt, sollte ihr Mittelwert dem wahren Wert des gesuchten Parameters θ zustreben. Die Definition der Konsistenz stellt sich heraus als Anwendung der stochastischen Konvergenz. Es ist daher zu empfehlen, die Ausführungen zum schwachen Gesetz der großen Zahlen und zur stochastischen Konvergenz (vgl. 6.1. und 6.2.) im Zusammenhang mit den folgenden Überlegungen noch einmal zu lesen.

Definition

Eine erwartungstreue Schätzfunktion D_n für einen Parameter θ, berechnet aus einer Stichprobe im Umfang n, heißt konsistent, wenn es für beliebig kleine positive Zahlen ε und η einen Stichprobenumfang n_o gibt, so daß für Stichprobenumfänge $n > n_o$ die Wahrscheinlichkeit für eine Abweichung

$$|D_n-\theta| < \varepsilon$$

größer ist als $1 - \eta$. Es gilt also:

$$P(|D_n-\theta|<\varepsilon) > 1-\eta \quad \text{für } n > n_o$$

Da bei hinreichend großem n immer $P(|D_n-\theta|<\varepsilon)$ beliebig nahe bei eins liegt, kann unter Verwendung des Begriffes der stochastischen Konvergenz die vorstehende Definition wie folgt formuliert werden:

$$\lim_{n\to\infty} P(|D_n-\theta|<\varepsilon) = 1 \quad \text{(vgl. 6.2.2.)}$$

Allgemein führt dies zur Definition der stochastischen Konvergenz:

Eine Folge von Zufallsvariablen $X_1, X_2, \ldots$ heißt stochastisch konvergent gegen eine Zufallsvariable X, d.h. die Folge konvergiert nach X mit Wahrscheinlichkeit 1, wenn

$$\lim_{n\to\infty} P(|X_n-X|<\varepsilon) = 1 \quad \text{(vgl. 6.2.3.)}$$

Hieraus kann die Aussage abgeleitet werden:

Eine Schätzfunktion D_n ist konsistent, wenn sie stochastisch gegen den Parameter θ konvergiert.

Die Definition der Konsistenz wurde eingeführt, nachdem wir von der Eigenschaft steigender Genauigkeit, d.h. der Verringerung der Varianz der Schätzfunktion mit steigendem Stichprobenumfang, ausgegangen waren. Die Behauptung, daß eine Schätzfunktion konsistent ist, wenn sie erwartungstreu und ihre Varianz für $n\to\infty$ gleich Null ist, soll nun bewiesen werden (vgl. hierzu das schwache Gesetz der großen Zahlen von Markoff in 6.2.2.).

Für eine Zufallsvariable X mit dem Erwartungswert E(X) und der Varianz σ_X^2 gilt die Ungleichung von Tchebycheff:

$$P(|X-E(X)|<\lambda\sigma_X) \geq 1-\frac{1}{\lambda^2}$$

Dabei ist λ eine beliebige positive reelle Zahl. (Zum Beweis dieser Ungleichung vgl. 5.1.4. und Aufgabe 5.13). Setzt man anstelle der Zufallsvariablen X die Stichprobenfunktion D_n mit dem Erwartungswert $E(D_n)$ und der Varianz $Var(D_n) = \sigma_{D_n}^2$, so ergibt sich

$$P(|D_n - E(D_n)| < \lambda\sigma_{D_n}) \geq 1 - \frac{1}{\lambda^2}$$

Ist die Schätzfunktion erwartungstreu, also $E(D_n) = \theta$ und setzt man ferner $\varepsilon = \lambda\sigma_{D_n}$, so wird daraus:

$$P(|D_n - \theta| < \varepsilon) \geq 1 - \frac{\sigma^2_{D_n}}{\varepsilon^2}$$

Geht nun die Varianz der Schätzfunktion D_n mit steigendem Stichprobenumfang nach Null, d.h. ist $\lim_{n\to\infty} \sigma^2_{D_n} = 0$, so gilt

$$\lim_{n\to\infty} P(|D_n - \theta| < \varepsilon) \geq 1$$

und damit

$$\lim_{n\to\infty} P(|D_n - \theta| < \varepsilon) = 1$$

Dies ist aber die Definition der Konsistenz. Das Ergebnis besagt, daß die beiden genannten Eigenschaften hinreichende Bedingungen für die Konsistenz sind. Dieses Ergebnis kann man auch ableiten, wenn man anstelle der Erwartungstreue die etwas schwächere Bedingung der asymptotischen Erwartungstreue verwendet.

Beispiele:

a) Hat die Zufallsvariable X eine Verteilung mit $E(X) = \mu$ und $Var(X) = \sigma^2_X$, so ist $\bar{X}$ für Stichproben mit Zurücklegen eine konsistente Schätzfunktion für μ_X, da $E(\bar{X}) = \mu_X$ und

$$\lim_{n\to\infty} \sigma^2_{\bar{X}} = \lim_{n\to\infty} \frac{\sigma^2_X}{n} = 0$$

ist.

Ist X normalverteilt, so ist auch $\bar{X}$ normalverteilt und der zu vorgegebenen Werten für ε und η gehörige Mindeststichprobenumfang n_o läßt sich wie folgt berechnen:

$$P(|\bar{X} - \mu_X| < \varepsilon) = P(-\varepsilon < \bar{X} - \mu_X < \varepsilon) = P\left(-\frac{\varepsilon}{\sigma_X}\sqrt{n_o} < \frac{\bar{X} - \mu_X}{\sigma_X/\sqrt{n_o}} < \frac{\varepsilon}{\sigma_X}\sqrt{n_o}\right) = 1 - \eta$$

Daraus ergibt sich mit der standardnormalverteilten Zufallsvariablen

$$Z = \frac{\bar{X} - \mu_X}{\sigma_X/\sqrt{n_o}}:$$

$$P\left(-\frac{\varepsilon}{\sigma_X}\sqrt{n_o} = z_{\frac{\eta}{2}} < Z < \frac{\varepsilon}{\sigma_X}\sqrt{n_o} = z_{1-\frac{\eta}{2}}\right) = 1-\eta$$

Aus $z_{1-\frac{\eta}{2}} = \frac{\varepsilon}{\sigma_X}\sqrt{n_o}$ erhält man $n_o = \frac{\sigma_X^2 z^2_{1-\frac{\eta}{2}}}{\varepsilon^2}$

Für $n > n_o = \frac{\sigma_X^2 z^2_{1-\frac{\eta}{2}}}{\varepsilon^2}$ wird somit

$$P(|\bar{X}-\mu_X| < \varepsilon) > 1-\eta$$

Ist speziell $\sigma_X = 2$, $\varepsilon = 0{,}2$ und $\eta = 0{,}1$, so ist $P(|\bar{X}-\mu_X| < 0{,}2) > 0{,}9$, sofern $n > n_o = \frac{4\cdot(1{,}645)^2}{0{,}04} \doteq 271$

b) Die Stichprobenfunktion S_X^2 ist für Stichproben mit Zurücklegen eine konsistente Schätzfunktion für σ_X^2. Begründung: Die Zufallsvariable S_X^2 ist erwartungstreu mit der Varianz

$$\mathrm{Var}(S_X^2) = \frac{1}{n}\left(\mu_4 - \frac{n-3}{n-1}\sigma_X^4\right) \qquad \text{(vgl. Aufgabe 8.10.)}$$

Dann wird $\lim\limits_{n\to\infty} \mathrm{Var}(S_X^2) = 0$; somit ist S_X^2 konsistent.

9.2.3. Schätzfunktionen mit kleinster Varianz

Es erscheint naheliegend, die Varianz der Verteilung einer Schätzfunktion als eines der Kriterien für die Wahl der Schätzfunktion für einen Parameter Θ heranzuziehen. Stehen für einen Parameter Θ zwei Schätzfunktionen mit sonst gleichen Eigenschaften (insbesondere müssen beide erwartungstreu sein) zur Verfügung, so wird man die mit der kleineren Varianz verwenden, weil bei ihr die Wahrscheinlichkeit größer ist, einen Schätzwert in einem vorgegebenen Intervall um Θ zu erhalten.

Man vergleicht erwartungstreue Schätzfunktionen und definiert wie folgt:

Definition

Sind D_1 und D_2 zwei erwartungstreue Schätzfunktionen für einen Parameter Θ, so heißt D_1 effizienter als D_2, wenn gilt:

$$\mathrm{Var}(D_1) < \mathrm{Var}(D_2)$$

Beispiel:

Eine Zufallsvariable X sei exponentialverteilt mit unbekanntem Parameter β:

$$f_X(x) = \begin{cases} \frac{1}{\beta} e^{-\frac{x}{\beta}} & \text{für } x>0 \\ 0 & \text{sonst} \end{cases}$$

Diese Verteilung hat den Erwartungswert $E(X) = \beta$ und $\mathrm{Var}(X) = \beta^2$. Um β zu schätzen, werde eine einfache Zufallsstichprobe im Umfang $n = 2$ gezogen. Es ist zu ermitteln, ob das arithmetische Mittel (Schätzfunktion $D_1 = \bar{X}$) eine effizientere Schätzfunktion ist als das geometrische Mittel G (Schätzfunktion $D_2 = \frac{4}{\pi} G$).

a) Es ist

$$E(D_1) = E(\bar{X}) = \beta$$

$$\mathrm{Var}(D_1) = \mathrm{Var}(\bar{X}) = \frac{\beta^2}{2} = 0{,}5\beta^2$$

b) Das geometrische Mittel ist laut Definition für $n = 2$

$$G = \sqrt{X_1 X_2}$$

Dann ist

$$E(G) = E(\sqrt{X_1 X_2})$$

Da es sich um eine einfache Zufallsstichprobe handelt, sind X_1 und X_2 unabhängige Zufallsvariable; damit sind auch $\sqrt{X_1}$ und $\sqrt{X_2}$ unabhängig und es gilt:

$$E(G) = E(\sqrt{X_1}\sqrt{X_2}) = E(\sqrt{X_1})E(\sqrt{X_2}) = [E(\sqrt{X})]^2$$

Laut Definition des Erwartungswertes ist

$$E(\sqrt{X}) = \int_0^\infty \sqrt{x} \cdot \frac{1}{\beta} e^{-\frac{x}{\beta}} dx = \frac{1}{\beta} \int_0^\infty x^{\frac{1}{2}} e^{-\frac{x}{\beta}} dx$$

Setzt man $\frac{x}{\beta} = u$, so gilt $dx = \beta du$ und es wird:

$$E(\sqrt{X}) = \sqrt{\beta} \int_0^\infty u^{\frac{1}{2}} e^{-u} du$$

Mit Hilfe der Gammafunktion (vgl. 1.5.1.) erhält man:

$$\int_0^\infty u^{\frac{1}{2}} e^{-u} du = \Gamma(\tfrac{3}{2}) = \tfrac{1}{2}\,\Gamma(\tfrac{1}{2}) = \tfrac{1}{2}\sqrt{\pi}$$

Dann wird

$$E(\sqrt{X}) = \frac{\sqrt{\beta}\,\sqrt{\pi}}{2}$$

und

$$[E(\sqrt{X})]^2 = \frac{\pi}{4}\,\beta$$

Somit ist das geometrische Mittel keine erwartungstreue Schätzfunktion für β, jedoch die Schätzfunktion $D_2 = \frac{4}{\pi}$ G ist erwartungstreu und kann mit $D_1 = \bar{X}$ verglichen werden. Man erhält:

$$Var(D_2) = E[(D_2-E(D_2))]^2 = E(\tfrac{4}{\pi}\,G-\beta)^2 = E(\tfrac{4}{\pi}\,G)^2-[E(\tfrac{4}{\pi}\,G)]^2 = \tfrac{16}{\pi^2}\,E(G^2)-\beta^2$$

Da $G^2 = X_1X_2$, wird $E(G^2)=E(X_1X_2)=E(X_1)E(X_2)=[E(X)]^2=\beta^2$ und es gilt

$$Var(D_2) = \frac{16}{\pi^2}\,\beta^2-\beta^2 = (\frac{16}{\pi^2}-1)\beta^2 = 0{,}621\beta^2$$

Da $Var(\bar{X}) = 0{,}5\beta^2 < Var(\frac{\pi}{4}\,G) = 0{,}621\beta^2$, ist $\bar{X}$ eine effizientere Schätzfunktion für β als $\frac{\pi}{4}$ G.

Die bisherigen Überlegungen gingen dahin, die Varianzen von zwei erwartungstreuen Schätzfunktionen zu vergleichen und die Schätzfunktion mit der kleineren Varianz zu ermitteln. Die folgenden Ausführungen gelten der Frage, welches für einen gegebenen Parameter Θ die Schätzfunktion mit der kleinsten Varianz ist. Der Ermittlung der Schätzfunktion mit der kleinsten Varianz dient ein Theorem, das eine Untergrenze für die Varianz einer Schätzfunktion angibt; dieses Theorem soll im folgenden Abschnitt 9.2.3.1. erläutert und angewendet werden. Es zeigt sich, daß es einige Schätzfunktionen gibt, deren Varianz gleich dieser Untergrenzvarianz einer Schätzfunktion für den betrachteten Parameter ist.

Auch wenn es unter allen erwartungstreuen Schätzfunktionen für einen Parameter Θ keine mit Untergrenzvarianz gibt, so kann man dennoch unter allen erwartungstreuen Schätzfunktionen die mit der kleinsten Varianz auswählen. Insbesondere vergleicht man häufig die Varianzen innerhalb der Klasse von Schätzfunktionen, die lineare Funktionen der Stichprobenelemente sind, und ermittelt unter diesen diejenige mit der kleinsten Varianz. Darüber wird in 9.2.3.2. zu sprechen sein. Im Abschnitt 9.2.3.3. schließlich wird ein Maß für die Effizienz von Schätzfunktionen eingeführt.

9.2.3.1. Effiziente Schätzfunktionen

Gegeben sei eine Zufallsvariable X mit der Dichtefunktion f_X. In dieser Dichtefunktion sei der Parameter Θ unbekannt; man schreibt sie daher $f_X(x;\Theta)$. Aus der Grundgesamtheit mit dieser Verteilung werde eine einfache Zufallsstichprobe im Umfang n gezogen. Dann ist die Wahrscheinlichkeit für eine Stichprobe $(x_1,x_2,\ldots,x_n)$ gegeben durch

$$L = L(\Theta|x_1,\ldots,x_n) = f_X(x_1;\Theta)\cdot f_X(x_2;\Theta)\cdot\ldots\cdot f_X(x_n;\Theta) =$$

$$= \prod_{i=1}^{n} f_X(x_i;\Theta)$$

Die Funktion L heißt Likelihood-Funktion. Offensichtlich ist L punktweise durch Dichtefunktionen der n-dimensionalen Zufallsvariablen $(X_1,\ldots,X_n)$ bestimmt. L selbst jedoch darf nicht als Dichtefunktion aufgefaßt werden. Näheres hierzu folgt in 9.3.2.

Beispiele:

a) Aus einer normalverteilten Grundgesamtheit mit unbekanntem Erwartungswert $E(X) = \mu_X$ wird eine einfache Zufallsstichprobe im Umfang n gezogen.

Dann ist

$$L(\mu_X|x_1,\ldots,x_n) = \frac{1}{\sigma_X\sqrt{2\pi}}\, e^{-\frac{(x_1-\mu_X)^2}{2\sigma_X^2}} \cdot\ldots\cdot \frac{1}{\sigma_X\sqrt{2\pi}}\, e^{-\frac{(x_n-\mu_X)^2}{2\sigma_X^2}} =$$

$$= \frac{1}{\sigma_X^n(\sqrt{2\pi})^n}\, e^{-\frac{\Sigma(x_i-\mu_X)^2}{2\sigma_X^2}}$$

b) Eine 0 - 1 verteilte Zufallsvariable X mit unbekanntem Anteilswert Π hat die Wahrscheinlichkeitsfunktion:

$$f_X(x,\Pi) = \Pi^x(1-\Pi)^{1-x} \qquad x = 0;1$$

Bei einer Stichprobe im Umfang n wird

$$L(\Pi|x_1,\dots,x_n) = \Pi^{x_1}(1-\Pi)^{1-x_1}\Pi^{x_2}(1-\Pi)^{1-x_2}\cdot\ldots\cdot\Pi^{x_n}(1-\Pi)^{1-x_n} =$$

$$= \Pi^{\Sigma x_i}(1-\Pi)^{n-\Sigma x_i}$$

Nach der Definition der Likelihoodfunktion soll nun angegeben werden, wie groß die Varianz einer erwartungstreuen Schätzfunktion D für einen Parameter Θ mindestens ist. Dies geschieht durch den folgenden Satz.

Satz:
Es sei Θ ein unbekannter Parameter, $\tau(\Theta)$ eine Funktion dieses Parameters (z.B. $\tau(\Theta) = \Theta$ oder $\tau(\Theta) = \Theta^2$) und D eine erwartungstreue Schätzfunktion für $\tau(\Theta)$ in einfachen Zufallsstichproben vom Umfang n. Hat die Zufallsvariable X die Dichtefunktion $f_X(x;\Theta)$, so gilt:

$$\mathrm{Var}(D) \geq \frac{[\tau'(\Theta)]^2}{E[(\frac{\partial \ln L(\Theta|x_1,\dots,x_n)}{\partial\Theta})^2]} = -\frac{[\tau'(\Theta)]^2}{E(\frac{\partial^2 \ln L(\Theta|x_1,\dots,x_n)}{\partial\Theta^2})}$$

Ist insbesondere $\tau(\Theta) = \Theta$, so wird $\tau'(\Theta) = 1$ und

$$\mathrm{Var}(D) \geq \frac{1}{E[(\frac{\partial \ln L(\Theta|x_1,\dots,x_n)}{\partial\Theta})^2]}$$

Diese Ungleichung heißt Cramer-Rao-Ungleichung. Auf den Beweis soll hier verzichtet werden. Er findet sich bei Hoel, S. 362 ff. Im Anschluß an die Cramer-Rao-Ungleichung kann man eine effiziente Schätzfunktion wie folgt definieren:

Definition

Eine Schätzfunktion D für einen Parameter $\tau(\Theta)$, deren Varianz gleich der Untergrenze der Cramer-Rao-Ungleichung ist, heißt eine effiziente (wirksamste) Schätzfunktion. Sie wird hier auch als Schätzfunktion mit Untergrenzvarianz bezeichnet.

Um herauszufinden, ob es für einen Parameter $\tau(\Theta)$ eine effiziente Schätzfunktion D gibt, wie diese Schätzfunktion lautet und wie groß ihre Varianz ist, kann man folgende Konstruktionsregel verwenden, die nur eingeführt, aber nicht abgeleitet werden soll (vgl. dazu beispielsweise Kendall-Stuart, Band 2, S. 10).

Konstruktionsregel:

Wenn es für einen Parameter $\tau(\Theta)$ eine effiziente Schätzfunktion D gibt, dann läßt sich die Funktion $\frac{\partial \ln L}{\partial \Theta}$ darstellen in der Form:

$$\frac{\partial \ln L}{\partial \Theta} = A(\Theta)(D-\tau(\Theta))$$

In einer konkreten Anwendung muß sich also die erste Ableitung der logarithmierten Likelihoodfunktion darstellen lassen als das Produkt einer Funktion A und der Differenz zwischen einer Schätzfunktion D und dem durch D zu schätzenden Parameter $\tau(\Theta)$. Dabei ist $\frac{\partial \ln L}{\partial \Theta}$ so umzuformen, daß A lediglich eine Funktion von Θ ist, nicht aber auch z.B. eine Funktion der Stichprobenelemente; D ist nach Definition nur eine Funktion der Stichprobenelemente. Gelingt die Darstellung von $\frac{\partial \ln L}{\partial \Theta}$ in der obigen Form, so ist die so gewonnene Schätzfunktion D eine effiziente Schätzfunktion für den sich aus der Ableitung ergebenden Parameter $\tau(\Theta)$. Die Varianz der ermittelten Schätzfunktion D läßt sich nach der folgenden Beziehung berechnen:

$$\mathrm{Var}(D) = \frac{\tau'(\Theta)}{A(\Theta)}$$

Ist diese Darstellung nicht möglich, so gibt es keine effiziente Schätzfunktion für einen Parameter $\tau(\Theta)$.

Die Berechnung effizienter Schätzfunktionen nach der vorstehenden Konstruktionsregel soll nun an einigen Beispielen veranschaulicht werden.

Beispiele:

a) Das Stichprobenmittel $\bar{X}$ ist eine effiziente Schätzfunktion für den Erwartungswert μ_X einer normalverteilten Grundgesamtheit.

Für eine normalverteilte Zufallsvariable ist die Likelihood-Funktion gegeben durch

$$L(\mu_X|x_1,\ldots,x_n) = \frac{1}{\sigma_X^n(\sqrt{2\pi})^n}\, e^{-\frac{\Sigma(x_i-\mu_X)^2}{2\sigma_X^2}}$$

Dann wird

$$\ln L = [\ln \frac{1}{\sigma_X^n(\sqrt{2\pi})^n}] - \frac{\Sigma(x_i-\mu_X)^2}{2\sigma_X^2}$$

und

$$\frac{\partial \ln L}{\partial \mu_X} = \frac{\Sigma(x_i-\mu_X)}{\sigma_X^2}$$

Die Funktion $\frac{\partial \ln L}{\partial \mu_X}$ ist nun in der Form $A(\mu_X)(D-\tau(\mu_X))$ darzustellen.

Es ist

$$\frac{\partial \ln L}{\partial \mu_X} = \frac{\Sigma(x_i-\mu_X)}{\sigma_X^2} = \frac{\Sigma x_i - n\mu_X}{\sigma_X^2} = \frac{n\bar{x}-n\mu_X}{\sigma_X^2} = \frac{n}{\sigma_X^2}(\bar{x}-\mu_X)$$

Damit ergibt sich:

$$A(\mu_X) = \frac{n}{\sigma_X^2},\quad D = \bar{X} \text{ und } \tau(\mu_X) = \mu_X$$

Somit ist $\bar{X}$ eine effiziente Schätzfunktion für μ_X und ihre Varianz gleich:

$$\mathrm{Var}(\bar{X}) = \frac{\tau'(\mu_X)}{A(\mu_X)} = \frac{1}{n/\sigma_X^2} = \frac{\sigma_X^2}{n} \quad \text{(vgl. 8.3.2.)}$$

b) Der Stichprobenanteilswert P ist eine effiziente Schätzfunktion für den Parameter Π bei 0-1-verteilten Zufallsvariablen.

Die Wahrscheinlichkeitsfunktion einer 0-1-verteilten Zufallsvariablen X ist

$$f_X(x;\Pi) = \Pi^x(1-\Pi)^{1-x} \qquad x = 0,1$$

und ihre Likelihoodfunktion

$$L(\Pi|x_1,\ldots,x_n) = \Pi^{\Sigma x_i}(1-\Pi)^{n-\Sigma x_i}$$

Damit ist

$$\ln L = (\Sigma x_i)\ln\Pi + (n-\Sigma x_i)\ln(1-\Pi)$$

und

$$\frac{\partial \ln L}{\partial \Pi} = \frac{\Sigma x_i}{\Pi} - \frac{n-\Sigma x_i}{1-\Pi} = \frac{(1-\Pi)\Sigma x_i - \Pi(n-\Sigma x_i)}{\Pi(1-\Pi)} = \frac{\Sigma x_i - n\Pi}{\Pi(1-\Pi)} = \frac{n}{\Pi(1-\Pi)}\left(\frac{1}{n}\Sigma x_i - \Pi\right) =$$

$$= \frac{n}{\Pi(1-\Pi)}(p-\Pi)$$

Somit ist P eine effiziente Schätzfunktion für $\tau(\Pi) = \Pi$ und $A(\Pi) = \frac{n}{\Pi(1-\Pi)}$; ferner ist $\mathrm{Var}(\Pi) = \frac{\tau'(\Pi)}{A(\Pi)} = \frac{1}{\frac{n}{\Pi(1-\Pi)}} = \frac{\Pi(1-\Pi)}{n}$ (vgl. 8.4.2.)

c) Die Funktion $D = \frac{1}{n}\Sigma(X_i-\mu_X)^2$ ist eine effiziente Schätzfunktion für den Parameter $\tau(\Theta) = \tau(\sigma_X) = \sigma_X^2$ einer normalverteilten Zufallsvariablen.

Es ist

$$L(\sigma_X|x_1,\ldots,x_n) = \frac{1}{\sigma_X^n(\sqrt{2\pi})^n}\, e^{-\frac{\Sigma(x_i-\mu_X)^2}{2\sigma_X^2}}$$

und

$$\ln L = [-\ln\sigma_X^n(\sqrt{2\pi})^n] - \frac{\Sigma(x_i-\mu_X)^2}{2\sigma_X^2} = -n\ln\sigma_X - n\ln\sqrt{2\pi} - \frac{\Sigma(x_i-\mu_X)^2}{2\sigma_X^2}$$

Dann gilt

$$\frac{\partial \ln L}{\partial \sigma_X} = -\frac{n}{\sigma_X} + \frac{\Sigma(x_i-\mu_X)^2}{\sigma_X^3} = \frac{n}{\sigma_X^3}\left[\frac{1}{n}\Sigma(x_i-\mu_X)^2 - \sigma_X^2\right]$$

Somit ist $A(\sigma_X) = \frac{n}{\sigma_X^3}$ und $D = \frac{1}{n}\Sigma(x_i-\mu_X)^2$ eine effiziente Schätzfunktion für $\tau(\sigma_X) = \sigma_X^2$. Die Varianz der Schätzfunktion D ergibt sich zu

$$\mathrm{Var}(D) = \frac{\tau'(\sigma_X)}{A(\sigma_X)} = \frac{2\sigma_X}{n/\sigma_X^3} = \frac{2\sigma_X^4}{n}$$

(vgl. 8.5.3. unter Verwendung von Var(W) = 2n)

Damit gibt es eine effiziente Schätzfunktion für σ_X^2, jedoch keine effiziente Schätzfunktion für σ_X.

Es gibt Schätzfunktionen, die zwar nicht effizient sind, deren Varianz sich jedoch mit steigendem Stichprobenumfang dem Untergrenzwert der Cramer-Rao-Ungleichung annähert. Schätzfunktionen mit dieser Eigenschaft heißen asymptotisch effizient. Die asymptotische Effizienz kann man wie folgt definieren. Ist D eine effiziente Schätzfunktion und D_1 eine weitere erwartungstreue Schätzfunktion, so ist D_1 asymptotisch effizient, wenn gilt:

$$\lim_{n\to\infty} \frac{\text{Var }(D)}{\text{Var }(D_1)} = 1$$

Beispiel:

Die Schätzfunktion $D = \frac{1}{n}\Sigma(X_i-\mu_X)^2$ ist eine effiziente Schätzfunktion für die Varianz einer normalverteilten Grundgesamtheit, $D_1 = S_X^2$ dagegen nicht; denn es ist

$$\text{Var}(S_X^2) = \frac{2\sigma_X^4}{n-1} \quad \text{(vgl. 8.5.4.)}.$$

S_X^2 ist jedoch asymptotisch effizient, da

$$\lim_{n\to\infty} \frac{\text{Var}(D)}{\text{Var}(D_1)} = \lim_{n\to\infty} \frac{2\sigma_X^4/n}{2\sigma_X^4/(n-1)} = \lim_{n\to\infty} \frac{n-1}{n} = 1$$

9.2.3.2. Beste lineare unverzerrte Schätzfunktionen

Es kann der Fall eintreten, daß für einen Parameter Θ keine effiziente Schätzfunktion existiert, daß aber dennoch eine erwartungstreue Schätzfunktion existiert, deren Varianz kleiner ist als die jeder anderen erwartungstreuen Schätzfunktion für diesen Parameter. Eine solche Schätzfunktion heißt beste unverzerrte Schätzfunktion für den Parameter Θ. Die Schätzfunktion mit der kleinsten Varianz aus der Klasse der linearen Schätzfunktionen heißt beste lineare unverzerrte Schätzfunktion.

Beispiel:

Das Stichprobenmittel ist eine lineare Funktion der Stichprobenelemente. Es hat von allen linearen Schätzfunktionen für $E(X) = \mu_X$ die kleinste Varianz. Da $\bar{X}$ ferner erwartungstreu ist, ist es eine beste lineare unverzerrte Schätzfunktion für μ_X.

Eine lineare Funktion der Stichprobenelemente ist allgemein eine Funktion

$$D = \sum_{i=1}^{n} \gamma_i X_i \qquad \text{mit } \Sigma\gamma_i = 1$$

Die Schätzfunktion D ist erwartungstreu (vgl. 9.2.1.). $\bar{X}$ hat von allen linearen Schätzfunktionen die minimale Varianz. Da es sich um einfache Zufallsstichproben handelt, gilt:

$$\mathrm{Var}(D) = \mathrm{Var}\left(\sum_{i=1}^{n} \gamma_i X_i\right) = \sum_{i=1}^{n} \mathrm{Var}(\gamma_i X_i) = \sum_{i=1}^{n} \gamma_i^2 \,\mathrm{Var}(X_i) =$$

$$= \sigma_X^2 \sum_{i=1}^{n} \gamma_i^2 = \sigma_X^2 \left[\left(1 - \sum_{i=2}^{n} \gamma_i\right)^2 + \sum_{i=2}^{n} \gamma_i^2\right]$$

Damit wird Var(D) minimal, wenn $h = \sum_{i=1}^{n} \gamma_i^2$ minimal wird. Dieses Minimum läßt sich durch Differenzieren errechnen.

$$\frac{\partial h}{\partial \gamma_2} = -2\left(1 - \sum_{i=2}^{n} \gamma_i\right) + 2\gamma_2$$

$$\frac{\partial h}{\partial \gamma_3} = -2\left(1 - \sum_{i=2}^{n} \gamma_i\right) + 2\gamma_3$$

$$\vdots$$

$$\frac{\partial h}{\partial \gamma_n} = -2\left(1 - \sum_{i=2}^{n} \gamma_i\right) + 2\gamma_n$$

Setzt man die partiellen Ableitungen gleich Null, so ergibt sich:

$$\gamma_2 = 1 - \sum_{i=2}^{n} \gamma_i = \gamma_1$$

$$\gamma_3 = 1 - \sum_{i=2}^{n} \gamma_i = \gamma_1$$

$$\vdots$$

$$\gamma_n = 1 - \sum_{i=2}^{n} \gamma_i = \gamma_1$$

Folglich ist $\gamma_2 = \ldots = \gamma_n = \gamma_1$. Da außerdem

$$\sum_{i=1}^{n} \gamma_i = 1$$

gilt

$$\sum_{i=1}^{n} \gamma_i = n\gamma_1 = 1$$

und damit

$$\gamma_1 = \gamma_2 = \ldots = \gamma_n = \frac{1}{n}$$

Somit ist $D = \sum_{i=1}^{n} \frac{1}{n} X_i = \bar{X}$ die lineare Schätzfunktion für μ_X mit minimaler Varianz.

9.2.3.3. Ein Maß für die Effizienz von Schätzfunktionen

Bisher wurde noch kein Maß für die Effizienz von Schätzfunktionen eingeführt. Dies ist auch generell nicht sinnvoll, da die Schätzfunktionen für einen bestimmten Parameter im allgemeinen verschiedenen Verteilungsgesetzen folgen. Für große Stichproben jedoch sind die meisten Schätzfunktionen asymptotisch normalverteilt. Sie unterscheiden sich dann wegen ihrer Erwartungstreue nur durch die Varianz. Aus dem Vergleich der Varianzen asymptotisch normalverteilter Schätzfunktionen kann dann ein Maß für die Effizienz wie folgt definiert werden (relative Effizienz):

Definition

Die Effizienz einer (asymptotisch normalverteilten) Schätzfunktion D_1 für einen Parameter θ in bezug auf eine effiziente (ebenfalls asymptotisch normalverteilte) Schätzfunktion D ist gleich dem Quotienten der Varianzen beider Schätzfunktionen, nämlich

$$e = \lim_{n\to\infty} \frac{\mathrm{Var}(D)}{\mathrm{Var}(D_1)}$$

Sind die Streuungen der zu vergleichenden Schätzfunktionen umgekehrt proportional zum Stichprobenumfang, so ist mit e folgende Aussage verbunden: Während die effiziente Schätzfunktion D Aussagen über den gesuchten Parameter mit einer vorgegebenen Genauigkeit bereits bei einem Stichprobenumfang von n erreicht, benötigt die Stichprobenfunktion D_1 für denselben Genauigkeitsgrad einen Stichprobenumfang von $\frac{n}{e}$.

Beispiel:

Das Stichprobenmittel $\bar{X}$ ist für normalverteilte Grundgesamtheiten eine effiziente und normalverteilte Schätzfunktion für μ_X mit $Var(\bar{X}) = \frac{\sigma_X^2}{n}$. Der Stichprobenmedian M ist dann asymptotisch normalverteilt mit $E(M) = \mu_X$ und $Var(M) = \frac{\pi\sigma_X^2}{2n}$ (vgl. Wilks, S. 273). Die Effizienz von M ist gegeben durch

$$e = \lim_{n\to\infty} \frac{Var(\bar{X})}{Var(M)} = \frac{\sigma_X^2/n}{\pi\sigma_X^2/2n} = \frac{2}{\pi} \doteq 0{,}637$$

Mithin wird durch die Verwendung des Stichprobenmittels anstelle des Medians eine Reduktion des Stichprobenumfangs um 36,3 % ermöglicht.

9.2.4. Suffiziente Schätzfunktionen

Die Betrachtung der Eigenschaften von Schätzfunktionen soll nun durch die Suffizienz ergänzt werden. Hierbei wird die Frage gestellt, ob eine Schätzfunktion alle in einer Stichprobe enthaltenen Informationen zur Schätzung eines Parameters θ ausschöpft.

Der Begriff der Ausschöpfung aller in einer Stichprobe enthaltenen Informationen ist etwas näher zu erläutern. Damit eine Zufallsvariable sinnvollerweise als Schätzfunktion für einen unbekannten Parameter verwendet werden kann, muß ihre Verteilung von diesem Parameter abhängen; so kann z.B. das Stichprobenmittel (die Stichprobenvarianz) als Schätzfunktion für den Erwartungswert (die Varianz) der Grundgesamtheit verwendet werden, weil seine (ihre) Verteilung vom gesuchten Parameter abhängt. Die genannten Funktionalbeziehungen schaffen die Möglichkeit, aus den Stichproben Informationen über bestimmte Parameter zu gewinnen; ohne sie hätte die Stichprobe keinen Informationswert bezüglich des Parameters.

Zur Vereinfachung nehmen wir jetzt an, es gäbe für einen Parameter Θ insgesamt zwei Schätzfunktionen $D(X_1,\ldots,X_n)$ und $D_1(X_1,\ldots,X_n)$. Jede hängt in bestimmter Weise von Θ ab. Man kann dann die gemeinsame Wahrscheinlichkeitsdichtefunktion (bzw. Wahrscheinlichkeitsfunktion) $f_{D,D_1}(\Theta)$ in Abhängigkeit von Θ berechnen. Diese Funktion läßt sich schreiben als

$$f_{D,D_1}(d,d_1;\Theta) = f_D(d;\Theta)f_{D_1|D=d}(d_1|d;\Theta) \qquad \text{(vgl. 4.2.7.)}$$

Dabei gibt die Funktion $f_{D_1|D=d}(\Theta)$ die Wahrscheinlichkeitsdichtefunktion (bzw. Wahrscheinlichkeitsfunktion) von D_1 an, unter der Bedingung, daß D einen Wert D=d annimmt. Wenn sich nun zeigt, daß $f_{D_1|D=d}(\Theta)$ von Θ unabhängig ist, so hat D_1 über D hinaus keinen zusätzlichen Informationswert bezüglich Θ. Die Schätzfunktion D schöpft alle Informationen der Stichprobe bezüglich Θ aus; man sagt dann, D sei eine suffiziente oder erschöpfende Schätzfunktion.

Die vorstehenden Überlegungen sollen nun für eine Definition der Suffizienz verwendet werden.

Definition

Eine Schätzfunktion D für Θ heißt suffizient, wenn für jede andere Schätzfunktion D_1 für Θ in der Gleichung

$$f_{D,D_1}(d,d_1;\Theta) = f_D(d;\Theta)\cdot f_{D_1|D=d}(d_1|d;\Theta)$$

die Funktionen $f_{D_1|D=d}(\Theta)$ unabhängig sind von Θ.

Beispiel:

Eine Münze habe die unbekannte Wahrscheinlichkeit Π für das Auftreten von Wappen bei einfachem Wurf. Die Wahrscheinlichkeitsfunktion der Zufallsvariablen X: = einfacher Münzwurf lautet:

$$f_X(x;\Pi) = \Pi^x(1-\Pi)^{1-x} \qquad x = 0;1$$

Um Π zu schätzen, wird eine Stichprobe im Umfang n = 2 gezogen. Die beiden Zufallsvariablen lauten: X_1: = Ergebnis des ersten Wurfs, X_2: = Ergebnis des zweiten Wurfs ($W_{X_1} = \{0;1\}$; $W_{X_2}\{0;1\}$).

Es wird nun die Schätzfunktion $D(X_1,X_2) = X_1+X_2$ sowie eine weitere Schätzfunktion $D_1(X_1,X_2)$ betrachtet.

Die gemeinsame Wahrscheinlichkeitsfunktion $f(D,D_1;\Pi)$ ergibt sich wie folgt:

D_1 / D	$D_1(0,0)$	$D_1(0,1)$	$D_1(1,0)$	$D_1(1,1)$
0	$(1-\Pi)^2$	0	0	0
1	0	$\Pi(1-\Pi)$	$\Pi(1-\Pi)$	0
2	0	0	0	Π^2

Die bedingten Verteilungen lauten:

$$f_{D_1|D}(d_1|d;\Pi) = \frac{f_{D,D_1}(d,d_1;\Pi)}{f_D(d;\Pi)} \quad \text{für alle Ausprägungen } d_1 \text{ von } D_1$$

$D_1(X_1,X_2)$	$f_{D_1\|D}(d_1\|D=0;\Pi)$	$f_{D_1\|D}(d_1\|D=1;\Pi)$	$f_{D_1\|D}(d_1\|D=2;\Pi)$
$D_1(0,0)$	1	0	0
$D_1(0,1)$	0	1/2	0
$D_1(1,0)$	0	1/2	0
$D_1(1,1)$	0	0	1

Es zeigt sich, daß $f_{D_1|D}(\Pi)$ von Π unabhängig ist für alle d. Da D_1 nicht spezifiziert wurde, gilt dies für jede beliebige Schätzfunktion D_1. Mithin wird die gesamte Information der Stichprobe durch $D = X_1+X_2$ ausgeschöpft. Die Schätzfunktion D ist suffizient.

Die oben gegebene Definition ermöglicht im allgemeinen nicht das Auffinden suffizienter Schätzfunktionen. Diesem Ziel dient das folgende Kriterium:

Kriterium

Es sei X eine Zufallsvariable, deren Verteilung vom Parameter Θ abhängt; $X_1,X_2,\ldots,X_n$ sei eine einfache Zufallsstichprobe im Umfang n, $D = D(X_1,\ldots,X_n)$ eine Schätzfunktion für Θ. D ist eine suffiziente Schätzfunktion für Θ, wenn sich die Likelihoodfunktion $L(\Theta|x_1,\ldots,x_n)$ wie folgt schreiben läßt:

$$L(\Theta|x_1,...,x_n) = G(D;\Theta)\cdot H(x_1,...,x_n)$$

wobei $G(D;\Theta)$ nur eine Funktion von D und Θ, H nur eine Funktion von $x_1,...,x_n$, nicht jedoch von Θ ist. Zum Beweis vgl. Wilks, S. 354 ff.

Beispiel:

Aus einer 0 - 1-verteilten Grundgesamtheit werde eine einfache Zufallsstichprobe im Umfang n gezogen. Für den Parameter Π soll nun die Schätzfunktion

$D = \sum_{i=1}^{n} X_i$ verwendet werden. Es gilt

$$L(\Pi|x_1,...,x_n) = \Pi^{\Sigma x_i}(1-\Pi)^{n-\Sigma x_i} = G(D;\Pi)\cdot H(x_1,...,x_n)$$

wobei $H(x_1,...,x_n) = 1$. Somit ist D suffizient.

Suffiziente Schätzfunktionen haben folgende Eigenschaften:

(a) Ist eine Schätzfunktion D suffizient, so ist auch jede umkehrbar eindeutige Funktion von D suffizient; insbesondere ist also auch eine von D abgeleitete erwartungstreue Schätzfunktion suffizient.

(b) Eine effiziente Schätzfunktion ist auch immer suffizient. In umgekehrter Richtung gilt die folgende Aussage: Ist D eine erwartungstreue und suffiziente Schätzfunktion für Θ, so hat D die kleinste Varianz aller Schätzfunktionen für Θ; D ist also eine beste Schätzfunktion. D ist darüber hinaus effizient, falls für den betrachteten Parameter Θ eine effiziente Schätzfunktion existiert.

Beispiel:

a) $D = \Sigma X_i$ ist eine suffiziente Schätzfunktion für den Anteilswert einer 0-1-verteilten Grundgesamtheit. Dann ist auch

$$P = \frac{1}{n} D = \frac{1}{n} \Sigma X_i$$

suffizient. Wegen seiner Erwartungstreue ist P eine beste Schätzfunktion für Π; darüber hinaus ist P effizient (vgl. 9.2.3.1.).

b) Es sei X eine normalverteilte Zufallsvariable mit $E(X) = \mu_X$ und unbekannter Varianz σ_X^2. Dann ist

$$L(\sigma_X | x_1, \ldots, x_n) = \prod_{i=1}^{n} \frac{1}{\sigma_X\sqrt{2\pi}} e^{-\frac{(x_i-\mu_X)^2}{2\sigma_X^2}} =$$

$$= \left(\frac{1}{\sigma_X}\right)^n e^{-\frac{\Sigma(x_i-\mu_X)^2}{2\sigma_X^2}} \left(\frac{1}{2\pi}\right)^{\frac{n}{2}} = G[\Sigma(X_i-\mu_X)^2; \sigma_X^2] \cdot H(x_1, x_n)$$

wobei $H(x_1, \ldots, x_n) = \left(\frac{1}{2\pi}\right)^{\frac{n}{2}}$. Somit ist $D = \Sigma(X_i-\mu_X)^2$ eine suffiziente Schätzfunktion für σ_X^2. Dann ist auch $D_1 = \frac{1}{n} D = \frac{1}{n} \Sigma(X_i-\mu_X)^2$ suffizient. Gleichzeitig ist D_1 effizient (vgl. 9.2.3.1.).

9.3. Methoden zur Konstruktion von Schätzfunktionen

Es soll nun die Frage behandelt werden, wie man Schätzfunktionen für einen Parameter Θ gewinnen kann. Dieses Problem wurde bisher beiseite gelassen. Es sind insbesondere drei verschiedene Methoden zur Gewinnung von Schätzfunktionen bekannt: die Momentenmethode, die Maximum-Likelihood-Methode und die Methode der kleinsten Quadrate. Während die beiden erstgenannten Methoden nachfolgend behandelt werden, soll die Methode der kleinsten Quadrate wegen ihrer Bedeutung für die Regressionsanalyse erst in Kapitel 12 vorgestellt werden.

9.3.1. Die Momentenmethode

Die Momentenmethode ist die älteste Methode zur Gewinnung von Schätzfunktionen. Sie nutzt die Tatsache aus, daß sich die zu schätzenden Parameter im allgemeinen in einfacher Weise als Funktion der Momente der betrachteten Zufallsvariablen darstellen lassen. Die Schätzfunktionen erhält man dann wie folgt: Die zu schätzenden Parameter $\Theta_1,\Theta_2,\ldots,\Theta_s$ werden als Funktion der Anfangsmomente μ'_k (k=1,2,...,s) der Zufallsvariablen X ausgedrückt. In den so gebildeten Gleichungen werden sodann die unbekannten Anfangsmomente μ'_k durch die entsprechenden Stichprobenanfangsmomente M'_k ersetzt. Die Stichprobenmomente M'_k werden in gleicher Weise aus den Elementen der Stichprobe berechnet wie die Momente μ'_k aus den Elementen der Grundgesamtheit. Werden ferner die Parameter $\Theta_1,\Theta_2,\ldots$ durch die Bezeichnungen $D_1,D_2,\ldots$ für die Schätzfunktionen ersetzt und die Gleichungen nach $D_1,D_2,\ldots$ aufgelöst, erhält man D_1 als Schätzfunktion für Θ_1, D_2 als Schätzfunktion für Θ_2 usw.

Für eine genauere Darstellung der Momentenmethode wird im folgenden unterschieden, ob das Verteilungsgesetz der betrachteten Zufallsvariablen bekannt ist oder nicht.

9.3.1.1. Das Verteilungsgesetz ist bekannt

In diesem Fall geht es darum, die unbekannten Konstanten des Verteilungsgesetzes zu schätzen. Enthält das Verteilungsgesetz insgesamt s Konstanten $\Theta_1,\Theta_2,\ldots,\Theta_s$, so werden diese Parameter als Funktionen der ersten s Anfangsmomente $\mu'_1,\mu'_2,\ldots,\mu'_s$ wie folgt geschrieben:

$$\begin{aligned}\mu'_1 &= g_1(\Theta_1,\Theta_2,\ldots,\Theta_s)\\ \mu'_2 &= g_2(\Theta_1,\Theta_2,\ldots,\Theta_s)\\ &\vdots\\ \mu'_s &= g_s(\Theta_1,\Theta_2,\ldots,\Theta_s)\end{aligned}$$

Beispiele:

a) Das Verteilungsgesetz einer normalverteilten Zufallsvariablen X ist durch die Konstanten μ_X und σ_X^2 eindeutig bestimmt. Sie lassen sich wie folgt als Funktion der beiden Anfangsmomente μ'_1 und μ'_2 schreiben:

$\mu_1' = g_1(\mu_X,\sigma_X^2) = \mu_X$

$\mu_2' = g_2(\mu_X,\sigma_X^2) = \mu_X^2 + \sigma_X^2$

b) Eine stetige Zufallsvariable X folge einer gleichmäßigen Verteilung mit dem Parameter $\Theta = a$:

$$f_X(x) = \begin{cases} \frac{1}{a} & \text{für } 0<x<a \\ 0 & \text{sonst} \end{cases}$$

Die Konstante a läßt sich wie folgt als Funktion des ersten Anfangsmoments ausdrücken:

$\mu_1' = g_1(a) = \frac{a}{2}$

denn es gilt:

$\mu_1' = E(X) = \int_0^a \frac{1}{a}\, x dx = \frac{a}{2}$

Zur Bestimmung der Schätzfunktion $D_1, D_2, \ldots$ für die Parameter $\Theta_1, \Theta_2, \ldots$ werden die Stichprobenmomente M_k' anstelle der unbekannten Grundgesamtheitsmomente μ_k' $(k=1,2,\ldots,s)$ sowie die Bezeichnungen der Schätzfunktionen D_k anstelle der Parameter Θ_k geschrieben. Das Gleichungssystem lautet dann:

$$\begin{aligned} M_1' &= g_1(D_1,D_2,\ldots,D_s) \\ M_2' &= g_2(D_1,D_2,\ldots,D_s) \\ &\vdots \\ M_s' &= g_s(D_1,D_2,\ldots,D_s) \end{aligned}$$

Beispiele:

c) In Beispiel a) seien μ_X und σ_X^2 unbekannt. Dann ergibt sich:

$M_1' = g_1(D_1,D_2) = D_1$

$M_2' = g_2(D_1,D_2) = D_1^2+D_2$

Die Auflösung der beiden Gleichungen ergibt:

$$D_1 = M_1' = \frac{1}{n} \sum_{i=1}^{n} X_i = \bar{X}$$

$$D_2 = M_2'-D_1^2 = \frac{1}{n} \sum_{i=1}^{n} X_i^2-\bar{X}^2 = \frac{1}{n} \Sigma (X_i-\bar{X})^2 = S_{X,n}^2$$

d) In Beispiel a) sei μ_X bekannt, σ_X^2 unbekannt. Dann benötigt man nur die zweite Gleichung:

$$M_2' = g_2(\mu_X, D_2) = \mu_X^2 + D_2$$

Man erhält:

$$D_2 = M_2' - \mu_X^2 = \frac{1}{n} \sum_{i=1}^{n} X_i^2 - \mu_X^2 = \frac{1}{n} \Sigma (X_i - \mu_X)^2$$

e) In Beispiel b) ist der Parameter $\Theta = a$ zu schätzen. Es gilt

$$M_1' = g_1(D) = \frac{D}{2}$$

oder

$$D = 2M_1' = 2\bar{X}$$

Es empfiehlt sich, dieses Beispiel noch etwas genauer zu betrachten. Der aufgrund der Schätzfunktion $D = 2\bar{X}$ ermittelte Schätzwert $\hat{a} = 2\bar{x}$ kann sehr wohl kleiner sein als der größte beobachtete Stichprobenwert. Ist z.B. $n = 3$, $x_1 = 4$, $x_2 = 6$, $x_3 = 50$, so ergibt sich $\hat{a} = 2\bar{x} = 40$. Der größte beobachtete Wert $\max(x_i)$ muß jedoch wegen des Verteilungsgesetzes $f_X(x) = \frac{1}{a}$ $(0<x<a)$ kleiner sein als der Schätzwert $\hat{a}$. Es wäre unsinnig, bei einem Schätzergebnis $\max(x_i)>\hat{a}$ die Momentenmethode zu verwenden.

9.3.1.2. Das Verteilungsgesetz ist unbekannt

Ist das Verteilungsgesetz unbekannt, so ist es offensichtlich nur sinnvoll, Momente der Zufallsvariablen zu schätzen. Die zu schätzenden Momente werden durch die Anfangsmomente der Zufallsvariablen ausgedrückt; sodann werden die unbekannten Anfangsmomente durch die entsprechenden Stichprobenmomente und die Symbole der zu schätzenden Parameter durch Symbole für Schätzfunktionen ersetzt und die Gleichungen nach den Schätzfunktionen aufgelöst. Die Ergebnisse sind die gleichen wie in 9.3.1.1., soweit dort Momente zu schätzen waren.

Beispiele:

a) Der Erwartungswert μ_X der Verteilung einer Zufallsvariablen X ist zu schätzen.

Es gilt:

$\mu_1' = g(\mu_X) = \mu_X$

und damit

$D = M_1' = \bar{X}$

b) Eine Zufallsvariable X habe eine Verteilung mit bekanntem Erwartungswert μ_X und unbekannter Varianz σ_X^2. Dann gilt:

$\mu_2' = g(\mu_X, \sigma_X^2) = \mu_X^2 + \sigma_X^2$

und damit

$M_2' = \mu_X^2 + D$

Die Schätzfunktion D für σ_X^2 lautet also:

$D = M_2' - \mu_X^2 = \frac{1}{n} \Sigma (X_i - \mu_X)^2$

c) Erwartungswert und Varianz der Verteilung einer Zufallsvariablen sind zu schätzen. Dann gilt:

$\mu_1' = g_1(\mu_X, \sigma_X^2) = \mu_X$

$\mu_2' = g_2(\mu_X, \sigma_X^2) = \mu_X^2 + \sigma_X^2$

und damit

$D_1 = \bar{X}$

$D_2 = \frac{1}{n} \Sigma (X_i - \bar{X})^2 = S_{X,n}^2$

9.3.1.3. Eigenschaften der nach der Momentenmethode gewonnenen Schätzfunktionen

Die nach der Momentenmethode gewonnenen Schätzfunktionen sind konsistent. Dies erklärt sich daraus, daß anstelle der unbekannten Anfangsmomente der Grundgesamtheit die entsprechenden Stichprobenmomente verwendet werden, die sich mit steigendem Sitchprobenumfang immer mehr den Grundgesamtheitsmomenten annähern.

Aus der Konsistenz ergibt sich, daß die Schätzfunktionen asymptotisch erwartungstreu sind. Sie sind jedoch im allgemeinen nicht erwartungstreu, wie das Beispiel der Schätzfunktion $S_{X,n}^2$ für den Parameter σ_X^2 zeigt. Soweit sich der Bias durch eine einfache Rechenoperation beseitigen läßt, kann man aus der Momentenmethode-Schätzfunktion eine verbesserte Schätzfunktion gewinnen. So wird überwiegend die aus der Stichprobenvarianz $S_{X,n}^2$ gewonnene erwartungstreue Schätzfunktion $S_X^2 = \frac{n}{n-1} S_{X,n}^2$ verwendet.

Wie das Beispiel 9.3.1.1.(e) zeigt, können bei der Verwendung der Momentenmethode bisweilen unsinnige Ergebnisse auftreten. In diesen Fällen sollten andere Schätzmethoden verwendet werden. Die Momentenmethode hat den großen Vorteil, daß zu ihrer Anwendung das Verteilungsgesetz der Grundgesamtheit nicht bekannt sein muß. Die Schätzfunktionen sind im allgemeinen nicht effizient, eine Ausnahme hiervon zeigt Beispiel 9.3.1.1.(d).

9.3.2. Die Maximum-Likelihood-Methode

Die Maximum-Likelihood-Methode hat in der Statistik eine überragende Bedeutung als Schätzmethode. Sie liefert teilweise die gleichen Schätzfunktionen wie die Momentenmethode. Wenn beide Methoden zu verschiedenen Schätzfunktionen führen, werden im allgemeinen wegen ihrer Eigenschaften die Maximum-Likelihood-Schätzfunktionen bevorzugt.

Die Maximum-Likelihood-Methode kann wie folgt erläutert werden: Es sei X eine Zufallsvariable mit der Wahrscheinlichkeitsfunktion (bzw. Wahrscheinlichkeitsdichtefunktion) $f_X(\Theta)$. Die Gestalt von f_X hängt vom Wert des unbekannten Parameters Θ ab. Eine einfache Zufallsstichprobe im Umfang n wird gezogen. Die Likelihoodfunktion für Θ unter der Bedingung der realisierten Stichprobe $X_1 = x_1$, $X_2 = x_2, \ldots,$ $X_n = x_n$ wurde bereits in 9.2.3.1. wie folgt definiert:

$$L(\Theta|x_1,\ldots,x_n) = f_{X_1,\ldots,X_n}(x_1,\ldots,x_n;\Theta) = \prod_{i=1}^{n} f_X(x_i;\Theta)$$

In der Likelihoodfunktion ist das Stichprobenergebnis fest vorgegeben, Θ kann frei variieren. Zu jedem Wert Θ_i aus der Menge der zulässigen Parameterwerte kann damit bei gegebenem Stichprobenergebnis ein Punkt der Likelihoodfunktion konstruiert werden:

$$L(\Theta_1|x_1,\ldots,x_n) = f_{X_1,\ldots,X_n}(x_1,\ldots,x_n;\Theta_1)$$

$$L(\Theta_2|x_1,\ldots,x_n) = f_{X_1,\ldots,X_n}(x_1,\ldots,x_n;\Theta_2)$$

$$\vdots \qquad\qquad \vdots$$

Bei jedem Parameterwert Θ_i entspricht der Wert von L einem Punkt der betreffenden Wahrscheinlichkeitsdichtefunktion. Der Graph der Likelihoodfunktion kann mithin punktweise zusammengesetzt gedacht werden aus Ordinatenwerten von Wahrscheinlichkeitsdichtefunktionen, die sich lediglich im Wert des Parameters Θ unterscheiden. Dieses Konstruktionsprinzip wird für den Fall einer normalverteilten Zufallsvariablen und eines Stichprobenumfanges von $n = 1$ durch nachstehende Abbildung veranschaulicht, in welcher stellvertretend für die Vielzahl aller möglichen Likelihoodfunktionen diejenigen für die Stichprobenergebnisse $x_1 = 3$ und $x_2 = 8$ eingezeichnet sind.

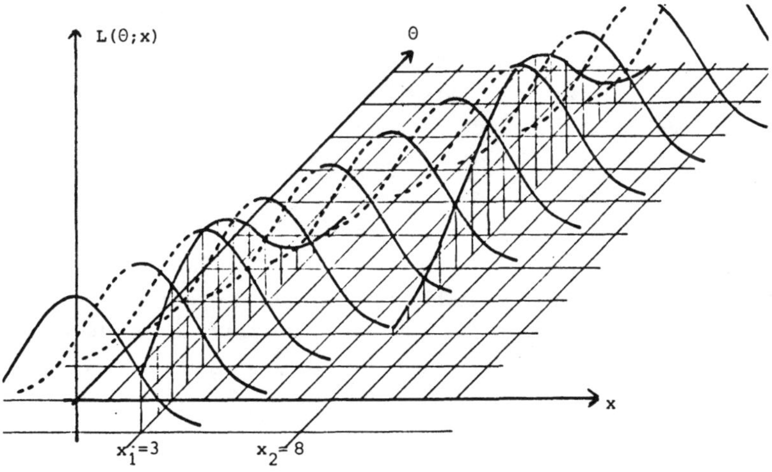

Aus der Graphik wird ersichtlich, daß die Likelihoodfunktion $L(\Theta|x)$ einen Schnitt durch das sog. "Likelihoodgebirge" $L(\Theta;x)$ darstellt, das sich bei gleichzeitiger Variation von Θ und x über der x,Θ-Ebene des Koordinatensystems ergibt.

An der graphischen Darstellung dieses Spezialfalles kann auch der Unterschied zwischen Likelihoodfunktion und Wahrscheinlichkeitsdichtefunktion aufgezeigt werden: Vor der Durchführung eines stochastischen Experimentes erhält man die zu einem bestimmten Parameter Θ_1 gehörige Wahrscheinlichkeitsdichtefunktion $f_X(\Theta_1)$ aus dem Schnitt des Likelihoodgebirges $L(\Theta;x)$ mit der zur $L(\Theta;x)$-Achse und zur x-Achse parallelen Ebene $\Theta = \Theta_1$. Liegt nach Durchführung des Experimentes ein Stichprobenergebnis x_1 vor, so ergibt sich die Likelihoodfunktion $L(\Theta|x_1)$ als Schnitt zwischen der zur $L(\Theta;x)$-Achse und zur Θ-Achse parallelen Ebene $x = x_1$ mit dem Graphen der Funktion $L(\Theta;x)$. Die Likelihoodfunktion darf nicht wie eine Wahrscheinlichkeitsdichtefunktion interpretiert werden. Sie ist zwar entstanden aus einer Aneinanderreihung von Wahrscheinlichkeitsdichten, der wesensmäßige Unterschied liegt jedoch darin, daß die Likelihoodfunktion die Wahrscheinlichkeit für ein Ereignis x_0 bezüglich alternativer Werte von Θ, jedoch nicht eine Wahrscheinlichkeit für einen Parameter Θ unter der Bedingung eines bestimmten Wertes von x ist. Anders als die Wahrscheinlichkeiten müssen sich die Likelihoods für verschiedene Werte des Parameters Θ nicht zu Eins ergänzen. Die Regeln der Wahrscheinlichkeitsrechnung dürfen daher nicht auf Likelihoods angewandt werden. (Dies gilt, auch wenn in dem von uns zur Veranschaulichung gewählten Spezialfall einer normalverteilten Grundgesamtheit und eines Stichprobenumfangs von $n = 1$ die resultierende Likelihoodfunktion die einer Normalverteilung entsprechende Gestalt besitzt.)

Wählt man von allen möglichen Werten von Θ den Wert $\hat{\Theta}$ aus, für den $L(\Theta|x_1,\ldots,x_n)$ maximal wird, so heißt $\hat{\Theta}$ der Maximum-Likelihood-Schätzwert für Θ. Analytisch erhält man diesen

Schätzwert durch Differentiation der Likelihoodfunktion nach θ und Nullsetzen der Ableitung.

$$\frac{\partial L(\theta | x_1, \ldots, x_n)}{\partial \theta} = 0$$

$\hat{\theta}$ ist ein Maximum, falls

$$\left. \frac{\partial^2 L}{\partial \theta^2} \right|_{\theta=\hat{\theta}} < 0$$

Beispiel:

Eine Urne enthält weiße und rote Kugeln. Der Anteil $\theta = \Pi$ der weißen Kugeln ist unbekannt. Eine Stichprobe mit Zurücklegen im Umfang $n = 5$ wird gezogen. Das Ergebnis der i-ten Ziehung wird mit $X_i = 0$ für eine rote und $X_i = 1$ für eine weiße Kugel bezeichnet $(i=1,2,\ldots,5)$. Die Stichprobe liefere das Ergebnis (1,0,1,0,0). Die Likelihoodfunktion lautet:

$$L(\Pi|1,0,1,0,0) = \Pi(1-\Pi)\Pi(1-\Pi)(1-\Pi) = \Pi^2(1-\Pi)^3$$

Für alternative Werte von Π nimmt $L(\Pi|1,0,1,0,0)$ damit die folgenden Werte an:

Π	0	0,1	0,2	0,3	0,4	0,5	0,6	0,7	0,8	0,9	1,0
L	0	0,0073	0,0205	0,0309	0,0346	0,0313	0,0230	0,0132	0,0051	0,008	0

Die Wertetabelle zeigt, daß das Maximum der Funktion L in der Nähe von $\Pi = 0,4$ liegt. Den genauen Wert erhält man durch Differenzieren

$$L(\Pi|1,0,1,0,0) = \Pi^2(1-\Pi)^3$$

$$\frac{\partial L}{\partial \Pi} = 2\Pi(1-\Pi)^3 - 3\Pi^2(1-\Pi)^2 = \Pi(1-\Pi)^2[2(1-\Pi)-3\Pi] = \Pi(1-\Pi)^2(2-5\Pi)$$

Aus $\frac{\partial L}{\partial \Pi} = 0$

folgt mit der Forderung $\frac{\partial^2 L}{\partial \Pi^2} < 0$:

$$2-5\hat{\Pi} = 0$$

$$\hat{\Pi} = \frac{2}{5} = 0,4$$

Durch Bildung der zweiten Ableitung sieht man, daß $\hat{\Pi} = 0,4$ ein Maximum der Funktion $L(\Pi|1,0,1,0,0)$ ist. $\hat{\Pi}$ ist also der Maximum-Likelihood-Schätzwert für Π.

Da $L(\theta|x_1,\ldots,x_n)$ aufgrund der Stichprobenergebnisse $(x_1, \ldots, x_n)$ berechnet wird, wird $\hat{\theta}$ allgemein eine Funktion der Stichprobenwerte sein:

$$\hat{\theta} = d(x_1,\ldots,x_n)$$

Die Stichprobenfunktion $D(X_1,...,X_n)$, von der $\hat{\theta}$ eine Ausprägung darstellt, heißt die Maximum-Likelihood-Schätzfunktion von θ.

Beispiel:

Das obige Beispiel soll nun allgemeiner gefaßt werden, um die Maximum-Likelihood-Schätzfunktion zu ermitteln. Aus einer 0-1-verteilten Grundgesamtheit wird eine Stichprobe mit Zurücklegen im Umfang n gezogen. Die Stichprobenwerte seien: $(x_1,x_2,...,x_n)$, der Parameter Π ist unbekannt. Dann lautet die Likelihoodfunktion:

$$L(\Pi|x_1,...,x_n) = \Pi^{\Sigma x_i}(1-\Pi)^{n-\Sigma x_i}$$

Es ist

$$\frac{\partial L}{\partial \Pi} = \Pi^{\Sigma x_i -1}(1-\Pi)^{n-\Sigma x_i -1}[(1-\Pi)\Sigma x_i - \Pi(n-\Sigma x_i)] = \Pi^{\Sigma x_i -1}(1-\Pi)^{n-\Sigma x_i -1}[\Sigma x_i - n\Pi]$$

$$\frac{\partial L}{\partial \Pi} = 0 \rightarrow$$

$$\Sigma x_i - n\hat{\Pi} = 0$$

$$\hat{\Pi} = \frac{1}{n}\sum_{i=1}^{n} x_i = p$$

Allgemein ist also der Stichprobenanteilswert p der Maximum-Likelihood-Schätzwert für Π. Die Maximum-Likelihood-Schätzfunktion für Π ist

$$D(X_1,...,X_n) = \frac{1}{n}\sum_{i=1}^{n} X_i = P$$

Die Berechnung von Maximum-Likelihood-Schätzfunktionen kann durch die folgende Überlegung vereinfacht werden: Da $L(\theta|x_1,...,x_n)$ das Produkt von Wahrscheinlichkeitsfunktionen (bzw. Dichtefunktionen) ist, ist diese Funktion immer positiv für den Bereich der zulässigen Werte von θ. Damit ist die Funktion $\ln L(\theta|x_1,...,x_n)$ definiert; die Logarithmusfunktion lnL hat ihr Maximum an der gleichen Stelle wie die Likelihoodfunktion. Die Berechnung der Maximum-Likelihood-Schätzfunktion kann daher vereinfacht werden, wenn man die Funktion $\ln L(\theta|x_1,...,x_n)$ anstelle $L(\theta|x_1,...,x_n)$ nach θ differenziert und die Ableitung gleich Null setzt.

Beispiel:

Im genannten Beispiel ist

$$L(\Pi|x_1,\dots,x_n) = \Pi^{\Sigma x_i}(1-\Pi)^{n-\Sigma x_i}$$

und

$$\ln L(\Pi|x_1,\dots,x_n) = \Sigma x_i \ln\Pi + (n-\Sigma x_i)\ln(1-\Pi)$$

Dann gilt

$$\frac{\partial \ln L}{\partial \Pi} = \frac{\Sigma x_i}{\Pi} - \frac{n-\Sigma x_i}{1-\Pi} = \frac{\Sigma x_i - n\Pi}{\Pi(1-\Pi)}$$

und

$$\frac{\partial \ln L}{\partial \Pi} = 0 \Rightarrow \Sigma x_i = n\hat{\Pi}$$

$$\hat{\Pi} = \frac{1}{n}\Sigma x_i$$

In den bisherigen Anwendungen war es sehr einfach, den Maximum-Likelihood-Schätzwert zu berechnen. Die Likelihoodfunktion hatte in diesen Fällen ein eindeutiges Maximum, in welchem die erste Ableitung gleich Null war. Deshalb konnte durch Nullsetzen der ersten Ableitung der Maximum-Likelihood-Schätzwert bestimmt werden. Dieses Vorgehen ist jedoch nicht immer möglich. Es sind Likelihoodfunktionen mit mehreren lokalen Maxima denkbar oder auch solche Likelihoodfunktionen, deren Steigung in keinem Punkte Null ist. Wie man im letzteren Fall den Maximum-Likelihood-Schätzwert berechnen kann, soll das folgende Beispiel zeigen:

Beispiel:

Eine stetige Zufallsvariable X sei im Intervall [0,a] gleichverteilt mit unbekanntem Parameter a. Ihre Dichtefunktion lautet:

$$f_X(x) = \begin{cases} \frac{1}{a} & 0 \le x \le a \\ 0 & \text{sonst} \end{cases}$$

Bei einer einfachen Zufallsstichprobe im Umfang n lautet die Likelihoodfunktion:

$$L(a|x_1,\dots,x_n) = \frac{1}{a^n}$$

Die Funktionswerte von $L(a|x_1,\ldots,x_n)$ nehmen mit steigendem Wert von a ab. An keiner Stelle ist $\frac{\partial L}{\partial a} = 0$. Der Graph der Funktion $L(a|x_1,\ldots,x_n)$ ist im folgenden Schaubild gezeichnet.

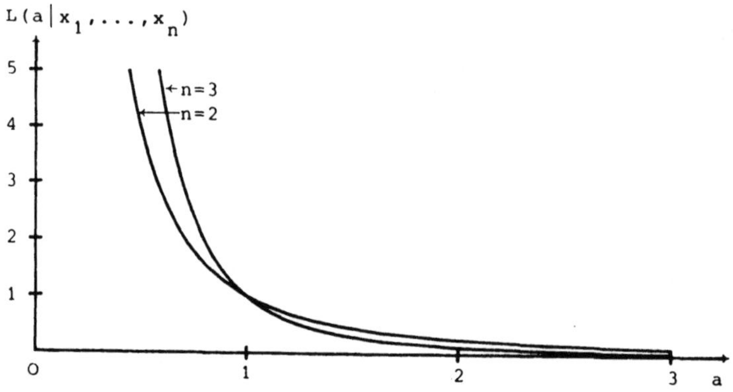

Den Maximum-Likelihood-Schätzwert kann man wie folgt bestimmen: Da die Likelihoodfunktion mit sinkendem a größer wird, wird $L(a|x_1,\ldots,x_n)$ dadurch maximiert, daß man a so klein wie möglich wählt. Da a nicht kleiner als der größte Stichprobenwert sein kann, ist dieser Wert der Maximum-Likelihood-Schätzwert für a:

$$\hat{a} = \max_i x_i$$

Die Maximum-Likelihood-Schätzfunktion für a ist

$$D = \max_i X_i$$

Das Prinzip der Maximum-Likelihood-Schätzung kann auch auf die gleichzeitige Schätzung mehrerer Parameter angewendet werden. Die Likelihood-Funktion ist dann nach jedem der unbekannten Parameter partiell zu differenzieren. Alle Ableitungen sind gleich Null zu setzen und nach den Parametern aufzulösen.

Beispiel:

Eine Zufallsvariable X sei normalverteilt mit unbekanntem Erwartungswert μ_X und unbekannter Varianz σ_X^2. Die Maximum-Likelihood-Schätzfunktionen für μ_X und σ_X^2 sind zu ermitteln.

Die Likelihood-Funktion lautet

$$L(\mu_X,\sigma_X^2|x_1,\ldots,x_n) = \frac{1}{(\sigma_X^2 2\pi)^{\frac{n}{2}}} e^{-\Sigma\frac{(x_i-\mu_X)^2}{2\sigma_X^2}}$$

$$\ln L(\mu_X,\sigma_X^2|x_1,\ldots,x_n) = -\frac{n}{2}\ln\sigma_X^2 - \frac{n}{2}\ln 2\pi - \Sigma\frac{(x_i-\mu_X)^2}{2\sigma_X^2}$$

Die Ableitungen ergeben:

$$\frac{\partial \ln L}{\partial \mu_X} = \Sigma\frac{(x_i-\mu_X)}{\sigma_X^2}$$

$$\frac{\partial \ln L}{\partial \sigma_X^2} = -\frac{n}{2}\cdot\frac{1}{\sigma_X^2} + \Sigma\frac{(x_i-\mu_X)^2}{2\sigma_X^4}$$

$$\frac{\partial \ln L}{\partial \mu_X} = 0 \Rightarrow \Sigma\frac{x_i-\hat{\mu}_X}{\hat{\sigma}_X^2} = 0$$

$$\Sigma x_i = n\hat{\mu}_X$$

$$\hat{\mu}_X = \frac{1}{n}\Sigma x_i = \bar{x}$$

$$\frac{\partial \ln L}{\partial \sigma_X^2} = 0 \Rightarrow \Sigma\frac{(x_i-\hat{\mu}_X)^2}{2(\hat{\sigma}_X^2)^2} = \frac{n}{2\hat{\sigma}_X^2}$$

Da $\hat{\mu}_X = \bar{x}$ folgt

$$\Sigma(x_i-\bar{x})^2 = n\hat{\sigma}_X^2$$

$$\hat{\sigma}_X^2 = \frac{1}{n}\Sigma(x_i-\bar{x})^2$$

Damit ergeben sich bei gleichzeitiger Schätzung von μ_X und σ_X^2 einer normalverteilten Zufallsvariablen die Schätzfunktionen

$$D_1 = \bar{X}$$

$$D_2 = \frac{1}{n}\Sigma(X_i-\bar{X})^2 = S_{X,n}^2$$

Die Eigenschaften der Maximum-Likelihood-Schätzfunktionen sind nachstehend zusammengestellt:

(a) Sie sind im allgemeinen nicht erwartungstreu. Da sie jedoch

(b) konsistent sind, müssen sie zumindest asymptotisch erwartungstreu sein.

(c) Sie sind asymptotisch effizient. Existiert für einen Parameter Θ eine effiziente Schätzfunktion D, so ist D eine Maximum-Likelihood-Schätzfunktion.

(d) Maximum-Likelihood-Schätzfunktionen sind für $n \to \infty$ asymptotisch normalverteilt.

9.4. Intervallschätzung: Konfidenzintervalle

In den bisherigen Ausführungen dieses Kapitels wurden Methoden behandelt, die es gestatten, Schätzwerte für unbekannte Parameter anzugeben. Diese Methoden lieferten Stichprobenfunktionen, die bei gegebenen Stichprobenwerten die Schätzwerte eindeutig bestimmten. Dabei war klar, daß der Schätzwert im allgemeinen nicht mit dem gesuchten Parameter übereinstimmen wird. Wie weit jedoch der Schätzwert vom Wert des Parameters entfernt ist, kann durch die bisher besprochenen Methoden nicht bestimmt werden. Es ist daher notwendig, die Punktschätzung durch Methoden zu ergänzen, die Auskunft erteilen über die Abweichung alternativer Schätzwerte vom zu schätzenden Parameter, d.h. über die Genauigkeit der Schätzung. Aussagen über die Genauigkeit sind jedoch nur mit einer bestimmten Wahrscheinlichkeit möglich. Untrennbar verbunden mit der Aussage über die Genauigkeit einer Schätzung ist somit deren Sicherheit. Unmittelbar einsichtig erscheint beispielsweise die Berechtigung einer Aussage über Genauigkeit und Sicherheit einer Schätzung von der folgenden Art: Liegt mit einer bestimmten Wahrscheinlichkeit der gesuchte Parameter Θ im Intervall $D \pm Var(D)$, so befindet er sich mit größerer Wahrscheinlichkeit im Intervall $D \pm 2Var(D)$ und mit noch größerer Wahrscheinlichkeit im Intervall $D \pm 3Var(D)$. Der Zusammenhang zwischen Sicherheit und Genauigkeit der Schätzung ist bei gegebenem Stichprobenumfang also folgender: Je höher man den Sicherheitsgrad wählt, desto größer ist das anzugebende Intervall, d.h. die Schätzung wird ungenauer.

Die beiden genannten Aspekte der Sicherheit und Genauigkeit werden durch die Intervallschätzung berücksichtigt, für deren Durchführung mehrere Verfahren bekannt sind. Im Rahmen dieses Textes sollen hiervon nur die Konfidenzintervalle behandelt werden.

9.4.1. Der Konfidenzschluß

Genauigkeit und Sicherheit der Schätzung werden dadurch berücksichtigt, daß ein bestimmtes Intervall gesucht wird, das mit einer bestimmten, vorgegebenen Wahrscheinlichkeit den unbekannten Parameter Θ einschließt. Um ein solches Intervall angeben zu können, ist zunächst der Begriff des Zufallsintervalls zu definieren. Ein Intervall heißt Zufallsintervall, wenn mindestens eine Intervallgrenze eine Zufallsvariable ist. Als Zufallsvariable werden hier wiederum Stichprobenfunktionen verwendet. Sind D_u und D_o Stichprobenfunktionen, so kann man ein Zufallsintervall, bei dem beide Grenzen Zufallsvariable sind, wie folgt schreiben (wobei allgemein die Schreibweise von Intervallen analog ist der von Intervallen reeller Zahlen):

$$[D_u, D_o]$$

Voraussetzung dabei ist $D_u \leq D_o$. Diese Ungleichung besagt, daß die Zufallsvariablen D_u und D_o in der Weise voneinander abhängig sind, daß zu jeder Ausprägung d_u von D_u eine Ausprägung d_o von D_o gehört mit $d_u \leq d_o$.

Bei einem Zufallsintervall muß wenigstens eine Intervallgrenze eine Zufallsvariable sein; als zweite Grenze ist eine reelle Zahl zulässig. Abgeschlossene Zufallsintervalle dieser Art lassen sich wie folgt darstellen:

$$[a, D_o]$$

$$[D_u, b]$$

Darüber hinaus kann die Untergrenze $a \to -\infty$, die Obergrenze $b \to +\infty$ gehen:

$$]-\infty, D_o]$$

$$[D_u, \infty[$$

Ist Θ ein unbekannter Parameter der Verteilung einer Zufallsvariablen X, so soll versucht werden, für Θ ein Zufallsintervall $[D_u, D_o]$ zu finden mit

$$P(D_u \leq \Theta \leq D_o) = 1-\alpha$$

im Falle von zwei Zufallsgrenzen, oder ein Zufallsintervall $[D_u, b]$ bzw. $[a, D_o]$ mit

$$P(D_u \leq \Theta \leq b) = 1-\alpha$$

bzw.

$$P(a \leq \Theta \leq D_o) = 1-\alpha$$

im Falle einer Zufallsuntergrenze bzw. -obergrenze. Dabei gilt $0<\alpha<1$. Die angegebenen Zufallsintervalle schließen den unbekannten Wert des Parameters Θ mit der Wahrscheinlichkeit $1-\alpha$ ein. Die Wahrscheinlichkeit $1-\alpha$ heißt Sicherheitswahrscheinlichkeit der Schätzung.

Im nächsten Schritt ist zu fragen, wie man im Einzelfalle die zur Schätzung eines Parameters gehörigen Grenzen des Zufallsintervalles bestimmt. Dazu kann man folgenden Weg einschlagen: Zunächst wird für den zu schätzenden Parameter Θ eine Schätzfunktion D gewählt. Sodann versucht man, zu D eine transformierte Schätzfunktion D_t zu finden mit der folgenden Eigenschaft: Für D_t müssen Intervalle der Art $P(d_{\alpha_1} \leq D_t \leq d_{1-\alpha_2}) = 1-\alpha$ existieren, wobei die reellen Zahlen d_{α_1} und $d_{1-\alpha_2}$ vom gesuchten Parameter Θ unabhängig sind; d_{α_1} und $d_{1-\alpha_2}$ seien Ausprägungen von D_t, ferner gelte $\alpha_1+\alpha_2 = \alpha$ $(\alpha_1 \geq 0,\ \alpha_2 \geq 0)$. Die Umformung dieses Intervalls nach dem unbekannten Parameter ergibt die gesuchten Grenzen des Zufallsintervalls. Zur Veranschaulichung der Berechnung mögen die folgenden Beispiele dienen.

Beispiele:

a) Eine Zufallsvariable X sei normalverteilt mit dem unbekannten Erwartungswert $E(X) = \mu_X$; die Varianz σ_X^2 sei bekannt. Zur Schätzung von μ_X wird eine Stichprobe im Umfang n gezogen. Gesucht ist das Zufallsintervall $[D_u, D_o]$, das den Parameter μ_X mit der Wahrscheinlichkeit $1-\alpha$ einschließt:

$$P(D_u \leq \mu_X \leq D_o) = 1-\alpha$$

Zur normalverteilten Schätzfunktion $D = \bar{X}$ lautet die Transformation $D_t = Z = \frac{\bar{X}-\mu_X}{\sigma_{\bar{X}}}$. Damit lassen sich für Z von μ_X unabhängige Konstanten z_{α_1} und $z_{1-\alpha_2}$ angeben, so daß für vorgegebenes $1-\alpha$ gilt:

$$P(z_{\alpha_1} \leq Z \leq z_{1-\alpha_2}) = 1-\alpha$$

Die Umformung dieses Intervalls ergibt:

$$P(z_{\alpha_1} \leq Z \leq z_{1-\alpha_2}) = P(z_{\alpha_1} \leq \frac{\bar{X}-\mu_X}{\sigma_{\bar{X}}} \leq z_{1-\alpha_2}) = P(Z_{\alpha_1}\sigma_{\bar{X}} \leq \bar{X}-\mu_X \leq z_{1-\alpha_2}\sigma_{\bar{X}}) =$$

$$= P(\bar{X}-z_{1-\alpha_2}\sigma_{\bar{X}} \leq \mu_X \leq \bar{X}-z_{\alpha_1}\sigma_{\bar{X}}) = 1-\alpha$$

Mithin schließt das Zufallsintervall $[D_u, D_o]$ mit $D_u = \bar{X}-z_{1-\alpha_2}\sigma_{\bar{X}}$ und $D_o = \bar{X}-z_{\alpha_1}\sigma_{\bar{X}}$ den Parameter μ_X mit der Wahrscheinlichkeit $1-\alpha$ ein.

b) Die Zufallsvariable X sei wiederum normalverteilt mit unbekannter Varianz σ_X^2; der Erwartungswert $E(X) = \mu_X$ sei bekannt. Es ist ein Zufallsintervall zu finden, das den Parameter σ_X^2 mit der Wahrscheinlichkeit $1-\alpha$ einschließt.

Da X normalverteilt ist, folgt die Größe

$$D_t = W = \frac{\Sigma(X_i-\mu_X)^2}{\sigma_X^2} \quad \text{(vgl. 8.5.3.)}$$

einer χ^2-Verteilung mit n Freiheitsgraden. Dann lassen sich zwei Zahlen $\chi^2_{\alpha_1}$ und $\chi^2_{1-\alpha_2}$ finden, so daß

$$P(\chi^2_{\alpha_1} \leq W \leq \chi^2_{1-\alpha_2}) = 1-\alpha$$

Nach Umformung ergibt sich:

$$P(\chi^2_{\alpha_1} \leq W \leq \chi^2_{1-\alpha_2}) = P(\chi^2_{\alpha_1} \leq \frac{\Sigma(X_i-\mu_X)^2}{\sigma_X^2} \leq \chi^2_{1-\alpha_2}) =$$

$$= P\left(\frac{\Sigma(X_i-\mu_X)^2}{\chi^2_{1-\alpha_2}} \leq \sigma_X^2 \leq \frac{\Sigma(X_i-\mu_X)^2}{\chi^2_{\alpha_1}}\right) = 1-\alpha$$

Aus den vorstehenden Beispielen wird klar, daß es im allgemeinen beliebig viele Möglichkeiten gibt, die Grenzen d_{α_1} und $d_{1-\alpha_2}$ so zu wählen, daß gilt: $P(D_u \leq \Theta \leq D_o) = 1-\alpha$. Es ist zweckmäßig, dabei zwei Fälle zu unterscheiden: die Festlegung von d_{α_1} und $d_{1-\alpha_2}$ derart, daß

a) zentrale Zufallsintervalle
b) nicht-zentrale Zufallsintervalle

entstehen. Bei zentralen Zufallsintervallen sind die Konstanten d_{α_1} und $d_{1-\alpha_2}$ so zu bestimmen, daß $P(D_t \leq d_{\alpha_1}) = P(D_t \geq d_{1-\alpha_2}) = \frac{\alpha}{2}$. In Beispiel (a) ist für das zentrale Zufallsintervall $d_{\alpha_1} = z_{\alpha_1} = z_{\frac{\alpha}{2}}$ und $d_{1-\alpha_2} = z_{1-\alpha_2} = z_{1-\frac{\alpha}{2}}$ zu wählen. Da außerdem gilt $-z_{\frac{\alpha}{2}} = z_{1-\frac{\alpha}{2}}$, lautet das zentrale Zufallsintervall für μ_X: $P(\bar{X}-z_{1-\frac{\alpha}{2}}\sigma_{\bar{X}} \leq \mu_X \leq \bar{X}+z_{1-\frac{\alpha}{2}}\sigma_{\bar{X}}) = 1-\alpha$. In Beispiel (b) ist für ein zentrales Schätzintervall $d_{\alpha_1} = \chi^2_{\alpha_1} = \chi^2_{\frac{\alpha}{2}}$ und $d_{1-\alpha_2} = \chi^2_{1-\alpha_2} = \chi^2_{1-\frac{\alpha}{2}}$ zu wählen. Bei allen anderen Festlegungen der Konstanten ergeben sich nicht-zentrale Zufallsintervalle. Im Extremfall erhält man Zufallsintervalle, bei denen nur eine Grenze eine Zufallsvariable ist. So gilt etwa in Beispiel (a): $P(z_\alpha \leq Z < \infty) = 1-\alpha$. Dieses Intervall läßt sich umformen in: $P(Z \geq z_\alpha) = P\left(\frac{\bar{X}-\mu_X}{\sigma_{\bar{X}}} \geq z_\alpha\right) = P(\mu_X \leq \bar{X}-z_\alpha\sigma_{\bar{X}}) = 1-\alpha$. Somit schließt das Zufallsintervall $]-\infty, \bar{X}-z_\alpha\sigma_{\bar{X}}]$ den Parameter μ_X mit der Wahrscheinlichkeit $1-\alpha$ ein. Der Grund für die häufige Verwendung von zentralen Zufallsintervallen wird später noch zu erörtern sein.

Im folgenden soll die Aussage eines Zufallsintervalls für einen Parameter Θ noch etwas näher erläutert werden. Dazu betrachten wir eine Realisation des Zufallsintervalls. Ist die Stichprobe gezogen, so ist damit eine Realisation $[d_u, d_o]$ des Zufallsintervalls $[D_u, D_o]$ festgelegt. Eine solche Realisation eines Zufallsintervalls heißt Konfidenzintervall (Vertrauensintervall, Vertrauensbereich) für Θ. Die beiden Endpunkte d_u und d_o heißen Konfidenzgrenzen; d_u ist die Untergrenze der Schätzung für Θ, die man mit $\hat{\Theta}_u$ bezeichnen kann. Entsprechend ist $d_o = \hat{\Theta}_o$ und $[d_u, d_o] = [\hat{\Theta}_u, \hat{\Theta}_o]$. Ist $[D_u, D_o]$ ein zentrales (nicht-zentrales) Zufallsintervall, so heißt $[d_u, d_o]$ ein zentrales (nicht-zentrales) Konfidenzintervall. Die Differenz $l = d_o - d_u$ heißt die Länge des Konfidenzintervalls. In Beispiel (a) lautet das zentrale Konfidenzintervall für μ_X:

$$[d_u, d_o] = [\hat{\mu}_u, \hat{\mu}_o] = [\bar{x} - z_{1-\frac{\alpha}{2}} \sigma_{\bar{X}}, \bar{x} + z_{1-\frac{\alpha}{2}} \sigma_{\bar{X}}]$$

Würde man (aus einer endlichen Grundgesamtheit) alle möglichen Stichproben im Umfang n ziehen und zu jeder Stichprobe das zugehörige Konfidenzintervall berechnen, so würde man feststellen, daß $(1-\alpha) \cdot 100$ % der Konfidenzintervalle den Wert des Parameters Θ einschließen, $\alpha 100$ % der Konfidenzintervalle dagegen nicht. Folglich ist die Wahrscheinlichkeit, bei Ziehung einer Stichprobe im Umfang n ein Konfidenzintervall zu erhalten, das den Wert des Parameters Θ einschließt, gleich $1-\alpha$. Oder anders ausgedrückt: Würde man fortgesetzt Stichproben im Umfang n ziehen, so würden im Durchschnitt $(1-\alpha)100$ von 100 Konfidenzintervallen den Wert von Θ einschließen. Dies ist die Aussage der Beziehung $P(D_u \leq \Theta \leq D_o) = 1-\alpha$. Die folgende Graphik soll diese Überlegung veranschaulichen: Wird $1-\alpha = 0{,}9$ zur Schätzung des Parameters μ_X gewählt, so ist in durchschnittlich 9 von 10 Konfidenzintervallen $[\bar{x} - z_{1-\frac{\alpha}{2}} \sigma_{\bar{X}}, \bar{x} + z_{1-\frac{\alpha}{2}} \sigma_{\bar{X}}]$ der Wert von μ_X enthalten.

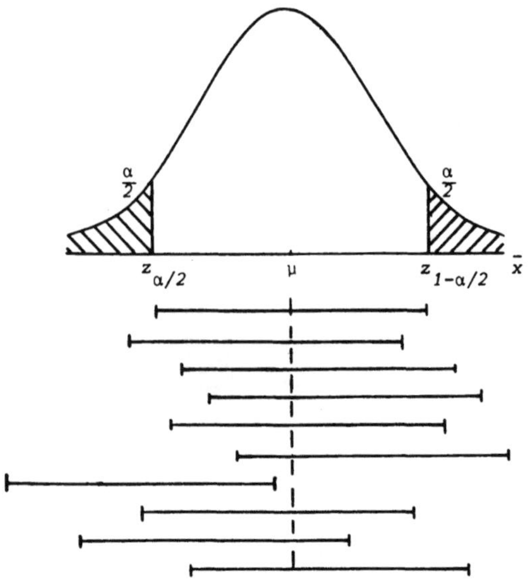

Ist die Stichprobe gezogen und liegt das Konfidenzintervall $[d_u, d_o]$ vor, so kann man nicht sagen, der unbekannte Wert des Parameters Θ liege mit der Wahrscheinlichkeit $1-\alpha$ in diesem Konfidenzintervall. Diese Wahrscheinlichkeit ist 1, falls Θ in $[d_u, d_o]$ liegt bzw. 0, falls $[d_u, d_o]$ den Parameter Θ nicht einschließt. Man argumentiert richtig wie folgt: Ist die Sicherheitswahrscheinlichkeit gleich $1-\alpha$, so setzt man ein entsprechend großes Vertrauen (Konfidenz) in die Vermutung, daß das gezogene Konfidenzintervall $[d_u, d_o]$ den Parameter Θ einschließt. Ist z.B. $1-\alpha = 0{,}99$, so darf man größeres Vertrauen in die Vermutung setzen, Θ sei in $[d_u, d_o]$ enthalten, als für den Fall $1-\alpha = 0{,}50$. Die Sicherheitswahrscheinlichkeit dient als Maßzahl für das Vertrauen in die Vermutung, Θ liege in $[d_u, d_o]$.

Entsprechend den vorstehenden Überlegungen bezeichnet man die Zahl $1-\alpha$ im Zusammenhang mit einem Konfidenzintervall als Konfidenzzahl oder Konfidenzkoeffizient, der das Ausmaß an Vertrauen (Konfidenzniveau, Vertrauensniveau) angibt, das man in das Konfidenzintervall für Θ setzen darf. Es wird also eine vor Durchführung der Stichprobenentnahme gegebene Wahrscheinlichkeit für ein Zufallsintervall auf dessen Realisation, das Konfidenzintervall, mit einer neuen Interpretation übertragen. Die Aussage, der unbekannte Wert des Parameters Θ liege mit einem Vertrauensniveau $1-\alpha$ im Konfidenzintervall $[d_u, d_o]$ stellt einen Konfidenzschluß dar.

Der Aspekt der Sicherheit einer Schätzung kommt beim Konfidenzschluß in der Angabe des Konfidenzkoeffizienten zum Ausdruck. Die Genauigkeit einer Schätzung wird durch die Länge des Konfidenzintervalles $l = d_o - d_u$ repräsentiert. Das Konfidenzintervall ist unter sonst gleichen Bedingungen um so länger, je größer der Konfidenzkoeffizient ist. Bei gegebenem Konfidenzkoeffizienten hat es unterschiedliche Länge, je nachdem wie α_1 und α_2 festgelegt werden. Der Wunsch nach maximaler Genauigkeit bedeutet, daß man von allen möglichen das Konfidenzintervall mit minimaler Länge auszusuchen hat. In vielen Fällen hat das zentrale Konfidenzintervall minimale Länge (vgl. Aufgabe 9.10.). Aus diesem Grunde berechnet man vorzugsweise zentrale Konfidenzintervalle, es sei denn, die konkrete Fragestellung erfordert ein anderes Intervall.

Konfidenzintervalle lassen sich in einfacher Weise graphisch veranschaulichen. Als Beispiel sei der Erwartungswert μ_X einer normalverteilten Zufallsvariablen X gewählt. Zur Bestimmung des zentralen Zufallsintervalles geht man aus von der Beziehung

$$P(z_{\frac{\alpha}{2}} \le Z \le z_{1-\frac{\alpha}{2}}) = P(z_{\frac{\alpha}{2}} \le \frac{\bar{X}-\mu_X}{\sigma_{\bar{X}}} \le z_{1-\frac{\alpha}{2}}) =$$

$$P(\mu_X - z_{1-\frac{\alpha}{2}}\sigma_{\bar{X}} \le \bar{X} \le \mu_X + z_{1-\frac{\alpha}{2}}\sigma_{\bar{X}}) = 1-\alpha$$

In dieser Beziehung sollen nun folgende numerischen Werte eingesetzt werden: Als Sicherheitswahrscheinlichkeit werde $1-\alpha = 0{,}95$ gewählt, die Varianz der Zufallsvariablen X sei $\sigma_X^2 = 4$, der Stichprobenumfang sei $n = 25$. Dann ist ferner $z_{1-\frac{\alpha}{2}} = z_{0,975} = 1{,}96$ und man erhält

$$P(\mu_X - z_{1-\frac{\alpha}{2}}\sigma_{\bar{X}} \leq \bar{X} \leq \mu + z_{1-\frac{\alpha}{2}}\sigma_{\bar{X}}) = P(\mu_X - 0{,}784 \leq \bar{X} \leq \mu_X + 0{,}784) = 0{,}95$$

In der folgenden Graphik mit $\bar{X}$ als Abszisse und μ als Ordinate werden für jeden Wert von μ die Grenzpunkte $\bar{x}_{\frac{\alpha}{2}} = \mu_X - z_{1-\frac{\alpha}{2}}\sigma_{\bar{X}}$ und $\bar{x}_{1-\frac{\alpha}{2}} = \mu_X + z_{1-\frac{\alpha}{2}}\sigma_{\bar{X}}$ berechnet.

Beispielsweise ergibt sich für

$$\mu_X = 1\text{: } P(0{,}216 \leq \bar{X} \leq 1{,}784) = 0{,}95$$
$$\mu_X = 2\text{: } P(1{,}216 \leq \bar{X} \leq 2{,}784) = 0{,}95$$
$$\mu_X = 3\text{: } P(2{,}216 \leq \bar{X} \leq 3{,}784) = 0{,}95$$

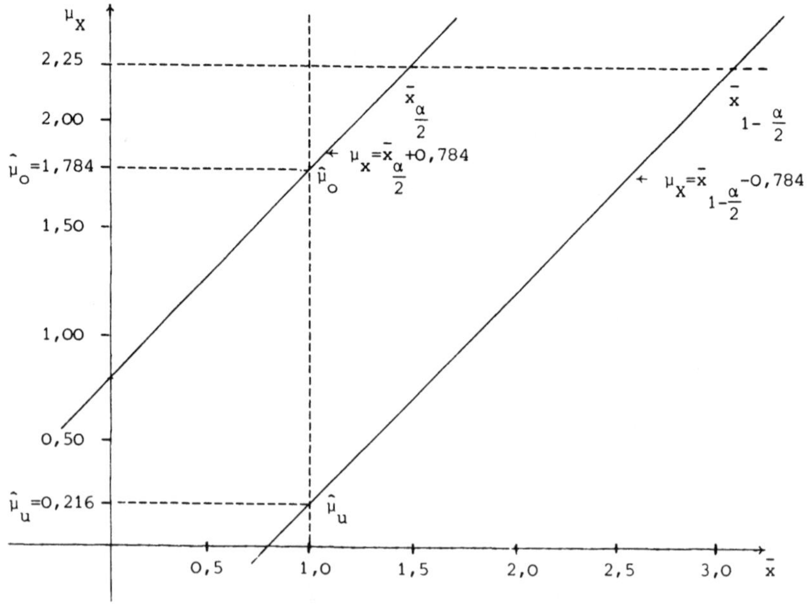

Die unteren Grenzpunkte $\bar{x}_{\alpha/2}$ der Intervalle für $\bar{X}$ bei alternativen Werten von μ_X liegen alle auf der Geraden $\mu_X = \bar{x}_{\alpha/2} + z_{1-\frac{\alpha}{2}}\sigma_{\bar{X}} = \bar{x}_{\alpha/2} + 0{,}784$. Die oberen Grenzpunkte $\bar{x}_{1-\alpha/2}$ liegen alle auf der Geraden $\mu_X = \bar{x}_{1-\alpha/2} - z_{1-\frac{\alpha}{2}}\sigma_{\bar{X}} = \bar{x}_{1-\alpha/2} - 0{,}784$. Diese beiden parallelen Geraden sind in das $(\bar{x}, \mu_X)$-Koordinatensystem eingezeichnet.

Es sei nun eine Stichprobe im Umfang n = 25 gezogen und das arithmetische Mittel $\bar{x}$ berechnet. Dann kann man für beide Geraden die zugehörigen μ_X-Werte ermitteln. Es ergibt sich $d_u = \hat{\mu}_u = \bar{x}-z_{1-\frac{\alpha}{2}}\sigma_{\bar{X}} = \bar{x}-0{,}784$ und $d_o = \hat{\mu}_o = \bar{x}+0{,}784$. Man sieht sofort, daß $\hat{\mu}_u$ und $\hat{\mu}_o$ die untere bzw. obere Grenze des Konfidenzintervalls für μ_X sind. Das Konfidenzintervall entspricht der Strecke von $\hat{\mu}_u$ bis $\hat{\mu}_o$. Für $\bar{x}$ = 1 sind in der Graphik $\hat{\mu}_u = 0{,}216$ und $\hat{\mu}_o = 1{,}784$ eingezeichnet. Die Graphik ist zwar horizontal konstruiert worden, die Konfidenzintervalle für μ_X sind jedoch bei gegebenem $\bar{x}$ vertikal abzulesen. Die beiden Geraden sind der geometrische Ort aller unteren bzw. oberen Konfidenzgrenzen (n, α gegeben). Sie heißen Konfidenzlinien. Die Zone zwischen den Konfidenzlinien heißt Konfidenzgürtel. Die Breite des Konfidenzgürtels nimmt mit zunehmendem Stichprobenumfang ab.

Eine weitere, später wichtige Beziehung ist folgende: Sei D wiederum die Schätzfunktion für Θ, d eine Stichprobenrealisierung von D, $d_u = \hat{\Theta}_u$ die Untergrenze des Konfidenzintervalls für Θ, $d_o = \hat{\Theta}_o$ die Obergrenze, so gilt:

$$P(D \leq d \mid \Theta = \hat{\Theta}_o) = \alpha_1$$

$$P(D \geq d \mid \Theta = \hat{\Theta}_u) = \alpha_2$$

Für das soeben besprochene Beispiel des arithmetischen Mittels ist dieser Sachverhalt sofort nachprüfbar:

$$P(\bar{X} \leq \bar{x} \mid \mu_X = \hat{\mu}_o = \bar{x}+z_{1-\frac{\alpha}{2}}\sigma_{\bar{X}}) = \frac{\alpha}{2}$$

$$P(\bar{X} \geq \bar{x} \mid \mu_X = \hat{\mu}_u = \bar{x}-z_{1-\frac{\alpha}{2}}\sigma_{\bar{X}}) = \frac{\alpha}{2}$$

Diese Beziehung wird insbesondere dann wichtig, wenn es nicht gelingt, zu einer Schätzfunktion D für Θ eine Transformation D_t zu finden. Dies wird beim Anteilswert der Fall sein (vgl. 9.4.2.2.1.).

9.4.2. Konfidenzintervalle für ausgewählte Parameter

Das in 9.4.1. eingeführte Verfahren zur Berechnung von Konfidenzintervallen soll nun auf einige ausgewählte Parameter angewendet werden. Die Konstruktion der Konfidenzintervalle erfolgt, soweit möglich, nach dem folgenden Prinzip: Zur Schätzung eines Parameters Θ wird zunächst eine Schätzfunktion D mit möglichst vielen wünschenswerten Eigenschaften ausgewählt. Für diese Schätzfunktion wird eine Transformation D_t gesucht, deren Verteilungsgesetz von Θ unabhängig ist, so daß mit der Wahrscheinlichkeit

$$P(d_{\alpha_1} \leq D_t \leq d_{1-\alpha_2}) = 1-\alpha$$

die Grenzen d_{α_1} und $d_{1-\alpha_2}$ ohne Kenntnis von Θ angegeben werden können. Durch Umformung wird ein Zufallsintervall $[D_u, D_o]$ für Θ ermittelt:

$$P(D_u \leq \Theta \leq D_o) = 1-\alpha$$

Dabei sind D_u und D_o Stichprobenfunktionen, die durch die Umformung bestimmt werden. Eine Realisation $[d_u, d_o] = [\hat{\Theta}_u, \hat{\Theta}_o]$ des Zufallsintervalls $[D_u, D_o]$ ist ein Konfidenzintervall für Θ.

Zur Berechnung der Konfidenzintervalle sind Informationen erforderlich, die zunächst kurz aufgezählt werden sollen. Aus der Problemstellung muß hervorgehen, welcher Konfidenzkoeffizient $1-\alpha$ zu wählen ist. Ferner muß daraus hervorgehen, wie die Konstanten d_{α_1} und $d_{1-\alpha_2}$ festzulegen sind (d.h. ob das Zufallsintervall zentral oder nicht zentral sein soll).

Zur numerischen Bestimmung des Konfidenzintervalls sind Angaben über die Verteilung der Grundgesamtheit und über die als Schätzgrundlage dienende Stichprobe nötig. Insbesondere ist die Kenntnis des Verteilungsgesetzes der Grundgesamtheit und der nicht zu schätzenden Parameter nötig. Notwendige Informationen über die Stichprobe sind der Stichprobenumfang und die Ziehungsvorschrift der Stichprobenelemente. Mit Hilfe dieser Informationen können dann unter Verwendung der Ergebnisse von Kapitel 8 nach der Wahl der Schätzfunktion D Konfidenzintervalle berechnet werden.

9.4.2.1. Konfidenzintervalle für den Erwartungswert der Grundgesamtheit

Als Schätzfunktionen für den Erwartungswert μ_X einer Grundgesamtheit werden im Rahmen der Berechnung von Konfidenzintervallen für μ_X die Stichprobenfunktionen $D = \bar{X}$ (vgl. 8.3.) oder $D = T = \frac{\bar{X}-\mu_X}{S_X/\sqrt{n}}$ (vgl. 8.9.) herangezogen.

Welche der beiden im Einzelfall angewendet wird, hängt von den gegebenen Informationen ab.

9.4.2.1.1. Konfidenzintervalle für μ_X bei normalverteilter Grundgesamtheit

Bei normalverteilter Grundgesamtheit ist eine Fallunterscheidung danach zu treffen, ob die Varianz der Grundgesamtheit σ_X^2 bekannt oder unbekannt ist. Ist σ_X^2 bekannt, so läßt sich zur Berechnung eines Konfidenzintervalles für μ_X die Schätzfunktion $D = \bar{X}$ verwenden. Sie ist normalverteilt mit $E(\bar{X}) = \mu_X$ und $Var(\bar{X}) = \frac{\sigma_X^2}{n}$. Daraus gewinnt man die transformierte Schätzfunktion $D_t = Z = \frac{\bar{X}-\mu_X}{\sigma_X/\sqrt{n}}$, die einer Standardnormalverteilung folgt. Für Z lassen sich unabhängig von μ_X Untergrenzen z_{α_1} und Obergrenzen $z_{1-\alpha_2}$ angeben, so daß bei vorgegebener Sicherheitswahrscheinlichkeit $1-\alpha$ gilt:

$$P(z_{\alpha_1} \leq Z \leq z_{1-\alpha_2}) = 1-\alpha$$

Das Intervall $z_{\alpha_1} \leq Z \leq z_{1-\alpha_2}$ läßt sich in ein Zufallsintervall $D_u \leq \mu_X \leq D_o$ für μ_X umformen mit $D_u = \bar{X} - z_{1-\alpha_2} \frac{\sigma_X}{\sqrt{n}}$ und $D_o = \bar{X} - z_{\alpha_1} \frac{\sigma_X}{\sqrt{n}}$, so daß gilt

$$P(\bar{X} - z_{1-\alpha_2} \frac{\sigma_X}{\sqrt{n}} \leq \mu_X \leq \bar{X} - z_{\alpha_1} \frac{\sigma_X}{\sqrt{n}}) = 1-\alpha$$

Eine Realisation $[d_u, d_o] = [\hat{\mu}_u, \hat{\mu}_o] = [\bar{x} - z_{1-\alpha_2} \cdot \frac{\sigma_X}{\sqrt{n}}, \bar{x} - z_{\alpha_1} \cdot \frac{\sigma_X}{\sqrt{n}}]$ des Zufallsintervalls $[D_u, D_o]$ ist ein Konfidenzintervall für μ_X. Ist speziell das zentrale Konfidenzintervall zu berechnen, so wird $z_{\alpha_1} = -z_{1-\frac{\alpha}{2}}$ und $z_{1-\alpha_2} = z_{1-\frac{\alpha}{2}}$ und es wird $[\hat{\mu}_u, \hat{\mu}_o] = [\bar{x} - z_{1-\frac{\alpha}{2}} \cdot \frac{\sigma_X}{\sqrt{n}}, \bar{x} + z_{1-\frac{\alpha}{2}} \cdot \frac{\sigma_X}{\sqrt{n}}]$. Die Länge des Konfidenzintervalls beträgt $l = (z_{1-\alpha_2} - z_{\alpha_1}) \frac{\sigma_X}{\sqrt{n}}$.

Ist die Varianz der Grundgesamtheit unbekannt, so kann man die Stichprobenfunktion $D = T = \frac{\bar{X} - \mu_X}{S_X/\sqrt{n}}$ verwenden. Sie folgt bekanntlich einer t-Verteilung mit $\nu = n-1$ Freiheitsgraden. Für diese Stichprobenfunktion lassen sich sofort Intervallgrenzen angeben, die von μ_X unabhängig sind. Daher ist $D_t = D$ und es lassen sich Grenzen t_{α_1} und $t_{1-\alpha_2}$ finden, so daß gilt:

$$P(t_{\alpha_1} \leq T \leq t_{1-\alpha_2}) = 1-\alpha$$

Nach Umformung in ein Zufallsintervall $D_u \leq \mu_X \leq D_o$ für μ_X erhält man

$$P(\bar{X} - t_{1-\alpha_2} \frac{S_X}{\sqrt{n}} \leq \mu_X \leq \bar{X} - t_{\alpha_1} \frac{S_X}{\sqrt{n}} = 1-\alpha$$

Das Konfidenzintervall $[\hat{\mu}_u, \hat{\mu}_o]$ lautet in diesem Fall: $[\hat{\mu}_u, \hat{\mu}_o] = [\bar{x} - t_{1-\alpha_2} \cdot \frac{s_X}{\sqrt{n}}, \bar{x} - t_{\alpha_1} \cdot \frac{s_X}{\sqrt{n}}]$. Wegen der Symmetrie der t-Verteilung gilt für das zentrale Konfidenzintervall $t_{1-\alpha_2} = t_{1-\frac{\alpha}{2}}$ und $t_{\alpha_1} = -t_{1-\frac{\alpha}{2}}$.

Beispiel:

Für den unbekannten Erwartungswert μ_X einer normalverteilten Grundgesamtheit soll das zentrale 95 %-Konfidenzintervall berechnet werden. Eine Stichprobe im Umfang n = 25 lieferte $\bar{x} = 5$ und $s_X^2 = 9$.

Für $\nu = n-1 = 24$ Freiheitsgrade ist $t_{1-\alpha_2} = t_{0,975} = 2,06$ und $t_{\alpha_1} = -t_{1-\frac{\alpha}{2}} = -2,06$. Dann erhält man das Konfidenzintervall

$$[\hat{\mu}_u, \hat{\mu}_o] = [\bar{x}-t_{0,975}\frac{s_X}{\sqrt{n}}, \bar{x}+t_{0,975}\frac{s_X}{\sqrt{n}}] = [3,764;6,236]$$

Bei einem Vertrauensniveau von 95 % liegt daher der Erwartungswert der Grundgesamtheit im Intervall

$3,764 \leq \mu_X \leq 6,236.$

9.4.2.1.2. Konfidenzintervalle für μ_X bei beliebig verteilter Grundgesamtheit

Es werden nun Grundgesamtheiten betrachtet, die einer beliebigen Verteilung folgen, jedoch nicht einer Normalverteilung und nicht einer 0-1-Verteilung (letztere wird in 9.4.2.2. behandelt). In diesen Fällen können Aussagen über das Verteilungsgesetz des Stichprobenmittels für große Stichproben gemacht werden; dann gilt das zentrale Grenzwerttheorem.

Zur Berechnung der Konfidenzintervalle sind folgende Fallunterscheidungen notwendig: Es ist zu unterscheiden, ob die Varianz der Grundgesamtheit bekannt oder unbekannt ist und ob die Stichprobenelemente mit Zurücklegen oder ohne Zurücklegen gezogen werden. Diese verschiedenen Konstellationen sollen nun betrachtet werden. Stets kann man davon ausgehen, daß $D = \bar{X}$ wegen des großen Stichprobenumfangs asymptotisch normalverteilt ist mit $f_N(\bar{x};\mu_X,\sigma_{\bar{X}}^2)$. Damit ist $D_t = Z = \frac{\bar{X}-\mu_X}{\sigma_{\bar{X}}}$ asymptotisch standardnormalverteilt und man kommt zu folgender Form des $(1-\alpha)\cdot 100$ %-Konfidenzintervalls für μ_X:

$$[\hat{\mu}_u, \hat{\mu}_o] = [\bar{x} - z_{1-\alpha_2}\sigma_{\bar{X}},\ \bar{x} - z_{\alpha_1}\sigma_{\bar{X}}]$$

bzw. für das zentrale Konfidenzintervall:

$$[\hat{\mu}_u, \hat{\mu}_o] = [\bar{x} - z_{1-\frac{\alpha}{2}}\sigma_{\bar{X}},\ \bar{x} + z_{1-\frac{\alpha}{2}}\sigma_{\bar{X}}]$$

Ist die Varianz der Grundgesamtheit bekannt und erfolgt die Ziehung der Stichprobenelemente mit Zurücklegen, so ist $\sigma_{\bar{X}}^2 = \frac{\sigma_X^2}{n}$ und das Konfidenzintervall wird zu

$$[\hat{\mu}_u, \hat{\mu}_o] = [\bar{x} - z_{1-\alpha_2}\frac{\sigma_X}{\sqrt{n}},\ \bar{x} - z_{\alpha_1}\frac{\sigma_X}{\sqrt{n}}]$$

Bei Stichproben ohne Zurücklegen ist $\sigma_{\bar{X}}^2 = \frac{\sigma_X^2}{n}\frac{N-n}{N-1}$ und das Konfidenzintervall lautet:

$$[\hat{\mu}_u, \hat{\mu}_o] = [\bar{x} - z_{1-\alpha_2}\frac{\sigma_X}{\sqrt{n}}\sqrt{\frac{N-n}{N-1}},\ \bar{x} - z_{\alpha_1}\frac{\sigma_X}{\sqrt{n}}\sqrt{\frac{N-n}{N-1}}]$$

Bei geringem Auswahlsatz $\frac{n}{N}$ kann der Korrekturfaktor $\sqrt{\frac{N-n}{N-1}}$ vernachlässigt und die Formel für Stichproben mit Zurücklegen gewählt werden.

Ist die Varianz der Grundgesamtheit unbekannt, so entsteht eine Schwierigkeit, weil dann die Varianz σ_X^2 nicht mehr spezifiziert werden kann. Im Abschnitt 9.2.2. wurde jedoch gezeigt, daß S_X^2 eine konsistente Schätzfunktion für σ_X^2 ist. Das bedeutet, daß sich mit steigendem Stichprobenumfang die Stichprobenvarianz s_X^2 immer weniger von σ_X^2 unterscheidet. Da hier ohnehin nur große Stichproben betrachtet werden, ist es zulässig, in der Formel für $\sigma_{\bar{X}}^2$ anstelle σ_X^2 die Stichprobenvarianz s_X^2 einzusetzen. Damit erhält man für Konfidenzintervalle die Formel

$$[\hat{\mu}_u, \hat{\mu}_o] = [\bar{x} - z_{1-\alpha_2}\frac{s_X}{\sqrt{n}},\ \bar{x} - z_{\alpha_1}\frac{s_X}{\sqrt{n}}]$$

für Stichproben mit Zurücklegen bzw.

$$[\hat{\mu}_u, \hat{\mu}_o] = [\bar{x} - z_{1-\alpha_2} \frac{s_X}{\sqrt{n}} \sqrt{\frac{N-n}{N-1}},\ \bar{x} - z_{\alpha_1} \frac{s_X}{\sqrt{n}} \sqrt{\frac{N-n}{N-1}}]$$

für Stichproben ohne Zurücklegen. Bei geringem Auswahlsatz $\frac{n}{N}$ kann man den Korrekturfaktor $\sqrt{\frac{N-n}{N-1}}$ vernachlässigen.

Geringer Auswahlsatz heißt in diesem Zusammenhang $\frac{n}{N} < 0{,}05$, großer Stichprobenumfang heißt $n \geq 30$ (Faustregeln). Die Ergebnisse des Abschnitts 9.4.2.1. sind in Übersicht 9.1. festgehalten.

9.4.2.1.3. Bestimmung des Stichprobenumfangs bei vorgegebener Genauigkeit und Sicherheit der Schätzung

Aus den Formeln zur Ermittlung von Konfidenzintervallen ist zu erkennen, daß von den drei Größen Stichprobenumfang, Konfidenzkoeffizient und Länge des Konfidenzintervalls zwei festzulegen sind, die dritte ergibt sich aus dem formelmäßigen Zusammenhang. Bisher wurden immer der Stichprobenumfang und das Konfidenzniveau als gegeben angenommen und die daraus resultierende Länge des Konfidenzintervalls errechnet. In der Praxis der Planung von Stichproben ist es jedoch zumeist so, daß der Auftraggeber bestimmte Vorstellungen über die Sicherheit und Genauigkeit der Schätzung in die Stichprobe einbringt und den dafür erforderlichen Stichprobenumfang wissen möchte.

Zur Berechnung des erforderlichen Stichprobenumfangs wird das zentrale Konfidenzintervall für μ_X (zunächst für Stichproben mit Zurücklegen) verwendet.

$$[\hat{\mu}_u, \hat{\mu}_o] = [\bar{x} - z_{1-\frac{\alpha}{2}} \frac{\sigma_X}{\sqrt{n}},\ \bar{x} + z_{1-\frac{\alpha}{2}} \frac{\sigma_X}{\sqrt{n}}]$$

Mit Festlegung des Konfidenzkoeffizienten $1-\alpha$ ist auch $z_{1-\frac{\alpha}{2}}$ bestimmt. Die Vorstellungen zur Genauigkeit der Schätzung seien in der Weise vorgegeben, daß das Konfidenz-

Übersicht 9.1.: Berechnung von (1-α)100 % Konfidenzintervallen für den Erwartungswert $E(X) = \mu_X$

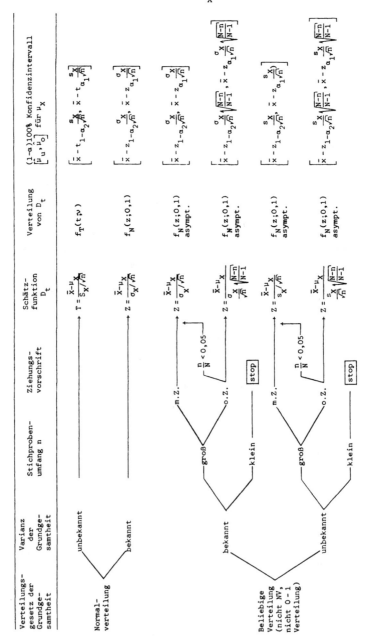

Verteilungsgesetz der Grundgesamtheit	Varianz der Grundgesamtheit	Stichprobenumfang n	Ziehungsvorschrift	Schätzfunktion D_t	Verteilung von D_t	(1-α)100% Konfidenzintervall $[\hat{\mu}_u, \hat{\mu}_o]$ für μ_X
Normalverteilung	unbekannt			$T = \frac{\bar{X}-\mu_X}{S_X/\sqrt{n}}$	$f_T(t;\nu)$	$\left[\bar{x} - t_{1-\alpha_2}\frac{s_X}{\sqrt{n}},\ \bar{x} - t_{\alpha_1}\frac{s_X}{\sqrt{n}}\right]$
	bekannt			$Z = \frac{\bar{X}-\mu_X}{\sigma_X/\sqrt{n}}$	$f_N(z;0,1)$	$\left[\bar{x} - z_{1-\alpha_2}\frac{\sigma_X}{\sqrt{n}},\ \bar{x} - z_{\alpha_1}\frac{\sigma_X}{\sqrt{n}}\right]$
Beliebige Verteilung (nicht NV, nicht 0 - 1 Verteilung)	bekannt	groß	m.Z.	$Z = \frac{\bar{X}-\mu_X}{\sigma_X/\sqrt{n}}$	$f_N(z;0,1)$ asympt.	$\left[\bar{x} - z_{1-\alpha_2}\frac{\sigma_X}{\sqrt{n}},\ \bar{x} - z_{\alpha_1}\frac{\sigma_X}{\sqrt{n}}\right]$
			o.Z. ($\frac{n}{N} < 0,05$ ↑)	$Z = \frac{\bar{X}-\mu_X}{\frac{\sigma_X}{\sqrt{n}}\sqrt{\frac{N-n}{N-1}}}$	$f_N(z;0,1)$ asympt.	$\left[\bar{x} - z_{1-\alpha_2}\frac{\sigma_X}{\sqrt{n}}\sqrt{\frac{N-n}{N-1}},\ \bar{x} - z_{\alpha_1}\frac{\sigma_X}{\sqrt{n}}\sqrt{\frac{N-n}{N-1}}\right]$
		klein	stop			
	unbekannt	groß	m.Z.	$Z = \frac{\bar{X}-\mu_X}{s_X/\sqrt{n}}$	$f_N(z;0,1)$ asympt.	$\left[\bar{x} - z_{1-\alpha_2}\frac{s_X}{\sqrt{n}},\ \bar{x} - z_{\alpha_1}\frac{s_X}{\sqrt{n}})\right]$
			o.Z. ($\frac{n}{N} < 0,05$ ↑)	$Z = \frac{\bar{X}-\mu_X}{\frac{s_X}{\sqrt{n}}\sqrt{\frac{N-n}{N-1}}}$	$f_N(z;0,1)$ asympt.	$\left[\bar{x} - z_{1-\alpha_2}\frac{s_X}{\sqrt{n}}\sqrt{\frac{N-n}{N-1}},\ \bar{x} - z_{\alpha_1}\frac{s_X}{\sqrt{n}}\sqrt{\frac{N-n}{N-1}}\right]$
		klein	stop			

intervall bei dem geforderten Vertrauensniveau höchstens die Länge l_o hat, d.h.

$$l = \hat{\mu}_o - \hat{\mu}_u = \bar{x} + z_{1-\frac{\alpha}{2}} \frac{\sigma_X}{\sqrt{n}} - (\bar{x} - z_{1-\frac{\alpha}{2}} \frac{\sigma_X}{\sqrt{n}}) \leq l_o$$

Daraus erhält man:

$$2z_{1-\frac{\alpha}{2}} \frac{\sigma_X}{\sqrt{n}} \leq l_o$$

Die Auflösung dieser Ungleichung nach n liefert:

$$n \geq \frac{4z^2_{1-\frac{\alpha}{2}} \sigma^2_X}{l_o^2}$$

Es ist zu beachten, daß die Varianz der Grundgesamtheit zur Bestimmung des Mindeststichprobenumfangs bekannt sein sollte. Ist dies nicht der Fall, so muß wenigstens eine Schätzung dieser Größe aus anderen Untersuchungen vorliegen. Die Verwendung der Stichprobenvarianz ist nicht möglich, da ja der Stichprobenumfang vor Ziehung der Stichprobe festgelegt werden muß.

Beispiel:

Zur Messung der Körpergröße von Schülern wird in einer Schule eine Stichprobe gezogen. Die Schule möchte bei einem Konfidenzkoeffizienten von 0,95 ein Konfidenzintervall für die erwartete Körpergröße mit der Länge von höchstens $l_o = 3$ cm erhalten. Die Standardabweichung der Grundgesamtheit sei $\sigma_X = 15$ cm. Für den hierfür erforderlichen minimalen Stichprobenumfang erhält man:

$$n \geq \frac{4z^2_{1-\frac{\alpha}{2}} \sigma^2_X}{l_o^2} = 384{,}16$$

d.h. der erforderliche Stichprobenumfang ist $n \geq 385$.

Für den Fall, daß die Stichprobe ohne Zurücklegen gezogen wird, erhält man

$$2z_{1-\frac{\alpha}{2}} \frac{\sigma_X}{\sqrt{n}} \sqrt{\frac{N-n}{N-1}} \leq l_o$$

Die Auflösung dieser Beziehung nach n ergibt:

$$4z^2_{1-\frac{\alpha}{2}} \frac{\sigma^2_X}{n} \frac{N-n}{N-1} \leq l^2_o$$

$$4z^2_{1-\frac{\alpha}{2}} \sigma^2_X \frac{N-n}{N-1} \leq nl^2_o$$

$$\frac{4z^2_{1-\frac{\alpha}{2}} \sigma^2_X N}{N-1} - \frac{4z^2_{1-\frac{\alpha}{2}} \sigma^2_X n}{N-1} \leq \frac{nl^2_o (N-1)}{N-1}$$

$$n \geq \frac{4z^2_{1-\frac{\alpha}{2}} \sigma^2_X N}{4z^2_{1-\frac{\alpha}{2}} \sigma^2_X + (N-1)\, l^2_o}.$$

9.4.2.2. Konfidenzintervalle für den Anteilswert der Grundgesamtheit

Als Schätzfunktion für den Anteilswert Π einer Grundgesamtheit wird der Stichprobenanteilswert P verwendet. Für die Verteilung dieser in 8.4. eingeführten Stichprobenfunktion gibt es eine Reihe von Varianten je nach den Bedingungen, unter denen die Schätzung durchgeführt wird.

Das Verteilungsgesetz der Grundgesamtheit, das der Berechnung von Anteilswerten zugrundeliegt, ist stets eine 0-1-Verteilung. Die Varianz dieser Verteilung $\sigma^2_X = \Pi(1-\Pi)$ ist unbekannt, da ja Π der zu schätzende Parameter ist. Eine Fallunterscheidung nach alternativen Verteilungen der Grundgesamtheit und nach bekannter bzw. unbekannter Varianz wie beim arithmetischen Mittel ist also bei der Berechnung von Konfidenzintervallen für den Anteilswert nicht erforderlich. Es ist jedoch zweckmäßig, eine getrennte Behandlung der Berechnung von Konfidenzintervallen für beliebige Stichprobenumfänge einerseits und große Stichproben andererseits durchzuführen.

9.4.2.2.1. Konfidenzintervalle für Π bei beliebigem Stichprobenumfang

Sollen die ermittelten Konfidenzintervalle für beliebige - insbesondere also auch kleine - Stichprobenumfänge gelten, so muß der Berechnung die exakte Verteilung der Stichprobenfunktion $D = P$ zugrunde gelegt werden. Dies ist die Binomialverteilung bei Stichproben mit Zurücklegen und die hypergeometrische Verteilung bei Stichproben ohne Zurücklegen (vgl. 8.4.3.1.). Hier entsteht jedoch die Schwierigkeit, daß sich zur Schätzfunktion $D = P$ keine Transformation D_t angeben läßt mit der Eigenschaft, daß bei Berechnung der Wahrscheinlichkeit $P(d_{\alpha_1} \leq D_t \leq d_{1-\alpha_2}) = 1-\alpha$ die Intervallgrenzen d_{α_1} und $d_{1-\alpha_2}$ vom gesuchten Parameter Π unabhängig sind.

Zur Berechnung der $(1-\alpha)100$ %-Konfidenzintervalle $\hat{\Pi}_u \leq \Pi \leq \hat{\Pi}_o$ verwenden wir die beiden folgenden Beziehungen für $\hat{\Pi}_u$ und $\hat{\Pi}_o$ (vgl. auch 9.4.1.). Für jede Ausprägung p der Zufallsvariablen P gilt:

$$\text{Prob}(P \leq p \mid \Pi = \hat{\Pi}_o) \leq \alpha_1$$

$$\text{Prob}(P \geq p \mid \Pi = \hat{\Pi}_u) \leq \alpha_2$$

Dabei steht das Symbol Prob ausnahmsweise anstelle von P zur Bezeichnung der Wahrscheinlichkeit, um eine Unterscheidung vom Anteilswert P zu ermöglichen.

Weil der Stichprobenanteilswert eine diskrete Zufallsvariable ist, kann bei diesen Beziehungen nicht die Form der Gleichung $\text{Prob}(P \leq p \mid \Pi = \hat{\Pi}_o) = \alpha_1$ bzw. $\text{Prob}(P \geq p \mid \Pi = \hat{\Pi}_u) = \alpha_2$ verwendet werden. Man wählt daher den Wert $\hat{\Pi}_o$ so, daß die obige Gleichung erfüllt ist oder - falls dies nicht möglich ist - daß die Wahrscheinlichkeit auf der linken Seite der Gleichung kleiner ist als α_1, dem Wert α_1 jedoch möglichst nahe kommt. Entsprechend wählt man $\hat{\Pi}_u$ so, daß die obige Gleichung erfüllt ist oder - falls dies nicht möglich ist - so, daß die Wahrscheinlichkeit auf der linken Seite kleiner ist als α_2, diesem Wert aber möglichst nahe kommt. Man bezeichnet dies als Prinzip der vorsichtigen Schätzung. In diesem Sinne sind die beiden Ungleichungen $\text{Prob}(P\leq p|\Pi = \hat{\Pi}_o) \leq \alpha_1$ und $\text{Prob}(P\geq p|\Pi = \hat{\Pi}_u) \leq \alpha_2$ anzuwenden, um bei gegebenem Stichprobenanteilswert p die Grenzen des Konfidenzintervalls $\hat{\Pi}_u\leq\Pi\leq\hat{\Pi}_o$ zu bestimmen. Für Stichproben mit Zurücklegen sind $\hat{\Pi}_u$ und $\hat{\Pi}_o$ aus den Tabellen für die Binomialverteilung abzulesen. Es gilt:

$$\text{Prob}(P\leq p|\Pi=\hat{\Pi}_o) = \text{Prob}(nP\leq np|\Pi=\hat{\Pi}_o) = F_B(np;n,\hat{\Pi}_o) \leq \alpha_1$$
$$\text{Prob}(P\geq p|\Pi=\hat{\Pi}_u) = \text{Prob}(nP\geq np|\Pi=\hat{\Pi}_u) = 1-F_B(np-1;n,\hat{\Pi}_u) \leq \alpha_2$$

Für Stichproben ohne Zurücklegen lauten die entsprechenden Beziehungen:

$$\text{Prob}(P\leq p|\Pi=\hat{\Pi}_o) = \text{Prob}(nP\leq np|\Pi=\hat{\Pi}_o) = F_H(np;N,n,\hat{M}_o=N\hat{\Pi}_o) \leq \alpha_1$$
$$\text{Prob}(P\geq p|\Pi=\hat{\Pi}_u) = \text{Prob}(nP\geq np|\Pi=\hat{\Pi}_u) = 1-F_H(np-1;N,n,\hat{M}_u=N\hat{\Pi}_u) \leq \alpha_2$$

Beispiel:

Aus einer Grundgesamtheit von weißen und roten Kugeln wird eine Stichprobe mit Zurücklegen im Umfang n = 30 gezogen. Man erhält 9 weiße Kugeln. Gesucht ist das zentrale 90 %-Konfidenzintervall für den Anteilswert Π an weißen Kugeln in der Grundgesamtheit.

Es sind $\hat{\Pi}_u$ und $\hat{\Pi}_o$ so zu bestimmen, daß

$$F_B(np;n,\hat{\Pi}_o) = F_B(9;30,\hat{\Pi}_o) \leq 0{,}05 \text{ und}$$

$$1-F_B(np-1;n,\hat{\Pi}_u) = 1-F_B(8;30,\hat{\Pi}_u) \leq 0{,}05$$

Man erhält $\hat{\Pi}_o = 0{,}50$ und $\hat{\Pi}_u = 0{,}15$.

Es ist zu beachten, daß die Werte $\hat{\Pi}_u$ und $\hat{\Pi}_o$ aus einer Tabelle abgelesen werden, in der die Anteilswerte Π nur in Abständen von 0,05 tabelliert sind. Wären die tabellierten Abstände enger, so könnte man die Konfidenzgrenzen etwas genauer ablesen, und zwar wäre dann die Untergrenze etwas größer, die Obergrenze etwas kleiner. Mit diesem Vorbehalt der Ungenauigkeit ist das 90 %-Konfidenzintervall für Π gegeben durch $0{,}15 \leq \Pi \leq 0{,}50$.

Es soll nun eine graphische Illustration der Konfidenzlinien für die zentralen 90 %-Konfidenzintervalle des Anteilswertes Π gegeben werden. Dazu werde eine Stichprobe mit Zurücklegen im Umfang n = 30 gezogen.

Wie beim arithmetischen Mittel werden auch hier die Konfidenzlinien horizontal konstruiert und die Konfidenzintervalle vertikal abgelesen. Auf der Abszisse trägt man den Stichprobenanteil p, auf der Ordinate den Grundgesamtheitsparameter Π ab. Für alternative Werte von Π werden für n = 30 folgende Wahrscheinlichkeiten abgelesen:

$$\text{Prob}(P<p_1|\Pi) \leq 0{,}05$$

$$\text{Prob}(P\leq p_2|\Pi) \geq 0{,}95$$

Es folgt daraus

$$\text{Prob}(p_1\leq P\leq p_2|\Pi) = \text{Prob}(np_1\leq nP\leq np_2|\Pi) \geq 0{,}90$$

Aus der Tabelle für die Binomialverteilung erhält man folgende Werte für p_1 und p_2:

Π	$30 \cdot p_1$	$30 \cdot p_2$	Π	$30 \cdot p_1$	$30 \cdot p_2$
0,05	0	4	0,55	11	21
0,10	0	6	0,60	13	22
0,15	1	8	0,65	14	24
0,20	2	10	0,70	16	25
0,25	3	12	0,75	17	26
0,30	4	13	0,80	19	27
0,35	5	15	0,85	21	28
0,40	7	16	0,90	23	29
0,45	8	18	0,95	25	29
0,50	10	19			

Diese Punkte sind in der folgenden Graphik eingezeichnet und durch zwei treppenförmige Linienzüge miteinander verbunden. Sie heißen Konfidenzlinien und schließen den Konfidenzgürtel ein. Bei Verfeinerung der Tabellierungsschrittweite für Π in der Binomialverteilung nähern sich die Konfidenzlinien immer mehr den eingezeichneten kontinuierlichen Kurven an. Für die Werte des vorhergehenden Beispiels ($n = 30$, $p = \frac{9}{30} = 0{,}3$) hat das Konfidenzintervall die Grenzen $\hat{\Pi}_u = 0{,}15$, $\hat{\Pi}_o = 0{,}50$).

Wie aus der Graphik zu ersehen ist, genügen $\hat{\Pi}_u$ und $\hat{\Pi}_o$ dem Prinzip der vorsichtigen Schätzung. Beim horizontalen Ablesen sieht man, daß gilt:

$$\text{Prob}(P \leq p \mid \Pi = \hat{\Pi}_o) \leq 0{,}05$$

$$\text{Prob}(P < p \mid \Pi = \hat{\Pi}_u) \geq 0{,}95$$

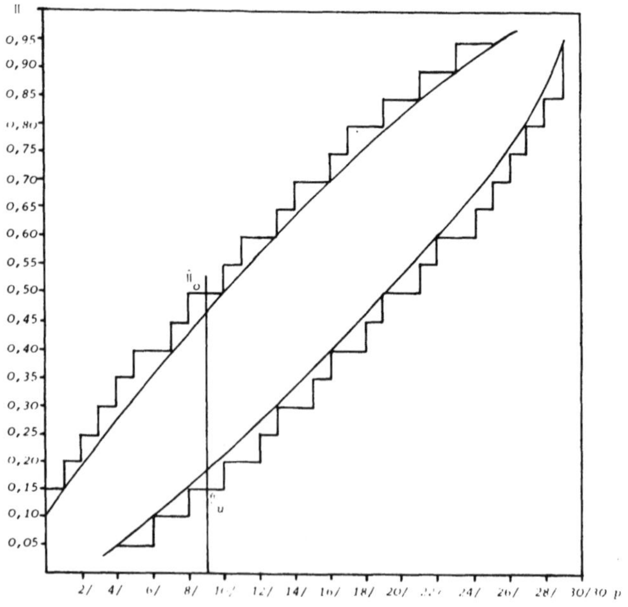

Die graphische Darstellung der Konfidenzgürtel für Π bei ausgewählten Stichprobenumfängen und Konfidenzkoeffizienten findet sich beispielsweise im Handbook of Tables for Probability and Statistics, S. 188 f.

9.4.2.2.2. Konfidenzintervalle für Π bei großen Stichproben

Für große Stichproben lassen sich zusätzlich zu den bisher besprochenen Möglichkeiten einige Näherungen bei der Berechnung von Konfidenzintervallen für den Anteilswert Π angeben. Bei großen Stichproben ($n \geq 30$, Faustregel) ist der Stichprobenanteilswert P asymptotisch normalverteilt mit dem Erwartungswert $E(P) = \Pi$ und der Varianz σ_p^2. Dann besitzt die transformierte Stichprobenfunktion $D_t = Z = \frac{P-\Pi}{\sigma_p}$ von Π unabhängige Grenzen z_{α_1} und $z_{1-\alpha_2}$, so daß gilt

$$P(z_{\alpha_1} \leq Z \leq z_{1-\alpha_2}) = 1-\alpha$$

Bei Stichproben mit Zurücklegen ist P asymptotisch normalverteilt mit der Dichtefunktion $f_N(p;\Pi, \frac{\Pi(1-\Pi)}{n})$ (vgl. 8.4.3.2.). Dann wird

$$P(z_{\alpha_1} \leq Z \leq z_{1-\alpha_2}) = P(z_{\alpha_1} \leq \frac{P-\Pi}{\sqrt{\frac{\Pi(1-\Pi)}{n}}} \leq z_{1-\alpha_2}) = 1-\alpha$$

Die übliche Umformung dieses Ausdrucks bereitet Schwierigkeiten, da die Standardabweichung $\sigma_p = \sqrt{\frac{\Pi(1-\Pi)}{n}}$ ihrerseits von Π abhängig ist. Für die näherungsweise Ermittlung des Zufallsintervalls von Π (zur exakten Berechnung vgl. Aufgabe 9.11.) bieten sich folgende Lösungswege an:

a) Das Maximum des Produkts $\Pi(1-\Pi)$ ist $\frac{1}{4}$. Folglich gilt

$$\sigma_p \leq \frac{1}{2\sqrt{n}}$$

Verwendet man diese Näherung, so erhält man das $(1-\alpha)100$ %-Konfidenzintervall für Π:

$$[p- \frac{z_{1-\alpha_2}}{2\sqrt{n}} , \quad p- \frac{z_{\alpha_1}}{2\sqrt{n}}]$$

Durch Einsetzen des Maximalwertes für σ_p ist das berechnete Konfidenzintervall zu weit (es sei denn, es ist $\Pi = \frac{1}{2}$). Die Schätzung ist vorsichtig (konservativ).

b) Anstelle der obigen Abschätzung für σ_p^2 kann man auch einen aus einer erwartungstreuen Schätzfunktion für $\sigma_X^2 = \Pi(1-\Pi)$ gewonnenen Schätzwert verwenden. Nach 8.5.4. ist $S_X^2 = \frac{n}{n-1} P(1-P)$ eine erwartungstreue Schätzfunktion für σ_X^2. Setzt man $s_X^2 = \frac{np(1-p)}{n-1}$ als Schätzwert für σ_X^2 ein, so ergibt sich das Konfidenzintervall

$$p-z_{1-\alpha_2}\sqrt{\frac{p(1-p)}{n-1}} \leq \Pi \leq p-z_{\alpha_1}\sqrt{\frac{p(1-p)}{n-1}}$$

Anmerkung

In praktischen Anwendungen wird häufig n anstelle von n-1 verwendet. Der Schätzwert für σ_p ist dann $\sqrt{\frac{p(1-p)}{n}}$.

Erfolgt die Stichprobe ohne Zurücklegen, so ist für $n \geq 30$ und hinreichend großen Umfang N der Grundgesamtheit (vgl. 8.3.3.2., Anm. b) die Stichprobenfunktion P annähernd normalverteilt mit $f_N(p;\Pi, \frac{\Pi(1-\Pi)}{n} \frac{N-n}{N-1})$ und es gilt

$$P(z_{\alpha_1} \leq \frac{P-\Pi}{\sqrt{\frac{\Pi(1-\Pi)}{n} \frac{N-n}{N-1}}} \leq z_{1-\alpha_2}) = 1-\alpha$$

Bei Verwendung der Näherung $\Pi(1-\Pi) \leq \frac{1}{4}$ erhält man das Konfidenzintervall

$$p-z_{1-\alpha_2}\sqrt{\frac{N-n}{4n(N-1)}} \leq \Pi \leq p-z_{\alpha_1}\sqrt{\frac{N-n}{4n(N-1)}}$$

Wird $\hat{\sigma}_X^2 = s_X^2 = \frac{n}{n-1} \cdot \frac{N-1}{N} p(1-p)$ gesetzt (vgl. 8.5.4.), so folgt:

$$P\left(z_{\alpha_1} \leq \frac{p-\Pi}{\sqrt{\frac{N-1}{N(n-1)}\,p(1-p)\frac{N-n}{N-1}}} \leq z_{1-\alpha_2}\right) = 1-\alpha$$

Daraus ergibt sich das Konfidenzintervall

$$p-z_{1-\alpha_2}\sqrt{\frac{N-1}{N(n-1)}\,p(1-p)\frac{N-n}{N-1}} \leq \Pi \leq p-z_{\alpha_1}\sqrt{\frac{N-1}{N(n-1)}\,p(1-p)\frac{N-n}{N-1}}$$

Anmerkung

Häufig wird in praktischen Anwendungen der Faktor $\frac{N-1}{N}$ vernachlässigt und ferner n anstelle n-1 verwendet. Der Schätzwert für σ_p ist dann $\hat{\sigma}_p = \sqrt{\frac{p(1-p)}{n}\,\frac{N-n}{N-1}}$.

Ist der Auswahlsatz hinreichend klein ($\frac{n}{N} < 0{,}05$ als Faustregel), so kann der Korrekturfaktor vernachlässigt werden. Die Ergebnisse des Abschnitts 9.4.3.2. sind in Übersicht 9.2 zusammengestellt.

9.4.2.2.3. Bestimmung des Stichprobenumfangs bei vorgegebener Genauigkeit und Sicherheit der Schätzung

Für vorgegebene Werte der Genauigkeit und Sicherheit der Schätzung ist nun der erforderliche Stichprobenumfang zu bestimmen. Dabei werden zentrale Konfidenzintervalle verwendet; ferner wird angenommen, daß die gesuchten Stichprobenumfänge so groß sind, daß zu ihrer Berechnung die Approximation durch die Normalverteilung unterstellt werden darf.

Für die Sicherheit der Schätzung sei der Konfidenzkoeffizient $1-\alpha$ vorgegeben, die Genauigkeit durch die Forderung, daß das Konfidenzintervall höchstens die Länge $l = l_o$ aufweise. Es gilt dann für Stichproben mit Zurücklegen:

$$l = 2z_{1-\frac{\alpha}{2}}\sqrt{\frac{\Pi(1-\Pi)}{n}} \leq l_o$$

Übersicht 9.2.: Berechnung von (1-α)100 % Konfidenzintervallen für den Anteilswert Π

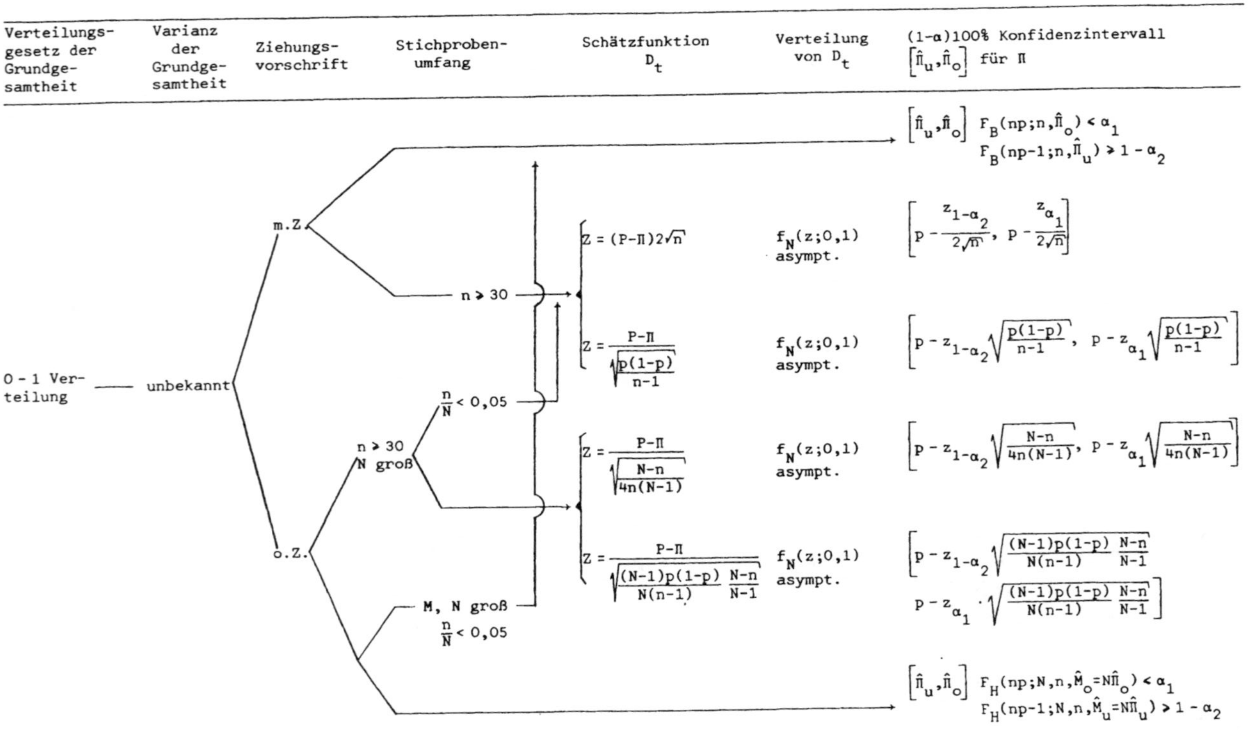

Verteilungsgesetz der Grundgesamtheit
Varianz der Grundgesamtheit
Ziehungsvorschrift
Stichprobenumfang
Schätzfunktion D_t
Verteilung von D_t
(1-α)100% Konfidenzintervall $[\hat{\Pi}_u, \hat{\Pi}_o]$ für Π
0 - 1 Verteilung
unbekannt
m.Z.
o.Z.
n ≥ 30
n ≥ 30 N groß
$\frac{n}{N} < 0{,}05$
M, N groß $\frac{n}{N} < 0{,}05$
$Z = (P-\Pi)2\sqrt{n}$
$Z = \frac{P-\Pi}{\sqrt{\frac{p(1-p)}{n-1}}}$
$Z = \frac{P-\Pi}{\sqrt{\frac{N-n}{4n(N-1)}}}$
$Z = \frac{P-\Pi}{\sqrt{\frac{(N-1)p(1-p)}{N(n-1)} \frac{N-n}{N-1}}}$
$f_N(z;0,1)$ asympt.
$[\hat{\Pi}_u, \hat{\Pi}_o]$ $F_B(np;n,\hat{\Pi}_o) \le \alpha_1$, $F_B(np-1;n,\hat{\Pi}_u) \ge 1-\alpha_2$
$\left[p - \frac{z_{1-\alpha_2}}{2\sqrt{n}}, p - \frac{z_{\alpha_1}}{2\sqrt{n}}\right]$
$\left[p - z_{1-\alpha_2}\sqrt{\frac{p(1-p)}{n-1}}, p - z_{\alpha_1}\sqrt{\frac{p(1-p)}{n-1}}\right]$
$\left[p - z_{1-\alpha_2}\sqrt{\frac{N-n}{4n(N-1)}}, p - z_{\alpha_1}\sqrt{\frac{N-n}{4n(N-1)}}\right]$
$\left[p - z_{1-\alpha_2}\sqrt{\frac{(N-1)p(1-p)}{N(n-1)} \frac{N-n}{N-1}}, p - z_{\alpha_1} \cdot \sqrt{\frac{(N-1)p(1-p)}{N(n-1)} \frac{N-n}{N-1}}\right]$
$[\hat{\Pi}_u, \hat{\Pi}_o]$ $F_H(np;N,n,\hat{M}_o=N\hat{\Pi}_o) \le \alpha_1$, $F_H(np-1;N,n,\hat{M}_u=N\hat{\Pi}_u) \ge 1-\alpha_2$

Löst man diese Ungleichung nach n auf, so ergibt sich:

$$4z^2_{1-\frac{\alpha}{2}} \frac{\Pi(1-\Pi)}{n} \leq l_o^2$$

$$n \geq \frac{4z^2_{1-\frac{\alpha}{2}} \Pi(1-\Pi)}{l_o^2}$$

Nun ist jedoch der Anteilswert Π ebenso wie der Stichprobenanteilswert p unbekannt, da der Stichprobenumfang n vor Ziehung der Stichprobe festgelegt werden muß. Also ist die Näherung $\Pi(1-\Pi) \leq \frac{1}{4}$ einzusetzen und man kommt zu folgender Formel für den Stichprobenumfang:

$$n \geq \frac{z^2_{1-\frac{\alpha}{2}}}{l_o^2}$$

Erfolgt die Ziehung der Stichprobenelemente ohne Zurücklegen, so lautet die Beziehung für die Länge des Konfidenzintervalls:

$$l = 2z_{1-\frac{\alpha}{2}} \sqrt{\frac{\Pi(1-\Pi)}{n} \frac{N-N}{N-1}} \leq l_o$$

Die Auflösung der Ungleichung nach n ergibt:

$$4z^2_{1-\frac{\alpha}{2}} \frac{\Pi(1-\Pi)}{n} \frac{N-n}{N-1} \leq l_o^2$$

$$4z^2_{1-\frac{\alpha}{2}} \Pi(1-\Pi) \frac{N}{N-1} - 4z^2_{1-\frac{\alpha}{2}} \Pi(1-\Pi) \frac{n}{N-1} \leq n l_o^2$$

$$4z^2_{1-\frac{\alpha}{2}} \Pi(1-\Pi) \frac{N}{N-1} \leq \frac{n}{N-1} [4z^2_{1-\frac{\alpha}{2}} \Pi(1-\Pi) + (N-1) l_o^2]$$

$$n \geq \frac{4z^2_{1-\frac{\alpha}{2}} \Pi(1-\Pi) N}{4z^2_{1-\frac{\alpha}{2}} \Pi(1-\Pi) + (N-1) l_o^2}$$

Nach Einsetzen der Näherung $\Pi(1-\Pi) \leq \frac{1}{4}$ erhält man:

$$n \geq \frac{z^2_{1-\frac{\alpha}{2}} \cdot N}{z^2_{1-\frac{\alpha}{2}} + (N-1)\, l_o^2}$$

Beispiel:

In einer Siedlung mit 1.000 Familien soll der Anteil der Familien geschätzt werden, die eine bestimmte Fernsehsendung betrachten. Der Stichprobenumfang ist so zu wählen, daß die Länge des Konfidenzintervalls für Π bei einem Vertrauensniveau von 95 % höchstens 0,20 beträgt.

$$n \geq \frac{(1{,}96)^2 \cdot 1.000}{(1{,}96)^2 + 999 \cdot 0{,}04} \doteq 88$$

9.4.2.3. Konfidenzintervalle für die Varianz der Grundgesamtheit

Zur Berechnung von Konfidenzintervallen für die Varianz wird stets unterstellt, daß die Grundgesamtheit normalverteilt ist. Zur Schätzfunktion $D = S_X^2$ oder $D = S_{X,n}^2$ für die Varianz σ_X^2 bildet man die in 8.5. eingeführte transformierte Stichprobenfunktion

$$D_t = \chi^2 = \frac{nS_{X,n}^2}{\sigma_X^2} = \frac{(n-1)S_X^2}{\sigma_X^2}$$

Die Stichprobenfunktion D_t folgt einer χ^2-Verteilung mit $\nu = n-1$ Freiheitsgraden. Man kann dann unabhängig von σ_X^2 Werte $\chi^2_{\alpha_1}$ und $\chi^2_{1-\alpha_2}$ bestimmen, so daß

$$P(\chi^2_{\alpha_1} \leq \chi^2 \leq \chi^2_{1-\alpha_2}) = 1-\alpha$$

Durch Umformung erhält man:

$$P\left(\chi^2_{\alpha_1} \leq \frac{(n-1)S_X^2}{\sigma_X^2} \leq \chi^2_{1-\alpha_2}\right) = P\left(\frac{(n-1)S_X^2}{\chi^2_{1-\alpha_2}} \leq \sigma_X^2 \leq \frac{(n-1)S_X^2}{\chi^2_{\alpha_1}}\right) = 1-\alpha$$

Das $(1-\alpha)100$ %-Konfidenzintervall für σ_X^2 lautet somit:

$$\left[\frac{(n-1)s_X^2}{\chi^2_{1-\alpha_2}}, \frac{(n-1)s_X^2}{\chi^2_{\alpha_1}}\right]$$

Beispiel:

Nach Einführung eines neuen Produktionsprozesses für Bildröhren von Fernsehgeräten möchte man sich eine Vorstellung von der Streuung der Lebensdauer der einzelnen Röhren verschaffen. Eine Stichprobe im Umfang $n = 25$ ergibt einen Wert $s_X = 10$. Das zentrale 96 %-Konfidenzintervall für σ_X^2 ist zu berechnen. Frühere Untersuchungen haben gezeigt, daß die Lebensdauer von Bildröhren als normalverteilt angenommen werden kann.

Aus der Tabelle für die χ^2-Verteilung liest man bei $\nu = n-1 = 24$ Freiheitsgraden $\chi^2_{0,02} = 11{,}992$ und $\chi^2_{0,98} = 40{,}27$ ab. Das zentrale 96 %-Konfidenzintervall für σ_X^2 ist dann:

$$\left[\frac{24\cdot 100}{40{,}27}, \frac{24\cdot 100}{11{,}992}\right] = [59{,}6; 200{,}1]$$

Aufgaben zu Kapitel 9

9.1. Man berechne die Maximum-Likelihood-Schätzfunktion für den Parameter μ_X der Poisson-Verteilung.

9.2. Eine Zufallsvariable X sei normalverteilt mit unbekanntem Mittelwert μ_X und der Varianz $\sigma_X^2 = 1$. Man berechne die Maximum-Likelihood-Schätzfunktion für μ_X.

9.3. Eine Zufallsvariable X sei normalverteilt mit dem Erwartungswert $E(X) = \mu_X$ und der unbekannten Varianz σ_X^2. Die Maximum-Likelihood-Schätzfunktion für σ_X^2 ist zu berechnen.

9.4. Für die Parameter Π_i $(i=1,2,\ldots,r)$ der Multinomialverteilung

$$f_B(n_1,\ldots,n_r,n,\Pi_1,\ldots,\Pi_r) = \frac{n!}{n_1!n_2!\ldots n_r!} \prod_{i=1}^{r} \Pi_i^{n_i}$$

sind die Maximum-Likelihood-Schätzwerte zu berechnen.

9.5. Eine Zufallsvariable X sei poisson-verteilt. Der Parameter μ_X ist nach der Momentenmethode zu schätzen.

9.6. Eine Zufallsvariable X hat die Dichtefunktion

$$f_X(x) = \begin{cases} \alpha x^{-\alpha-1} & \text{für } 1 \leq x < \infty,\ \alpha > 1 \\ 0 & \text{sonst} \end{cases}$$

Der Parameter α ist nach der Momentenmethode zu schätzen (für $\alpha > 1$).

9.7. Eine stetige Zufallsvariable X sei gleichverteilt mit der Dichtefunktion

$$f_X(x) = \begin{cases} \frac{1}{b-a} & \text{für } a < x < b \\ 0 & \text{sonst} \end{cases}$$

Die Konstanten a und b sind nach der Momentenmethode zu schätzen.

9.8. Es ist zu zeigen, daß $S_{X,n}$ eine konsistente Schätzfunktion für σ_X ist.

9.9. Aus einer normalverteilten Grundgesamtheit werde eine Stichprobe mit Zurücklegen im Umfang n gezogen. Für den Erwartungswert μ_X wird das zentrale $(1-\alpha)100$ %-Konfidenzintervall berechnet. Man stelle die Länge des Konfidenzintervalls, ausgedrückt in Einheiten der Standardabweichung, also $\frac{1}{\sigma_X}$

a) als Funktion des Stichprobenumfangs (für $\alpha = 0{,}1$)
b) als Funktion des Konfidenzkoeffizienten (für $n = 16$)

dar.

9.10. Gegeben sei eine normalverteilte Zufallsvariable X. Es werden Stichproben mit Zurücklegen im Umfang n gezogen. Bei diesem Stichprobenumfang und bei vorgegebenem Konfidenzkoeffizienten $1-\alpha>0$ betrachtet man alle möglichen Konfidenzintervalle für den unbekannten Erwartungswert $E(X) = \mu_X$. Man zeige, daß unter diesen das zentrale Konfidenzintervall minimale Länge besitzt.

Hinweis: Die Untergrenze z_{α_1} ist mit der Obergrenze $z_{1-\alpha_2}$ durch die Beziehung

$$\int_{z_{\alpha_1}}^{z_{1-\alpha_2}} f_Z(z)\,dz = 1-\alpha$$

verbunden, wobei f_Z die Dichtefunktion der Standardnormalvariablen $Z = \frac{\bar{X}-\mu_X}{\sigma_X/\sqrt{n}}$ ist. Die Abhängigkeit von z_{α_1} und $z_{1-\alpha_2}$ läßt sich wie folgt ausdrücken:

$$\frac{dz_{1-\alpha_2}}{dz_{\alpha_1}} = \frac{f_Z(z_{\alpha_1})}{f_Z(z_{1-\alpha_2})}$$

Beim Beweis ist es zweckmäßig, die Intervallänge nach z_{α_1} zu differenzieren und dann diese letztgenannte Beziehung zu verwenden.

9.11. Man zeige, daß sich die Beziehung

$$P(-z_{1-\frac{\alpha}{2}} \leq \frac{P-\Pi}{\sqrt{\Pi(1-\Pi)}}\sqrt{n} \leq z_{1-\frac{\alpha}{2}}) = 1-\alpha$$

in das folgende zentrale Zufallsintervall für Π umformen läßt:

$$P\left(\frac{P+\frac{z^2_{1-\frac{\alpha}{2}}}{n} - z_{1-\frac{\alpha}{2}}\sqrt{\frac{z^2_{1-\frac{\alpha}{2}}}{4n^2}+\frac{P(1-P)}{n}}}{1+\frac{z^2_{1-\frac{\alpha}{2}}}{n}} \leq \Pi \leq \frac{P+\frac{z^2_{1-\frac{\alpha}{2}}}{n} + z_{1-\frac{\alpha}{2}}\sqrt{\frac{z^2_{1-\frac{\alpha}{2}}}{4n^2}+\frac{P(1-P)}{n}}}{1+\frac{z^2_{1-\frac{\alpha}{2}}}{n}}\right) = 1-\alpha$$

Man überlege, wie dieses Ergebnis mit der in 9.4.3.2.2. gegebenen Näherung zusammenhängt.

Hinweis:

$$-z_{1-\frac{\alpha}{2}} \leq \frac{P-\Pi}{\sqrt{\Pi(1-\Pi)}}\sqrt{n} \leq z_{1-\frac{\alpha}{2}} \Leftrightarrow \left|\frac{P-\Pi}{\sqrt{\Pi(1-\Pi)}}\sqrt{n}\right| \leq z_{1-\frac{\alpha}{2}}$$

Durch Quadrieren, Umformen und quadratische Ergänzung erhält man:

$$\left[\Pi - \frac{P + \frac{z^2_{1-\frac{\alpha}{2}}}{2n}}{1 + \frac{z^2_{1-\frac{\alpha}{2}}}{n}}\right]^2 \leq \frac{z^2_{1-\frac{\alpha}{2}}\left[\frac{z^2_{1-\frac{\alpha}{2}}}{4n^2} + \frac{P(1-P)}{n}\right]}{1 + \frac{z^2_{1-\frac{\alpha}{2}}}{n}}$$

9.12. Ein Zoohändler in Nürnberg hat die Möglichkeit, Wellensittichfutter zu ausnehmend günstigen Konditionen zu kaufen. Er entschließt sich, seinen ganzen Jahresbedarf einzulagern.

Um dies zu ermitteln, untersucht er auf Stichprobenbasis die Freßgewohnheiten von Wellensittichen. Die Daten von 100 zufällig ausgewählten Wellensittichen lauten:

- durchschnittliche tägliche Futtermenge: $\bar{x} = 8{,}4$ g
- $s_X = 1{,}3$ g

Mit einem Marktanteil von ca. 20 % am Ort versorgt der Zoohändler jährlich 2.000 Wellensittiche.

Wie groß ist das zentrale 95 %-Konfidenzintervall für seinen Jahresbedarf an Wellensittichfutter?

9.13. Eine einfache Zufallsstichprobe von 49 Dosen mit Fruchtcocktail ergab ein Durchschnittsgewicht von 175 g. Die Abfüllanlage für diese Dosen arbeitet mit einer vom Hersteller garantierten Standardabweichung von 3,5 g.

Welches Vertrauen können Sie der Aussage beimessen, daß dieser Schätzwert nicht weiter als 1 g vom tatsächlichen Durchschnittsgewicht dieser Fruchtcocktaildosen abweicht?

9.14. Die Qualitätsprüfung einer Serie von 4.000 Spezialtransformatoren lieferte unter anderem folgendes Ergebnis: die durchschnittliche Zeitspanne, die bis zum Durchschmoren eines Transformators verstrich, der zu 100 % überbelastet wurde, betrug bei 64 geprüften Exemplaren 9,3 Minuten, bei einer Standardabweichung von 2,9 Minuten. Bilden Sie das zentrale 99 %-Konfidenzintervall für die durchschnittliche Zeitspanne bis zur Zerstörung solcher Transformatoren durch Überbelastung.

9.15. Ein Geflügelzüchter hat eine Farm mit 15.000 Hähnchen. Er möchte Aufschluß über das durchschnittliche Gewicht der Hähnchen erhalten und wiegt daher 225 zufällig ausgewählte Hähnchen. Ihr Durchschnittsgewicht beträgt $\bar{x} = 1.300$ g bei $s_X = 260$ g.

a) Berechnen Sie das zentrale 95 %-Konfidenzintervall für das Durchschnittsgewicht μ_X aller Hähnchen.

b) Innerhalb welcher Grenzen liegt demnach der Wert der gesamten Farm, wenn man DM 1,80 je kg Lebendgewicht erlösen kann?

9.16. Im Rahmen eines Schulentwicklungsplanes für einen süddeutschen Regierungsbezirk sollen die 370 Grundschulen des Bezirkes auf die Einhaltung bestimmter Richtwerte für Klassenfrequenzen (= Schüler/Klasse) untersucht werden. Der Bildungsgesamtplan nennt als Richtwert 35.

Der zuständige Referent im Schulamt möchte auf Stichprobenbasis den Anteil derjenigen Grundschulen im Regierungsbezirk ermitteln, die den Richtwert von 35 überschreiten. Eine Zufallsstichprobe ohne Zurücklegen ergibt: Von 50 befragten Schulen hatten 20 eine höhere durchschnittliche Klassenfrequenz als gefordert.

a) Welche Zufallsvariable wird als Schätzfunktion zur Bestimmung des gesuchten Anteilswertes gewählt?

b) Berechnen Sie das zentrale 95 %-Konfidenzintervall für Π!

c) Um begründete Forderungen nach finanzieller Unterstützung des Bildungsbereichs vorlegen zu können, möchte der Referent die Länge des Konfidenzintervalls nicht über 0,1 ansteigen lassen. Wie ist der notwendige Mindeststichprobenumfang zu bemessen?

9.17. Ein Stahlwerk produziert Turbinen für Wasserkraftwerke. Beim Bau einer solchen Turbine werden die 10 Turbinenschaufeln getrennt produziert und anschließend in einem Arbeitsgang an der Turbinennabe befestigt. Vorher ist jedoch die Festigkeit aller Turbinenschaufeln zu überprüfen. Nachdem bereits zufällig 5 Schaufeln ausgewählt und überprüft sind, sind bei zweien unzulässige Anlauffarben festgestellt worden. Das gilt als Zeichen mangelnder Festigkeit und erfordert Neuproduktion der betroffenen Teile. Der Arbeitsaufwand hierfür beträgt 1 Tag pro Schaufel.

Die Abteilung "Arbeitsvorbereitung" versucht, ohne die vollständige Überprüfung aller Schaufeln abzuwarten, Aussagen über den mußmaßlichen zusätzlichen Arbeitsaufwand für den Ersatz schlechter Teile zu machen. Wie groß ist das zentrale 90 %-Konfidenzintervall für den insgesamt anfallenden zusätzlichen Arbeitsaufwand?

9.18. Von 20 Versuchsfeldern wurden 10 mit einem bestimmten Düngemittel gedüngt, die übrigen 10 Felder dagegen nicht. Der Ertrag eines gedüngten Versuchsfeldes sei eine normalverteilte Zufallsvariable X mit dem Erwartungswert μ_X und der Varianz σ_X^2; der Ertrag eines nicht gedüngten Versuchsfeldes sei ebenfalls normalverteilt mit den Parametern μ_Y und σ_Y^2.

Ferner sei $\sigma_X^2 = \sigma_Y^2$. Die beiden Stichproben liefern folgende Resultate:

$\bar{x} = 6 \quad s_X^2 = 0{,}071$

$\bar{y} = 5{,}7 \quad s_Y^2 = 0{,}027$

a) Entwickeln Sie eine Formel zur Berechnung eines zentralen Konfidenzintervalls für die Differenz $\mu_{X-Y} = \mu_X - \mu_Y$ der Erwartungswerte der Zufallsvariablen X und Y.

b) Berechnen Sie die numerischen Werte für die Grenzen des zentralen 90 %-Konfidenzintervalls.

10. Das Testen statistischer Parameterhypothesen

10.1. Statistische Hypothesen

Neben der statistischen Schätzung sind die nun zu behandelnden statistischen Tests weitere Verfahren zur Anwendung des Repräsentationsschlusses. Jede Annahme über die Parameter der Verteilung einer Zufallsvariablen oder über ihr Verteilungsgesetz heißt eine statistische Hypothese. Aus dieser Definition lassen sich zwei grundlegende Typen von statistischen Hypothesen ableiten: Verteilungshypothesen und Parameterhypothesen.

Hypothesen über das unbekannte Verteilungsgesetz einer Zufallsvariablen oder die gemeinsame Verteilung mehrerer Zufallsvariabler heißen Verteilungshypothesen. Die Annahme, eine empirische Verteilung sei annähernd normalverteilt oder die Zufallsvariablen X und Y seien unabhängig, sind Beispiele hierfür. Diese Verteilungshypothesen sind Gegenstand des Kapitels 11.

In diesem Kapitel werden Parameterhypothesen behandelt. Eine statistische Hypothese heißt Parameterhypothese, wenn für bestimmte unbekannte Parameter der Verteilung einer Zufallsvariablen numerische Werte festgelegt werden.

Neben solcherart spezifizierten Parametern können in der Verteilung der untersuchten Zufallsvariablen weitere Parameter auftreten. Hierüber und über das Verteilungsgesetz der Zufallsvariablen liegen bisweilen Hintergrundinformationen durch frühere Untersuchungen oder Plausibilitätserwägungen vor.

Parameterhypothesen können sich auf einen oder mehrere Parameter der betrachteten Zufallsvariablen beziehen. Dabei kann diese Zufallsvariable selbst wieder eine Funktion von Zufallsvariablen sein (vgl. das folgende Beispiel c)).

Beispiele:

a) Aus früheren Untersuchungen sei bekannt, daß die Lebensdauer X einer bestimmten Marke von Glühlampen annähernd normalverteilt sei mit $E(X) = 1.500$ Stunden und $\sigma_X = 100$ Stunden. Nach Einführung eines neuen und billigeren Produktionsprozesses sei die Lebensdauer der Glühlampen wiederum normalverteilt. Mögliche Parameterhypothesen sind folgende:

a1) Das neue Produktionsverfahren läßt die Qualität der Glühlampen unverändert, d.h. es ist
$E(X) = 1.500$ und $\sigma_X = 100$

a2) Das neue Produktionsverfahren erhöht die durchschnittliche Lebensdauer um 10 % bei unveränderter Varianz, d.h. es ist
$E(X) = 1.650$ und $\sigma_X = 100$

a_3) Der neue Produktionsprozeß läßt die durchschnittliche Lebensdauer unverändert, verringert jedoch die Varianz, d.h. es ist
$E(X) = 1.500$ und $\sigma_X < 100$

b) Die Zufallsvariable "Zahl der Wappenwürfe bei einfachem Münzwurf" nimmt den Wert 0 mit Wahrscheinlichkeit $1-\Pi$ und den Wert 1 mit der Wahrscheinlichkeit Π an. Für eine neu geprägte Münze wird die Hypothese aufgestellt, sie sei fair, d.h. es sei $\Pi = \frac{1}{2}$.

c) Die Lebensdauer von Glühlampen der Marke A sei normalverteilt mit $\sigma_X = 100$ Stunden; Die Lebensdauer bei der konkurrierenden Marke B sei ebenfalls normalverteilt mit $\sigma_Y = 120$ Stunden. Es wird die Hypothese aufgestellt, die erwartete Lebensdauer beider Marken sei gleich, d.h. es sei
$E(X)-E(Y) = E(X-Y) = 0$

Eine Hypothese heißt einfach, wenn sie exakte numerische Werte für alle unbekannten Parameter des Verteilungsgesetzes der betrachteten Zufallsvariablen angibt, andernfalls zusammengesetzt.

Beispiele:

a) Eine Zufallsvariable X sei binomialverteilt mit $n = 20$. Da $f_B(x;n,\Pi) = \binom{n}{x}\Pi^x(1-\Pi)^{n-x}$, ist nur der Parameter Π unbekannt. Dann ist die Hypothese $\Pi = \frac{1}{4}$ einfach, die Hypothese $0{,}49 < \Pi < 0{,}51$ zusammengesetzt.

b) Eine Zufallsvariable X sei normalverteilt mit unbekanntem Erwartungswert und unbekannter Varianz. Die Dichtefunktion der Normalverteilung ist nur von diesen beiden Parametern abhängig. Dann ist die Hypothese $\sigma_X = \sigma_o$ und $\mu_X = \mu_o$ einfach; die Hypothese $\mu_X = \mu_o$ ist jedoch zusammengesetzt, da sie keine exakte Aussage über den unbekannten Parameter σ_X macht.

Parameterhypothesen können weiter unterteilt werden in Punkthypothesen und Bereichshypothesen. Eine Hypothese ist eine Punkthypothese, wenn sie für jeden spezifizierten Parameter nur einen Wert angibt. Eine Hypothese ist eine Bereichshypothese, wenn für mindestens einen spezifizierten Parameter ein Intervall angegeben wird. Insbesondere liegt eine Mindesthypothese (Höchsthypothese) vor, wenn anstelle des Bereichs ein Mindestwert (Höchstwert) angegeben wird.

Beispiele:

a) Ein Kunde bezieht von seinem Lieferanten Schrauben, die eine vorgeschriebene durchschnittliche Länge $\mu_X = \mu_o$ aufweisen müssen. Sie dürfen weder zu lang noch zu kurz sein. Die Behauptung des Lieferanten, die durchschnittliche Schraubenlänge seiner Lieferung sei $\mu_X = \mu_o$, ist eine Punkthypothese.

b) Ein Lebensmittelgeschäft bezieht abgepacktes Obst in 1 kg-Packungen. Der Lieferant behauptet, das durchschnittliche Gewicht je Packung sei mindestens 1 kg. Dies ist ein Beispiel für eine Bereichshypothese (Mindesthypothese).

Eine Bereichshypothese ist immer zusammengesetzt. Eine Punkthypothese muß jedoch nicht immer eine einfache Hypothese sein. Die Begriffspaare Punkt- und Bereichshypothese bzw. einfache und zusammengesetzte Hypothese fallen also nicht zusammen.

Beispiel:

Ist X eine normalverteilte Zufallsvariable mit unbekanntem Erwartungswert und unbekannter Varianz, so ist die Hypothese $\mu_X = \mu_o$ eine Punkthypothese, jedoch keine einfache Hypothese.

10.2. Signifikanztests

10.2.1. Zur Abgrenzung des Begriffes Signifikanztest

Alle möglichen Werte, die von dem (den) unbekannten Parameter(n) angenommen werden können, sind Elemente der Menge B zulässiger Parameterspezifikationen. Eine statistische Hypothese ist eine Teilmenge von B. Sie enthält genau ein Element im Falle der Punkthypothese bzw. mehrere Elemente im Falle der Bereichshypothese.

Methoden zur Überprüfung statistischer Hypothesen heißen statistische Tests. Wird eine bestimmte Hypothese im Rahmen eines Tests überprüft, so heißt diese Hypothese Nullhypothese H_o. Es gilt $H_o \subset B$. Hypothesen H_a aus der zu H_o bzgl. B komplementären Menge $B \setminus H_o$ heißen Alternativhypothesen. Es gilt

$$H_a \subset B \text{ und } H_a \cap H_o = \emptyset$$

Zur Durchführung eines jeden Tests benötigt man eine Nullhypothese H_o und eine dazu rivalisierende Alternativhypothese H_a. Der allgemeine Test prüft, ob H_o angenommen oder abgelehnt werden muß. Mit der Annahme von H_o ist stets die Ablehnung von H_a verbunden, mit der Ablehnung von H_o ist stets die Annahme von H_a verbunden.

Weniger umfassende Aussagen erhält man durch Signifikanztests. Hier kann nur geprüft werden, ob H_o abzulehnen ist. Die Ablehnung der Nullhypothese H_o bedeutet Annahme der Alternativhypothese H_a, die stets wie folgt zu definieren ist: $H_a = B \setminus H_o$. Wird hingegen die Nullhypothese H_o nicht abgelehnt, so kann nicht gefolgert werden, H_o sei richtig, sondern nur, daß der empirische Befund nicht im Widerspruch zu H_o steht. Da H_o nicht angenommen werden darf, ist logischerweise auch die Ablehnung von H_a ausgeschlossen. Warum H_o nicht angeommen werden darf, wird in Abschnitt 10.4. näher begründet.

10.2.2. Durchführung des Signifikanztests

10.2.2.1. Formulierung der Nullhypothese

Im folgenden werden Signifikanztests behandelt, deren Nullhypothese nur einen Parameter spezifiziert. Dabei ist nicht festgelegt, ob es sich um eine einfache oder zusammengesetzte Hypothese bzw. eine Punkthypothese oder eine Bereichshypothese handelt. Der betrachtete Parameter wird allgemein mit Θ bezeichnet.

Beispiele:

a) Ein Produzent von Fernsehgeräten hat zu entscheiden, ob er eine Werbekampagne für Farbfernsehgeräte starten soll. Er glaubt an einen Erfolg der Werbung, wenn das durchschnittliche monatliche Nettoeinkommen je Haushalt in seinem Absatzgebiet DM 1.600,-- oder mehr beträgt, an einen Mißerfolg, wenn das Durchschnittseinkommen darunter liegt. Statistische Unterlagen liegen jedoch nicht vor. So könnte man die beiden folgenden Paare von Null- und Alternativhypothesen angeben:

1.) $H_o: \mu_X \leq \mu_o = 1.600$ $\qquad H_a: \mu_X > \mu_o = 1.600$

2.) $H_o: \mu_X \geq \mu_o = 1.600$ $\qquad H_a: \mu_X < \mu_o = 1.600$

b) Ein Unternehmen bezieht von seinem Lieferanten Schrauben, die eine vorgegebene Länge l_o aufweisen müssen. Der Produzent behauptet, die durchschnittliche Länge der Schrauben sei l_o. Daraus kann man die Hypothese gewinnen:

$H_o: \mu_X = l_o$ $\qquad H_a: \mu_X \neq l_o$

In Beispiel a) sind die Nullhypothesen Bereichshypothesen, in Beispiel b) ist die Nullhypothese eine Punkthypothese. Die obigen Beispiele legen die beiden folgenden Überlegungen nahe:

(1) Man kann unterscheiden zwischen einseitigen und zweiseitigen Tests. Ein Test heißt einseitig, wenn die Alternativhypothese einseitig ist, z.B. $H_a: \mu_X > \mu_o = 1.600$. Entsprechend heißt ein Test zweiseitig, wenn die Alternativhypothese zweiseitig ist, z.B. $H_a: \mu_X \neq l_o$, d.h. $\mu_X > l_o$ oder $\mu_X < l_o$.

(2) Zur Formulierung der Nullhypothese kann man von zwei verschiedenen grundsätzlichen Standpunkten des Entscheidungsträgers ausgehen. Im ersten Fall ist er vorwiegend auf Sicherheit bedacht. Das Risiko, trotz zu geringem Durchschnittseinkommen die Werbekampagne zu starten, und damit die Kosten für die Werbung vergeblich aufzubringen, soll möglichst klein gehalten werden. Er wird daher der pessi-

mistischen Nullhypothese H_o: $\mu_X \leqslant \mu_o$ = 1.600 den Vorzug geben mit der dazugehörigen Alternativhypothese H_a: $\mu_X > \mu_o$ = 1.600. Im zweiten Fall ist der Unternehmer risikofreudiger. Sein Blick ist nicht in erster Linie auf die Kosten der Werbung, sondern auf die Gewinnchancen gerichtet. Er möchte vermeiden, daß ihm eine sich bietende Gewinnchance entgeht und wird daher die optimistische Nullhypothese H_o: $\mu_X \geqslant \mu_o$ = 1.600 mit der Alternativhypothese H_a: $\mu_X < \mu_o$ = 1.600 wählen. Wie die Wahl des grundsätzlichen Standpunktes in Anbetracht der einseitigen Wirksamkeit des Signifikanztests die Testaussage beeinflußt, wird später noch verdeutlicht werden.

10.2.2.2. Die Wahl der Prüfgröße

Die Prüfung statistischer Hypothesen vollzieht sich stets auf der Grundlage von Stichprobenergebnissen. Sind die Null- und die Alternativhypothesen gegeben, so ist festzulegen, welche Größe zur Überprüfung der Nullhypothese verwendet wird. Sie wird als Prüfgröße bezeichnet und durch D symbolisiert. Die Prüfgröße ist stets eine Stichprobenfunktion. Es ist daher naheliegend, für bestimmte Parameter der Grundgesamtheit die entsprechenden Stichprobenparameter als Prüfgröße zu verwenden. Es ist beispielsweise der Erwartungswert bzw. die Varianz der Grundgesamtheit anhand des Stichprobenmittels bzw. der Stichprobenvarianz $S^2_{X,n}$ oder S^2_X zu prüfen. Insbesondere kann also jede der in Kapitel 8 behandelten Stichprobenfunktionen als Prüfgröße auftreten. Der nächste Schritt besteht in der Bestimmung von Verteilungsgesetz und Parametern der als Prüfgröße gewählten Stichprobenfunktionen. Hier gehen die Ergebnisse des Kapitels 8 in den Test ein.

10.2.2.3. Bestimmung des kritischen Bereichs

Ist die Prüfgröße festgelegt, so ist zu entscheiden, für welche Werte der Prüfgröße die Nullhypothese abzulehnen ist. Die Gesamtheit dieser Werte bezeichnet man als den kritischen Bereich oder Ablehnungsbereich des Tests, für den wir das Symbol R verwenden. Der Komplementärbereich $\bar{R} = B \setminus R$ heißt Nichtablehnungsbereich des Tests. Sind der Ablehnungs- und Nichtablehnungsbereich Intervalle auf der Zahlengeraden, so heißen die Grenzpunkte zwischen ihnen kritische Werte der Prüfgröße.

Die Bestimmung des kritischen Bereichs des Tests geschieht mit Hilfe wahrscheinlichkeitstheoretischer Überlegungen, die unter der Voraussetzung durchgeführt werden, daß die Nullhypothese richtig ist. Zur Festlegung des kritischen Bereichs dient folgende Regel:
Unter der Bedingung, daß H_o zutrifft, soll die Wahrscheinlichkeit, daß eine Ausprägung der Prüfgröße in den kritischen Bereich R fällt, gleich einem vorgegebenen Wert α sein.
Formalisiert lautet diese Regel:

$$P(D \varepsilon R \mid H_o: \theta = \theta_o) = \alpha$$

Dabei wird im allgemeinen $\alpha \leq 0{,}1$ gewählt.

Anmerkung:
Bei diskreten Prüfgrößen besteht die Möglichkeit, daß der vorgegebene Wert für α nicht exakt eingehalten werden kann. In diesem Fall ist ein Wert α' zu wählen, der kleiner ist als α, ihm aber möglichst nahe kommt.

Die Wahrscheinlichkeit $P(D \varepsilon R \mid H_o: \theta = \theta_o) = \alpha$ ist indessen nicht ausreichend, um den kritischen Bereich exakt festzulegen. Zur Veranschaulichung diene folgendes Beispiel:

Beispiel:

Eine Zufallsvariable X sei normalverteilt mit unbekanntem Erwartungswert μ_X und bekannter Varianz σ_X^2. Die Nullhypothese laute H_o: $\mu_X = \mu_o$, die Alternativhypothese H_a: $\mu_X \neq \mu_o$. Um die Nullhypothese zu testen, wird eine Stichprobe im Umfang n gezogen, als Prüfgröße wird $D = \bar{X}$ verwendet. Dann ist $\bar{X}$ normalverteilt mit $Var(\bar{X}) = \frac{\sigma_X^2}{n}$ und, falls H_o zutrifft, $E(\bar{X}) = \mu_o$. Dieser Sachverhalt ist in der folgenden Grafik dargestellt. Dabei sind zwei Möglichkeiten gezeigt, den kritischen Bereich so festzulegen, daß $P(\bar{X} \in R \mid H_o: \mu_X = \mu_o) = \alpha_o = \alpha_1 = \alpha$

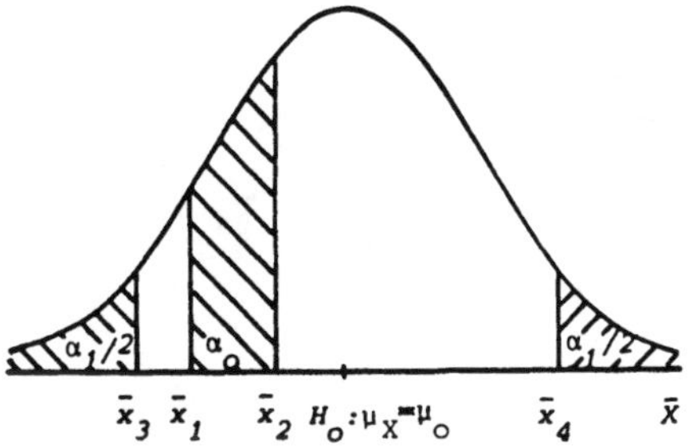

Es gilt

$P(\bar{x}_1 \leq \bar{X} < \bar{x}_2 \mid H_o: \mu_X = \mu_o) = \alpha$ und

$P(\bar{X} \in \,]-\infty, \bar{x}_3] \cup]\bar{x}_4, \infty[\, \mid H_o: \mu_X = \mu_o) = \alpha$

Aus diesem Grunde muß eine zusätzliche Theorie herangezogen werden, um den kritischen Bereich exakt festzulegen. Diese Theorie soll hier nicht dargelegt, sondern nur im Ergebnis festgehalten und plausibel gemacht werden. Zwei Fälle sind hierbei zu unterscheiden.

(1) Ist H_o eine einfache Hypothese oder eine Punkthypothese, so ist die Alternativhypothese im allgemeinen zweiseitig. Für den kritischen Bereich gilt dann $R = \,]-\infty, d_{\frac{\alpha}{2}}] \cup]d_{1-\frac{\alpha}{2}}, \infty[$, wobei $d_{\frac{\alpha}{2}}$ derjenige Wert der Prüfgröße D ist mit der Eigenschaft $P(D \leq d_{\frac{\alpha}{2}} \mid H_o) = \frac{\alpha}{2}$ und $d_{1-\frac{\alpha}{2}}$ der Wert mit der Eigenschaft $P(D \leq d_{1-\frac{\alpha}{2}} \mid H_o) = 1 - \frac{\alpha}{2}$. Dann ist

$$P(D \in \,]-\infty, d_{\frac{\alpha}{2}}] \cup]d_{1-\frac{\alpha}{2}}, \infty[\, \mid H_o) = \alpha$$

Im folgenden wird obiger Sachverhalt grafisch dargestellt, wobei vereinfachend angenommen wird, die Prüfgröße sei normalverteilt.

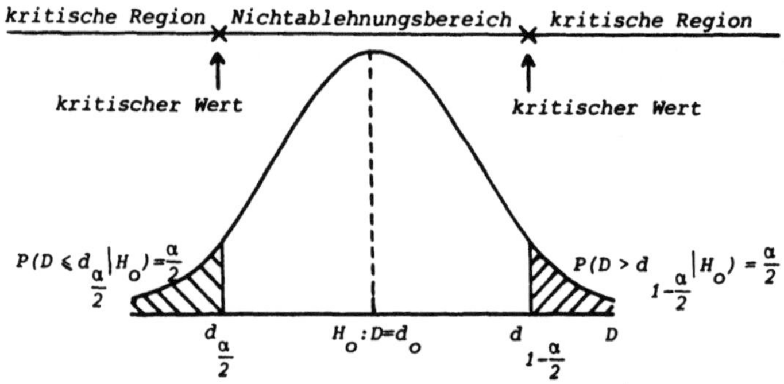

Die zweiseitige Alternativhypothese führt zu einem zweiseitigen kritischen Bereich, d.h. der kritische Bereich besteht aus zwei nicht zusammenhängenden Teilbereichen. Der durchzuführende Test heißt zweiseitig.

Die Festlegung des kritischen Bereichs auf die obige Weise läßt sich plausibel machen: er umfaßt alle diejenigen Werte der Prüfgröße, die bei Gültigkeit der Nullhypothese eine geringe Eintrittswahrscheinlichkeit haben. Die Behauptung, die Nullhypothese sei falsch, erscheint also immer dann gerechtfertigt, wenn ein Ergebnis aus dem kritischen Bereich eintritt.

(2) Ist die Nullhypothese eine Bereichshypothese, so kann sie in den Anwendungen dieses Kapitels als Mindesthypothese (H_o: $\Theta \geq \Theta_o$) oder als Höchsthypothese (H_o: $\Theta \leq \Theta_o$) auftreten. Die Alternativhypothese ist dabei einseitig, somit wird auch die kritische Region einseitig: der Test heißt einseitig. Eine Schwierigkeit ergibt sich daraus, daß die Nullhypothese mehr als nur einen Wert enthält. Die Festlegung des kritischen Bereichs wird zunächst für Höchsthypothesen, dann für Mindesthypothesen diskutiert.

(2a) Die Nullhypothese sei eine Höchsthypothese

$$H_o: \Theta \leq \Theta_o, \ H_a: \Theta > \Theta_o$$

In diesem Fall wird der kritische Bereich bestimmt mit Hilfe der Beziehung

$$P(D > d_{1-\alpha} | H_o: \Theta = \Theta_o) = \alpha$$

Man wählt also zur Festlegung des kritischen Bereichs den Maximalwert der Höchsthypothese.

Begründung

Eine Bereichshypothese H besteht aus einer Menge zulässiger Punkthypothesen H_i. Eine Ausprägung d der Prüfgröße D fällt in den Ablehnungsbereich R der Bereichshypothese genau dann, wenn sie in alle Ablehnungsbereiche R_i der dazugehörigen Punkthypothesen H_i fällt. Das heißt also, der Ablehnungsbereich R ist der Durchschnitt der Ablehnungsbereiche R_i:

$$R = \bigcap_i R_i$$

Bei einer Höchsthypothese ist aber $\bigcap_i R_i = R_o$, dem zur Punkthypothese $H_o: \Theta = \Theta_o$ gehörenden kritischen Bereich, denn für $\Theta_1 \leq \Theta_2$ gilt:

$$d_{1,1-\alpha} \leq d_{2,1-\alpha}.$$

Wegen $R_1 \supseteq R_2 \Leftrightarrow d_{1,1-\alpha} \leq d_{2,1-\alpha}$ und $d_{i,1-\alpha} \leq d_{o,1-\alpha}$ für alle zulässigen Punkthypothesen folgt

$$R_i \supseteq R_o$$

und damit

$$R_o \subseteq \bigcap_i R_i.$$

Da aber definitionsgemäß $\bigcap_i R_i \subseteq R_o$, folgt

$$R_o = \bigcap_i R_i$$

Die folgende Grafik veranschaulicht die voranstehenden Überlegungen:

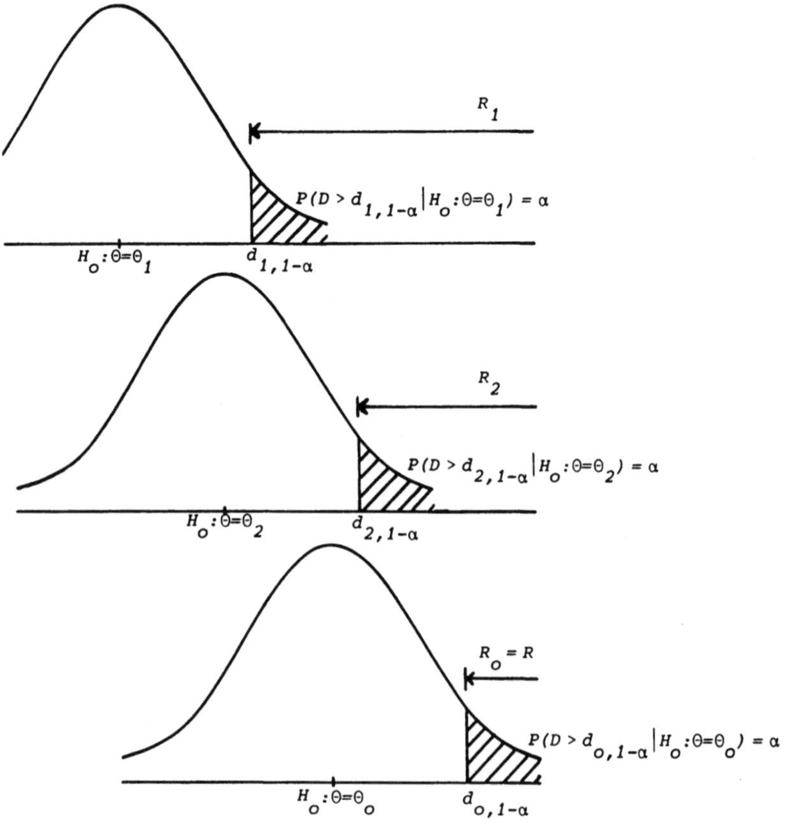

(2b) Die Nullhypothese sei eine Mindesthypothese.

$$H_o: \Theta \geq \Theta_o, \quad H_a: \Theta < \Theta_o$$

In diesem Fall wird der kritische Bereich bestimmt mit Hilfe der Beziehung

$$P(D \leq d_{o,\alpha} | H_o: \Theta = \Theta_o) = \alpha$$

Zur Bestimmung des kritischen Bereichs wird demnach der Mindestwert der Nullhypothese verwendet. Die Begründung hierfür verläuft analog zu der für die Höchsthypothese.

10.2.2.4. Bestimmung des Testergebnisses

Der letzte Schritt des Tests besteht in der Berechnung des Stichprobenbefundes für die Prüfgröße. Eine Nullhypothese wird abgelehnt (verworfen), wenn der realisierte Wert in ihrer kritischen Region liegt. Liegt der Wert im Nichtablehnungsbereich, so steht die Nullhypothese nicht im Widerspruch zum empirischen Befund.

Die Wahrscheinlichkeit α heißt Irrtumswahrscheinlichkeit (Signifikanzniveau, α-Fehler). Die Bezeichnung Irrtumswahrscheinlichkeit wird durch folgende Überlegung erhellt: Nehmen wir an, die Nullhypothese treffe den wahren Wert des unbekannten Parameters. Liefert dann die Stichprobe einen Wert der Prüfgröße, der in den kritischen Bereich fällt, muß die Nullhypothese abgelehnt werden, obwohl sie richtig ist. Der Test führt in diesem Fall zu einem falschen Ergebnis. Die Wahrscheinlichkeit, einen solchen Irrtum zu begehen, ist gleich α, daher die obige Bezeichnung. Der kritische Bereich heißt auch Signifikanzbereich. Bei Ablehnung der Nullhypothese sagt man, der Unterschied zwischen Stichprobenbefund und der Nullhypothese sei signifikant.

Entsprechend den voranstehenden Überlegungen ist die Ablehnung der Nullhypothese zu interpretieren. Wird sie abgelehnt, bedeutet das nicht, daß sie falsch sein muß. Der α-Fehler besagt ja, daß die Nullhypothese richtig sein kann und dennoch Stichprobenbefunde auftreten können, die in die kritische Region fallen. Wenn wir sehr viele Stichproben ziehen, ist zu erwarten, daß $\alpha \cdot 100$ % davon im kritischen Bereich liegen. Wird die Nullhypothese abgelehnt, so ist damit die Aussage verbunden, der Stichprobenbefund stamme nicht aus der Grundgesamtheit mit dem hypothetischen Parameter, wobei eine Irrtumswahrscheinlichkeit von $\alpha \cdot 100$ % in Kauf genommen wird.

Eine generelle Regel für die Festlegung von α gibt es nicht; sie hängt vom Sicherheitsbedürfnis des Entscheidungsträgers und vom konkreten Problem ab. Bei einer Verringerung von α muß ceteris paribus eine Vergrößerung des Nichtablehnungsbereichs in Kauf genommen werden.

Beispiel:

Wir wählen als Illustration die Entscheidung über eine Werbekampagne für Farbfernsehgeräte. Sie soll gestartet werden, wenn das durchschnittliche Nettoeinkommen je Haushalt mindestens DM 1.600,- beträgt. Das Nettoeinkommen X in der betrachteten Region sei normalverteilt mit unbekanntem Erwartungswert und der Standardabweichung $\sigma_X = 200$ DM. Eine Stichprobe im Umfang n = 100 werde gezogen und ergebe ein arithmetisches Mittel der Nettoeinkommen von $\bar{x} = 1.580$ DM ($\alpha = 0{,}05$).

Ein risikofreudiger Unternehmer könnte folgende Hypothese formulieren:

$H_o: \mu_X \geq \mu_o = 1.600 \qquad H_a: \mu_X < \mu_o = 1.600$

Als Prüfgröße wird das Stichprobenmittel $\bar{X}$ gewählt, das wegen der normalverteilten Grundgesamtheit normalverteilt ist. Da die wahrscheinlichkeitstheoretischen Überlegungen des Tests unter der Voraussetzung durchgeführt werden, die Nullhypothese sei richtig, sind die Parameter dieser Normalverteilung:

$$E(\bar{X}) = \mu_o = 1.600 \text{ und } \sigma_{\bar{X}} = \frac{\sigma_X}{\sqrt{n}} = 20 \text{ DM}$$

Der kritische Bereich ergibt sich aus der Beziehung:

$$P(\bar{X} \leq \bar{x}_\alpha = \bar{x}_{0,05} \mid H_o: \mu_X = 1.600) = P(Z \leq z_{0,05} = -1{,}645 = \frac{\bar{x}_{0,05} - 1.600}{20}) = 0{,}05$$

Aus der Gleichung

$$-1{,}645 = \frac{\bar{x}_{0,05} - 1.600}{20}$$

erhält man: $\bar{x}_{0,05} = 1.567{,}10$ DM. Folglich wird die Nullhypothese abgelehnt für $\bar{X} \leq 1.567{,}10$ DM. Da der Stichprobenbefund bei 1.580 DM liegt, ist die Nullhypothese nicht abzulehnen. Die folgende Grafik veranschaulicht den Test.

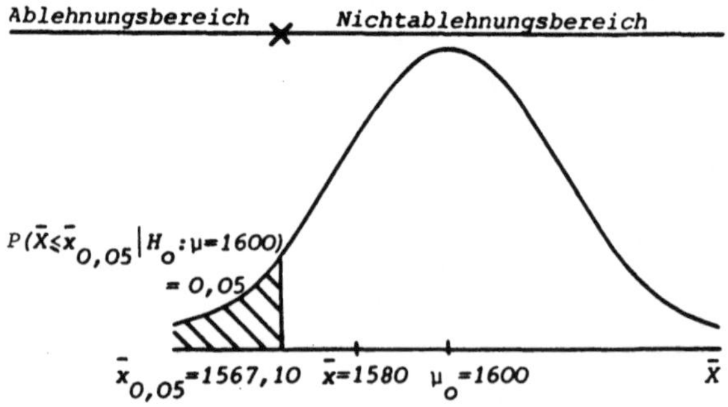

Ein auf Sicherheit bedachter Unternehmer formuliert die Hypothesen wie folgt:

$H_o: \mu_X \leq \mu_o = 1.600 \qquad H_a: \mu_X > \mu_o = 1.600$

Dann ergibt sich der kritische Wert zu:

$$P(\bar{X} > \bar{x}_{0,95} | H_o\colon \mu_X = 1.600) = P(Z > z_{0,95} = 1,645 = \frac{\bar{x}_{0,95} - 1.600}{20}) = 0,05$$

Aus der Beziehung

$$1,645 = \frac{\bar{x}_{0,95} - 1.600}{20}$$

folgt $\bar{x}_{0,95}$ = 1.632,90 DM als kritischer Wert. Damit ist der Ablehnungs- bereich $\bar{X} > 1.632,90$. Unser Stichprobenergebnis von DM 1.580 fällt also bei der zweiten Formulierung der Nullhypothese in den Nichtablehnungsbereich. Wieder sei das Testergebnis grafisch veranschaulicht.

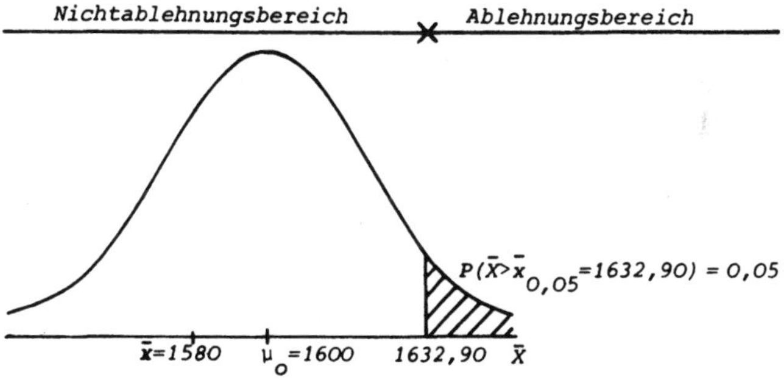

Anhand des voranstehenden Beispiels können wir die Frage erörtern, welche der beiden Nullhypothesen zu wählen ist. Der Signifikanztest liefert nur dann Entscheidungshilfen, wenn der Stichprobenbefund im Ablehnungsbereich liegt. Erhält z.B. der optimistische Unternehmer bei seiner Wahl von $H_o(\mu_X \geq \mu_o = 1.600)$ und $H_a(\mu_X < \mu_o = 1.600)$ keine Hilfestellung (d.h. ist der Stichprobenbefund $\bar{x} > 1.567,10$, also im Nichtablehnungsbereich), so kann er versuchen, durch Austausch von Null- und Alternativhypothese dennoch eine Entscheidungshilfe zu gewinnen. Im einzelnen sieht dieses Vorgehen wie folgt aus:

Der optimistische Unternehmer formuliert zuerst:

$$H_o\colon \mu_X \geq 1.600, \quad H_a\colon \mu_X < 1.600$$

(1) $\bar{x} \leq 1.567,10$: er sieht seine Ansicht widerlegt und startet keine Werbekampagne;

(2) $\bar{x} > 1.567{,}10$: zunächst kann der Unternehmer keine Aussage treffen.

Die Nullhypothese wird nun umformuliert:

$$H_o: \mu_X \leq 1.600, \; H_a: \mu_X > 1.600$$

(2a) $\bar{x} > 1.632{,}90$: seine Grundeinstellung ist bestätigt, er kann die Werbekampagne starten;

(2b) $1.567{,}10 < \bar{x} \leq 1.632{,}90$: der Test liefert endgültig keine Entscheidungshilfe.

Folgerung
Der Signifikanztest ist eine Verwerfungsregel mit einem Unschärfebereich.

10.3. Die Prüfung ausgewählter Parameterhypothesen

Im folgenden soll das in 10.2. eingeführte Verfahren für Signifikanztests zur Prüfung einiger ausgewählter Parameter der Verteilung der Grundgesamtheit angewendet werden. Dazu wollen wir zunächst kurz erörtern, welche Informationen zur Durchführung der Tests erforderlich sind.

(1) Aus der Problemstellung muß hervorgehen, welche Werte die Nullhypothese und die Alternativhypothese haben. Auch die Irrtumswahrscheinlichkeit α muß vorgegeben sein. Aus der Angabe der Nullhypothese wird klar, ob die kritische Region und damit der Test einseitig oder zweiseitig ist. Bei einseitigen Tests besteht die kritische Region aus einem Bereich; die Wahrscheinlichkeit, daß die Prüfgröße einen Wert dieses Bereichs annimmt, ist gleich α. Bei zweiseitigen Tests besteht die kritische Region aus zwei nicht zusammenhängenden Teilbereichen, denen jeweils die Wahrscheinlichkeit $\frac{\alpha}{2}$ zukommt.

(2) Ist die Prüfgröße festgelegt, so sind ihr Verteilungsgesetz zu bestimmen und die Parameter numerisch zu berechnen, um die kritische Region festlegen zu können. Dazu sind jedoch Hintergrundinformationen sowie Angaben über die als Testgrundlage dienende Stichprobe in den Test einzubeziehen.

Für die Verteilung der Prüfgröße wichtige Hintergrundinformationen sind insbesondere die Kenntnis des Verteilungsgesetzes der Grundgesamtheit und ihrer Varianz. Notwendige Informationen über die Stichprobe sind der Stichprobenumfang und die Ziehungsvorschrift der Stichprobenelemente. Mit Hilfe dieser Informationen können dann unter Verwendung der Ergebnisse von Kapitel 8 die Verteilung der Prüfgröße ermittelt und ihre Parameter berechnet werden.

10.3.1. Die Prüfung des Erwartungswertes der Grundgesamtheit

Als Prüfgröße für den Erwartungswert einer Grundgesamtheit können die Stichprobenfunktionen $\bar{X}$ (vgl. 8.3.) oder $T = \frac{\bar{X}-\mu_X}{S_X/\sqrt{n}}$ (vgl. 8.9.) herangezogen werden. Welche der beiden Zufallsvariablen im Einzelfall angewendet wird und wie ihre Verteilungen aussehen, soll nun erörtert werden.

Ist die Grundgesamtheit normalverteilt und die Varianz der Grundgesamtheit bekannt, so ist das Stichprobenmittel normalverteilt und hat bei Gültigkeit der Nullhypothese H_o: $\mu_X = \mu_o$ die Dichtefunktion $f_N(\bar{x};\mu_o, \frac{\sigma_X^2}{n})$. Der Stichprobenumfang und die Ziehungsvorschrift haben in diesem Fall also keinen Einfluß auf das Verteilungsgesetz der Prüfgröße.

Ist die Grundgesamtheit normalverteilt, ihre Varianz jedoch unbekannt, so bieten sich zwei Vorgehensweisen an: (a) Man verwendet die Zufallsvariable $T = \frac{\bar{X}-\mu_o}{S_X/\sqrt{n}} = \frac{\bar{X}-\mu_o}{S_{X,n}/\sqrt{n-1}}$ als Prüfgröße; sie folgt einer t-Verteilung mit $\nu = n-1$ Freiheitsgraden. Bei hinreichend großem

Stichprobenumfang konvergiert die t-Verteilung zur Standardnormalverteilung (vgl. 7.2.4.4.). In diesem Fall können also die Testergebnisse alternativ in den Tabellen der Standardnormalverteilung nachgeschlagen werden. (b) Die Zufallsvariable $\bar{X}$ wird als Prüfgröße verwendet. Zwar ist bei normalverteilter Grundgesamtheit $\bar{X}$ normalverteilt, jedoch kann bei unbekannter Varianz der Grundgesamtheit die Größe $\sigma_{\bar{X}} = \frac{\sigma_X}{\sqrt{n}}$ nicht spezifiziert werden. Für große Stichproben kann man $\sigma_{\bar{X}}$ durch einen Schätzwert $\hat{\sigma}_{\bar{X}} = \frac{\hat{\sigma}_X}{\sqrt{n}}$ ersetzen, ohne einen großen Fehler zu begehen. Sinnvollerweise ersetzt man σ_X^2 durch die Ausprägung der Schätzfunktion S_X^2, so daß $\sqrt{\hat{\sigma}_{\bar{X}}^2} = \frac{s_X}{\sqrt{n}}$. Die Zufallsvariable $\bar{X}$ ist dann näherungsweise normalverteilt mit $f_N(\bar{x};\mu_o,\frac{\hat{\sigma}_X^2}{n})$, wobei $\hat{\sigma}_X^2 = s_X^2$. Die Abweichung von der unbekannten Normalverteilung $f_N(\bar{x};\mu_o,\frac{\sigma_X^2}{n})$ ist jedoch umso geringer, je größer der Stichprobenumfang ist, da ja bekanntlich mit steigendem Stichprobenumfang S_X^2 gegen den entsprechenden Grundgesamtheitsparameter σ_X^2 konvergiert (vgl. 9.2.2.).

Folgt die Grundgesamtheit einer beliebigen Verteilung (mit Ausnahme der Normalverteilung und der 0-1 Verteilung, dieser Fall wird in 10.3.2. behandelt), so können Aussagen über das Verteilungsgesetz des Stichprobenmittels nur für große Stichproben gemacht werden. Für diesen Fall gilt das Zentrale Grenzwerttheorem. Bei bekannter Varianz der Grundgesamtheit ist $\bar{X}$ asymptotisch normalverteilt mit $f_N(\bar{x};\mu_o,\frac{\sigma_X^2}{n})$ für Stichproben mit Zurücklegen bzw. $f_N(\bar{x};\mu_o,\frac{\sigma_X^2}{n}\cdot\frac{N-n}{N-1})$ für Stichproben ohne Zurücklegen. Bei niedrigem Auswahlsatz $\frac{n}{N}$ kann der Korrekturfaktor vernachlässigt werden. Ist die Varianz unbekannt, so ist $\bar{X}$ asymptotisch normalverteilt mit $f_N(\bar{x};\mu_o,\frac{s_X^2}{n})$ für Stichproben mit Zurücklegen bzw. $f_N(\bar{x};\mu_o,\frac{s_X^2}{n}\,\frac{N-n}{N-1})$ für Stichproben ohne Zurücklegen. Wiederum kann der Korrekturfaktor bei niedrigem Auswahlsatz vernachlässigt werden. Große Stichproben heißen in diesem Zusammenhang Stichproben mit $n \geq 30$, niedriger Auswahlsatz heißt $\frac{n}{N} < 0{,}05$ (Faustregel).

Zur Orientierung für den Leser sind die soeben besprochenen

Übersicht 10.1.: Die Verteilung der Prüfgröße bei einem Test des Erwartungswertes $E(X) = \mu_X$

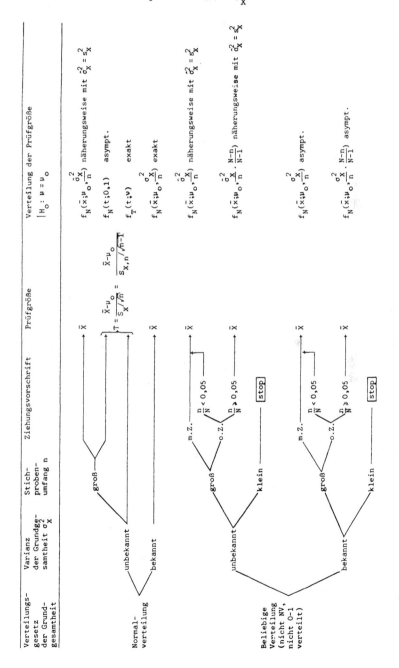

Verteilungsgesetz der Grundgesamtheit	Varianz der Grundgesamtheit σ_X^2	Stichprobenumfang n	Ziehungsvorschrift	Prüfgröße	Verteilung der Prüfgröße $\mid H_o: \mu = \mu_o$
Normalverteilung	unbekannt	groß		$\bar{X}$	$f_N(\bar{x};\mu_o,\frac{\hat{\sigma}_X^2}{n})$ näherungsweise mit $\hat{\sigma}_X^2 = s_X^2$
Normalverteilung	unbekannt	groß		$T = \frac{\bar{X}-\mu_o}{S_X/\sqrt{n}} = \frac{\bar{X}-\mu_o}{S_{X,n}/\sqrt{n-1}}$	$f_N(t;0,1)$ asympt.
Normalverteilung	unbekannt			$T = \frac{\bar{X}-\mu_o}{S_X/\sqrt{n}} = \frac{\bar{X}-\mu_o}{S_{X,n}/\sqrt{n-1}}$	$f_T(t;\nu)$ exakt
Normalverteilung	bekannt			$\bar{X}$	$f_N(\bar{x};\mu_o,\frac{\sigma_X^2}{n})$ exakt
Beliebige Verteilung (nicht NV, nicht 0-1 verteilt)	unbekannt	groß	m.Z. bzw. o.Z. mit $\frac{n}{N} < 0{,}05$	$\bar{X}$	$f_N(\bar{x};\mu_o,\frac{\hat{\sigma}_X^2}{n})$ näherungsweise mit $\hat{\sigma}_X^2 = s_X^2$
Beliebige Verteilung (nicht NV, nicht 0-1 verteilt)	unbekannt	groß	o.Z. mit $\frac{n}{N} \geq 0{,}05$	$\bar{X}$	$f_N(\bar{x};\mu_o,\frac{\hat{\sigma}_X^2}{n}\cdot\frac{N-n}{N-1})$ näherungsweise mit $\hat{\sigma}_X^2 = s_X^2$
Beliebige Verteilung (nicht NV, nicht 0-1 verteilt)	unbekannt	klein	stop		
Beliebige Verteilung (nicht NV, nicht 0-1 verteilt)	bekannt	groß	m.Z. bzw. o.Z. mit $\frac{n}{N} < 0{,}05$	$\bar{X}$	$f_N(\bar{x};\mu_o,\frac{\sigma_X^2}{n})$ asympt.
Beliebige Verteilung (nicht NV, nicht 0-1 verteilt)	bekannt	groß	o.Z. mit $\frac{n}{N} \geq 0{,}05$	$\bar{X}$	$f_N(\bar{x};\mu_o,\frac{\sigma_X^2}{n}\cdot\frac{N-n}{N-1})$ asympt.
Beliebige Verteilung (nicht NV, nicht 0-1 verteilt)	bekannt	klein	stop		

In die dort angegebenen Formeln zur Berechnung der kritischen Werte ist die Kontinuitätsberichtigung einzusetzen, falls die Verteilung der Grundgesamtheit diskret ist oder Beschränkungen der Meßgenauigkeit auftreten. Nimmt die Zufallsvariable X infolge einer dieser Ursachen nur ganzzahlige Werte an, so beträgt die Stetigkeitskorrektur für das Stichprobenmittel $\pm \frac{1}{2n}$.

Ist der Test zweiseitig, so sind wegen der Symmetrie der Normalverteilung und der t-Verteilung die beiden (standardisierten) kritischen Werte bis auf das Vorzeichen gleich, d.h. es ist

$$-z_{\frac{\alpha}{2}} = z_{1-\frac{\alpha}{2}} \text{ bzw. } -t_{\frac{\alpha}{2}} = t_{1-\frac{\alpha}{2}}.$$

Anwendungen einiger der obigen Formeln finden sich im Aufgabenteil. Im folgenden wird nur ein Beispiel vorgeführt.

Beispiel:

Ein Waschmittelhersteller bezieht eine neuartige Abfüllmaschine zum Abfüllen seines Produktes. Er verkauft 6-Pfund-Packungen und möchte sicherstellen, daß die Füllgewichte einerseits nicht zu gering sind, um Reklamationen der Kunden zu verhindern, andererseits nicht zu hoch sind, um seinen Gewinn nicht zu schmälern. Er läßt die Maschine von einem Spezialisten des Maschinenherstellers justieren, der behauptet, die Maschine liefere ein durchschnittliches Füllgewicht von 6 Pfund. Aus Erfahrung sei bekannt, daß die Standardabweichung $\sigma_X = 0{,}2$ Pfund beträgt.

Zur Überprüfung dieser Hypothese wird eine Stichprobe im Umfang $n = 49$ gezogen; dabei ergibt sich ein Stichprobenmittel $\bar{x} = 6{,}1$ Pfund. Ist die Behauptung, die Maschine sei richtig eingestellt, bei einer Irrtumswahrscheinlichkeit $\alpha = 0{,}05$ abzulehnen? Beschränkungen der Meßgenauigkeit sollen unberücksichtigt bleiben.

Dies ist ein Beispiel für einen zweiseitigen Test. Es ist $H_o: \mu_{\bar{X}} = \mu_o = 6$, $H_a: \mu_{\bar{x}} \neq \mu_o = 6$. Dabei gibt es zwei kritische Werte $\bar{x}_{\frac{\alpha}{2}} = \bar{x}_{0,025}$ und $\bar{x}_{1-\frac{\alpha}{2}} = \bar{x}_{0,975}$.

Der Nichtablehnungs- bzw. Ablehnungsbereich ergibt sich wie in folgender Grafik

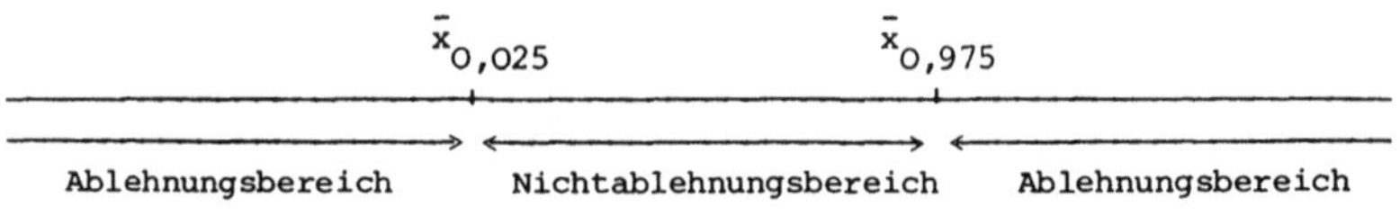

Über das Verteilungsgesetz der Grundgesamtheit ist nichts ausgesagt; da aber der Stichprobenumfang hinreichend groß, der Auswahlsatz gering und σ_X bekannt ist, folgt die Prüfgröße $\bar{X}$ näherungsweise einer Normalverteilung mit

$f_N(\bar{x};\mu_o,\frac{\sigma_X^2}{n}) = f_N(\bar{x};6,\frac{0{,}04}{49})$. Der obere kritische Wert $\bar{x}_{0,975}$ ergibt sich wie folgt:

$$P(\bar{X} > \bar{x}_{0,975} \mid H_o: \mu_X = 6) = P(Z > z_{0,975} = 1{,}96 = \frac{\bar{x}_{0,975} - 6}{\frac{0{,}2}{7}})$$

Daraus berechnet man:

$$1{,}96 = \frac{\bar{x}_{0,975} - 6}{0{,}02857} \text{ oder } \bar{x}_{0,975} = 6{,}056$$

Entsprechend ergibt sich $\bar{x}_{0,025}$ aus:

$$-1{,}96 = \frac{\bar{x}_{0,025} - 6}{0{,}02857} \text{ oder } \bar{x}_{0,025} = 5{,}944$$

Der Stichprobenbefund liegt im Ablehnungsbereich. Bei einer Irrtumswahrscheinlichkeit von $\alpha = 0{,}05$ ist die Nullhypothese abzulehnen.

Hinweis:
Bei der Durchführung des Tests werden aus den standardisierten kritischen Werten $z_{\frac{\alpha}{2}}$ und $z_{1-\frac{\alpha}{2}}$ die zugehörigen Werte $\bar{x}_{\frac{\alpha}{2}}$ und $\bar{x}_{1-\frac{\alpha}{2}}$ berechnet, der kritische Bereich festgelegt und dann geprüft, ob der Stichprobenbefund in den kritischen Bereich fällt.
Statt dessen kann man auch den Stichprobenbefund $\bar{x}$ standardisieren und die Wahrscheinlichkeiten

$P(\bar{X} > \bar{x} \mid H_o: \mu_X = \mu_o) = P(Z > z = \frac{\bar{x}-\mu_o}{\sigma_{\bar{X}}})$ bzw. $P(\bar{X} \leq \bar{x} \mid H_o: \mu_X = \mu_o) = P(Z \leq z = \frac{\bar{x}-\mu_o}{\sigma_{\bar{X}}}$ berechnen. Ist $P(Z > z) < \frac{\alpha}{2}$ bzw. $P(Z \leq z) < \frac{\alpha}{2}$, so ist die Nullhypothese abzulehnen.

10.3.2. Die Prüfung des Anteilswertes der Grundgesamtheit

Als Prüfgröße für den Anteilswert Π einer Grundgesamtheit wird der Stichprobenanteilswert P verwendet. Für die Verteilung dieser in 8.4. eingeführten Stichprobenfunktion gibt es wiederum eine Reihe von Varianten je nach den Testbedingungen.

Das Verteilungsgesetz der Grundgesamtheit, das der Berechnung von Anteilswerten zugrunde liegt, ist stets eine 0-1 Verteilung. Die Varianz dieser Verteilung $\Pi(1-\Pi)$ ist unbekannt, da ja der zu testende Anteilswert Π unbekannt ist. Mit einer Nullhypothese $H_o: \Pi = \Pi_o$ wird gleichzeitig die Varianz mit $\Pi_o(1-\Pi_o)$ für die Durchführung des Tests festgelegt. Eine Unterscheidung der Prüfgröße nach alternativen Verteilungen der Grundgesamtheit und nach bekannter bzw. unbekannter Varianz ist also beim Testen des Anteilswertes nicht erforderlich.

Die Verteilung der Prüfgröße P ist abhängig von der Ziehungsvorschrift der Stichprobenelemente. Bei Stichproben mit Zurücklegen folgt die Zufallsvariable nP einer Binomialverteilung. Die zu jeder Ausprägung von P gehörige Wahrscheinlichkeit kann nach der Formel für $f_B(np;n,\Pi_o)$ ermittelt werden (vgl. 8.4.3.1.). Die Binomialverteilung kann für große Stichprobenumfänge durch die Normalverteilung approximiert werden. Die Annäherung an die Normalverteilung erfolgt mit steigendem n umso schneller, je näher Π_o bei 0,5 liegt. Als Faustregel für die Approximation wird $n > \frac{9}{\Pi_o(1-\Pi_o)}$ gefordert. Ist diese Bedingung erfüllt, so kann für den Anteilswert P das Verteilungsgesetz $f_N(p;\Pi_o,\frac{\Pi_o(1-\Pi_o)}{n})$ angewendet werden (vgl. 7.2.2.8.1. und 8.4.3.2.).

Bei Stichproben ohne Zurücklegen folgt die Zufallsvariable nP einer hypergeometrischen Verteilung. Die zu jeder Ausprägung von P gehörige Wahrscheinlichkeit kann nach der Formel für $f_H(np;N,n,M = N\Pi_o)$ ermittelt werden (vgl. 8.4.3.1.). Auch die hypergeometrische Verteilung kann durch die Normalverteilung angenähert werden. Voraussetzungen hierfür sind ein großer Stichprobenumfang $n > \frac{9}{\Pi_o(1-\Pi_o)}$ und großer Umfang N der Grundgesamtheit (vgl. 8.4.3.2. und 8.3.3.2., Anm. b). Sind diese Bedingungen erfüllt, so kann die Verteilung von P durch $f_N(p;\ \Pi_o,\frac{\Pi_o(1-\Pi_o)}{n}\ \frac{N-n}{N-1})$ beschrieben werden. Ist überdies der Auswahlsatz $\frac{n}{N}$ niedrig, so kann der Korrekturfaktor vernachlässigt werden.

Die obigen Überlegungen sind in Übersicht 10.2. dargestellt.

Beispiel:

Im Januar eines Jahres gaben 40 % von 2.000 Händlern an, sie würden ihre Bestellungen für Geschirrspülmaschinen erhöhen. Im März vermutet der Produzent, daß es inzwischen mehr als 40 % geworden sind. Eine Stichprobe im Umfang n = 400 aus den 2.000 Händlern soll die Frage beantworten, ob sich der Prozentsatz signifikant erhöht hat ($\alpha = 0{,}05$). Die Stichprobe ergibt einen Anteilswert p = 0,46. Um die gestellte Frage beantworten zu können, ist die Nullhypothese $H_o: \Pi \leq \Pi_o = 0{,}4$ und die Alternativhypothese $H_a: \Pi > \Pi_o = 0{,}4$ zu formulieren.

Dann ergibt sich:

$$\text{Prob}(P > p = 0{,}46 | H_o: \Pi = 0{,}4) = \text{Prob}\left(Z > z = \frac{0{,}46 + \frac{1}{800} - 0{,}40}{\sqrt{\frac{0{,}4 \cdot 0{,}6}{400} \cdot \frac{2000-400}{2000-1}}} = 2{,}795\right) =$$

$$= 0{,}002595$$

Bei einer Irrtumswahrscheinlichkeit von 0,05 ist also die Nullhypothese abzulehnen; das Testergebnis stützt die Vermutung, daß sich der Anteilswert Π erhöht hat. Um für Wahrscheinlichkeit und Anteilswert nicht das gleiche Symbol P zu verwenden, ist hier für Wahrscheinlichkeit das Symbol "Prob" eingesetzt worden.

10.3.3. Die Prüfung der Varianz der Grundgesamtheit

Als Prüfgröße für die Varianz der Grundgesamtheit wird die in 8.5.3. eingeführte Stichprobenfunktion

$$W_1 = \frac{n\, S^2_{X,n}}{\sigma^2_X} = \frac{(n-1)\, S^2_X}{\sigma^2_X}$$

verwendet.

Zur Prüfung der Varianz muß von einer normalverteilten Grundgesamtheit ausgegangen werden. Unter der Annahme, daß die Nullhypothese H_o: $\sigma^2_X = \sigma^2_o$ richtig ist, folgt die Prüfgröße $W_1 = \frac{(n-1)\, S^2_X}{\sigma^2_o}$ einer χ^2-Verteilung mit $\nu = n-1$ Freiheitsgraden.

Übersicht 10.2.: Die Verteilung der Prüfgröße beim Test des Anteilswertes Π

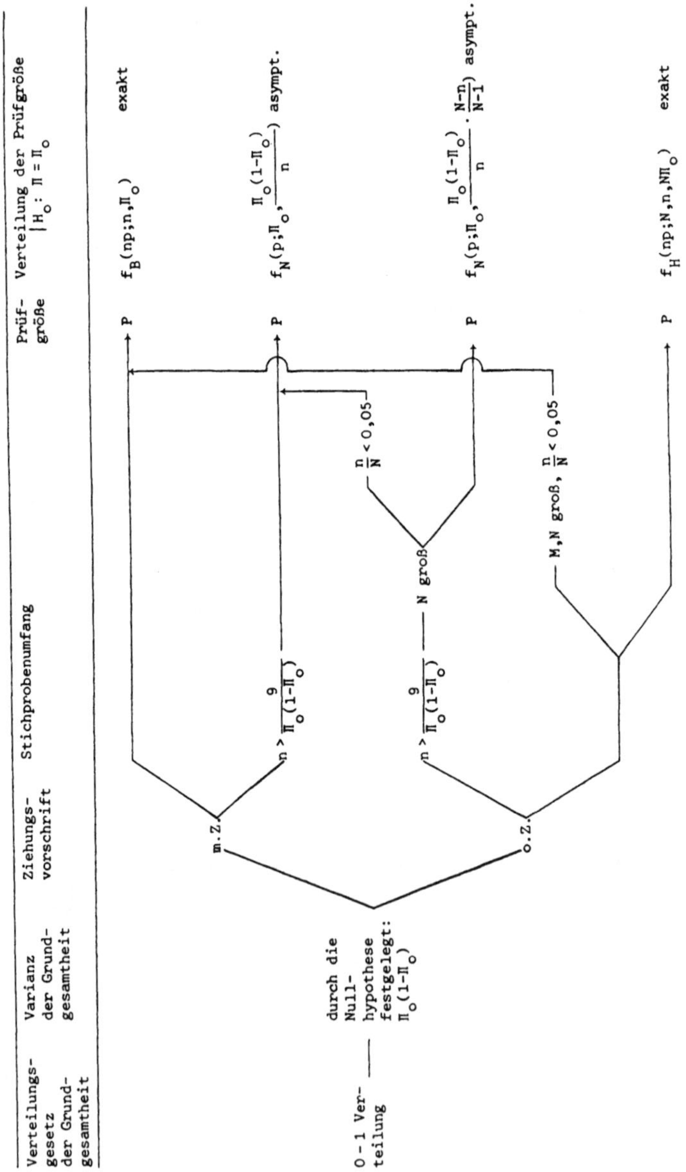

Beispiel:

Umfangreiche Messungen beim Münchener Oktoberfest ergaben, daß die abgezapfte Biermenge je Maßkrug normalverteilt ist mit einem Durchschnitt von 0,95 l. Umfragen bei Oktoberfestbesuchern ergaben, daß dieser Durchschnittswert akzeptabel sei. Sie fordern jedoch, daß die Abweichungen von diesem Wert die Bedingung erfüllen, daß von 1.000 Maßkrügen höchstens 23 eine Füllmenge von 0,9 l oder weniger enthalten. Ein Vertreter der Festleitung beruhigt die Besucher: ihre Forderung werde erfüllt.
Ein Student der Statistik erklärt sich bereit, die Behauptung der Festleitung zu überprüfen. Er zieht eine Stichprobe im Umfang $n = 31$ und erhält einen Stichprobenwert von $s_X = 0{,}035$ l. Ist die Behauptung abzulehnen ($\alpha = 0{,}05$)?
Die Normalverteilung ist durch Erwartungswert und Varianz eindeutig bestimmt. Bei gegebenem Erwartungswert ist daher die Behauptung der Festleitung äquivalent mit der Aussage:

$H_o\colon \sigma_X < \sigma_o = 0{,}025 \qquad H_a\colon \sigma_X > \sigma_o = 0{,}025$

Der Wert von σ_o ergibt sich dabei wie folgt:

$$P(X \leq 0{,}9 \,|\, \mu_X = 0{,}95) = P\left(Z \leq z = \frac{0{,}9-0{,}95}{\sigma_o} = -2{,}0\right) = 0{,}023$$

Aus der Gleichung

$$z = \frac{0{,}9-0{,}95}{\sigma_o} = -2{,}0 \text{ ergibt sich}$$

$$\sigma_o = 0{,}025$$

Bei einer Irrtumswahrscheinlichkeit von $\alpha = 0{,}05$ und $\nu = n-1 = 30$ liest man aus der Tabelle den kritischen Wert der Prüfgröße zu $\chi^2_{0,95} = 43{,}773$ ab. Daraus errechnet sich $s_{0,95}$ wie folgt:

$$P(\chi^2 > \chi^2_{0,95} = 43{,}773) = P\left(\frac{(n-1)s_X^2}{\sigma_o^2} \geq \frac{(n-1)s^2_{0,95}}{\sigma_o^2} = \frac{30s^2_{0,95}}{(0{,}025)^2} = 43{,}773\right) = 0{,}05$$

Dann ist $48.000s^2_{0,95} = 43{,}773$
und

$$s^2_{0,95} = 0{,}000912 = 9{,}12 \cdot 10^{-4}$$

$$s_{0,95} = 0{,}0302$$

Die Nullhypothese ist demnach abzulehnen, da der empirische Befund s_X größer ist als $s_{0,95}$.

10.3.4. Die Prüfung des Quotienten der Varianzen zweier Grundgesamtheiten

Als Prüfgröße für den Quotienten der Varianzen zweier Grundgesamtheiten dient die Zufallsvariable

$$F = \frac{s_X^2/\sigma_X^2}{s_Y^2/\sigma_Y^2} \qquad \text{(Vgl. 8.10.)}$$

Eine Voraussetzung dafür ist, daß die beiden Grundgesamtheiten normalverteilt sind. Unter der Voraussetzung, daß die Nullhypothese

$$H_o: \frac{\sigma_Y^2}{\sigma_X^2} = c_o \quad \text{bzw.} \quad \sigma_Y^2 = c_o \sigma_X^2$$

zutrifft, folgt die Prüfgröße

$$F = c_o \cdot \frac{s_X^2}{s_Y^2}$$

einer F-Verteilung mit $\nu_1 = n_X-1$ und $\nu_2 = n_Y-1$ Freiheitsgraden. In den meisten Anwendungsproblemen ist $c_o = 1$, d.h. die Testhypothese lautet: H_o: $\sigma_X^2 = \sigma_Y^2$. Die Prüfgröße ist dann

$$F = \frac{s_X^2}{s_Y^2}$$

Beispiel:

Ein Produzent erstellt zwei Typen A und B von Bildröhren für Fernsehgeräte. Typ A ist teurer als der Typ B. Die Lebensdauer des Typs A sei eine normalverteilte Zufallsvariable X mit $E(X) = \mu_X$, die des Typs B sei ebenfalls normalverteilt mit $E(Y) = \mu_Y$. Der höhere Preis von A wird gerechtfertigt durch einen größeren Erwartungswert für die Lebensdauer (d.h. $\mu_X > \mu_Y$). Der Produzent behauptet, die fertigungstechnische Qualität beider Produktionsserien sei gleich, d.h. es sei $\sigma_X^2 = \sigma_Y^2$.

Um diese Behauptung zu prüfen, werden unabhängige Stichproben im Umfang $n_X = 25$, $n_Y = 21$ gezogen. Die Stichprobenbefunde sind s_X = 80 Stunden und s_Y = 100 Stunden ($\alpha = 0{,}02$).
Die Hypothesen lauten:

H_o: $\sigma_X^2 = \sigma_Y^2$ $\qquad$ H_a: $\sigma_X^2 \neq \sigma_Y^2$

Der Test ist also zweiseitig; die Freiheitsgrade sind $\nu_1 = n_X-1 = 24$, $\nu_2 = n_Y-1 = 20$.
Die Prüfgröße ist $F = \frac{s_X^2}{s_Y^2}$, der obere kritische Wert laut Tabelle

$F_{1-\frac{\alpha}{2};\nu_1,\nu_2} = F_{0{,}99;24{,}20} = 2{,}86$. Der untere kritische Wert $F_{\frac{\alpha}{2};\nu_1,\nu_2}$ = $= F_{0{,}01;24{,}20}$ kann nicht unmittelbar aus der Tabelle abgelesen werden. Zu seiner Berechnung verwendet man die Eigenschaft der reziproken Symmetrie der F-Verteilung (vgl. 7.2.5.4.). Danach ist

$$F_{\frac{\alpha}{2};\nu_1,\nu_2} = \frac{1}{F_{1-\frac{\alpha}{2};\nu_2,\nu_1}}, \text{ also}$$

$$F_{0,01;24,20} = \frac{1}{F_{0,99;20,24}} \doteq \frac{1}{2,74} \doteq 0,36$$

Der kritische Bereich ist folglich $R = [0;0,36] \cup]2,86;\infty[$.
Der Stichprobenbefund lautet

$$F = \frac{s_X^2}{s_Y^2} = 0,64$$

Die Nullhypothese kann also nicht abgelehnt werden.

10.3.5. Die Prüfung der Differenz der Mittelwerte zweier Grundgesamtheiten

Bei der Prüfung der Differenz der Mittelwerte zweier Grundgesamtheiten sollen die folgenden Prüfgrößen Verwendung finden:

(1) Die Zufallsvariable $\bar{X}-\bar{Y}$ (vgl. 8.7.)

(2) Die Zufallsvariable

$$T = \frac{\bar{X}-\bar{Y}-\mu_{X-Y}}{\sqrt{\frac{S_X^2}{n_X} + \frac{S_Y^2}{n_Y}}} \qquad \text{(vgl. 8.11.1.)}$$

(3) Die Zufallsvariable

$$T = \frac{\bar{X}-\bar{Y}-\mu_{X-Y}}{\sqrt{(n_X-1)S_X^2+(n_Y-1)S_Y^2}} \sqrt{\frac{n_X n_Y (n_X+n_Y-2)}{n_X+n_Y}}$$

(vgl. 8.11.2.)

Die Nullhypothese bezeichnen wir mit H_o: $\mu_{X-Y} = \mu_{X-Y}^o$. Die beiden Stichproben aus E_X bzw. E_Y sollen stets unabhängig voneinander gezogen werden.

10.3.5.1. Die Grundgesamtheiten sind normalverteilt mit bekannten Varianzen

In diesem Fall ist die Zufallsvariable $\bar{X}-\bar{Y}$ als Prüfgröße zu verwenden. Sie ist normalverteilt mit

$$f_N(\bar{x}-\bar{y};\mu^o_{X-Y},\frac{\sigma^2_X}{n_X}+\frac{\sigma^2_Y}{n_Y}).$$

10.3.5.2. Die Grundgesamtheiten sind normalverteilt, die Varianzen unbekannt

Dabei sind eine Reihe möglicher Fälle zu beachten. Es ist zweckmäßig zu unterscheiden, ob Informationen über den Quotienten σ_X/σ_Y vorliegen oder nicht, genauer gesagt, ob $\sigma_X = \sigma_Y$ ist oder ob keine Information über σ_X/σ_Y vorliegt.

10.3.5.2.1. σ_X/σ_Y unbekannt

In diesem Fall kann die annähernd t-verteilte Zufallsvariable

$$T = \frac{\bar{X}-\bar{Y}-\mu^o_{X-Y}}{\sqrt{\frac{S^2_X}{n_X}+\frac{S^2_Y}{n_Y}}}$$

als Prüfgröße verwendet werden, die für große Stichproben annähernd standardnormalverteilt ist. In diesem Fall kann auch die Zufallsvariable $\bar{X}-\bar{Y}$ mit $f_N(\bar{x}-\bar{y};\mu^o_{X-Y},\frac{\hat{\sigma}^2_X}{n_X}+\frac{\hat{\sigma}^2_X}{n_Y}$ verwendet werden, wobei $\hat{\sigma}^2_X = s^2_Y$ und $\hat{\sigma}^2_Y = s^2_Y$.

10.3.5.2.2. Es ist $\sigma_X = \sigma_Y$

Für diese Datenkonstellation folgt die Prüfgröße

$$T = \frac{\bar{X}-\bar{Y}-\mu^o_{X-Y}}{\sqrt{(n_X-1)S^2_X+(n_Y-1)S^2_Y}}\sqrt{\frac{n_Xn_Y(n_X+n_Y-2)}{n_X+n_Y}}$$

einer t-Verteilung mit $\nu = n_X + n_Y - 2$ Freiheitsgraden. Bei grossen Stichproben kann wegen der Konvergenz der t-Verteilung zur Standardnormalverteilung auch die Funktion $f_N(z;0,1)$ verwendet werden.

10.3.5.3. Die Grundgesamtheiten sind beliebig verteilt, die Varianzen bekannt

Hier werden Grundgesamtheiten betrachtet, die nicht normalverteilt und nicht 0-1 verteilt sind. Nur für große Stichproben (Zentrales Grenzwerttheorem) können in diesen Fällen Aussagen über das Verteilungsgesetz der Prüfgröße gemacht werden. Die Prüfgröße $\bar{X}-\bar{Y}$ ist asymptotisch normalverteilt mit $f_N(\bar{x}-\bar{y};\mu^o_{X-Y},\frac{\sigma_X^2}{n_X}+\frac{\sigma_Y^2}{n_Y})$ bei Stichproben mit Zurücklegen bzw. $f_N(\bar{x}-\bar{y};\mu^o_{X-Y},\frac{\sigma_X^2}{n_X}\cdot\frac{N_X-n_X}{N_X-1}+\frac{\sigma_Y^2}{n_Y}\,\frac{N_Y-n_Y}{N_Y-1})$ bei Stichproben ohne Zurücklegen. Bei niedrigen Auswahlsätzen ($\frac{n}{N} < 0{,}05$) können die Korrekturfaktoren vernachlässigt werden.

10.3.5.4. Die Grundgesamtheiten sind beliebig verteilt, die Varianzen unbekannt

In diesem Fall sind die Formeln zu 10.3.5.3. nur insoweit zu modifizieren, als anstelle der Varianzen σ_X^2 und σ_Y^2 die entsprechenden Schätzwerte $\hat{\sigma}_X^2 = s_X^2$ bzw. $\hat{\sigma}_Y^2 = s_Y^2$ einzusetzen sind.

Die Ergebnisse des Abschnitts 10.3.5. sind in Übersicht 10.3. zusammengestellt.

Beispiel:

Von 20 Versuchsfeldern werden 10 mit einem bestimmten Düngemittel versorgt, die anderen 10 Felder nicht. Der Ertrag eines gedüngten Feldes wird mit X bezeichnet; er sei normalverteilt mit $E(X) = \mu_X$ und $Var(X) = \sigma_X^2$. Der Ertrag eines nicht gedüngten Feldes wird mit Y bezeichnet; er sei ebenfalls normalverteilt mit $E(Y) = \mu_Y$ und $Var(Y) = \sigma_Y^2$. Die beiden Varianzen seien gleich, d.h. es sei $\sigma_X^2 = \sigma_Y^2$.

Übersicht 10.3.: Die Verteilung der Prüfgröße beim Test der Differenz zweier Erwartungswerte

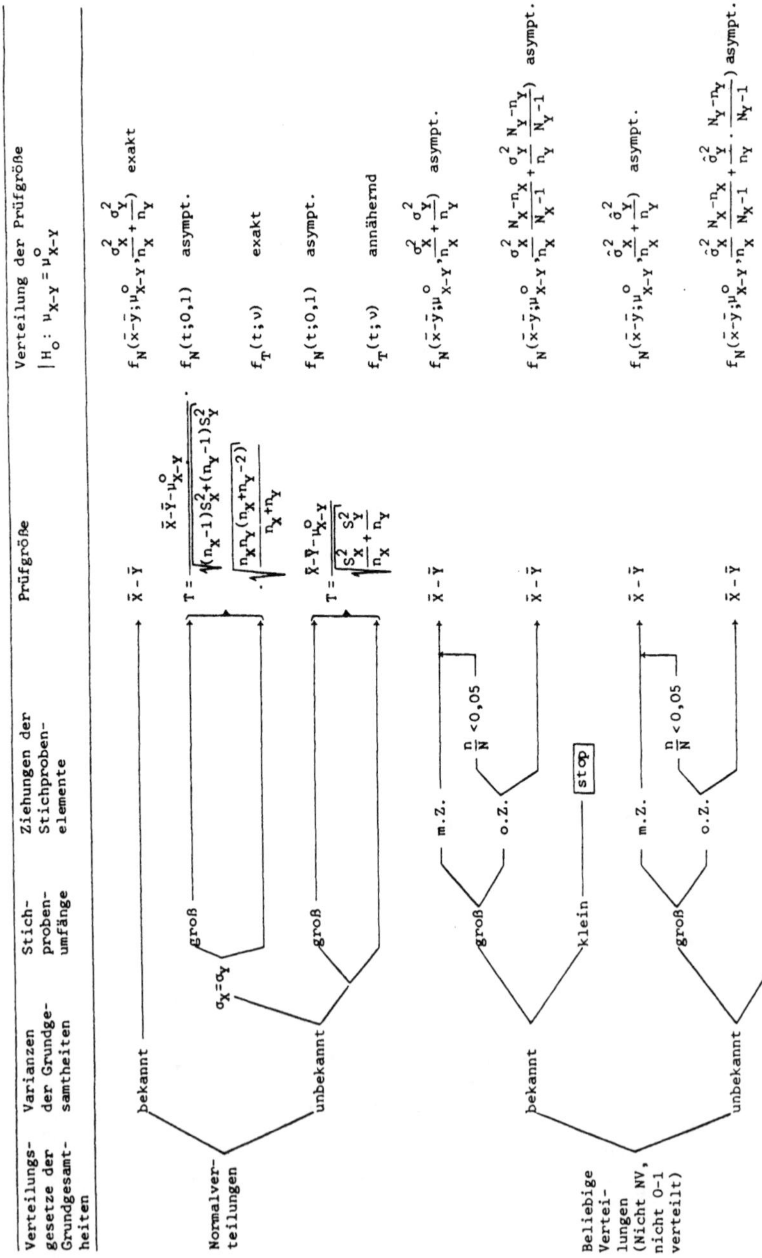

Die zehn gedüngten bzw. ungedüngten Felder können als unabhängige Stichproben im Umfang $n_X = n_Y = 10$ aus den hypothetischen Grundgesamtheiten "gedüngte Felder" bzw. "ungedüngte Felder" aufgefaßt werden. Für die Erträge dieser Stichprobenfelder ergibt sich:

$\bar{x} = 6 \qquad s_X^2 = 0{,}071$

$\bar{y} = 5{,}7 \qquad s_Y^2 = 0{,}027$

Es soll geprüft werden, ob das Düngemittel den Ertrag steigert ($\alpha = 0{,}01$).

Wir formulieren die Nullhypothese

$H_o\colon \mu_{X-Y} \leq \mu^o_{X-Y} = 0 \qquad H_a\colon \mu_{X-Y} > \mu^o_{X-Y} = 0$

Die Fragestellung gestattet die Anwendung der t-Verteilung. Die Prüfgröße T nimmt den Wert an:

$$t = \frac{0{,}3}{\sqrt{0{,}64+0{,}24}} \sqrt{\frac{100\cdot 18}{20}} = 3{,}03$$

Bei einem Signifikanzniveau von $\alpha = 0{,}01$ und $\nu = n_X+n_Y-2 = 18$ Freiheitsgraden ist der kritische Wert $t_{0,99} = 2{,}552$. Infolgedessen ist die Nullhypothese abzulehnen, d.h. das Düngemittel steigert den Ertrag.

Anmerkung

Ohne die Annahme $\sigma_X = \sigma_Y$ wäre als Prüfgröße die Zufallsvariable

$$T = \frac{\bar{X}-\bar{Y}-\mu^o_{X-Y}}{\sqrt{\frac{S_X^2}{n_X} + \frac{S_Y^2}{n_Y}}}$$

anzuwenden gewesen. Dabei ergibt sich ein Wert $t = \dfrac{0{,}3}{\sqrt{0{,}0071+0{,}0027}} = 3{,}03$.
Aus der Formel für die Zahl der Freiheitsgrade erhält man $\nu = 16$. Der kritische Wert für $\alpha = 0{,}01$ und $\nu = 16$ ist $t_{0,99} = 2{,}583$. Mithin ist auch bei diesem Test die Nullhypothese abzulehnen.

10.3.6. Die Prüfung der Differenz der Anteilswerte zweier Grundgesamtheiten

Zur Prüfung der Differenz der Anteilswerte $\Pi_X-\Pi_Y = \Pi_{X-Y}$ zweier Grundgesamtheiten wird die Differenz der Stichprobenanteilswerte P_X-P_Y als Prüfgröße verwendet (vgl. 8.8.).

Die Verteilungen der beiden Grundgesamtheiten sind bekannt; bei der Prüfung von Anteilswerten sind es 0-1 Verteilungen. Die Varianzen der beiden Verteilungen sind jedoch unbekannt. Wären sie bekannt, könnte man daraus auf die gesuchten Parameter Π_X und Π_Y schließen. Im Gegensatz zur Prüfung eines einzelnen Anteilswertes sind sie nicht durch die Nullhypothese festgelegt; denn die Nullhypothese macht nur eine Aussage über die Differenz $\Pi_X-\Pi_Y$ der Anteilswerte, nicht aber über die Höhe der beiden Werte Π_X und Π_Y. Lautet die Nullhypothese H_o: $\Pi_{X-Y} = \Pi^o_{X-Y}$ (H_a: $\Pi_{X-Y} \neq \Pi^o_{X-Y}$), so ist dadurch zwar der Erwartungswert der Verteilung von P_X-P_Y mit $E(P_X-P_Y) = \Pi^o_{X-Y}$ festgelegt, nicht aber die Varianz dieser Verteilung, die sich für Stichproben mit Zurücklegen aus der Formel:

$$\mathrm{Var}(P_X-P_Y) = \sigma^2_{P_X-P_Y} = \frac{\sigma^2_X}{n_X} + \frac{\sigma^2_Y}{n_Y} = \frac{\Pi_X(1-\Pi_X)}{n_X} + \frac{\Pi_Y(1-\Pi_Y)}{n_Y} = \sigma^2_{P_X} + \sigma^2_{P_Y}$$

ergibt. (Vgl. 8.8.2.1. Bei Stichproben ohne Zurücklegen sind die beiden Korrekturfaktoren zu berücksichtigen, vgl. 8.8.2.2.) Infolgedessen sind die Varianzen σ^2_X und σ^2_Y aus den Stichproben zu schätzen. Dabei wird sinnvollerweise eine Unterscheidung danach vorgenommen, ob die Nullhypothese lautet:
H_o: $\Pi_{X-Y} = \Pi^o_{X-Y} \neq 0$ oder H_o: $\Pi_{X-Y} = \Pi^o_{X-Y} = 0$.

Eine Aussage über das Verteilungsgesetz der Prüfgröße P_X-P_Y soll nur für große Stichproben gemacht werden; für diesen Fall ist die Anwendung des Zentralen Grenzwerttheorems möglich. Im folgenden sollen Verteilungsgesetz und Parameter der Prüfgröße P_X-P_Y je nach den Testbedingungen dargestellt werden.

10.3.6.1. H_o: $\Pi_{X-Y} = \Pi^o_{X-Y} \neq 0$

In diesem Fall sind die Varianzen der Grundgesamtheiten σ^2_X und σ^2_Y durch ihre jeweiligen Stichprobenergebnisse s^2_X bzw. s^2_Y zu schätzen. Die Zufallsvariable P_X-P_Y ist asymptotisch normalverteilt mit

$$f_N\left(p_X-p_Y; \Pi^o_{X-Y}\ \frac{\hat{\sigma}^2_X}{n_Y} + \frac{\hat{\sigma}^2_Y}{n_Y}\right)$$

bei Stichproben mit Zurücklegen,

$$f_N(p_X-p_Y;\ \Pi^o_{X-Y}\ \frac{\hat{\sigma}^2_X}{n_X}\ \frac{N_X-n_X}{N_X-1}+\frac{\hat{\sigma}^2_Y}{n_Y}\cdot\frac{N_Y-n_Y}{N_Y-1})$$

bei Stichproben ohne Zurücklegen, wobei $\hat{\sigma}^2_X = s^2_X$ und $\hat{\sigma}^2_Y = s^2_Y$. Nach 8.5.4. ist

$$s^2_X = \begin{cases} \frac{n_X}{n_X-1}\ p_X(1-p_X) & \text{für Stichproben mit Zurücklegen} \\ \frac{n_X}{n_X-1}\cdot\frac{N_X-1}{N_X}\ p_X(1-p_X) & \text{für Stichproben ohne Zurücklegen} \end{cases}$$

Entsprechend ist s^2_Y definiert. Damit erhält man für die Zufallsvariable P_X-P_Y die asymptotische Normalverteilung:

$$f_N(p_X-p_Y;\Pi^o_{X-Y}\ \frac{p_X(1-p_X)}{n_X-1}+\frac{p_Y(1-p_Y)}{n_Y-1})$$

bei Stichproben mit Zurücklegen bzw.

$$f_N(p_X-p_Y;\Pi^o_{X-Y},\frac{N_X-1}{N_X}\cdot\frac{p_X(1-p_X)}{n_X-1}\cdot\frac{N_X-n_X}{N_X-1}+\frac{N_Y-1}{N_Y}\ \frac{p_Y(1-p_Y)}{n_Y-1}\ \frac{N_Y-n_Y}{N_Y-1})$$

bei Stichproben ohne Zurücklegen. Die Korrekturfaktoren können für $\frac{n}{N} < 0{,}05$ vernachlässigt werden.

Hinweis

Die Faktoren $\frac{N_X-1}{N_X}$ und $\frac{N_Y-1}{N_Y}$ werden in Anwendungen zumeist vernachlässigt. Fer- ner schreibt man häufig n_X und n_Y anstelle n_X-1 und n_Y-1, so daß die Varianz der Prüfgröße P_X-P_Y aus den Formeln

$$\sigma^2_{P_X-P_Y} \begin{cases} \frac{p_X(1-p_X)}{n_X}+\frac{p_Y(1-p_Y)}{n_Y} & \text{bei Stichproben mit Zurücklegen} \\ \frac{p_X(1-p_X)}{n_X}\ \frac{N_X-n_X}{N_X-1}+\frac{p_Y(1-p_Y)}{n_Y}\ \frac{N_Y-n_Y}{N_Y-1} & \text{bei Stichproben ohne Zurücklegen} \end{cases}$$

berechnet wird.

10.3.6.2. $H_o: \Pi_{X-Y} = \Pi^o_{X-Y} = 0$

Diese Nullhypothese impliziert die Annahme $\Pi_X = \Pi_Y$. Infolgedessen sind auch die Varianzen gleich, d.h. es ist $\sigma^2_X = \sigma^2_Y$. Es wäre daher unzweckmäßig, zwei verschiedene Schätzwerte für die gleiche Varianz in der Verteilung der Zufallsvariablen P_X-P_Y zu verwenden. Man geht daher folgenden Weg: Mit der Annahme $\sigma^2_X = \sigma^2_Y = \sigma^2$ wird

$$\mathrm{Var}(P_X-P_Y) = \sigma^2_{P_X-P_Y} = \begin{cases} \sigma^2\left(\frac{1}{n_X}+\frac{1}{n_Y}\right) & \text{bei Stichproben mit Zurücklegen} \\ \sigma^2\left(\frac{N_X-n_X}{n_X(N_X-1)}+\frac{N_Y-n_Y}{n_Y(N_Y-1)}\right) & \text{bei Stichproben ohne Zurücklegen} \end{cases}$$

Nun ist die Größe $\sigma^2 = \Pi(1-\Pi)$ zu schätzen. Dazu faßt man die Ergebnisse beider Stichproben zusammen und erhält so einen größeren Stichprobenumfang. Den Anteilswert p für diese grössere Stichprobe erhält man als gewogenes arithmetisches Mittel der beiden Stichprobenanteilswerte p_X und p_Y, also ist

$$p = \frac{n_X p_X + n_Y p_Y}{n_X + n_Y}$$

Somit wird σ^2 geschätzt durch den entsprechenden Schätzwert

$$s^2 = \begin{cases} \frac{n_X+n_Y}{n_X+n_Y-1}\cdot p(1-p) & \text{für Stichproben mit Zurücklegen} \\ \frac{n_X+n_Y}{n_X+n_Y-1}\,\frac{N_X+N_Y-1}{N_X+N_Y}\,p(1-p) & \text{für Stichproben ohne Zurücklegen} \end{cases}$$

Damit können wir die asymptotischen Normalverteilungen der Prüfgröße P_X-P_Y beschreiben mit

$$f_N\left(p_X-p_Y;0,\ \frac{n_X+n_Y}{n_X+n_Y-1}p(1-p)\left(\frac{1}{n_X}+\frac{1}{n_Y}\right)\right)$$

für Stichproben mit Zurücklegen und

$$f_N\left(p_X-p_Y;0,\ \frac{n_X+n_Y}{n_X+n_Y-1}\cdot\frac{N_X+N_Y-1}{N_X+N_Y}\ p(1-p)\left(\frac{N_X-n_X}{n_X(N_X-1)}+\frac{N_Y-n_Y}{n_Y(N_Y-1)}\right)\right)$$

für Stichproben ohne Zurücklegen.

Übersicht 10.4.: Die Verteilung der Prüfgröße beim Test der Differenz zweier Anteilswerte

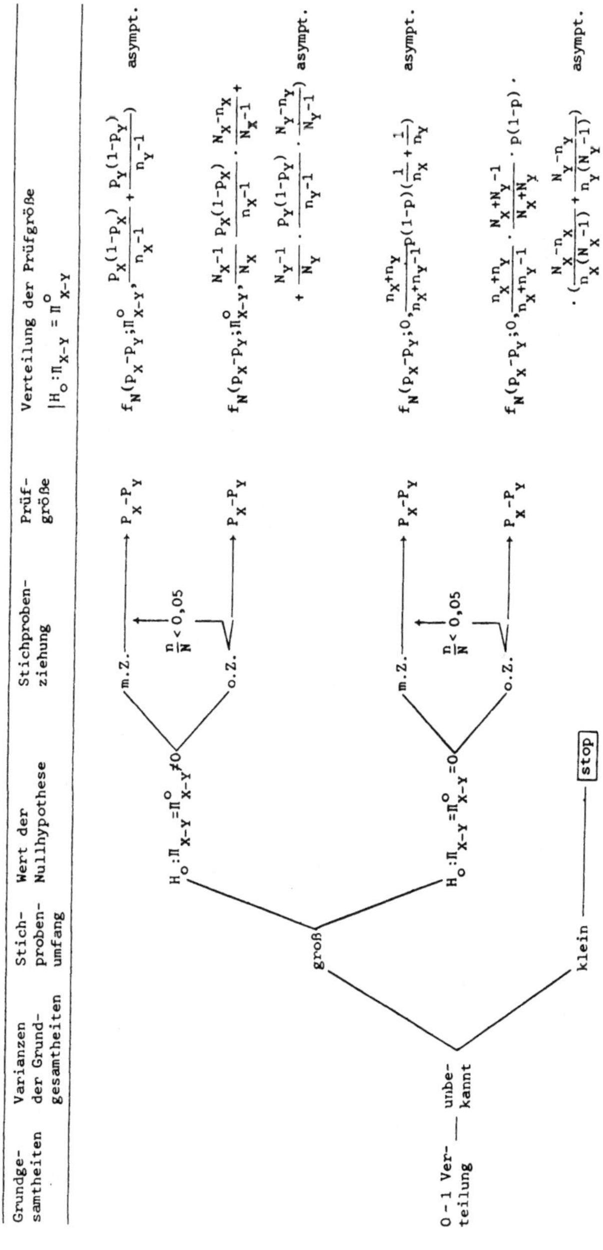

Hinweis

Die beiden Faktoren $\frac{n_X+n_Y}{n_X+n_Y-1}$ und $\frac{N_X+N_Y-1}{N_X+N_Y}$ werden in den Anwendungen häufig vernachlässigt. Die Varianz der Prüfgröße P_X-P_Y wird dann aus den Formeln

$p(1-p)(\frac{1}{n_X}+\frac{1}{n_Y})$ bzw. $p(1-p)(\frac{N_X-n_X}{n_X(N_X-1)}+\frac{N_Y-n_Y}{n_Y(N_Y-1)})$ berechnet.

Die Ergebnisse des Abschnitts 10.3.6. sind in Übersicht 10.4. zusammengestellt.

Beispiel:

Ein Warentestinstitut prüft die Belastungsfähigkeit der Fußballstiefel zweier konkurrierender Sportschuhfabrikanten. Von jeder Firma werden 50 Paar Fußballschuhe der Produktion entnommen und von Fußballspielern, die als Rauhbeine gelten, einer bestimmten Belastung unterzogen. Nach Beendigung der Prüfung waren von der Marke A noch 22 verwendungsfähig, von der Marke B noch 18. Der Produzent der Marke A behauptet nach diesen Ergebnissen, sein Schuh sei der bessere. Läßt sich diese Behauptung aufrechterhalten ($\alpha = 0{,}05$)?

Man formuliert die Hypothesen

$H_o: \Pi_{X-Y} = \Pi_X-\Pi_Y \leq 0$ $\qquad$ $H_a: \Pi_{X-Y} = \Pi_X-\Pi_Y > 0$

Dann ist

$$z = \frac{p_X-p_Y-\Pi^o_{X-Y}}{\sqrt{\frac{n_X+n_Y}{n_X+n_Y-1}\,p(1-p)(\frac{1}{n_X}+\frac{1}{n_Y})}} = \frac{\frac{22}{50}-\frac{18}{50}-0}{\sqrt{\frac{100}{99}\cdot 0{,}4\cdot 0{,}6(\frac{1}{50}+\frac{1}{50})}} = 0{,}81$$

Dabei ist $p = \frac{22+18}{100} = 0{,}40$

Es ergibt sich: $P(Z > z = 0{,}81) = 0{,}21$; folglich ist die Behauptung des Produzenten A durch den Test nicht zu rechtfertigen.

10.4. Überleitung zur allgemeinen Testtheorie

Die bisherigen Ausführungen betrafen nur Signifikanztests. Dabei tauchten einige Probleme auf, deren Lösung noch nicht begründet werden konnte.

a) Ein Signifikanztest wurde als Entscheidungsregel für die Ablehnung einer Nullhypothese formuliert. Die bei Ablehnung der Nullhypothese auftretende Irrtumswahrscheinlichkeit wurde als α-Fehler (Fehler 1. Art) bezeichnet. Die Annahme der Nullhypothese war jedoch nicht möglich. Dies rührt daher, daß mit der Annahme der Nullhypothese eine zweite Irrtumswahrscheinlichkeit verbunden ist, die jedoch beim Signifikanztest nicht erörtert werden kann.

b) Die Festlegung des kritischen Bereichs wurde in 10.2.2.3. mit Hilfe einer Plausibilitätsüberlegung eingeführt: Der kritische Bereich umfaßt seltene Ereignisse. Es wurde jedoch nicht gezeigt, wie man grundsätzlich an diese Frage herangehen kann.

In diesem Abschnitt sollen die beiden genannten Probleme behandelt werden, das zweite jedoch nur im Ansatz. Dazu ist zunächst eine allgemeine Formulierung des Testproblems nötig.

10.4.1. Die allgemeine Formulierung eines Tests

Einige der nun folgenden Begriffe sind bereits in 10.2.1. eingeführt worden. Die Gesamtheit der möglichen Werte, die von einem unbekannten Parameter angenommen werden können, heißt die Menge B aller zulässigen Parameterspezifikationen. Die zu testende Hypothese über den unbekannten Wert des Parameters H_o: $\Theta = \Theta_o$ heißt Nullhypothese. Die Alternativhypothese wird mit H_a: $\Theta = \Theta_a$ bezeichnet.

Die kritische Region R wurde bisher als Teilmenge der möglichen Ausprägungen der Prüfgröße D definiert. Dabei wurde R so bestimmt, daß $P(D \varepsilon R \mid H_o\colon \Theta = \Theta_o) = \alpha$. Für die folgenden Überlegungen ist es bisweilen zweckmäßig, die kritische Region in einer anderen Form einzuführen. Die Prüfgröße D ist ja eine Funktion der Punkte $(x_1, x_2,...,x_n)$ des n-dimensionalen Stichprobenraumes E^n. Der Menge R von Ausprägungen der Prüfgröße D entspricht also eine Teilmenge $R^* \subset E^n$ mit der Eigenschaft

$$P(\xi \varepsilon R^* \mid \Theta = \Theta_o) = \alpha ,$$

wobei $\xi = (x_1, x_2, \ldots, x_n)$ ein Element des Stichprobenraumes darstellt. Demnach wird der kritische Bereich einmal anhand des Definitionsbereichs und einmal anhand des Wertebereichs der Prüfgröße festgelegt.

Beispiel:

Die Grundgesamtheit E_x sei die Menge der nicht negativen Zahlen $\mathbb{R}^+$. Eine Stichprobe im Umfang n = 2 mit Zurücklegen werde gezogen. Dann ist der Stichprobenraum gegeben durch $\mathbb{R}^+ \times \mathbb{R}^+$. Die Prüfgröße sei $D = \bar{X}$ und der kritische Bereich $R = [0,2]$. Dann ist R^* gegeben durch alle Punkte $\xi = (x_1, x_2)$ mit der Eigenschaft

$\bar{x} = \frac{x_1+x_2}{2} \leq 2$ oder $x_1+x_2 \leq 4$. Dieser Sachverhalt läßt sich grafisch wie folgt veranschaulichen:

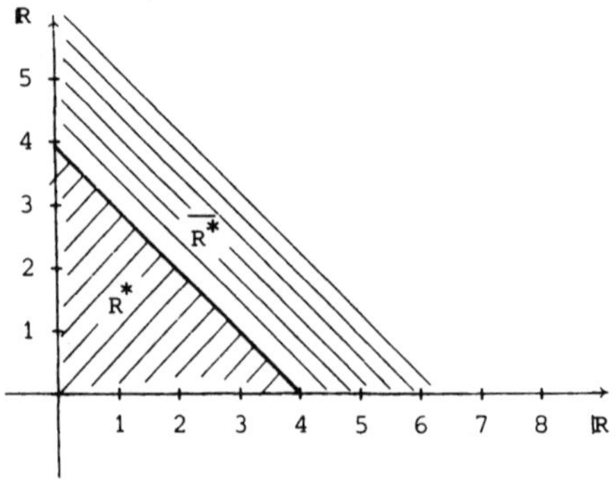

Es wird nun so verfahren, daß die Nullhypothese abgelehnt und die Alternativhypothese angenommen wird, falls die beobachtete Stichprobe ξ zu R^* gehört; ist $\xi \varepsilon \overline{R^*}$, so wird die Nullhypothese angenommen und die Alternativhypothese abgelehnt. Die dabei möglichen Fehlerarten sollen nun erörtert werden. Neben der Nullhypothese H_o: $\Theta = \Theta_o$ ist nun auch die Alternativhypothese H_a: $\Theta = \Theta_a$ zu berücksichtigen.

10.4.2. Fehlerarten bei der Prüfung statistischer Parameterhypothesen

Wir gehen aus von folgender Situation eines Entscheidungsträgers: Hat ein Parameter den Wert $\Theta = \Theta_o$, so wird die Maßnahme A ergriffen. Hat er dagegen den Wert $\Theta = \Theta_a \neq \Theta_o$, wird Maßnahme B durchgeführt. Der richtige Wert von Θ ist unbekannt. Als Entscheidungshilfe dient die Durchführung eines Tests. Die Nullhypothese H_o: $\Theta = \Theta_o$ wird gegen die Alternativhypothese H_a: $\Theta = \Theta_a$ getestet. Bei Annahme von H_o (und Ablehnung von H_a) wird Maßnahme A, bei Ablehnung von H_o (und Annahme von H_a) wird Maßnahme B durchgeführt.

Es soll zunächst der Fall betrachtet werden, daß die Nullhypothese abgelehnt wird. Die resultierende Entscheidung für Maßnahme B ist dann korrekt, wenn Θ_a der richtige Wert des Parameters Θ ist. Es könnte jedoch sein, daß Θ_o der richtige Wert ist, die Nullhypothese jedoch abgelehnt wird. Dann ist die getroffene Entscheidung falsch. Die Wahrscheinlichkeit für eine derartige Fehlentscheidung ist $P(\xi \in R^* | H_o: \Theta = \Theta_o) = \alpha$.

Das zweite mögliche Testergebnis ist die Annahme der Nullhypothese und die Ablehnung der Alternativhypothese. In diesem Fall wird Maßnahme A ergriffen. Dies ist nur dann eine korrekte Entscheidung, wenn Θ_o der richtige Wert von Θ ist. Der Test kann jedoch zur Annahme der Nullhypothese führen, obwohl sie falsch ist, d.h. obwohl die Alternativhypothese richtig ist. Trifft dies zu, so ist Maßnahme A eine Fehlentscheidung. Die Wahrscheinlichkeit für eine derartige Fehlentscheidung ist

$$P(\xi \in \overline{R^*} | H_a: \Theta = \Theta_a) = \beta$$

Diese Fehlentscheidung heißt β-Fehler oder auch Fehler 2. Art.

In der folgenden Übersicht sind die eben besprochenen Entscheidungsmöglichkeiten zusammengestellt.

Testergebnis bezüglich der Nullhypothese	richtiger Wert von Θ	
	$\Theta = \Theta_o$	$\Theta = \Theta_a$
Annahme	richtige Entscheidung	Fehler 2. Art = β-Fehler
Ablehnung	Fehler 1. Art = α-Fehler	richtige Entscheidung

Die Berechnung der Wahrscheinlichkeit β setzt voraus, daß die Alternativhypothese im Test berücksichtigt wird (vgl. die Definition von β). Da dies beim Signifikanztest nicht der Fall ist, kann β nicht berechnet werden. Wenn aber β unbekannt ist, kann die Nullhypothese nicht angenommen werden. Denn damit träfe man eine Entscheidung, über deren Sicherheit keine Aussage gemacht werden kann.

Beim allgemeinen Test sind α und β bekannt. Er ist als Entscheidungshilfe umso brauchbarer, je kleiner α und β sind. Die Annahme bzw. Ablehnung der Nullhypothese läßt sich dann wie folgt begründen: Fällt der Stichprobenbefund in den Annahmebereich, so ist es plausibel, die Nullhypothese anzunehmen, weil bei Gültigkeit der Alternativhypothese nur seltene Ereignisse in den Annahmebereich fallen (und warum sollte unser Stichprobenbefund ausgerechnet ein seltenes Ereignis sein?!). Fällt der Stichprobenbefund in den Ablehnungsbereich, so ist es vernünftig, die Nullhypothese abzulehnen, weil bei Gültigkeit der Nullhypothese unser Stichprobenbefund ein seltenes Ereignis wäre. Bei Ziehung einer sehr grossen Zahl von Stichproben erfolgt in $\alpha \cdot 100$ % der Fälle, in denen die Nullhypothese abgelehnt wird, die Ablehnung zu unrecht; entsprechend erfolgt in $\beta \cdot 100$ % der Fälle, in denen die Nullhypothese angenommen wird, diese Annahme zu unrecht.

Die Berechnung des β-Fehlers sei an einem Beispiel veranschaulicht.

Beispiel:

Bei dem Entscheidungsproblem über die Werbekampagne für Farbfernsehgeräte (vgl. 10.2.2.1.) sei der Minimalwert des Bereichs $\mu_X \geq \mu_o = 1.600$, die Nullhypothese $H_o: \mu_X = \mu_o = 1.600$. Als Alternativhypothese sei aus dem Bereich $\mu_X < \mu_o = 1.600$ der Wert $H_a: \mu_a = 1.560$ ausgewählt. Die Prüfgröße ist das Stichprobenmittel $\bar{X}$. Bei Wahl des α-Fehlers zu $\alpha = 0{,}05$ wird der kritische Bereich R mit $\bar{X} \leq 1.567{,}10$ festgelegt. Es ist $P(\bar{X} \leq \bar{x}_{0,05} = 1.567{,}10 \mid H_o: \mu_X = 1.600) = \alpha = 0{,}05$. Unter diesen Voraussetzungen ist der β-Fehler zu berechnen.

Es gilt:

$$\beta = P(\xi \in \overline{R^*} \mid H_a: \Theta = \Theta_a) = P(\bar{X} > 1.567{,}10 \mid H_a: \mu_X = \mu_a = 1.560) =$$

$$= P(Z > z = \frac{1.567{,}10 - 1.560}{20}) = P(Z > 0{,}355) = 0{,}3613$$

Mithin ergibt sich für den β-Fehler ein Wert von 36,13 %.

Grafische Darstellung:

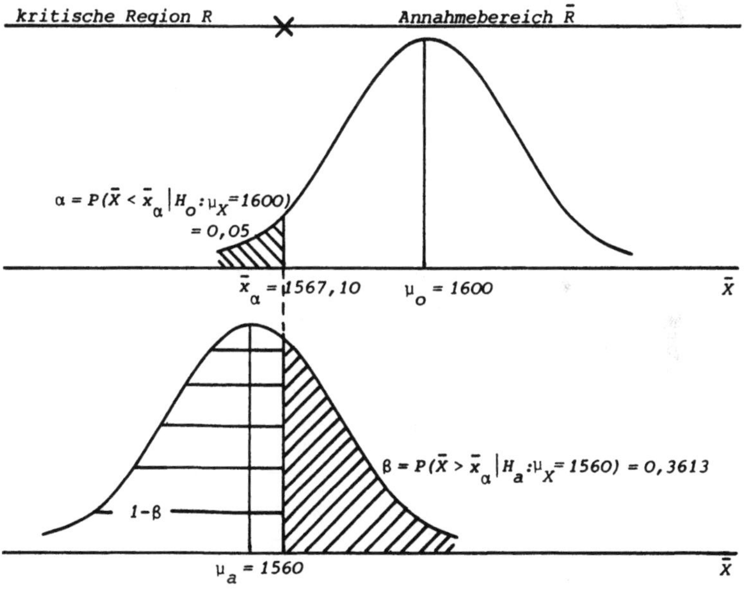

Aus der Grafik wird unmittelbar deutlich, daß der β-Fehler vom Wert Θ_a der Alternativhypothese abhängt. Er hängt ferner vom Wert der Nullhypothese Θ_o, dem gewählten α-Fehler und dem Stichprobenumfang ab. Letztere sind bei gegebener Verteilung der Prüfgröße diejenigen Größen, die den kritischen Bereich bestimmen. Somit läßt sich der β-Fehler schreiben als $\beta(R^*, \Theta_a)$ oder $\beta(\Theta_o, \alpha, n, \Theta_a)$.

Der Wert 1-β ist die Wahrscheinlichkeit dafür, die Nullhypothese abzulehnen, wenn die Alternativhypothese richtig ist, also die Wahrscheinlichkeit für eine richtige Entscheidung. Sie wird auch als Macht oder als Trennschärfe eines Tests bezeichnet. Je größer sie ist, d.h. je näher sie bei 1 liegt, desto mehr ist der Test in der Lage, zwischen Null- und Alternativhypothese die richtige auszuwählen. Die Wahrscheinlichkeit 1-β ist ebenfalls in der Grafik dargestellt.

Im obigen Beispiel ist der β-Fehler mit 36,13 % sehr groß. Es erscheint wünschenswert, diesen Fehler zu reduzieren. Aus der Beziehung $\beta = \beta(\Theta_o, \alpha, n, \Theta_a)$ ersieht man, wie dies möglich ist. Sind Θ_o und Θ_a festgelegt, so sind noch die Wert für α, β und n zu bestimmen. Zwei dieser Werte können frei gewählt werden, der dritte ergibt sich aus der obigen Beziehung. Im allgemeinen wird die Wahl der drei Größen ein Kompromiß sein zwischen dem Sicherheitsbedürfnis und den Kosten, die eine Untersuchung verursacht. Wie man den erforderlichen Stichprobenumfang bei vorgegebenen α- und β-Fehlern berechnen kann, soll im folgenden Beispiel gezeigt werden.

Beispiel:

In dem bereits behandelten Problem sei die Nullhypothese $H_o: \mu_X = \mu_o = 1.600$, die Alternativhypothese $H_a: \mu_X = 1.560$; ferner sei $\alpha = 0{,}05$. Der β-Fehler soll auf 10 % reduziert werden. Gefragt ist nach dem erforderlichen Stichprobenumfang n. Es gelten folgende Beziehungen:

$$\alpha = P(\bar{X} \leq \bar{x} \mid H_o: \mu_X = 1.600) = P\left(Z \leq z_\alpha = \frac{\bar{x}_\alpha - 1.600}{\frac{200}{\sqrt{n}}}\right) = 0{,}05$$

$$\beta = P(\bar{X} > \bar{x} \mid H_a: \mu_X = 1.560) = P\left(Z > z'_\alpha = \frac{\bar{x}_\alpha - 1.560}{\frac{200}{\sqrt{n}}}\right) = 0{,}10$$

Aus $P(Z \leq z_\alpha) = 0{,}05$ und $P(Z > z'_\alpha) = 0{,}10$ ergibt sich $z_\alpha = -1{,}645$ und $z'_\alpha = 1{,}283$. Somit erhält man

$$-1{,}645 = \frac{\bar{x}_\alpha - 1.600}{\frac{200}{\sqrt{n}}} \qquad 1{,}283 = \frac{\bar{x}_\alpha - 1.560}{\frac{200}{\sqrt{n}}}$$

Aus diesen beiden Gleichungen lassen sich $\bar{x}_\alpha = 1.577{,}5$ und $n = 215$ ausrechnen. Um den β-Fehler von 36,13 % auf 10 % zu reduzieren, muß also der Stichprobenumfang mehr als verdoppelt werden.

10.4.3. Operationscharakteristik und Gütefunktion eines Tests

Bis jetzt wurden nur zwei zulässige Werte des unbekannten Parameters betrachtet, die Werte Θ_o und Θ_a. Es wurde die Wahrscheinlichkeit β berechnet, die Nullhypothese H_o: $\Theta = \Theta_o$ anzunehmen, wenn die Alternativhypothese $\Theta = \Theta_a$ richtig ist. Es soll nun für weitere zulässige Werte von $\Theta(\Theta_1, \Theta_2, \ldots)$ die Wahrscheinlichkeit berechnet werden, die Nullhypothese anzunehmen, obwohl $\Theta_1, \Theta_2, \ldots$ richtig ist, d.h. es wird $P(\xi \varepsilon \overline{R^*} | \Theta)$ als Funktion des richtigen Wertes Θ dargestellt. Die so definierte Funktion wird mit

$$L(\Theta_o, \alpha, n, \Theta) = L(R^*, \Theta) = P(\xi \varepsilon \overline{R^*} | \Theta)$$

bezeichnet. Sie heißt Operationscharakteristik (OC-Kurve) eines Tests. Sind H_o: $\Theta = \Theta_o$, α und n gegeben, so ist L nur noch eine Funktion von Θ. Speziell ist

$$L(\Theta_o, \alpha, n, \Theta = \Theta_a) = \beta \qquad L(\Theta_o, \alpha, n, \Theta = \Theta_o) = 1-\alpha$$

Die Berechnung der Operationscharakteristik soll nun durch ein Beispiel veranschaulicht werden:

Beispiel:

In dem Problem der Entscheidung über eine Werbekampagne für Farbfernsehgeräte sei H_o: $\mu_X = \mu_o = 1.600$, $\sigma_X = 200$, n = 100 bzw. 196 und $\alpha = 0{,}05$. Dann ist $\bar{x}_{0,05} = 1.567{,}10$ für n = 100 bzw. 1.576,5 für n = 196. Für einige ausgewählte Werte von Θ soll L berechnet werden.

Ausprägung von Θ	1.600	1.590	1.580	1.570	1.560	1.550	1.540	1.530	1.520
L(1600;0,05;100,Θ)	0,95	0,87	0,74	0,56	0,36	0,20	0,09	0,03	0,009
L(1600;0,05;196,Θ)	0,95	0,83	0,60	0,33	0,12	0,03	0,005	0,001	0,000

Diese Ergebnisse sind in der folgenden Grafik dargestellt, wobei der Einfachheit halber linear interpoliert wird.

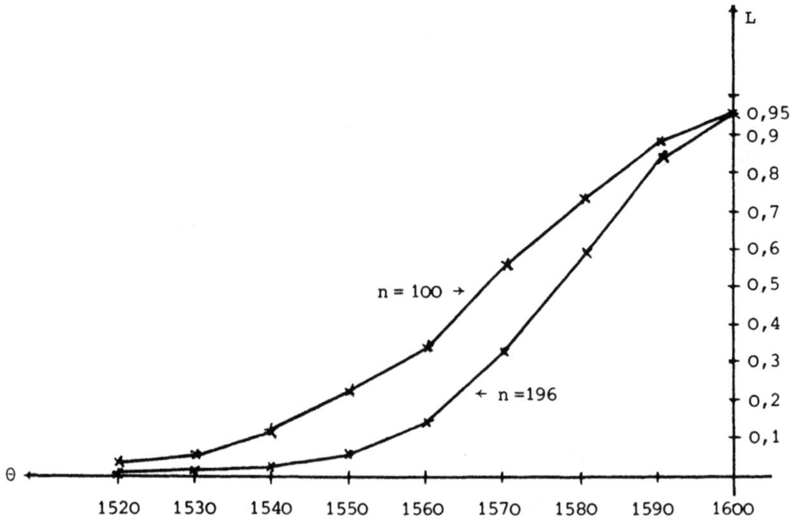

Aus der Grafik kann abgelesen werden, daß der β-Fehler für die Alternativhypothese $H_a: \mu_x = \mu_a = 1.560$ durch Erhöhung des Stichprobenumfangs von n = 100 auf n = 196 von 36 % auf 12 % reduziert wird.

Zur Gestalt der Operationscharakteristik seien folgende Erläuterungen gegeben:

Je näher der richtige Wert des Parameters Θ bei dem durch die Nullhypothese festgelegten Wert liegt, desto größer ist die Wahrscheinlichkeit, daß die Nullhypothese durch den Test nicht als falsch erkannt wird. Die OC-Kurve erreicht ihr Maximum für $\Theta = \Theta_o$ mit $L(\Theta_o;\alpha,n,\Theta = \Theta_o) = 1-\alpha$.

Ein Test ist umso besser (trennschärfer), je geringer bei gegebener Alternativhypothese die Wahrscheinlichkeit ist, eine Nullhypothese anzunehmen, obwohl sie falsch ist, d.h. je steiler die OC-Kurve abfällt und je enger sie sich an die Abszisse anschmiegt. Ideal wäre ein Test mit der Eigenschaft

$$L(\Theta_o;\alpha,n,\Theta) = \begin{cases} 1 \text{ für } \Theta = \Theta_o \\ 0 \text{ für } \Theta \neq \Theta_o \end{cases}$$

Freilich ist ein solcher Test nicht möglich.

Ein trennschärferes Prüfverfahren kann durch eine Erhöhung des Stichprobenumfangs gewonnen werden. Dies zeigt sich im obigen Beispiel, wo die OC-Kurve für $n = 196$ bei jedem Wert von Θ näher an der Abszisse liegt als die OC-Kurve für $n = 100$.

Durch eine Erhöhung des Signifikanzniveaus α wird die Wahrscheinlichkeit für den β-Fehler gesenkt.

Bisher wurde die Nullhypothese als Bereichshypothese formuliert, so daß der Test einseitig war. Die Operationscharakteristik hat eine andere Gestalt, wenn die Nullhypothese eine Punkthypothese ist, der Test mithin zweiseitig ist (vgl. hierzu 10.4.4. und Aufgabe 10.16).

In enger Beziehung zum Begriff der Operationscharakteristik steht die Gütefunktion (power function) eines Tests. Der Wert der Gütefunktion in einem Punkt Θ ist definiert als die Wahrscheinlichkeit, die Nullhypothese abzulehnen, wenn die Alternativhypothese richtig ist, d.h. es ist:

$$M(\Theta_o,\alpha,n,\Theta) = P(\xi \in R^* | \Theta)$$

Insbesondere ist

$$M(\Theta_o,\alpha,n,\Theta = \Theta_o) = \alpha \qquad M(\Theta_o,\alpha,n,\Theta = \Theta_o) = 1-\beta$$

Da $P(\xi \in R^* | \Theta) = 1-P(\xi \in \overline{R^*} | \Theta) = 1-L(\Theta_o,\alpha,n,\Theta)$, besteht zwischen Gütefunktion und Operationscharakteristik die Beziehung:

$$M(\Theta_o,\alpha,n,\Theta) = 1-L(\Theta_o,\alpha,n,\Theta)$$

Für die Gütefunktion sind die Eigenschaften der Operationscharakteristik entsprechend abzuwandeln.

Beispiel:

Zu den beiden OC-Kurven des obigen Beispiels sollen nun die Gütefunktionen gezeichnet werden.

Ausprägung von Θ	1600	1590	1580	1570	1560	1550	1540	1530	1520
M(1600;0,05,100,Θ)	0,050	0,126	0,259	0,442	0,639	0,804	0,912	0,968	0,991
M(1600;0,05,196,Θ)	0,050	0,172	0,403	0,675	0,876	0,968	0,995	0,999	1,000

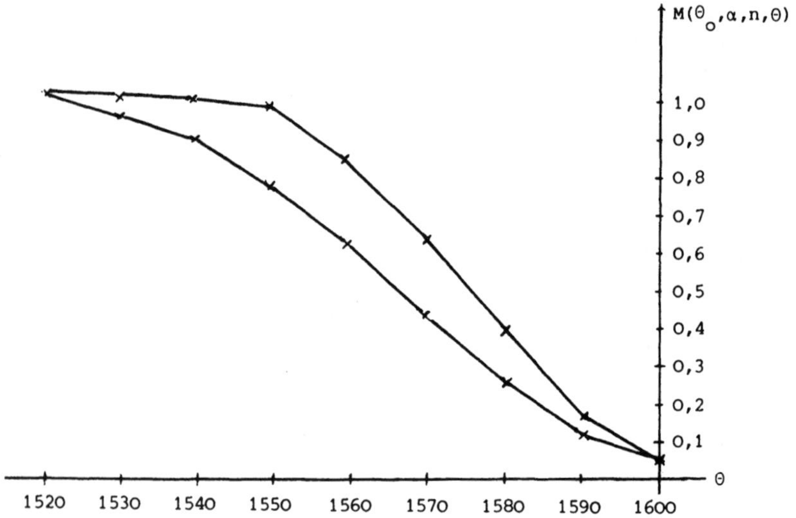

10.4.4. Zur Bestimmung der kritischen Region

Wir wollen jetzt eine Regel für die Auswahl der kritischen Region R^* im Stichprobenraum angeben. Es sei Θ der unbekannte Parameter der Grundgesamtheit, H_o: $\Theta = \Theta_o$ eine einfache Nullhypothese, d.h. nach der Festlegung von $\Theta = \Theta_o$ ist die Dichtefunktion der Zufallsvariablen X vollständig bestimmt; die Alternativhypothese sei H_a: $\Theta = \Theta_a$.

Wie bereits früher erläutert wurde (vgl. 10.2.2.3.), läßt sich eine Vielzahl kritischer Regionen R^* bilden mit der Eigenschaft

$$P(\xi \varepsilon R^* | \Theta = \Theta_o) = \alpha$$

Von allen diesen möglichen kritischen Regionen wird eine nach folgendem Prinzip ausgewählt: Als Test dient diejenige kritische Region R^*, für die die Wahrscheinlichkeit eines β-Fehlers minimal ist. Ein Test, dessen kritische Region dieser Bedingung genügt, heißt ein bester Test.

Ein bester Test existiert jedoch nicht immer. Um die hierfür nötigen Voraussetzungen zu formulieren, sei $\Xi = (X_1,\ldots,X_n)$ eine stetige Zufallsvariable, deren Dichte vom unbekannten Parameter Θ der Grundgesamtheit abhängt ($\xi = (x_1,\ldots,x_n)$ ist ein beliebiger Punkt des Stichprobenraumes). Für diese Dichte schreiben wir $f_\Xi(\xi;\Theta)$. Es gilt folgender Satz von Neymann-Pearson:

Satz
Ist $\Xi = (X_1,X_2,\ldots,X_n)$ eine stetige Zufallsvariable mit der Dichtefunktion $f_\Xi(\xi;\Theta)$ und H_o: $\Theta = \Theta_o$ bzw. H_a: $\Theta = \Theta_a$ mit $\Theta_a \neq \Theta_o$ die Null- bzw. Alternativhypothese, so existiert in diesem Stichprobenraum ein bester Test.

Der Beweis dieses Satzes liefert gleichzeitig eine Konstruktionsvorschrift für die kritische Region des Tests. Nur diese Vorschrift soll im folgenden dargestellt werden.

Es seien $f_{\Xi}(\xi;\Theta_o)$ und $f_{\Xi}(\xi;\Theta_a)$ die Dichtefunktionen der Elemente des Stichprobenraumes bei Gültigkeit der Nullhypothese bzw. Alternativhypothese. Dann werden zunächst für alle $\delta \geq 0$ Teilmengen R^*_δ des Stichprobenraumes so gebildet, daß für jedes $\xi \varepsilon R^*_\delta$ gilt:

$$f_{\Xi}(\xi;\Theta_a) \geq \delta \cdot f_{\Xi}(\xi;\Theta_o)$$

Zu jedem δ gehört eine Wahrscheinlichkeit $\alpha_\delta = P(\xi \varepsilon R^*_\delta | \Theta = \Theta_o)$. Von allen Regionen R^*_δ wählen wir die Region $R^*_{\delta'}$ aus mit der Eigenschaft $\alpha_{\delta'} = \alpha$, wobei α das dem Test vorgegebene Signifikanzniveau ist. Die so bestimmte Region $R^*_{\delta'}$ ist die kritische Region R^* des besten Tests.

Beispiel:

a) Grafische Veranschaulichung
Eine Grundgesamtheit sei normalverteilt mit unbekanntem Erwartungswert $E(X) = \mu_X$ bei bekannter Varianz σ^2_X. Die Nullhypothese laute $H_o: \mu_X = \mu_o$, die Alternativhypothese $H_a: \mu_X = \mu_a$. Es sei $\mu_a < \mu_o$. Um die grafische Darstellung zu ermöglichen, wird eine Stichprobe im Umfang n = 1 gezogen. Jedes Element ξ des Stichprobenraumes hat dann nur eine Komponente, die mit x_1 bezeichnet wird. Folglich sind $f_{\Xi}(x_1;\mu_o)$ und $f_{\Xi}(x_1;\mu_a)$ die Dichten der Elemente des Stichprobenraumes bei Gültigkeit der Nullhypothese bzw. der Alternativhypothese. Die Dichtefunktionen sind wiederum normalverteilt mit der Varianz der Grundgesamtheit.

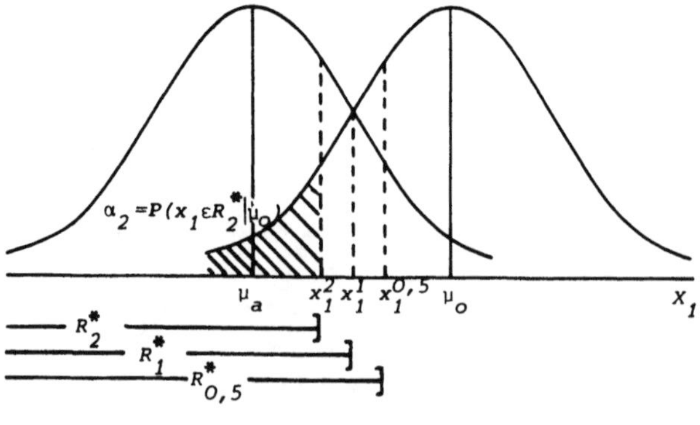

Zu ausgewählten Werten von δ(δ = 0,5;1;2) werden nun Werte x_1^δ berechnet, so daß $f_{\Xi}(x_1^\delta;\Theta_a) = \delta f_{\Xi}(x_1;\Theta_o)$.

Die zu δ = 0,5;1;2 gehörigen Werte $x_1^{0,5}$, x_1^1, x_1^2 sind in der Grafik eingetragen. Die entsprechenden Regionen R^*_δ sind dann:

$\delta = 0{,}5$: $R^*_{0,5} = \left]-\infty, x_1^{0,5}\right]$

$\delta = 1$: $R^*_1 = \left]-\infty, x_1^{1}\right]$

$\delta = 2$: $R^*_2 = \left]-\infty, x_1^{2}\right]$

Zu jedem δ kann die Wahrscheinlichkeit $\alpha_\delta = P(x_1 \varepsilon R^* | \mu = \mu_o)$ berechnet werden. In der Grafik ist für $\delta = 2$ der Wert α_2 eingetragen. Aus obiger Grafik ist ersichtlich, daß α_δ mit steigendem δ abnimmt; der funktionale Zusammenhang zwischen δ und α_δ sieht wie folgt aus:

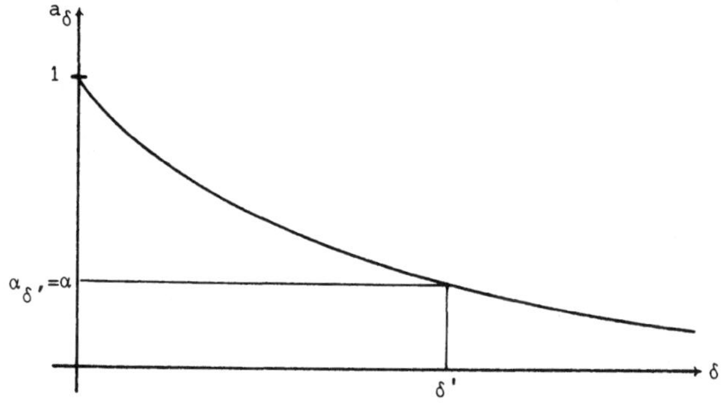

Damit läßt sich die Wahl von δ' veranschaulichen: es ist derjenige Wert, zu dem die Ordinate $\alpha_{\delta'} = \alpha$ gehört.

b) Berechnung der kritischen Region

Eine Zufallsvariable X sei normalverteilt mit unbekanntem $E(X) = \mu_X$ und $Var(X) = 1$. Es sei $H_o: \mu_X = 0$ und $H_a: \mu_X = 1$. Der beste Test für einfache Stichproben zur Nachprüfung dieser Hypothese soll gefunden werden. Es sei $n = 25$ und $\alpha = 0{,}05$.

Es ist

$$f_\Xi(\xi;0) = \frac{1}{(\sqrt{2\pi})^n} e^{-\frac{1}{2}\sum_{i=1}^n x_i^2} \qquad f_\Xi(\xi;1) = \frac{1}{(\sqrt{2\pi})^n} e^{-\frac{1}{2}\sum_{i=1}^n (x_i-1)^2}$$

Für das gesuchte δ' enthält die kritische Region R^* alle Elemente des Stichprobenraumes mit der Eigenschaft

$$f_\Xi(\xi;1) \geq \delta' f_\Xi(\xi;0)$$

Dann ist

$$\frac{f_\Xi(\xi;1)}{f_\Xi(\xi;0)} = e^{-\frac{1}{2}\sum_{i=1}^n \left[(x_i-1)^2 - x_i^2\right]} = e^{-\frac{1}{2}\sum_{i=1}^n (1-2x_i)} = e^{-\frac{n}{2} + n\bar{x}} \geq \delta'$$

Durch Logarithmieren erhält man (für $\delta' \neq 0$)

$$(n\bar{x} - \frac{n}{2}) \underbrace{\ln e}_{=1} \geq \ln \delta'$$

$n\bar{x} - \frac{n}{2} \geq \ln\delta'$ oder:

$\bar{x} \geq \frac{n+2\ln\delta'}{2n} = A$

Somit liefert das Verfahren die Prüfgröße - es ist das Stichprobenmittel - und den kritischen Bereich R des Tests, ausgedrückt in Werten des Stichprobenmittels. Die Konstante A läßt sich nun wie folgt bestimmen: Bei Gültigkeit von H_o ist $\bar{X}$ normalverteilt mit $f_N(\bar{x};0,\frac{1}{n})$. Dann ist

$\alpha = P(\bar{X} \geq A | H_o:\mu_X = 0) = P(Z \geq z_{1-\alpha} = \frac{A-0}{1/\sqrt{n}} = A\sqrt{n}\ )$

Für $\alpha = 0{,}05$ ist $z_{1-\alpha} = 1{,}645$ und damit

$1.645 = A\sqrt{25}$ oder

$A = 0{,}329$

Der kritische Bereich des Tests ist somit $R = [0{,}329,\infty[$. Die Konstante δ' ergibt sich aus

$0{,}329 = \frac{25+2\ln\delta'}{50}$

zu $\delta' = 0{,}0139$

Der beste Test zeitigt das intuitiv verständliche Ergebnis, daß sich die kritische Region aus den bei Gültigkeit der Nullhypothese sog. seltenen Ereignissen zusammensetzt. Es ist zu beachten, daß durch das Testverfahren auch bestimmt wird, welche Stichprobenfunktion als Prüfgröße zu wählen ist.

Der oben beschriebene beste Test R wurde bei gegebener Nullhypothese H_o und Alternativhypothese H_a ermittelt (da ein Test eindeutig durch seine kritische Region R bestimmt ist, wird üblicherweise diese zu seiner Bezeichnung verwendet).

Außer der betrachteten Alternativhypothese gibt es im allgemeinen weitere zulässige Alternativhypothesen. Ist für eine bestimmte Menge M solcher Alternativhypothesen der gegebene Test ein bester Test, d.h. ist der kritische Bereich R unabhängig vom Wert dieser Alternativhypothesen, so heißt R ein gleichmäßig bester Test bezüglich M. Ist R bester Test unabhängig von allen zulässigen Alternativhypothesen, so heißt R gleichmäßig bester Test.

Verwendet man das oben geschilderte Verfahren zur Bestimmung der kritischen Region, so ergibt sich folgender Sachverhalt:

Sei R_1 der beste Test der Nullhypothese H_o: $\Theta = \Theta_o$ gegen eine gegebene Alternativhypothese H_a: $\Theta = \Theta_a > \Theta_o$. Dann ist R_1 gleichmäßig bester Test bezüglich aller Alternativhypothesen H_a: $\Theta = \Theta_a > \Theta_o$. Sei R_2 der beste Test der Nullhypothese H_o: $\Theta = \Theta_o$ gegen eine gegebene Alternativhypothese H_a: $\Theta = \Theta_a < \Theta_o$. Dann ist R_2 gleichmäßig bester Test bezüglich aller Alternativhypothesen H_a: $\Theta = \Theta_a < \Theta_o$. Weder R_1 noch R_2 ist also gleichmäßig bester Test (bezüglich aller zulässigen Alternativhypothesen H_a: $\Theta = \Theta_a \neq \Theta_o$; vgl. Aufgabe 10.15.). Will man folglich einen Test durchführen, bei dem nur Alternativhypothesen H_a: $\Theta = \Theta_a > \Theta_o$ (bzw. H_a: $\Theta = \Theta_a < \Theta_o$) interessieren, wählt man den Test R_1 (bzw. R_2). Sind aber alle zulässigen Alternativhypothesen H_a: $\Theta = \Theta_a \neq \Theta_o$ von Belang, so ist keiner der genannten Tests geeignet. Man muß also beim "zweiseitigen" Test ein anderes Kriterium zur Bestimmung des kritischen Bereichs heranziehen. Dazu seien die Gütefunktionen $M(R_1,\Theta)$ und $M(R_2,\Theta)$ des Tests R_1 und R_2 betrachtet:

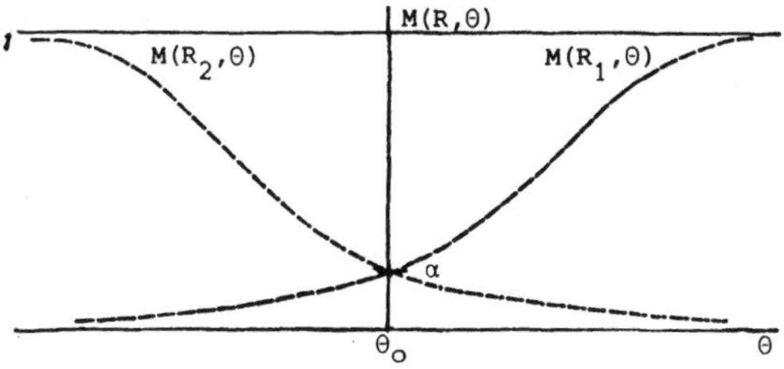

Man stellt fest:

$$M(R_1; \Theta = \Theta_a < \Theta_o) = P(D \in R_1 | \Theta = \Theta_a < \Theta_o) < \alpha = P(D \in R_1 | \Theta = \Theta_o)$$

Für Alternativhypothesen H_a: $\Theta = \Theta_a < \Theta_o$ tritt also beim Test R_1 das unsinnige Ereignis ein, daß die Wahrscheinlichkeit für die Annahme der Alternativhypothese bei Gültigkeit der Alternativhypothese geringer ist als bei Gültigkeit der Nullhypothese. Entsprechendes gilt für R_2.

Tests mit dieser unangenehmen Eigenschaft heißen verfälschte Tests.

Definition

Wenn für einen Test R, der zur Prüfung einer Nullhypothese H_o: $\Theta = \Theta_o$ im Vergleich zur Alternativhypothese H_a: $\Theta = \Theta_a \neq \Theta_o$ dient, ein Wert $\Theta_a = \Theta'$ existiert, so daß $P(D \varepsilon R|\Theta = \Theta_a = \Theta') < P(D \varepsilon R|\Theta = \Theta_o) = \alpha$, so heißt der Test verfälscht.

Ein Test, der diese Eigenschaft nicht besitzt, heißt unverfälschter Test. Er ist dadurch charakterisiert, daß das Minimum seiner Gütefunktion im Punkt $\Theta = \Theta_o$ liegt. Will man demnach die Nullhypothese H_o: $\Theta = \Theta_o$ gegen die Alternativhypothese H_a: $\Theta = \Theta_a \neq \Theta_o$ testen, so ist zweckmäßigerweise ein unverfälschter Test zu verwenden. Unter allen unverfälschten Tests wiederum wird derjenige ausgewählt, für den der β-Fehler minimal wird (bester unverfälschter Test). Bei den hier zu besprechenden Anwendungen zeigt sich, daß dieser Test unabhängig vom jeweiligen Wert der Alternativhypothese ist (gleichmäßig bester unverfälschter Test). Sein kritischer Bereich R_3 ist unabhängig vom Wert der Alternativhypothese H_a: $\Theta = \Theta_a \neq \Theta_o$ folgendermaßen festzulegen:

$$R_3 =]-\infty, d_{\frac{\alpha}{2}}] \cup] d_{1-\frac{\alpha}{2}}, \infty[$$

Dies ist die Entsprechung zur Festlegung des kritischen Bereichs beim zweiseitigen Signifikanztest.

Ein Vergleich der Gütefunktion des unverfälschten Tests R_3 mit denen der Tests R_1 und R_2 zeigt, daß $M(R_3,\Theta)$ unterhalb von $M(R_1,\Theta)$ liegt für $\Theta>\Theta_o$ und unterhalb von $M(R_2,\Theta)$ liegt für $\Theta<\Theta_o$ (vgl. grafische Darstellung und Aufgabe 10.16).

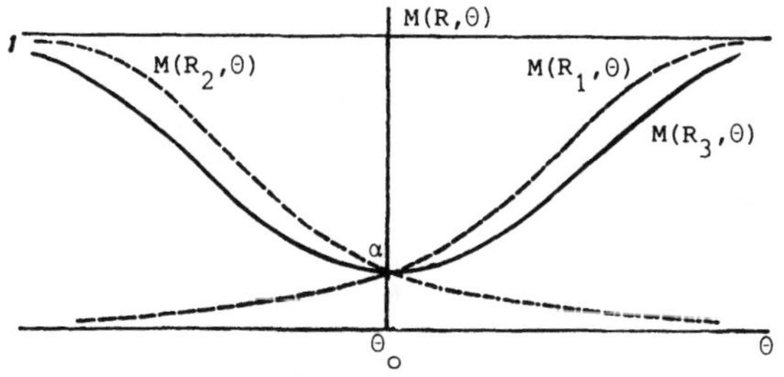

Mithin ist die Güte von R_3 in den Bereichen geringer als die von R_1 bzw. R_2, in denen diese gleichmäßig beste Tests darstellen. Vor der Auswahl eines Tests sollte deshalb überlegt werden, welche Alternativhypothesen sinnvollerweise in Betracht zu ziehen sind.

Aufgaben zu Kapitel 10

10.1. Für den Landkreis Bonn wurde 1968 die durchschnittliche Quadratmetermiete berechnet. Sie belief sich auf 2,95 DM/m^2. Im Rahmen einer neueren Untersuchung einer Hausbesitzer-Vereinigung wurden zufällig 100 Wohnungen im Landkreis Bonn ausgewählt und deren Quadratmetermiete ermittelt. Dabei ergab sich ein Durchschnittswert von 3,80 DM/m^2. Aus anderen Untersuchungen weiß man, daß die Standardabweichung des erhobenen Merkmals $\sigma_X = 1{,}10\ DM/m^2$ beträgt.

a) In einer regionalen Tageszeitung wurde geäußert, die Untersuchung des Hausbesitzer-Vereins lasse den Schluß zu, im Landkreis Bonn habe sich die Quadratmetermiete im Durchschnitt nicht erhöht. Nehmen Sie dazu Stellung ($\alpha = 0{,}05$)!

b) Lösen Sie die Aufgabe a) für $\alpha = 0{,}001$!

c) Wie ist der Stichprobenumfang zu wählen, damit für $\alpha = 0{,}04$ der kritische Bereich bei 3,00 DM/m^2 beginnt (Nullhypothese unverändert!)?

10.2. Im Rahmen einer vorbereitenden Untersuchung nach § 4 des Städtebauförderungsgesetzes soll das Durchschnittsalter der 6.800 Bewohner des sanierungsverdächtigen Untersuchungsgebietes überprüft werden. Durch eine Zufallsstichprobe ohne Zurücklegen wird das Alter von 400 Personen erfaßt. Man erhält ein Stichprobendurchschnittsalter von 52,4 Jahren bei einer Stichprobenvarianz von 16 $Jahren^2$. Wie beurteilen Sie die Behauptung, das Durchschnittsalter aller 6.800 Bewohner des Untersuchungsgebietes sei nicht höher als 51 Jahre ($\alpha = 0{,}05$)?

10.3. Ein Statistik-Student und Tierfreund beschließt, zu seiner Feierabendunterhaltung einige Zierfische zu kaufen. Damit er diese Anschaffung nicht zu oft machen muß, sollen die von ihm gewählten Fische eine Lebensdauer von mindestens einem Jahr haben. Die Fische, für die er sich in einem Geschäft interessiert, haben nach Auskunft des Verkäufers eine Lebenserwartung von einem Jahr. Der Verkäufer erwähnt, er habe diese Annahme selbst überprüft; 36 von ihm beobachtete Fische seien im Durchschnitt zwar nur 0,9 Jahre alt geworden, doch widerspreche dies bei einer Irrtumswahrscheinlichkeit $\alpha = 0{,}05$ nicht der Hypothese, die mittlere Lebenserwartung sei 1 Jahr. Der Student sagt, er wolle den Test selbst noch einmal durchrechnen und bittet den Verkäufer um eine Information über die Varianz der Grundgesamtheit. Darauf sagt der Verkäufer, die Lebensdauer dieser Gattung von Zierfischen sei exponentialverteilt. Er erinnert sich an die Dichtefunktion der Exponentialverteilung:

$$f_X(x) = \begin{cases} \frac{1}{\beta} e^{-\frac{x}{\beta}} & x > 0, \beta > 0 \\ 0 & \text{sonst} \end{cases}$$

Zu Hause führt der Student den Test durch. Kommt er zum gleichen Ergebnis wie der Verkäufer?

10.4. Ein Kissenproduzent erhält vom Hansl-Bauern eine Lieferung von 120 geschlachteten deutschen Gänsen. Der Hansl-Bauer sagt zum Produzenten: "Von döi Gäns' kraigst mindestens zwanzg' Pfund Federn!"
Der Produzent will sicher gehen und wählt aus der Lieferung zufällig 30 Gänse aus, rupft sie und erhält so 2.850 g Federn. Da der örtliche Tierschutzverein die interessante Information bereitstellt, daß die Standardabweichung des Federgewichts von geschlachteten deutschen Gänsen 15 g betrage, überprüft der Kissenproduzent die Behauptung des Hansl-Bauern mittels eines Signifikanztests ($\alpha = 0{,}04$). Zu welchem Ergebnis gelangt er?

10.5. Die Geflügelzüchter in der BRD beklagen die hohe Differenz zwischen Erzeugerpreis und Marktpreis bei Eiern. Der durchschnittliche Marktpreis für Eier, so sagen sie, betrage mindestens 30 Pfennige. Daraufhin veröffentlicht das Bundesministerium für Landwirtschaft und Forsten eine Untersuchung über die Eierpreise in der BRD (Stichtag: Gründonnerstag 1974). Bei einem Signifikanzniveau von $\alpha = 0{,}05$ konnte festgestellt werden, daß die Behauptung der Geflügelzüchter nicht zutrifft. Die Untersuchung in zufällig ausgewählten Verkaufsstellen ergab nämlich einen Durchschnittspreis von 28 Dpf. bei einer Standardabweichung von 2 Dpf.
Wieviel Verkaufsstellen mußten wenigstens befragt werden?
(Hinweis: Die täglichen Eierpreise in der BRD sind normalverteilt.)

10.6. Bei der diesjährigen Weltmeisterschaft für Köche bestand in der Disziplin "Massenverpflegung" die Aufgabe darin, 200 g Erbseneintopf zuzubereiten.
Im Endkampf standen sich Cook aus Großbritannien und Koch aus Deutschland gegenüber. Der Oberschiedsrichter gab jedem Konkurrenten einen Eimer mit 2.000 Erbsen, wobei er versicherte, daß in beiden ein gleich hoher Anteil schlechter Erbsen enthalten sei.
Der Wettkampf begann. Die beiden Finalisten wählten aus ihren Eimern zufällig je 350 Erbsen aus, eine für 200 g Erbseneintopf ausreichende Menge. Die restlichen Erbsen wurden vernichtet. Vor der Verarbeitung stellten Hilfsschiedsrichter den Anteil schlechter Erbsen in den jeweiligen Stichproben fest. Sie notierten:

Cook: $p_X = 0{,}20$ Koch: $p_Y = 0{,}22$

Innerhalb der festgelegten Zeit konnten beide Kontrahenten ihr Gericht der Jury zur Bewertung vorsetzen.

Das für Deutschland enttäuschende Ergebnis lautete:
Einstimmiger Sieg und damit Weltmeistertitel für Cook aus England (das Gericht von Koch wies einen deutlich fauligen Geschmack auf).

Nach einem Protest der deutschen Mannschaftsführung wurde vom Veranstalter die Behauptung des Oberschiedsrichters getestet, in beiden Eimern sei ein gleich hoher Anteil schlechter Erbsen gewesen.

Satzungsgemäß wurde $\alpha = 0{,}01$ gewählt. Hat der deutsche Protest Aussicht auf Erfolg?

10.7. Aus der Abschlußprüfung eines Fortbildungskurses für Geheimagenten:
Im Zuge eines internationalen Waffengeschäftes stellte der als Käufer auftretende Strohmann folgende Bedingung:
Der Kauf von 5.000 Maschinengewehren samt Munition wird nur dann perfekt, wenn die durchschnittliche Geschwindigkeit, mit der ein Geschoß den Lauf verläßt, mindestens 800 m/sec. beträgt.

Der als Verkäufer fungierende Strohmann sichert dies zu, weist jedoch wegen der normalverteilten Austrittsgeschwindigkeit darauf hin, daß geringe Abweichungen nach oben und unten bestehen können.
Um Zweifel an dieser Zusicherung zu beseitigen, beauftragt der Käufer einen Geheimdienst, 100 Maschinengewehre zufällig aus der Produktion auszuwählen und unbemerkt zu entwenden. Dies gelingt.

Messungen ergeben eine durchschnittliche Geschoßgeschwindigkeit beim Verlassen des Laufes von 799,3 m/sec. bei $s_X^2 = 169 m^2/sec.^2$.

Geht der Kauf wie geplant über die Bühne? (Irrtumswahrscheinlichkeit $\alpha = 0{,}01$)

10.8. Beim Vergleich der Ergiebigkeit zweier Farbsorten stellte ein Warentestinstitut fest, daß bei 30 Dosen der Sorte A die durchschnittlich bestrichene Fläche 15,4 m^2 bei $s_X = 1{,}2\ m^2$ war, während 30 Dosen der Sorte B durchschnittlich für 14,6 m^2 bei $s_Y = 0{,}9\ m^2$ ausreichten. Die Füllmengen je Dose sind für beide Farbsorten gleich.

Kann bei einem Irrtumsrisiko von $\alpha = 0{,}05$ von einem signifikanten Unterschied der Ergiebigkeit beider Farbsorten gesprochen werden, wenn von der Annahme ausgegangen werden muß, daß die Grundgesamtheiten nicht normalverteilt sind?

10.9. In den Jahren 1950 und 1965 wurde in Nürnberg durch Stichprobenerhebungen die durchschnittliche Körpergröße von 10-jährigen Knaben festgestellt. Die Durchschnittsgröße von 400 Knaben betrug 1950 128 cm bei $s_X = 6{,}5$ cm und 1965 bei 500 Knaben 130 cm mit $s_Y = 7$ cm.

Prüfen Sie bei einem Irrtumsrisiko von $\alpha = 0{,}05$, ob der tatsächliche durchschnittliche Zuwachs mindestens 1 cm ausmacht. Die Körpergröße von 10-jährigen sei normalverteilt.

10.10. Im Gefolge der Emanzipationsbestrebungen der Frau sei es mittlerweile üblich, daß 70 % aller Studenten von der mit ihnen verabredeten Dame erwarten, daß sie ihre Rechnung im Restaurant selbst bezahlt.

Testen Sie die Behauptung eines deutschen Magazins gegen die Alternativhypothese $H_a: \Pi < \Pi_o = 0{,}7$, wenn eine Umfrage unter 500 von 15.000 Studenten ergeben hat, daß 318 tatsächlich so eingestellt sind ($\alpha = 0{,}01$).

10.11. Ein medizinisches Experiment erfordert die schnelle und schmerzlose Tötung einer großen Zahl von Meerschweinchen. Um die notwendige Dosierung des zu verwendenden Giftes kennenzulernen, entschließt sich der damit beauftragte Medizinstudent, einen Test durchzuführen.

Er injiziert 6 Meerschweinchen je 0,5 mg des Giftes, worauf 11, 13, 9, 14, 15 und 13 Sekunden bis zum Exitus verstreichen. Einer anderen Gruppe von 6 Meerschweinchen werden 1,5 mg verabreicht, was zum Tode nach 10, 5, 8, 9, 6 und 10 Sekunden führt. Kann er bei einem Irrtumsrisiko von $\alpha = 0{,}05$ behaupten, daß die dreifache Dosis keinen schnelleren Eintritt des Todes bewirkt? Die Zeit bis zum Eintritt des Todes sei normalverteilt.

10.12. In einer Prüfung werden 15 Fragen vorgelegt, die mit Ja bzw. Nein zu beantworten sind.

a) Bei einem α-Fehler von $\alpha = 0{,}12$ (zweiseitig) soll die Annahme geprüft werden, daß der Student die Antworten durch Raten ermittelt (d.h. daß die Wahrscheinlichkeit für eine richtige Antwort $\Pi = 0{,}5$ ist).
Wieviele Fragen mindestens müssen richtig beantwortet werden, damit nicht behauptet wird, der Student rät?

b) Berechnen Sie die Wahrscheinlichkeit dafür, die Hypothese $\Pi = \Pi_o = 0{,}5$ anzunehmen, wenn tatsächlich $\Pi = \Pi_a = 0{,}7$ beträgt!

10.13. Ein Großbüro, welches Locherarbeiten für EDV-Anwender durchführt, will ein neues Entlohnungssystem einsetzen. Danach bemißt sich die Entlohnung der einzelnen Locherinnen nach der relativen Qualität ihrer Arbeit im Vergleich mit ihren Kolleginnen. Die Qualität der Arbeit versucht man mit dem Anteil an fehlerhaft gelochten Karten zu messen. Dabei wird das Lochen einer einzelnen Lochkarte als Zufallsvorgang aufgefaßt mit den Elementarereignissen "korrekt" und "falsch".
Folgender Fall wird dem Betriebsrat zur Stellungnahme vorgetragen: Fräulein Erika erhält einen Stundenlohn von 7,- DM, Fräulein Idi einen Stundenlohn von 6,- DM. Der zuständige Gruppenleiter begründet dies mit der Behauptung, Fräulein Erika sei bei ihrer Arbeit so geschickt, daß der Anteil an Fehllochungen bei ihr nur 0,05 betrage, während Fräulein Idi immerhin 8 % Ausschuß produziere. Frl. Idi legt dagegen Beschwerde ein.
Der Betriebsrat beschließt, diesen Fall gründlich zu untersuchen und hierzu als Unterlagen die bisher von den beiden Damen gelochten Lochkarten zu verwenden (Duplikate aller Auftragsarbeiten werden im Archiv verwahrt).

Von den 120.000 durch Fräulein Erika bearbeiteten Karten werden zufällig 1.000 ausgewählt. Da Fräulein Idi noch nicht so lange im Büro tätig ist, betrug ihre bisherige Arbeitsleistung nur zwei Drittel derjenigen von Fräulein Erika. Dafür, meint der Betriebsrat, sollte man auch etwas mehr Karten zufällig auswählen, nämlich 2.000.

Die Entscheidung des Betriebsrates ist nun nach folgender Vereinbarung zu treffen: Man geht davon aus, daß die Sachlage nur zwei Alternativen zuläßt. Entweder die Behauptung des Gruppenleiters ist richtig oder Fräulein Idi liefert eine ebenso gute Arbeit wie Fräulein Erika. Je nach dem Stichprobenergebnis soll als Maßnahme die Beibehaltung der bisherigen Lohneinstufung oder deren Nivellierung zu treffen sein.

Die Auszählung der zufällig gezogenen Karten ergibt: Der Anteil an Fehllochungen durch Fräulein Idi übertrifft den von Fräulein

Erika um 0,005, der Wert für Fräulein Erika liegt bei 0,06.

a) Welche Maßnahme befürwortet der Betriebsrat bei einem α-Fehler von 0,05?
(Die Behauptung des Gruppenleiters soll als Nullhypothese herangezogen werden.)

b) Die durchschnittliche Fehlerzahl pro Lochkarte betrug bei Fräulein Erika $\bar{x} = 0{,}2$, bei Fräulein Idi $\bar{y} = 0{,}1$. Testen Sie die Nullhypothese, beide Damen weisen die gleiche durchschnittliche Fehlerzahl auf, gegen die Alternativhypothese $\mu_X = 0{,}3$ und $\mu_Y = 0{,}1$.
($\alpha = 0{,}05$; $s_X^2 = 0{,}01$; $s_Y^2 = 0{,}09$)

c) Wie groß ist bei Teilaufgabe b) der β-Fehler und was sagt er aus?

d) Wie groß ist ein einheitlicher Stichprobenumfang ($n = n_X = n_Y$) mindestens zu wählen, wenn $\alpha = 0{,}05$ vorgegeben wird und der Test eine Macht von 0,9 haben soll?

e) Berechnen Sie für diesen Mindeststichprobenumfang die Gütefunktion des Tests bei verschiedenen Alternativhypothesen.
($\mu_{X-Y} = 0$; 0,1; 0,2; 0,3;)

10.14. In einer normalverteilten Grundgesamtheit sei $E(X) = \mu_X$ unbekannt und $Var(X) = \sigma_X^2$ bekannt. Bezüglich des Erwartungswertes laute die Nullhypothese: $H_o: \mu_X = \mu_o$ und die Alternativhypothese $H_a: \mu_X = \mu_a = \mu_o + 0{,}3\sigma_X$, also $\mu_a > \mu_o$.
Schreibt man den Erwartungswert μ_X als Abweichung von μ_o, ausgedrückt in Standardabweichungen σ_X, nämlich

$$\lambda = \frac{\mu_X - \mu_o}{\sigma_X}, \text{ so wird } H_o: \lambda = \lambda_o = 0 \text{ und } H_a: \lambda_a = \frac{\mu_a - \mu_o}{\sigma_X} = 0{,}3.$$

Um diese Nullhypothese zu testen, sei $\alpha = 0{,}05$ und $n = 25$.
Der kritische Wert bestimmt sich dann aus der Formel:

$$z_{1-\alpha} = z_{0,95} = 1{,}645 = \frac{\bar{x}_{0,95} - \mu_o}{\sigma_X}\sqrt{n} = \lambda_{0,95}\sqrt{n} = 5\lambda_{0,95}$$

dann ist $\lambda_{0,95} = 0{,}329$

a) Bestimmen Sie den β-Fehler!

b) Berechnen Sie die OC-Kurve für folgende Werte von λ:
$\lambda = 0;0{,}1;0{,}2$; usw. bis $\lambda = 1{,}0$.
Stellen Sie diese Ergebnisse grafisch dar und zeichnen Sie die OC-Kurve durch lineare Interpolation!

10.15. Eine Zufallsvariable X sei normalverteilt mit unbekanntem Erwartungswert $E(X) = \mu_X$ und bekannter Varianz σ_X^2. Zeigen Sie anhand der Konstruktionsvorschrift für die Bestimmung des kritischen Bereichs nach dem Satz von Neyman-Pearson

a) daß zur Prüfung der Hypothesen
$H_o: \mu_X = \mu_o$ $\qquad H_a: \mu_X = \mu_a > \mu_o$
der Test $R_1 = \left]\mu_o + z_{1-\alpha}\frac{\sigma_X}{\sqrt{n}}, \infty\right[$ ein bester Test ist und ein gleichmäßig bester Test bezüglich aller Alternativhypothesen $\mu_a > u_o$;

b) daß zur Prüfung der Hypothesen

$H_o: \mu_X = \mu_o \qquad H_a: \mu_X = \mu_a < \mu_o$

der Test $R_2 =]-\infty, \mu_o + z_\alpha \frac{\sigma_X}{\sqrt{n}}]$ ein bester Test ist und ein gleichmäßig bester Test bezüglich aller Alternativhypothesen $\mu_a < \mu_o$.

10.16. Eine Grundgesamtheit sei normalverteilt mit Var(X) = 1 und unbekanntem Erwartungswert μ_X. Die Nullhypothese $H_o: \mu_X = \mu_o = 0$ ist gegen die Alternativhypothese $H_a: \mu_X = \mu_a \neq \mu_o$ zu testen. Eine Stichprobe im Umfang n = 16 wird gezogen; $\alpha = 0{,}05$. Der beste unverfälschte Test ist dann

$$R_3 =]-\infty, \bar{x}_{\frac{\alpha}{2}}] \cup]\bar{x}_{1-\frac{\alpha}{2}}, \infty[$$

a) Bestimmen Sie die kritischen Werte von R_3!

b) Berechnen Sie für die folgenden Werte von μ_X die Werte der Gütefunktion:
$\mu = -1{,}0; -0{,}9;$ usw. bis $1{,}0$.
Zeichnen Sie die Gütefunktion des Tests R_3 durch lineare Interpolation.

Zeichnen Sie zum Vergleich die Gütefunktionen des gleichmäßig besten Tests

$$R_1 =]\mu_o + z_{1-\alpha} \frac{\sigma_X}{\sqrt{n}}, \infty[=]0{,}411; \infty[$$

bezüglich aller Alternativhypothesen $H_a: \mu_X = \mu_a > \mu_o$ und des gleichmäßig besten Tests

$$R_2 =]-\infty, \mu_o - z_{1-\alpha} \frac{\sigma_X}{\sqrt{n}}] =]-\infty; -0{,}411]$$

bezüglich aller Alternativhypothesen $H_a: \mu_X = \mu_a < \mu_o$!

11. Das Testen statistischer Verteilungshypothesen: Der χ^2-Test

Hypothesen über das unbekannte Verteilungsgesetz der Dichtefunktion bzw. Wahrscheinlichkeitsfunktion von ein- oder mehrdimensionalen Zufallsvariablen heißen Verteilungshypothesen. Gegenstand dieses Kapitels sind zwei Arten von Verteilungshypothesen:

a) Eine Zufallsvariable X habe das Verteilungsgesetz $f_o(x)$:

$$H_o:\ f_X(x) = f_o(x) \quad \text{für alle } x \in \mathbb{R}$$

Beispiele hierfür sind

(a1) Eine Zufallsvariable X sei normalverteilt mit den Parametern $E(X) = \mu_o$ und $Var(X) = \sigma_o^2$

(a2) Die Zufallsvariable X sei normalverteilt mit dem Erwartungswert $E(X) = \mu_o$

(a3) Die Zufallsvariable X sei normalverteilt.

Die Hypothese (a1) ist einfach. Die Hypothesen (a2) und (a3) sind zusammengesetzt, es sei denn, in (a2) ist Var(X) und in (a3) sind E(X) und Var(X) bekannt.

b) Die Zufallsvariablen X und Y mit der gemeinsamen Dichtefunktion bzw. Wahrscheinlichkeitsfunktion $f_{X,Y}$ seien unabhängig, d.h. es sei

$$H_o:\ f_{X,Y}(x,y) = f_X(x) \cdot f_Y(y) \quad \text{für alle Paare } (x,y) \text{ von Ausprägungen}$$

Um eine Verteilungshypothese mit Hilfe des χ^2-Tests zu prüfen, geht man folgendermaßen vor: Man entnimmt der Grundgesamtheit eine einfache Zufallsstichprobe im Umfang n und bildet die sich aus diesem Stichprobenbefund ergebende Häufigkeitsfunktion des Merkmals X bzw. des zweidimensionalen Merkmals (X,Y). Diese Funktion wird als empirische Häufigkeitsfunktion bezeichnet. Sie wird verglichen mit der hypothetischen oder theoretischen Häufigkeitsfunktion, die bei einer Stichprobe im Umfang n bei Gültigkeit der Nullhypothese zu erwarten ist. Ist die Nullhypothese richtig, so können sich im allgemeinen beide Verteilungen nicht wesentlich voneinander unterscheiden. Um die Nullhypothese zu testen, ist eine Stichprobenfunktion zu konstruieren, die ein Maß für die Abweichung der empirischen von der theoretischen Häufigkeitsfunktion darstellt. Das weitere Vorgehen entspricht dem des Parametertests. Die im folgenden zu entwickelnde Prüfgröße folgt asymptotisch einer χ^2-Verteilung. Daher spricht man bei der Verwendung dieser Prüfgröße zum Test von Verteilungshypothesen von einem χ^2-Test.

Für das Verständnis der Ableitung der Prüfgröße ist es erforderlich, zunächst den Grundgedanken des Likelihood-Ratio-Tests zu schildern.

11.1. Der Grundgedanke des Likelihood-Ratio-Tests

Eine Zufallsvariable X habe die von r Parametern $\Theta_1, \Theta_2, \ldots, \Theta_r$ abhängige Dichtefunktion $f_X(x; \Theta_1, \Theta_2, \ldots, \Theta_r)$. Durch eine Nullhypothese seien insgesamt k der r Parameter $(k \leq r)$ festgelegt. Ordnet man die r Parameter so, daß zunächst die k durch die Nullhypothese spezifizierten und dann die r-k nicht spezifizierten Parameter geschrieben werden, so lautet die Nullhypothese:

$$H_o: \Theta_i = \Theta_{io} \qquad i = 1, 2, \ldots, k \qquad (k \leq r)$$

Für den Fall k = r ist H_o einfach, andernfalls $(k \leq r)$ zusammengesetzt.

Bei einer einfachen Zufallsstichprobe im Umfang n lautet die Likelihood-Funktion:

$$L = L(\Theta_1, \ldots, \Theta_r | x_1, \ldots, x_n) = \prod_{i=1}^{n} f_X(x_i; \Theta_1, \ldots, \Theta_r)$$

Bezeichnet man mit $\hat{\Theta}_i (i = 1,2,...,r)$ den Maximum-Likelihood-Schätzwert für Θ_i, so gibt

$$L(\hat{\Theta}_1,\hat{\Theta}_2,...,\hat{\Theta}_r|x_1,...,x_n) = \prod_{i=1}^{n} f_X(x_i;\hat{\Theta}_1,\hat{\Theta}_2,...,\hat{\Theta}_r)$$

das Maximum der Likelihood-Funktion an. Mit $\hat{\Theta}_{io}$ $(i = k+1,...,r)$ seien die Maximum-Likelihood-Schätzwerte für $\Theta_{k+1},...,\Theta_r$ bei Gültigkeit der Nullhypothese bezeichnet. Eine Maximierung ist notwendig, wenn und soweit die Parameter nicht durch die Nullhypothese spezifiziert sind. Ist insbesondere die Nullhypothese H_o einfach, so ist kein Maximierungsprozeß notwendig. An der Stelle $(\Theta_{1o},...,\Theta_{ko},\hat{\Theta}_{(k+1)o},...,\hat{\Theta}_{ro})$ nimmt die Likelihood-Funktion L folgenden Wert an:

$$L(\Theta_{1o},...,\Theta_{ko},\hat{\Theta}_{(k+1)o},...,\hat{\Theta}_{ro}|x_1,...,x_n) =$$

$$= \prod_{i=1}^{n} f_X(x_i;\Theta_{1o},...,\Theta_{ko},\hat{\Theta}_{(k+1)o},...,\hat{\Theta}_{ro})$$

Der Quotient

$$\lambda = \frac{L(\Theta_{1o},...,\Theta_{ko},\hat{\Theta}_{(k+1)o},...,\hat{\Theta}_{ro}|x_1,...,x_n)}{L(\hat{\Theta}_1,...,\hat{\Theta}_r|x_1,...,x_n)}$$

heißt Likelihood-Quotient (Likelihood Ratio). Er ist abhängig vom Stichprobenergebnis; damit ist λ eine Ausprägung der Zufallsvariablen

$$\Lambda = \frac{L(\Theta_{1o},...,\Theta_{ko},\hat{\Theta}_{(k+1)o},...,\hat{\Theta}_{ro}|X_1,...,X_n)}{L(\hat{\Theta}_1,...,\hat{\Theta}_r|X_1,...,X_n)}$$

Der Nenner von λ ist das Maximum der Likelihood-Funktion bezüglich aller Parameter. Der Zähler ist das Maximum von L, das sich bei der Einschränkung ergibt, daß einige der Parameter durch die Nullhypothese festgelegt sind. Folglich kann der Zähler höchstens so groß werden wie der Nenner, dann nämlich, wenn die in der Nullhypothese festgelegten Werte der Parameter den Maximum-Likelihood Schätzwerten gleich sind (d.h. wenn $\Theta_{io} = \hat{\Theta}_i$, $i = 1,2,...,k$). Die Ausprägungen von Λ

können daher nur Werte zwischen 0 und 1 annehmen. Liegt λ nahe bei 1, so bedeutet dies gute Übereinstimmung zwischen der Nullhypothese und dem Stichprobenbefund; im Lichte der Stichprobe kommt der Nullhypothese ein hoher Grad an Plausibilität zu. Ist dagegen λ nahe bei 0, so zeigt dies geringe Übereinstimmung zwischen Nullhypothese und Stichprobenbefund an; die Nullhypothese ist, gemessen am Stichprobenbefund, nur wenig plausibel. Wenn man steigende Werte von λ als Indikator für steigende Plausibilität der Nullhypothese oder steigendes Vertrauen in die Nullhypothese interpretiert, kann man Λ als Prüfgröße für H_o verwenden, wobei die Nullhypothese bei kleinen Werten von Λ abgelehnt wird.

Ist die Dichtefunktion von Λ bekannt, z.B. f_Λ , so kann der kritische Wert λ_α des Tests bei einem Signifikanzniveau α bestimmt werden. Man berechnet λ_α so, daß

$$\int_o^{\lambda_\alpha} f_\Lambda(\lambda)\,d\lambda = \alpha$$

Der kritische Bereich ist dann $0 < \Lambda < \lambda_\alpha$.

Beispiele:

a) Eine Zufallsvariable X sei normalverteilt mit der Varianz σ_X^2 und dem unbekannten Erwartungswert $E(X) = \mu_X$. Die Nullhypothese $H_o: \mu_X = \mu_o$ ist dann einfach, und die Likelihoodfunktion lautet:

$$L(\mu_X|x_1,\ldots,x_n) = \frac{1}{(\sigma_X^2 2\pi)^{\frac{n}{2}}}\, e^{-\frac{\Sigma(x_i-\mu_X)^2}{2\sigma_X^2}}$$

Da $\bar{x}$ der Maximum-Likelihood-Schätzwert für μ_X ist, erhält man

$$\lambda = \frac{\dfrac{1}{(\sigma_X^2 2\pi)^{\frac{n}{2}}}\, e^{-\frac{\Sigma(x_i-\mu_o)^2}{2\sigma_X^2}}}{\dfrac{1}{(\sigma_X^2 2\pi)^{\frac{n}{2}}}\, e^{-\frac{\Sigma(x_i-\bar{x})^2}{2\sigma_X^2}}} = e^{-\frac{n(\bar{x}-\mu_o)^2}{2\sigma_X^2}}$$

Um die kritische Region festlegen zu können, müßte die Verteilung von Λ bekannt sein. Dies ist nicht der Fall; man kann jedoch die kritische Region bestimmen mit Hilfe einer funktionalen Beziehung

zwischen Λ und einer Stichprobenfunktion, deren Verteilung bekannt ist.
Die obige Gleichung für λ enthält eine Beziehung zwischen λ und $\bar{x}$, da die übrigen Größen n, μ_o und σ_X^2 bekannt sind. Zu jedem Wert von λ gibt es zwei Werte von $\bar{x}$, die die Gleichung erfüllen. Zum kritischen Wert λ_α gibt es folglich auch zwei kritische Werte von $\bar{x}$. Ferner sind steigende Werte von $|\bar{x}-\mu_o|$ mit sinkenden Werten von λ verbunden.
Denn aus $\lambda < \lambda_\alpha$ folgt

$$e^{-\frac{n(\bar{x}-\mu_o)^2}{2\sigma_X^2}} \leq \lambda_\alpha$$

$$-\frac{n(\bar{x}-\mu_o)^2}{2\sigma_X^2} \leq \ln\lambda_\alpha$$

$$(\bar{x}-\mu_o)^2 \geq -\frac{2\sigma_X^2}{n}\ln\lambda_\alpha$$

$$|\bar{x}-\mu_o| \geq \frac{\sigma_X}{\sqrt{n}}\sqrt{-2\ln\lambda_\alpha}$$

$$\text{d.h. } \bar{x} \leq \mu_o - \frac{\sigma_X}{\sqrt{n}}\sqrt{-2\ln\lambda_\alpha}$$

$$\text{oder } \bar{x} \geq \mu_o + \frac{\sigma_X}{\sqrt{n}}\sqrt{-2\ln\lambda_\alpha}$$

Folglich gilt:

$$\lambda \leq \lambda_\alpha \iff \frac{\bar{x}-\mu_o}{\sigma_X/\sqrt{n}} \leq -\sqrt{2\ln\lambda_\alpha} = z_{\alpha_1}$$

$$\text{oder } \frac{\bar{x}-\mu_o}{\sigma_X/\sqrt{n}} \geq \sqrt{-2\ln\lambda_\alpha} = z_{1-\alpha_2}$$

Da bei normalverteilter Zufallsvariabler X die Zufallsvariable Z = $= \frac{\bar{X}-\mu_o}{\sigma_X/\sqrt{n}}$ standardnormalverteilt ist, gilt $z_{\alpha_1} = z_{\frac{\alpha}{2}}$ und $z_{1-\alpha_2} = z_{1-\frac{\alpha}{2}}$.

Daher ist der Likelihood-Ratio-Test für den Erwartungswert einer normalverteilten Zufallsvariablen äquivalent dem Test des Erwartungswertes, bei dem $\bar{X}$ als Prüfgröße bei bekannter Varianz der Grundgesamtheit verwendet wird (vgl. 10.3.1.). Dieser Likelihood-Ratio-Test ist ein bester unverfälschter Test (vgl. 10.4.4.).

b) Die Nullhypothese für den Erwartungswert μ_X einer normalverteilten Zufallsvariablen X sei nun zusammengesetzt. Es sei H_o: $\mu_X = \mu_o$ bei unbekannter Varianz σ_X^2.
Die Maximum-Likelihood-Schätzwerte lauten dann:

$$\hat{\mu}_X = \bar{x}$$

$$\hat{\sigma}_X^2 = s_{X,n}^2$$

$$\hat{\sigma}_o^2 = \frac{1}{n}\Sigma(x_i-\mu_o)^2$$

Wegen

$$L(\mu_o,\hat{\sigma}_o^2|x_1,\dots,x_n) = \frac{e^{-\frac{n}{2}}}{(2\pi)^{\frac{n}{2}}\left[\frac{1}{n}\ (x_i-\mu_o)^2\right]^{\frac{n}{2}}}$$

$$L(\hat{\mu},\hat{\sigma}_X^2|x_1,\dots,x_n) = \frac{e^{-\frac{n}{2}}}{(2\pi)^{\frac{n}{2}}(s_{X,n})^n}$$

lautet der Likelihood-Quotient

$$\lambda = \frac{(s_{X,n})^n}{\left[\frac{1}{n}\Sigma(x_i-\mu_o)^2\right]^{\frac{n}{2}}} = \left[\frac{ns_{X,n}^2}{\Sigma(x_i-\mu_o)^2}\right]^{\frac{n}{2}} = \left[\frac{ns_{X,n}^2}{\Sigma(x_i-\bar{x})^2+n(\bar{x}-\mu_o)^2}\right]^{\frac{n}{2}} = \left[\frac{1}{1+\frac{(\bar{x}-\mu_o)^2}{s_{X,n}^2}}\right]^{\frac{n}{2}}$$

Nun gilt

$$\lambda \leq \lambda_\alpha \iff \lambda^{-\frac{2}{n}} \geq \lambda_\alpha^{-\frac{2}{n}}$$

Da $\lambda^{-\frac{2}{n}} = \left[\frac{1}{1+\frac{(\bar{x}-\mu_o)^2}{s_{X,n}^2}}\right]^{-1} = 1+\frac{(\bar{x}-\mu_o)^2}{s_{X,n}^2}$

folgt

$$\lambda \leq \lambda_\alpha \iff 1+\frac{(\bar{x}-\mu_o)^2}{s_{X,n}^2} \geq \lambda_\alpha^{-\frac{2}{n}} \iff$$

$$\iff \frac{(\bar{x}-\mu_o)^2}{\frac{n-1}{n}s_X^2} \geq \lambda_\alpha^{-\frac{2}{n}}-1 \iff$$

$$\iff \frac{(\bar{x}-\mu_o)^2}{s_X^2/n} \geq (n-1)(\lambda_\alpha^{-\frac{2}{n}}-1) \iff$$

$$\iff \frac{|\bar{x}-\mu_o|}{s_X/\sqrt{n}} \geq \sqrt{(n-1)(\lambda_\alpha^{-\frac{2}{n}}-1)}$$

Mithin ist dieser Likelihood-Ratio-Test äquivalent dem Test $]-\infty,t_{\frac{\alpha}{2}}]\cup$ $\cup[t_{1-\frac{\alpha}{2}},\infty[$ des Erwartungswertes, bei dem die t-verteilte Zufalls-variable $T = \frac{\bar{X}-\mu_o}{S_X/\sqrt{n}}$ als Prüfgröße verwendet wurde (vgl. 10.3.1.).

In beiden behandelten Beispielen war es nicht nötig, die Verteilung von Λ zu ermitteln, da Λ auf Zufallsvariable mit bekannter Verteilung zurückgeführt werden konnte. Allgemein wird dieses Vorgehen jedoch nicht möglich sein. Das Auffinden der Verteilung von Λ ist das schwierigste Problem beim Likelihood-Ratio-Test. Glücklicherweise gibt es für große Stichproben eine gute Näherung für die Verteilung von Λ.

Theorem
Die Zufallsvariable $-2\ln\Lambda$ hat eine Verteilung, die sich mit steigendem Stichprobenumfang einer χ^2-Verteilung annähert, wobei die Zahl der Freiheitsgrade gleich der Anzahl der durch die Nullhypothese spezifizierten Parameter ist. (Zum Beweis dieses Theorems vgl. WILKS, S. 419 ff.)

Da kleine Werte von Λ verbunden sind mit großen Werten von $-2\ln\Lambda$, besteht die kritische Region eines Tests bei Verwendung der Prüfgröße $-2\ln\lambda$ aus großen Werten dieser Variablen. Ist λ_α der kritische Wert bei Verwendung der Prüfgröße Λ, so ist $\chi^2_{1-\alpha}$ der kritische Wert bei Verwendung der Prüfgröße $-2\ln\lambda$, da gilt $P(-2\ln\Lambda > \chi^2_{1-\alpha}) = \alpha$.

Die Zahl der Freiheitsgrade im vorstehenden Beispiel (a) ist $\nu = 1$, da die Nullhypothese genau einen Parameter spezifiziert. Ferner ist dort

$$-2\ln\Lambda = \frac{n}{\sigma_X^2}(\bar{X}-\mu_o)^2$$

Die kritische Region besteht daher aus den Ausprägungen $\bar{x}$ mit:

$$\frac{n}{\sigma_X^2}(\bar{x}-\mu_o)^2 > \chi^2_{1-\alpha}$$

Dies ist dieselbe kritische Region, die man auch bei Verwendung des exakten Likelihood-Ratio-Tests erhält, denn die Prüfgröße $\frac{n}{\sigma_X^2}(\bar{X}-\mu_o)^2$ ist als Quadrat der Standardnormalveriablen

$$Z = \frac{\bar{X}-\mu_o}{\sigma_X}\sqrt{n} \quad \chi^2\text{-verteilt (vgl. Beispiel (a)).}$$

Im nächsten Abschnitt wird die Zufallsvariable $-2\ln\Lambda$ als Prüfgröße zum Test der Übereinstimmung von theoretischen und empirischen Häufigkeiten angewendet werden.

11.2. Der Anpassungstest

Im Mittelpunkt des Anpassungstests steht eine Hypothese über das unbekannte Verteilungsgesetz einer Zufallsvariablen X:

$$H_o\colon f_X(x) = f_o(x) \qquad \text{für alle } x \in \mathbb{R}$$

$$H_a\colon f_X(x) \neq f_o(x) \qquad \text{für mindestens ein } x \in \mathbb{R}$$

Zur Überprüfung dieser Hypothese steht eine einfache Zufallsstichprobe im Umfang n zur Verfügung, aus welcher die empirische Häufigkeitsfunktion gewonnen wird. Unter der Annahme, die Nullhypothese sei richtig, wird die theoretische Häufigkeitsfunktion berechnet. Durch Gegenüberstellung beider Funktionen wird geprüft, ob sich die empirische Verteilung ausreichend genau durch das in der Nullhypothese spezifizierte Verteilungsgesetz anpassen läßt. In dieser Weise ist die Bezeichnung Anpassungstest zu verstehen. Bei Durchführung des Tests ist zweckmäßigerweise danach zu unterscheiden, ob die Nullhypothese einfach oder zusammengesetzt ist.

11.2.1. Der Anpassungstest bei einfacher Nullhypothese

Bei der Bildung der empirischen Häufigkeitsfunktion zu einer Stichprobe im Umfang n wird von r Klassen ($r < n$) ausgegangen, wobei die Klassengrenzen so zu wählen sind, daß jede mögliche Ausprägung der Zufallsvariablen X genau in eine Klasse fällt (eine für praktische Bedürfnisse geeignete Festlegung der Klassenzahl wird in 11.2.3. diskutiert). Ist die Zufallsvariable X stetig, so fallen in die i-te Klasse alle Ausprägungen $x_i^u \leq x < x_i^o$, wobei x_i^u und x_i^o die untere bzw. obere Klassengrenze ist. Bei diskreten Zufallsvariablen ist es zulässig, daß eine Klasse nur eine mögliche Ausprägung umfaßt. Die Zahl der Beobachtungen in der i-ten Klasse wird mit n_i bezeichnet ($i = 1,2,\dots,r$; $\sum_{i=1}^{r} n_i = n$).

Zur Erklärung der empirischen Häufigkeiten $n_1,\dots,n_r$ dient das folgende Ziehungsmodell: Folgt die Grundgesamtheit X einer bekannten Verteilung f_X, so lassen sich die Wahrscheinlichkeiten dafür bestimmen, daß ein gezogenes Element in die i-te Klasse fällt. Diese Wahrscheinlichkeiten seien mit

$$P(x_i^u \leq X < x_i^o) = \Pi_i \qquad i = 1,2,\dots,r$$

bezeichnet. Wird eine einfache Zufallsstichprobe im Umfang n gezogen, so sind die festgestellten Häufigkeiten $n_1,n_2,\dots,n_r$ Ausprägungen von r Zufallsvariablen $N_1,N_2,\dots,N_r$, wobei N_i als "Zahl der Elemente in der i-ten Klasse bei n Ziehungen" zu definieren ist. Die Wahrscheinlichkeit dafür, daß N_1 die Ausprägung n_1 und N_2 die Ausprägung n_2... und N_r die Ausprägung n_r annimmt, ist gegeben durch die Multinominalverteilung (vgl. 7.1.3.8.):

$$P(N_1 = n_1,\dots,N_r = n_r; n,\Pi_1,\dots,\Pi_r) =$$

$$\frac{n!}{n_1!n_2!\dots n_r!}\,\Pi_1^{n_1}\,\Pi_2^{n_2}\dots\Pi_r^{n_r} = \frac{n!}{n_1!n_2!\dots n_r!}\prod_{i=1}^{r}\Pi_i^{n_i}$$

Die erwarteten Häufigkeiten in der i-ten Klasse sind

$$E(N_i) = n\Pi_i \qquad \text{(vgl. 7.1.3.8.)}$$

Die theoretischen (hypothetischen) Häufigkeiten werden nun wie folgt berechnet: Aus der Verteilungshypothese H_o: $f_X(x) = f_o(x)$ ermittelt man die Anteilswerte Π_{io} der einzelnen Klassen. Damit läßt sich H_o als Nullhypothese bezüglich der Anteilswerte formulieren:

$$H_o\colon \Pi_i = \Pi_{io} \qquad (i = 1,2,\dots,r; \Sigma\Pi_{io} = 1)$$

Ist die Verteilungshypothese einfach, so sind die Anteilswerte Π_{io} eindeutig bestimmt. Behauptet die Nullhypothese beispielsweise, eine Zufallsvariable X sei normalverteilt mit $\mu_X = \mu_o$ und $\sigma_X^2 = \sigma_o^2$, so lassen sich die Wahrscheinlichkeiten $\Pi_i = \Pi_{io}$ sofort bestimmen. Die Nullhypothese bezüglich der Anteilswerte Π_i besagt, daß die n Beobachtungen einer einfachen Zufallsstichprobe aus einer Multinominalverteilung mit den Parametern Π_{io} $(i = 1,2,\ldots,r)$ stammen. Die erwarteten Häufigkeiten in einer Stichprobe sind dann

$$E(N_i) = e_i = n\Pi_{io}$$

Beispiel:

Gegeben sei die folgende Häufigkeitsverteilung:

Merkmalsklasse x_i^u bis unter x_i^o	Häufigkeit n_i
3 bis unter 6	6
6 bis unter 8	8
8 bis unter 10	13
10 bis unter 12	15
12 bis unter 15	8
	50

Es wird behauptet, diese Beobachtungen stammen aus einer normalverteilten Grundgesamtheit mit dem Erwartungswert $\mu_X = \mu_o = 9$ und der Varianz $\sigma^2 = \sigma_o^2 = 9$, d.h. es sei

H_o: $f_X(x) = f_o(x) = f_N(x;9;9)$

Aufgrund dieser Behauptung lassen sich die Wahrscheinlichkeiten $\Pi_{io} = P(x_i^u \leq X < x_i^o)$ aus der Tabelle für die Standardnormalverteilung ablesen. Da die Merkmalsklassen die Grundgesamtheit nicht vollständig überdecken, sind offene Flügelklassen $]-\infty,3[$ und $[15,\infty[$ zu bilden, deren Anteilswerte dann den ursprünglichen Randklassen $[3,6[$ bzw. $[12,15[$ zugeschlagen werden. Wir erhalten:

H_o: $\Pi_{1o} = 0{,}1587$, $\Pi_{2o} = 0{,}2107$, $\Pi_{3o} = 0{,}2612$

$\Pi_{4o} = 0{,}2107$, $\Pi_{5o} = 0{,}1587$, $\Sigma\Pi_{io} = 1$

Die Berechnung der Wahrscheinlichkeiten Π_{io} und der theoretischen Häufigkeiten $e_i = n\Pi_{io}$ ist in der folgenden Tabelle zusammengestellt. Anschließend erfolgt ein grafischer Vergleich der theoretischen und empirischen Häufigkeitsverteilung.

Merkmalsklasse x_i^u bis unter x_i^o	Häufigkeiten n_i	$n_i' = \frac{n_i}{n}$	$F_N(x_i^o)$	$F_N(x_i^o) - F_N(x_{i-1}^o) = \Pi_{io}$	$e_i = n\Pi_{io}$
unter 3			0,0228		
3 bis unter 6	6	0,12	0,1587	0,1587	7,933
6 bis unter 8	8	0,16	0,3694	0,2107	10,539
8 bis unter 10	13	0,26	0,6306	0,2612	13,060
10 bis unter 12	15	0,30	0,8413	0,2107	10,539
12 bis unter 15	8	0,16	0,9772	0,1587	7,933
15 und mehr			1,0000		
	50	1,00		1,0000	50,000

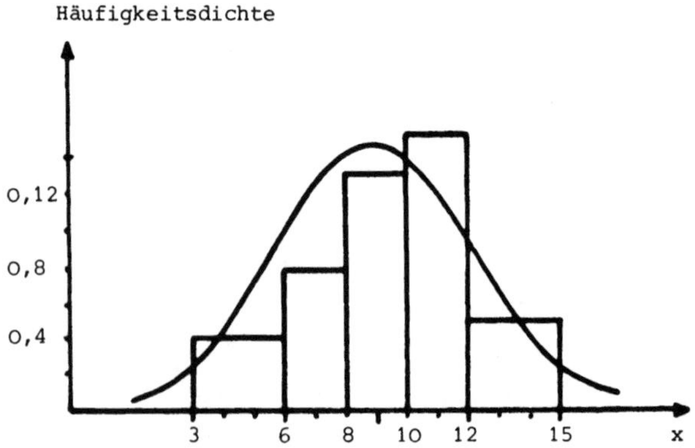

Nachdem nun die Verteilungshypothese als Hypothese über die Anteilswerte Π_i formuliert wurde, wird geprüft, ob die beobachteten Häufigkeiten aus einer Multinominalverteilung mit den Parametern $\Pi_i = \Pi_{io}$ $(i = 1,2,\ldots,r)$ stammen können.

Die Likelihood-Funktion der Multinominalverteilung lautet:

$$L(\Pi_1,\ldots,\Pi_r | x_1,\ldots,x_n) = \Pi_1^{n_1} \cdot \Pi_2^{n_2} \cdot\ldots\cdot \Pi_r^{n_r} = \prod_{i=1}^{r} \Pi_i^{n_i}$$

Der Maximum-Likelihood-Schätzwert für Π_i ist $\hat{\Pi}_i = \frac{n_i}{n} = p_i$ $(i = 1,2,\ldots,r$; vgl. Aufgabe 9.4.). Somit lautet der Likelihood-Quotient:

$$\lambda = \frac{L(\Pi_{1o},\ldots,\Pi_{ro}|x_1,\ldots,x_n)}{L(\hat{\Pi}_1,\ldots,\hat{\Pi}_r|x_1,\ldots,x_n)} = \frac{\Pi_{1o}^{n_1}\Pi_{2o}^{n_2}\cdot\ldots\cdot\Pi_{ro}^{n_r}}{p_1^{n_1}p_2^{n_2}\cdot\ldots\cdot p_r^{n_r}} =$$

$$= \left(\frac{\Pi_{1o}}{p_1}\right)^{n_1}\left(\frac{\Pi_{2o}}{p_2}\right)^{n_2}\cdot\ldots\cdot\left(\frac{\Pi_{ro}}{p_r}\right)^{n_r} = \prod_{i=1}^{r}\left(\frac{e_i}{n_i}\right)^{n_i}$$

Für die Ausprägung der Prüfgröße $-2\ln\Pi$ erhält man:

$$-2\ln\lambda = -2\ln\prod_{i=1}^{r}\left(\frac{e_i}{n_i}\right)^{n_i} = -2\sum_{i=1}^{r} n_i \ln\frac{e_i}{n_i} = 2\sum_{i=1}^{r} n_i \ln\frac{n_i}{e_i}$$

Nach dem Theorem in 11.1. ist also die Prüfgröße $-2\ln\Lambda = 2\Sigma N_i \ln\frac{N_i}{e_i}$ für große Stichprobenumfänge n asymptotisch χ^2-verteilt mit $\nu = r-1$ Freiheitsgraden.

Beispiel:

Für die Werte des vorangehenden Beispiels erhält man als Ergebnis:

Merkmalsklasse x_i^u bis unter x_i^o	Häufigkeiten n_i	theoretische Häufigkeiten e_i	$\frac{n_i}{e_i}$	$\ln\frac{n_i}{e_i}$	$n_i \ln\frac{n_i}{e_i}$
unter 6	6	7,93276	0,75636	-0,27924	-1,67545
6 bis unter 8	8	10,53931	0,75906	-0,27567	-2,20536
8 bis unter 10	13	13,05586	0,99572	-0,00429	-0,05574
10 bis unter 12	15	10,53931	1,42324	0,35294	5,29408
12 und mehr	8	7,93276	1,00848	0,00844	0,06752
					1,42504

Bei einem Signifikanzniveau von $\alpha = 0{,}05$ und $\nu = r-1 = 4$ Freiheitsgraden ist $\chi^2_{0,95;4} = 9{,}488$; da der ermittelte Wert $2\Sigma n_i \ln\frac{n_i}{e_i} \doteq 2{,}85$ beträgt, kann die Nullhypothese nicht abgelehnt werden.

Für die praktische Anwendung wird jedoch zumeist nicht die Prüfgröße $-2\Sigma N_i \ln\frac{e_i}{N_i}$ verwendet, sondern die Prüfgröße

$$X^2 = \sum_{i=1}^{r} \frac{(N_i - e_i)^2}{e_i}$$

Die Zufallsvariable X^2 wurde historisch bereits vor der aus dem Likelihood-Ratio-Test entwickelten Zufallsvariablen $-2\ln\Lambda = 2\Sigma N_i \ln\frac{N_i}{e_i}$ angewendet. Man sieht, daß X^2 einen Vergleich der empirischen und theoretischen Häufigkeiten beinhaltet. Der Wert von X^2 ist umso größer, je stärker die theoretischen und empirischen Häufigkeiten voneinander abweichen, d.h. je weniger plausibel die Nullhypothese erscheint, daß die Beobachtungen aus einer Multinominalverteilung mit den Parametern $\Pi_i = \Pi_{io}$ stammen.

Um zu zeigen, daß sich X^2 für $n \to \infty$ einer χ^2-Verteilung mit $\nu = r-1$ Freiheitsgraden annähert, soll zunächst bewiesen werden, daß die Wahrscheinlichkeit der Multinominalverteilung

$$P(n_1,\ldots,n_1;\Pi_1,\ldots,\Pi_r) = \frac{n!}{n_1!n_2!\ldots n_r!} \prod_{i=1}^{r} \Pi_i^{n_i}$$

auch mit Hilfe von r voneinander unabhängigen poissonverteilten Zufallsvariablen berechnet werden kann.

Beweis:

Es seien $N_1,\ldots,N_r$ voneinander unabhängige poissonverteilte Zufallsvariable mit den Parametern $\mu_1,\ldots,\mu_r$. Dann ist die Wahrscheinlichkeit, daß $N_1 = n_1$, $N_2 = n_2,\ldots,$ $N_r = n_r$ gegeben durch:

$$P(N_1 = n_1,\ldots,N_r = n_r;\Pi_1,\ldots,\Pi_r) = e^{-\mu_1}\frac{\mu_1^{n_1}}{n_1!}\ldots e^{-\mu_r}\frac{\mu_r^{n_r}}{n_r!} = e^{-\Sigma\mu_i}\prod_{i=1}^{r}\frac{\mu_i^{n_i}}{n_i!}$$

Es ist hier jedoch die Wahrscheinlichkeit für $N_i = n_i$ $(i = 1,2,\ldots,r)$ unter der Bedingung $\Sigma N_i = n$ gesucht, also

$$P(N_1 = n_1,\ldots,N_r = n_r;\Pi_1,\ldots,\Pi_r|\Sigma N_i = n) =$$

$$\frac{P((N_1 = n_1,\ldots,N_r = n_r;\Pi_1,\ldots,\Pi_r) \cap (\Sigma N_i = n))}{P(\Sigma N_i = n)}$$

Da der Zähler mit der voranstehenden Formel zu berechnen ist, bleibt noch die Wahrscheinlichkeit $P(\Sigma N_i = n)$ zu bestimmen. Mit Hilfe der momenterzeugenden Funktion (vgl. Aufgabe 5.11.) läßt sich leicht zeigen, daß die Summe von r unabhängigen poissonverteilten Zufallsvariablen ebenfalls poissonverteilt ist mit dem Parameter $\mu = \Sigma\mu_i$. Daher ist

$$P(\Sigma N_i = n) = e^{-\mu} \frac{\mu^n}{n!} = e^{-\Sigma\mu_i} \frac{(\Sigma\mu_i)^n}{n!}$$

und es wird

$$P(N_1 = n_1, \ldots N_r = n_r; \Pi_1, \ldots, \Pi_r | \Sigma N_i = n) = \frac{e^{-\Sigma\mu_i} \prod_{i=1}^{r} \frac{\mu_i^{n_i}}{n_i!}}{e^{-\Sigma\mu_i} \frac{(\Sigma\mu_i)^n}{n!}} = \frac{n! \prod_{i=1}^{r} \frac{\mu_i^{n_i}}{n_i!}}{(\Sigma\mu_i)^n}$$

Setzt man nun

$$\mu_i = n\Pi_i$$

so wird

$$P(N_1 = n_1, \ldots, N_r = n_r; \Pi_1, \ldots, \Pi_r | \Sigma N_i = n) = \frac{n!}{n_1! \ldots n_r!} \frac{\prod_{i=1}^{n} \mu_i^{n_i}}{n^n} =$$

$$= \frac{n!}{n_1! \ldots n_r!} \prod_{i=1}^{r} \left(\frac{\mu_i}{n}\right)^{n_i} = \frac{n!}{n_1! \ldots n_r!} \prod_{i=1}^{r} \Pi_i^{n_i}$$

Damit ist gezeigt, daß die Multinominalverteilung sich durch r unabhängige poissonverteilte Zufallsvariable $N_1, \ldots, N_r$ darstellen läßt, die nur durch die Nebenbedingung $\Sigma\, n\Pi_i = n$ miteinander verbunden sind. Mit steigendem Stichprobenumfang können die Zufallsvariablen N_i durch Normalverteilungen approximiert werden, d.h. die Variablen

$$Z_i = \frac{N_i - E(N_i)}{\sigma_{N_i}} = \frac{N_i - n\Pi_i}{\sqrt{n\Pi_i}}$$

sind asymptotisch standardnormalverteilt. Dann ist aber die Zufallsvariable

$$X^2 = \sum_{i=1}^{r} \frac{(N_i - n\Pi_i)^2}{n\Pi_i}$$

asymptotisch χ^2-verteilt. Wegen der Restriktion $\Sigma n\Pi_i = n$ vermindert sich die Zahl der Freiheitsgrade um 1 und es ist $\nu = r-1$.

Die folgenden Ausführungen sollen zeigen, wie sich die Zufallsvariable X^2 von der Variablen $-2\ln\Lambda$ unterscheidet. Für jede Ausprägung λ von Λ gilt:

$$-2\ln\lambda = 2\Sigma n_i \ln\frac{n_i}{e_i} = 2\Sigma n_i \ln(1 + \frac{n_i - e_i}{e_i})$$

Nun kann ein Ausdruck der Form ln(1+x) durch folgende Reihenentwicklung dargestellt werden:

$$\ln(1+x) = x - \frac{x^2}{2} + \frac{x^3}{3} - \frac{x^4}{4} + \frac{x^5}{5} - \ldots \qquad (-1 < x < 1)$$

Voraussetzung für deren Anwendung ist allerdings $-1 < x < 1$. Setzt man $x = \frac{n_i - e_i}{e_i}$, so kann dieser Ausdruck jedoch beliebig große Werte annehmen, da ja für hinreichend große n $Z_i = \frac{N_i - e_i}{\sqrt{e_i}} = \frac{N_i - n\Pi_i}{\sqrt{n\Pi_i}}$ annähernd standardnormalverteilt ist. Ist aber n hinreichend groß, etwa $n\Pi_i \geq 5$, so ist die Wahrscheinlichkeit $P(|\frac{N_i - n\Pi_i}{n\Pi_i}| \geq 1)$ sehr gering. Für $n\Pi_i = 5$ gilt nämlich $P(|\frac{N_i - n\Pi_i}{\sqrt{n\Pi_i}}| \geq 1) = P(|\frac{N_i - n\Pi_i}{\sqrt{n\Pi_i}}| \geq \sqrt{n\Pi_i}) = P(|\frac{N_i - n\Pi_i}{\sqrt{n\Pi_i}}| \geq \sqrt{5}) =$ $= 0{,}025$. Vernachlässigt man die seltenen Ereignisse mit $\frac{n_i - n\Pi_i}{n\Pi_i} \geq 1$, so kann $\ln(1 + \frac{n_i - e_i}{e_i})$ durch die oben genannte Reihenentwicklung approximiert werden:

$$-2\ln\lambda = 2\Sigma n_i \ln(1 + \frac{n_i - e_i}{e_i}) = 2\Sigma \left[(n_i - e_i) + e_i \right] \ln(1 + \frac{n_i - e_i}{e_i}) =$$

$$2\Sigma \left[(n_i - e_i) + e_i \right] \left[\frac{n_i - e_i}{e_i} - \frac{1}{2}(\frac{n_i - e_i}{e_i})^2 + \frac{1}{3}(\frac{n_i - e_i}{e_i})^3 - \frac{1}{4}(\frac{n_i - e_i}{e_i})^4 + \ldots \right] =$$

$$2\Sigma \left[\frac{(n_i - e_i)^2}{e_i} + (n_i - e_i) - \frac{1}{2}\frac{(n_i - e_i)^3}{e_i^2} - \frac{1}{2}\frac{(n_i - e_i)^2}{e_i} + \frac{1}{3}\frac{(n_i - e_i)^4}{e_i^3} + \right.$$

$$\left. + \frac{1}{3}\frac{(n_i - e_i)^3}{e_i^2} - \frac{1}{4}\frac{(n_i - e_i)^5}{e_i^4} - \frac{1}{4}\frac{(n_i - e_i)^4}{e_i^3} + \ldots \right] =$$

$$2\Sigma \left[\frac{1}{2}\frac{(n_i - e_i)^2}{e_i} + (n_i - e_i) - \frac{1}{2 \cdot 3}\frac{(n_i - e_i)^3}{e_i^2} + \frac{1}{3 \cdot 4}\frac{(n_i - e_i)^4}{e_i^3} - \right.$$

$$\left. - \frac{1}{4 \cdot 5}\frac{(n_i - e_i)^5}{e_i^4} + \ldots \right] =$$

$$\Sigma\frac{(n_i - e_i)^2}{e_i} + 2\Sigma(n_i - e_i) + 2\Sigma \left[-\frac{1}{2 \cdot 3}(\frac{n_i - e_i}{\sqrt{e_i}})^3 \cdot \frac{1}{\sqrt{e_i}} + \right.$$

$$\left. + \frac{1}{3 \cdot 4}(\frac{n_i - e_i}{\sqrt{e_i}})^4 \frac{1}{e_i} - \frac{1}{4 \cdot 5}(\frac{n_i - e_i}{\sqrt{e_i}})^5 \frac{1}{e_i^{\frac{3}{2}}} + \ldots \right]$$

Schreibt man b für den letzten Summanden und berücksichtigt ferner, daß $\Sigma(n_i-e_i) = 0$, so erhält man

$$-2\ln\lambda = \Sigma\frac{(n_i-e_i)^2}{e_i} + b = \chi^2+b$$

wobei χ^2 eine Ausprägung der Zufallsvariablen X^2 ist.

Da die einzelnen Summanden von b mit steigendem Stichprobenumfang nach Null gehen, nähern sich die beiden Ausprägungen $-2\ln\lambda$ und χ^2 immer mehr an. Man sieht leicht ein, daß der Anpassungstest im Fall r = 2 identisch ist mit dem in 10.3.2. behandelten Test des Anteilswertes für große Stichproben. Es gilt dann nämlich:

$$X^2 = \sum_{i=1}^{2}\frac{(N_i-n\Pi_{io})^2}{n\Pi_{io}} = \frac{(N_1-n\Pi_{1o})^2}{n\Pi_{1o}} + \frac{(N_2-n\Pi_{2o})^2}{n\Pi_{2o}} =$$

$$= \frac{(N_1-n\Pi_{1o})^2(1-\Pi_{1o}) + [(n-N_1-n(1-\Pi_{1o})]^2\Pi_{1o}}{n\Pi_{1o}(1-\Pi_{1o})} =$$

$$= \frac{(N_1-n\Pi_{1o})^2 - (N_1-n\Pi_{1o})^2\Pi_{1o} + (N_1-n\Pi_{1o})^2\Pi_{1o}}{n\Pi_{1o}(1-\Pi_{1o})} =$$

$$= \frac{(N_1-n\Pi_{1o})^2}{n\Pi_{1o}(1-\Pi_{1o})} = \left(\frac{\frac{N_1}{n} - \Pi_{1o}}{\sqrt{\frac{\Pi_{1o}(1-\Pi_{1o})}{n}}}\right)^2$$

Die letzte Umformung ist das Quadrat der asymptotisch normalverteilten Zufallsvariablen
$f_N(\frac{N_1}{n};\Pi_{1o}, \frac{\Pi_{1o}(1-\Pi_{1o})}{n})$, die auch in 10.3.2. als Prüfgröße für den Anteilswert der Grundgesamtheit verwendet wurde.

Beispiele:

a) Ein Automobilhersteller bringt die vier folgenden Modelle auf den Markt:

x_1 =: "Jedermann" x_3 =: "Kombi"

x_2 =: "Export" x_4 =: "Hauch der großen Welt"

Ausgedehnte Marktstudien haben ergeben, daß die vier Modelle im Verhältnis $x_1:x_2:x_3:x_4 = 9:3:3:1$ abgesetzt werden. Dementsprechend wird die Lagerproduktion bemessen. Die ersten Verkaufszahlen für die vier Modelle lauten wie folgt:

Modell	Verkäufe n_i
x_1	315
x_2	101
x_3	108
x_4	32
	556

Bei einer Irrtumswahrscheinlichkeit von $\alpha = 0{,}05$ ist die Behauptung zu prüfen, es sei $x_1:x_2:x_3:x_4 = 9:3:3:1$.
Die Nullhypothese lautet:

$$H_o:\ \Pi_{1o} = \frac{9}{16},\ \Pi_{2o} = \frac{3}{16},\ \Pi_{3o} = \frac{3}{16},\ \Pi_{4o} = \frac{1}{16}$$

Modell	empirische Häufigkeit n_i	Anteilswert Π_{io}	theoret. Häufigk. $n\Pi_{io}=e_i$	$\frac{n_i}{e_i}$	$\ln\frac{n_i}{e_i}$	$n_i\ln\frac{n_i}{e_i}$	$\frac{(n_i-e_i)^2}{e_i}$
x_1	315	9/16	312,75	1,007194	0,00717	2,25807	0,01619
x_2	101	3/16	104,25	0,968825	-0,03167	-3,19881	0,10132
x_3	108	3/16	104,25	1,035971	0,03534	3,81665	0,13489
x_4	32	1/16	34,75	0,920863	-0,08244	-2,63820	0,21763
	556		556,00			0,23772	0,47002

Man erhält den Wert $\chi^2 = 0{,}47$ bzw. $-2\ln\lambda = 2\Sigma n_i \ln\frac{n_i}{e_i} = 0{,}475$. Bei $\alpha = 0{,}05$ und $\nu = r-1 = 3$ Freiheitsgraden ist $\chi^2_{0,95;3} = 7{,}82$. Die Nullhypothese steht somit nicht im Widerspruch zum empirischen Befund.

b) Im früheren Beispiel der Anpassung einer empirischen Verteilung durch eine Normalverteilung ergeben sich folgende Wert für $-2\ln\lambda$ und χ^2:

Merkmalsklasse x_i^u - unter x_i^o	empirische Häufigkeiten n_i	theoretische Häufigkeiten e_i	$n_i\ln\frac{n_i}{e_i}$	$\frac{(n_i-e_i)^2}{e_i}$
unter 6	6	7,933	-1,67545	0,47090
6 - unter 8	8	10,539	-2,20536	0,61181
8 - unter 10	13	13,056	-0,05574	0,00024
10 - unter 12	15	10,539	5,29408	1,88796
12 und mehr	8	7,933	0,06752	0,00057
	50	50,000	1,42504	2,97148

Es ist also $2\,\Sigma\, n_i \ln\frac{n_i}{e_i} = 2{,}85$ und $\chi^2 = 2{,}97$.

11.2.2. Der Anpassungstest bei zusammengesetzer Nullhypothese

Der Fall einer vollständig spezifizierten hypothetischen Verteilung ist sehr selten. Zumeist begegnet man Anwendungen, in denen die hypothetische Verteilung eine Reihe von Parametern besitzt, über die mit Ausnahme der Stichprobenbefunde keine Information vorliegt. Die zu testende Hypothese lautet nun, daß die Stichprobe aus einer Grundgesamtheit mit dem durch die Hypothese spezifizierten Verteilungsgesetz stammt, wobei einige der Parameter Θ_i unbekannt sind. Es handelt sich also um eine zusammengesetzte Nullhypothese.

Nun stellt sich das Problem, daß die Anteilswerte Π_{io} der Nullhypothese

$$H_o: \Pi_i = \Pi_{io} \qquad i = 1,2,\ldots,r$$

nicht mehr aus der Verteilungshypothese bestimmt werden können. Lautet die Verteilungshypothese beispielsweise, eine Zufallsvariable X sei normalverteilt, mit unbekanntem Erwartungswert und unbekannter Varianz, so können die Anteilswerte Π_{io} nicht spezifiziert werden.

Sind die Parameter $\Theta_i,\ldots,\Theta_u$ bekannt, so lautet die Prüfgröße

$$X^2 = \Sigma\frac{[N_i - n\Pi_{io}(\Theta_1,\ldots,\Theta_u)]^2}{n\Pi_i(\Theta_1,\ldots,\Theta_u)}$$

Müssen jedoch in dieser Beziehung die Parameter Θ_i durch Schätzwerte ersetzt werden, sind die Anteilswerte Π_{io} keine Konstanten mehr, sondern Funktionen der Stichprobenergebnisse und damit Zufallsvariable. Es ist daher nicht mehr zulässig, das Theorem über die Verteilung von $-2\ln\Lambda$ bzw. X^2 bei großen Stichproben anzuwenden.

Die Verteilung von X^2 wird im allgemeinen davon abhängen, welche Schätzmethode zur Bestimmung der Schätzwerte für die unbekannten Parameter Θ_i verwendet wird. Zieht man eine

Schätzmethode heran, die asymptotisch normalverteilte und asymptotisch effiziente Schätzfunktionen liefert, wie z.B. die Maximum-Likelihood-Methode, so gestaltet sich die Verteilung X^2 bei großen Stichproben besonders einfach: Die Verteilung der Zufallsvariablen X^2 nähert sich für $n \to \infty$ einer χ^2-Verteilung, wobei sich die Zahl der Freiheitsgrade für jeden aus der Stichprobe zu schätzenden Parameter um 1 vermindert. Sind insgesamt k Parameter unbekannt, so hat X^2 eine Verteilung mit $\nu = r-k-1$ Freiheitsgraden. (Zur genauen Formulierung und zum Beweis dieses Theorems vgl. CRAMÉR, S. 427 ff.)

Vor der Darstellung weiterer Beispiele sollen zunächst einige praktische Probleme des Anpassungstests behandelt werden.

11.2.3. Einige praktische Probleme des Anpassungstests

Bisher wurden noch keine Ausführungen zur Frage der Klassenbildung und zur Frage der minimalen Klassenhäufigkeiten gemacht. Das Problem der Klassenbildung entsteht im allgemeinen nicht bei diskreten Variablen. Dort stellt sich nur bisweilen das Problem der Zusammenfassung von Merkmalsausprägungen, weil die betrachtete Verteilung unendlich viele Werte annehmen kann (z.B. die Poissonverteilung) oder weil die erwarteten Häufigkeiten einiger Ausprägungen zu gering sind, um die asymptotische Verteilung von X^2 anwenden zu können. Somit beschränkt sich das Problem der Klassenbildung vorwiegend auf Stichproben aus stetigen Grundgesamtheiten. Die seitherigen Ableitungen erfolgten unter der Voraussetzung, daß die Klassen beliebig festgelegt und dem Test vorgegeben werden. Üblicherweise erfolgt jedoch die Klassenbildung unter dem Eindruck, den die empirische Häufigkeitsverteilung vermittelt. Die Wahl der Klassen ist demnach ebenfalls einem Zufallsprozeß unterworfen, der die bisher dargestellte Theorie und deren Ergebnisse beeinflussen kann. Da wir hier jedoch nur große Stichproben betrachten, kann der Einfluß von Zufallsvariationen der Klassengrenzen auf die asymptotische Verteilung von X^2 vernachlässigt werden. Damit bleibt noch zu fragen, wie die Klassen festzulegen sind. Für dieses Problem gibt es keine eindeutige Lösung. Zwei mögliche Lösungswege sollen hier aufgezeigt werden.

a) In der Praxis bildet man zumeist Klassen gleicher Breite, mit Ausnahme der beiden Flügelklassen, die sehr häufig eine unendliche Spannweite haben. Die Bestimmung der Klassengrenzen mit Hilfe der Stichprobenparameter $\bar{x}$ und $s_{X,n}$ geschieht beispielsweise bei 10 Klassen wie folgt:

$$]-\infty,\bar{x}-2s_{X,n}[,\ [\bar{x}-2s_{X,n},\bar{x}-1,5s_{X,n}[,\ [\bar{x}-1,5s_{X,n},\bar{x}-s_{X,n}[,$$

$$[\bar{x}-s_{X,n},\bar{x}-0,5s_{X,n}[,\ [\bar{x}-0,5s_{X,n},\bar{x}[,[\bar{x},\bar{x}+0,5s_{X,n}[,\ [\bar{x}+0,5s_{X,n},$$

$$\bar{x}+s_{X,n}[,\ [\bar{x}+s_{X,n},\bar{x}+1,5s_{X,n}[,\ [\bar{x}+1,5s_{X,n},\bar{x}+2s_{X,n}[,[\bar{x}+2s_{X,n},\infty[$$

Die Anzahl der zu bildenden Klassen hängt vom Stichprobenumfang ab. Allgemein gilt, daß mit steigendem Stichprobenumfang eine feinere Klasseneinteilung gewählt werden kann. Darüber hinaus werden in der Literatur nur Faustregeln angegeben. Damit aber die Standardnormalverteilung als Näherung für die Verteilung der Zufallsvariablen $\frac{N_i-n\Pi_{io}}{n\Pi_{io}}$ verwendet werden kann, müssen die theoretischen Häufigkeiten $n\Pi_{io}$ hinreichend groß sein; als Faustregel verwendet man $n\Pi_{io} \geq 5$. Ist diese Bedingung bei einer gegebenen Klasseneinteilung nicht erfüllt, so müssen benachbarte Klassen zusammengefaßt werden. Zumeist tritt das Problem einer zu geringen Klassenbesetzung in den Flügelklassen auf.

b) Als zweite Möglichkeit wird in der Literatur die Methode gleicher Wahrscheinlichkeiten diskutiert. Die Klassengrenzen werden so festgelegt, daß die erwarteten Häufigkeiten für alle Klassen gleich groß sind. Bei gegebener Klassenzahl sind die Klassengrenzen durch dieses Kriterium eindeutig bestimmt. Zur Bestimmung der Klassenzahl r kann man die Formel

$$r = 4\left[\frac{2(n-1)^2}{z_{1-\alpha}^2}\right]^{\frac{1}{5}}$$

verwenden, wobei α das Signifikanzniveau des Tests ist. Die Methode gleicher Wahrscheinlichkeiten führt etwa ab $n \geq 200$ zu theoretischen Häufigkeiten $n\Pi_{io} \geq 5$. Bei geringeren Stichprobenumfängen treten also erwartete Klassenbesetzungen unter 5 auf. Die Methode gleicher Wahrscheinlichkeiten wurde vorgeschlagen, um die Güte des Tests zu maximieren. Zur weiteren Diskussion dieser Methode vgl. beispielsweise COCHRAN, S. 328 ff. oder KENDALL und STUART, Band II, S. 454 ff.

Beispiele:

a) Bei insgesamt 53.680 Familien mit 8 Kindern wurde die Aufteilung der Kinder auf Mädchen und Knaben untersucht. Es ergab sich folgende Häufigkeitsverteilung:

Anzahl der Knaben je Familie x_i	Anzahl der Familien mit x_i Knaben n_i
0	215
1	1.485
2	5.331
3	10.649
4	14.959
5	11.929
6	6.678
7	2.092
8	342
	53.680

Bei einem Signifikanzniveau von $\alpha = 0{,}05$ ist zu prüfen, ob die Anzahl der Knaben je Familie binomialverteilt ist.

Die Binomialverteilung $f_B(x;n,\Pi)$ enthält den unbekannten Parameter Π, der zu schätzen ist, bevor man die theoretischen Häufigkeiten $e_i = n\Pi_{io}$ berechnen kann. Der Maximum-Likelihood-Schätzwert für Π ist der Stichprobenanteilswert p. Wegen $E(X) = 8\Pi$ gilt $\Pi = \frac{E(X)}{8}$ und damit $p = \frac{\bar{x}}{8}$. Aus der Stichprobe ermittelt man $\bar{x} = 4{,}1174$; somit ist $p = 0{,}5147$. Dies ist die Wahrscheinlichkeit dafür, daß ein zufällig ausgewähltes Kind aus diesen Familien männlichen Geschlechts ist. Die erwarteten Häufigkeiten sind in der folgenden Tabelle berechnet.

Anzahl d. Knaben je Familie	Anzahl d. Familien mit x_i Knaben n_i	$\frac{n_i x_i}{n}$	$\Pi_{io} = f_B(x;8;0{,}5147)$	$e_i = n\Pi_{io}$	$\frac{(n_i-e_i)^2}{e_i}$
0	215	0	0,0031	165,2	15,00
1	1.485	0,02766	0,0259	1.401,7	4,95
2	5.331	0,19862	0,0971	5.202,6	3,17
3	10.649	0,59514	0,2054	11.034,7	13,48
4	14.959	1,11468	0,2727	14.627,6	7,51
5	11.929	1,11112	0,2310	12.409,9	18,63
6	6.678	0,74642	0,1226	6.508,2	1,45
7	2.092	0,27280	0,0373	1.993,8	4,84
8	342	0,05097	0,0049	264,3	22,84
	53.680	$\bar{x}$=4,11741	1,0000	53.680,0	91,87

Der berechnete Wert von X^2 ist $X^2 = 91{,}87$. Die Zahl der Freiheitsgrade beträgt $\nu = r-k-1 = 9-1-1 = 7$. Bei $\nu = 7$ Freiheitsgraden ist $\chi^2_{1-\alpha} = \chi^2_{0,95} = 14{,}07$. Die Nullhypothese ist demnach zu verwerfen.

b) Gegeben sei die folgende Häufigkeitsverteilung der Dauer von Telefongesprächen:

Dauer der Gespräche in Sek. x_i^u - unter x_i^o	Anzahl der Gespräche von der Länge x_i n_i
unter 99,5	6
99,5 - unter 199,5	28
199,5 - unter 299,5	88
299,5 - unter 399,5	180
399,5 - unter 499,5	247
499,5 - unter 599,5	260
599,5 - unter 699,5	133
699,5 - unter 799,5	42
799,5 - unter 899,5	11
899,5 - 999,5	5
	1.000

Diese Häufigkeitsverteilung soll durch eine Normalverteilung angepaßt werden. Die unbekannten Paramter μ_X und σ_X^2 müssen durch ihre Maximum-Likelihood Schätzwerte $\bar{x}$ und $s^2_{X,n}$ geschätzt werden. Die numerischen Werte sind $\bar{x} = 475{,}2015$ und $s_{X,n} \doteq 151{,}1563$. Das Signifikanzniveau sei $\alpha = 0{,}05$. Die Berechnung des Wertes von X^2 wird in der folgenden Tabelle vorgenommen:

Dauer der Telefongespräche in Sek. x_i^u bis unter x_i^o	Anzahl d. Gespräche von der Länge x_i n_i	z-Wert d. Klassenobergrenze $z = \frac{x_i^o - \bar{x}}{s_{X,n}}$	$F(z_i)$	$\Pi_{io} =$ $F(z_i) - F(z_{i-1})$	$e_i = n\Pi_{io}$	$\frac{(n_i - e_i)^2}{e_i}$
unter 99,5	6	- 2,49	0,0065	0,0065	6,5	0,03
99,5 b.u. 199,5	28	- 1,82	0,0341	0,0276	27,6	0,01
199,5 b.u. 299,5	88	- 1,16	0,1225	0,0885	88,5	0,00
299,5 b.u. 399,5	180	- 0,50	0,3083	0,1857	185,7	0,18
399,5 b.u. 499,5	247	0,16	0,5636	0,2556	255,6	0,29
499,5 b.u. 599,5	260	0,82	0,7946	0,2307	230,7	3,72
599,5 b.u. 699,5	133	1,48	0,9311	0,1365	136,5	0,09
699,5 b.u. 799,5	42	2,15	0,9840	0,0530	53,0	2,27
799,5 b.u. 899,5	11 }	2,81	0,9975	0,0135	13,5 }	
899,5 b.u. 999,5	5 } 16	3,47	0,9997	0,0022	2,4 } 16,2	0,00
999,5 und mehr	0 }	∞	1,0000	0,0003	0,3 }	
	1.000			1,0000	1.000,0	6,53

Die drei letzten Klassen müssen zusammengefaßt werden, da in der letzten und der vorletzten Klasse die erwartete Häufigkeit kleiner als 5 ist. Die Zahl der Freiheitsgrade ist $\nu = r-k-1 = 9-2-1 = 6$. Der kritische Wert $\chi^2_{0,95;6}$ beträgt 12,592. Wegen $\chi^2 \doteq 6,59$ kann die Nullhypothese, die Normalverteilung sei eine sinnvolle Anpassung an die gegebene Häufigkeitsverteilung, nicht abgelehnt werden.

11.3. Der Unabhängigkeitstest

Im Mittelpunkt des Unabhängigkeitstests steht die Hypothese der stochastischen Unabhängigkeit zweier Zufallsvariabler X und Y mit der unbekannten gemeinsamen Wahrscheinlichkeitsfunktion bzw. Wahrscheinlichkeitsdichtefunktion $f_{X,Y}$. Die Nullhypothese lautet also:

H_o: $f_{X,Y}(x_i,y_j) = f_X(x_i)\cdot f_Y(y_j)$ für alle Paare (x_i,y_j) von Ausprägungen bei diskreten Zufallsvariablen X und Y

bzw.: $f_{X,Y}(x,y) = f_X(x) f_Y(y)$ für alle Paare $(x,y) \in \mathbb{R}^2$ bei stetigen Zufallsvariablen X und Y

Dabei sind f_X und f_Y die Randverteilungen von X bzw. Y.

Zur Prüfung der Nullhypothese wird eine einfache Zufallsstichprobe im Umfang n gezogen. Das Ziehen eines Stichprobenelementes bedeutet hier das Ziehen eines Paares (x,y) von Ausprägungen der Zufallsvariablen X und Y. Das Stichprobenergebnis wird als zweidimensionale Häufigkeitsverteilung dargestellt. Insgesamt werden r Klassen für die Variable X und s Klassen für die Variable Y unterschieden, so daß die Tabelle insgesamt rs Tabellenfelder enthält. Sind X und Y diskrete Zufallsvariable und enthält jede Klasse nur eine mögliche Ausprägung, so steht in dem durch den Schnittpunkt der i-ten Zeile und j-ten Spalte bestimmten Tabellenfeld die Zahl der Beobachtungen mit den Ausprägungen $X = x_i$ und $Y = y_j$. Sind X und Y stetig, so enthält dieses Feld die Zahl der Beobachtungen mit $x_i^u \leq X < x_i^o$ und $y_j^u \leq Y < y_j^o$. Die Anzahl der Beobachtungen wird mit n_{ij} bezeichnet. Im diskreten Fall erhält man folgende tabellarische Darstellung:

X \ Y	$y_1 \quad y_2 \cdots y_j \cdots y_s$	$\sum_j n_{ij}$
x_1	$n_{11} \quad n_{12} \cdots n_{1j} \cdots n_{1s}$	$n_{1.}$
x_2	$n_{21} \quad n_{22} \cdots n_{2j} \cdots n_{2s}$	$n_{2.}$
$\vdots$	$\vdots \quad \vdots \quad \vdots \quad \vdots$	$\vdots$
x_i	$n_{i1} \quad n_{i2} \cdots n_{ij} \cdots n_{is}$	$n_{i.}$
$\vdots$	$\vdots \quad \vdots \quad \vdots \quad \vdots$	$\vdots$
x_r	$n_{r1} \quad n_{r2} \cdots n_{rj} \cdots n_{rs}$	$n_{r.}$
$\sum_i n_{ij}$	$n_{.1} \quad n_{.2} \cdots n_{.j} \cdots n_{.s}$	n

In der Summenzeile steht die Randverteilung von Y, in der Summenspalte die Randverteilung von X. Es gilt $n_{i.} = \sum_j n_{ij}$ und $n_{.j} = \sum_i n_{ij}$. Ferner ist $\sum_i n_{i.} = \sum_j n_{.j} = n$. Diese Tabelle heißt Kontingenztafel.

Die empirischen Häufigkeiten n_{ij} $(i = 1,\ldots,r;\ j = 1,\ldots,s)$ sind eine Realisation des folgenden Ziehungsmodells: Haben die Zufallsvariablen X und Y die bekannte Wahrscheinlichkeitsfunktion bzw. Dichtefunktion f_{XY}, so lassen sich daraus die Wahrscheinlichkeiten

$$P(X = x_i,\ Y = y_j) = \Pi_{ij} \qquad \text{bzw.}$$

$$P(x_i^u \leq X < x_i^o,\ y_j^u \leq Y < y_j^o) = \Pi_{ij}$$

dafür bestimmen, daß ein gezogenes Stichprobenelement in die i-te Zeile und j-te Spalte der Tabelle fällt. Die Nullhypothese lautet dann wie folgt:

$$H_o\colon \Pi_{ij} = \Pi_{ij}^o = \Pi_{i.}\Pi_{.j} \qquad \begin{array}{l} i = 1,2,\ldots,r; \\ j = 1,2,\ldots,s \end{array}$$

Dabei werden die Wahrscheinlichkeiten $\Pi_{i.}$ und $\Pi_{.j}$ aus den beiden Randverteilungen berechnet, die zunächst als bekannt angenommen werden.

Bei einer Stichprobe im Umfang n sind die Häufigkeiten n_{ij} Ausprägungen der Zufallsvariablen N_{ij}, wobei N_{ij} als "Zahl der Elemente mit den Ausprägungen x_i und y_j bei n Ziehungen" zu definieren ist. Die Wahrscheinlichkeit dafür, daß N_{ij} die Ausprägung n_{ij} für $i = 1,\ldots,r;\ j = 1,\ldots,s$ annimmt, ist gegeben durch die Multinominalverteilung

$$P(N_{11}=n_{11},\ldots,N_{rs}=n_{rs};n,\Pi_{11},\ldots,\Pi_{rs}) = \frac{n!}{n_{11}!\ldots n_{rs}!} \prod_{i=1}^{r} \prod_{j=1}^{s} \Pi_{ij}^{n_{ij}}$$

Die erwarteten Häufigkeiten für jedes Tabellenfeld sind

$$E(N_{ij}) = n\,\Pi_{ij}$$

Die theoretischen Häufigkeiten e_{ij} sind die bei Gültigkeit der Nullhypothese erwarteten Häufigkeiten und werden daher wie folgt berechnet:

$$e_{ij} = n\Pi_{ij}^{o} = n\Pi_{i.}\Pi_{.j}$$

Für hinreichend großen Stichprobenumfang n sind die Zufallsvariablen

$$Z_{ij} = \frac{N_{ij}-n\Pi_{i.}\Pi_{.j}}{\sqrt{n\Pi_{i.}\Pi_{.j}}} = \frac{N_{ij}-e_{ij}}{\sqrt{e_{ij}}}$$

asymptotisch standardnormalverteilt. Da sie außerdem stochastisch unabhängig sind und nur die Restriktion $\sum_{i=1}^{r}\sum_{j=1}^{s} n\Pi_{i.}\Pi_{.j} = n$ gilt, folgt die Zufallsvariable

$$X^2 = \sum_{i=1}^{r}\sum_{j=1}^{s} Z_{ij}^2 = \sum_{i=1}^{r}\sum_{j=1}^{s} \frac{(N_{ij}-e_{ij})^2}{e_{ij}}$$

für große n näherungsweise einer χ^2-Verteilung mit $\nu = rs-1$ Freiheitsgraden.

Im allgemeinen werden jedoch die Anteilswerte $\Pi_{i.}$ und $\Pi_{.j}$ nicht bekannt sein, so daß die Wahrscheinlichkeiten $\Pi_{ij}^{o} = \Pi_{i.}\Pi_{.j}$ nicht berechnet werden können. Hier kann man wieder das in 11.2. genannte Theorem anwenden: Werden die $\Pi_{i.}$ und $\Pi_{.j}$ durch ihre Maximum-Likelihood-Schätzwerte $\hat{\Pi}_{i.} = p_{i.} = \frac{n_{i.}}{n}$ bzw. $\hat{\Pi}_{.j} = p_{.j} = \frac{n_{.j}}{n}$ ersetzt (vgl. Aufgabe 11.1.), so folgt die Zufallsvariable

$$X^2 = \sum_{i=1}^{r} \sum_{j=1}^{s} \frac{(N_{ij}-nP_{i.}P_{.j})^2}{nP_{i.}P_{.j}} = \sum_{i=1}^{r} \sum_{j=1}^{s} \frac{(N_{ij} - \frac{N_{i.}N_{.j}}{n})^2}{\frac{N_{i.}N_{.j}}{n}}$$

für große n näherungsweise einer χ^2-Verteilung. Die Zahl der Freiheitsgrade vermindert sich um die Zahl der zu schätzenden Parameter. Da $\sum_{i=1}^{r} \Pi_{i.} = 1$ und $\sum_{j=1}^{s} \Pi_{.j} = 1$, sind insgesamt $r-1+s-1 = r+s-2$ Parameter zu schätzen. Somit ist $\nu = rs-r-s+2-1 = rs-r-s+1 = (r-1)(s-1)$. In praktischen Anwendungen sollte beachtet werden, daß die erwartete Häufigkeit für jedes Tabellenfeld mindestens 5 betragen sollte. (Für eine detaillierte Diskussion der Minimalwerte vgl. beispielsweise COCHRAN, S. 328 ff.)

Beispiel:

Es wird behauptet, bei Männern seien die Augenfarbe und die Haarfarbe unabhängige Merkmale. Um diese Behauptung zu prüfen, werden n = 6.800 Männer untersucht. Es ergab sich folgende Häufigkeitsverteilung:

Augenfarbe	Haarfarbe Y				
	hellblond	dunkelblond	schwarz	rot	$n_{i.}$
blau	1.768	807	189	47	2.811
grau o. grün	946	1.387	746	53	3.132
braun	115	438	288	16	857
$n_{.j}$	2.829	2.632	1.223	116	6.800

Aus der Tabelle schätzt man

$\hat{\Pi}_{1.} = \frac{2.811}{6.800} = 0{,}4134$ $\qquad \hat{\Pi}_{.1} = \frac{2.829}{6.800} = 0{,}4160$

$\hat{\Pi}_{2.} = \frac{3.132}{6.800} = 0{,}4606$ $\qquad \hat{\Pi}_{.2} = \frac{2.632}{6.800} = 0{,}3871$

$\hat{\Pi}_{3.} = \frac{857}{6.800} = 0{,}1260$ $\qquad \hat{\Pi}_{.3} = \frac{1.223}{6.800} = 0{,}1799$

$\hat{\Pi}_{.4} = \frac{116}{6.800} = 0{,}0171$

Sodann ergeben sich die folgenden Werte:

Ausprägung (x_i, y_j)	n_{ij}	$e_{ij} = n\hat{\Pi}_{i.}\hat{\Pi}_{.j}$	$\frac{(n_{ij}-e_{ij})^2}{e_{ij}}$
(x_1, y_1)	1.768	1.169,46	306,34
(x_1, y_2)	807	1.088,02	72,58
(x_1, y_3)	189	505,57	198,22
(x_1, y_4)	47	47,95	0,02
(x_2, y_1)	946	1.303,00	97,81
(x_2, y_2)	1.387	1.212,27	25,19
(x_2, y_3)	746	563,30	59,26
(x_2, y_4)	53	53,42	0,00
(x_3, y_1)	115	356,54	163,63
(x_3, y_2)	438	331,71	34,06
(x_3, y_3)	288	154,13	116,26
(x_3, y_4)	16	14,62	0,13
	6.800	6.800,00	1.073,51

Die Zahl der Freiheitsgrade beträgt $\nu = (r-1)(s-1) = 6$. Bei $\alpha = 0{,}05$ ist $\chi^2_{0,95;6} = 12{,}592$.

Da $\chi^2 = \sum_i \sum_j \frac{(n_{ij}-e_{ij})^2}{e_{ij}} = 1.073{,}51$, ist die Nullhypothese abzulehnen.

Bei der Konzeption des Unabhängigkeitstests wurde ausgegangen von der Bedingung für die Unabhängigkeit:

$$f_{X,Y}(x,y) = f_X(x) f_Y(y) \qquad \text{für alle Paare } (x,y) \text{ von Ausprägungen}$$

Konsequenterweise wurden die Werte n_{ij} der Kontingenztafel als Realisationen einer einzigen Stichprobe (im Umfang n) interpretiert. Dementsprechend sind außer den Feldwerten n_{ij} auch die Randhäufigkeiten $n_{i.}$ $(i = 1,2,\ldots,r)$ und $n_{.j}$ $(j = 1,2,\ldots,s)$ Ausprägungen von Zufallsvariablen $N_{i.}$ bzw. $N_{.j}$. Zu einer etwas anderen Darstellung gelangt man, wenn man von den bedingten Verteilungen der Zufallsvariablen X oder Y ausgeht. Bekanntlich sind bei Unabhängigkeit der Zufallsvariablen X und Y alle bedingten Wahrscheinlichkeitsfunktionen von X untereinander gleich; das gleiche gilt für die bedingten Wahrscheinlichkeitsfunktionen von Y. Man kann daher den Unabhängigkeitstest auch wie folgt aufbauen: Man wählt eine der beiden Zufallsvariablen aus, z.B. Y, für die man die Behauptung prüft, alle ihre bedingten Wahrscheinlichkeitsfunktionen seien gleich. Dazu wird aus der Gesamtzahl der Elemente mit der Ausprägung $X = x_i$ eine Stichprobe im Umfang n_i $(i = 1,2,...,r)$ gezogen. Diese r Stichprobenziehungen sind voneinander unabhängig. Die Randhäufigkeiten in der Summenspalte sind damit nicht mehr Ergebnis der Stichprobe, sondern werden von vornherein festgelegt. Für jede dieser Stichproben wird die Verteilung der Beobachtungen auf die einzelnen Ausprägungen von Y ermittelt. Die Unabhängigkeitshypothese lautet dann, die r Stichproben stammen aus Grundgesamtheiten mit der gleichen Verteilung, d.h. die bedingten relativen Häufigkeitsfunktionen, die aus den r Stichproben ermittelt werden, sind bis auf stichprobenbedingte Zufallseinflüsse gleich.

Der Veranschaulichung der vorstehenden Gedanken soll das folgende Beispiel dienen. Es soll geprüft werden, ob Examensergebnisse von der Länge der Studiendauer abhängen. Dafür werden in einer bestimmten Studienrichtung jeweils 200 Examenskandidaten mit einer Studiendauer von 8, 9, 10, 11 oder 12 Semestern betrachtet. Die Prüfungsergebnisse sind in der folgenden Tabelle festgehalten:

Studiendauer X in Semestern	Examensnote Y				Stichprobenumfang
	1	2	3	4	n_i
8	2	8	40	150	200
9	6	12	44	138	200
10	10	15	52	123	200
11	8	10	38	144	200
12	3	7	55	135	200
$n_{.j}$	29	52	229	690	1.000

Die Prüfung dieser Hypothese führt zur Prüfgröße, die bereits eingeführt wurde. In ihr treten die vorgegebenen Stichprobenumfänge an die Stelle der aus einer Stichprobe ermittelten Randhäufigkeiten. Dies zeigt sich im folgenden

Abschnitt 11.4., in dem der χ^2-Homogenitätstest behandelt wird. Der χ^2-Unabhängigkeitstest stellt sich dort als Spezialfall des Homogenitätstests heraus.

Mit Hilfe der nun eingeführten Betrachtung der Unabhängigkeit lassen sich Beziehungen zu bereits behandelten Tests angeben. Ist r = 2, hat also das Merkmal X zwei Ausprägungen, so läßt sich seine Verwandtschaft zum χ^2-Anpassungstest aufzeigen. In beiden Fällen wird die Güte der Übereinstimmung von zwei Häufigkeitsfunktionen geprüft; beim Anpassungstest prüft man die Übereinstimmung einer theoretischen und einer empirischen Häufigkeitsfunktion, beim Unabhängigkeitstest die Übereinstimmung von zwei empirischen Häufigkeitsfunktionen.

Liegt der Spezialfall r = 2 und s = 2 vor, so ist der χ^2-Unabhängigkeitstest identisch mit dem in 10.3.6.2. behandelten Test der Differenz zweier Anteilswerte für die Nullhypothese H_o: $\Pi_{X-Y} = \Pi^o_{X-Y} = 0$ für Stichproben mit Zurücklegen (vgl. hierzu die Aufgaben 11.3. und 11.4.).

11.4. Der χ^2- Homogenitätstest

Der χ^2-Homogenitätstest dient der Prüfung der Behauptung, daß r Stichproben aus Grundgesamtheiten mit der gleichen Verteilung stammen. Die Grundgesamtheiten, aus denen die r Stichproben gezogen werden, kann man sich alternativ wie folgt vorstellen.

a) Die Stichproben werden aus Grundgesamtheiten gezogen, die zu r unterschiedlichen Merkmalen gehören. Geprüft wird dann die Übereinstimmung der zu diesen r Merkmalen gehörenden Verteilungen.

b) Die Stichproben werden aus Grundgesamtheiten gezogen, die zur r verschiedenen Ausprägungen des gleichen Merkmals gehören. Jede Grundgesamtheit enthält nur Elemente, die alle die gleiche Ausprägung bezüglich eines Merkmals aufweisen. Die Verteilungen dieser Grundgesamtheiten bezüglich eines weiteren Merkmals sollen miteinander verglichen werden. In dieser Ausgangssituation erkennt man die Problemstellung des χ^2-Unabhängigkeitstests.

Unterscheidet man r Stichproben und s Merkmalsausprägungen für jede Stichprobe, so lassen sich die Wahrscheinlichkeiten Π_{ij}: "Wahrscheinlichkeit, daß in Stichprobe i ein Element die Ausprägung j annimmt", wie folgt in einer Matrix anordnen:

Stichprobe Nr. i	Merkmalsausprägung 1	2 ...	j ...	s
1	Π_{11}	Π_{12}...	Π_{1j}...	Π_{1s}
2	Π_{21}	Π_{22}...	Π_{2j}...	Π_{2s}
⋮				
i	Π_{i1}	Π_{i2}...	Π_{ij}...	Π_{is}
⋮				
r	Π_{r1}	Π_{r2}...	Π_{rj}...	Π_{rs}

Als Nullhypothese wird die Annahme formuliert, daß alle Stichproben aus Grundgesamtheiten mit der gleichen Verteilung stammen, d.h. daß gilt:

$$
\begin{aligned}
H_o:\ & \Pi_{11} = \Pi_{21} = \ldots = \Pi_{i1} = \ldots = \Pi_{r1} =: \Pi_1^o \\
& \Pi_{12} = \Pi_{22} = \ldots = \Pi_{i2} = \ldots = \Pi_{r2} =: \Pi_2^o \\
& \vdots \\
& \Pi_{1j} = \Pi_{2j} = \ldots = \Pi_{ij} = \ldots = \Pi_{rj} =: \Pi_j^o \\
& \vdots \\
& \Pi_{1s} = \Pi_{2s} = \ldots = \Pi_{is} = \ldots = \Pi_{rs} =: \Pi_s^o
\end{aligned}
$$

Diese Hypothese wird überprüft anhand von r einfachen Zufallsstichproben im Umfang n_i $(i = 1,2,\ldots,r)$, wobei $\sum_{i=1}^{r} n_i = n$. Bei Gültigkeit der Nullhypothese werden in Zeile i und Spalte j genau $n_i \Pi_j^o$ Beobachtungen erwartet. Die beobachteten zusammen mit den erwarteten Häufigkeiten in den einzelnen Feldern sind in der folgenden Tabelle dargestellt.

Stichprobe Nr. i	Ausprägung 1	2	...	j	...	n_{1s}	Umfang der Stichprobe Nr. i
1	n_{11}	n_{12}	...	n_{1j}	...	n_{1s}	n_1
	$(n_1\Pi_1^o)$	$(n_1\Pi_2^o)$	...	$(n_1\Pi_j^o)$	...	$(n_1\Pi_s^o)$	
2	n_{21}	n_{22}	...	n_{2j}	...	n_{2s}	n_2
	$(n_2\Pi_1^o)$	$(n_2\Pi_2^o)$	...	$(n_2\Pi_j^o)$	...	$(n_2\Pi_s^o)$	
⋮	⋮	⋮		⋮		⋮	⋮
i	n_{i1}	n_{i2}	...	n_{ij}	...	n_{is}	n_i
	$(n_1\Pi_1^o)$	$(n_i\Pi_2^o)$	...	$(n_i\Pi_j^o)$	...	$(n_i\Pi_s^o)$	
⋮	⋮	⋮		⋮		⋮	⋮
r	n_{r1}	n_{r2}	...	n_{rj}	...	n_{rs}	n_r
	$(n_r\Pi_1^o)$	$(n_r\Pi_2^o)$	...	$(n_r\Pi_j^o)$	...	$(n_r\Pi_s^o)$	
Anzahl der Beobachtungen in Ausprägung Nr.j	$n_{.1}$	$n_{.2}$		$n_{.j}$		$n_{.s}$	n

Für die Stichprobe Nr. i ist die Zufallsvariable

$$X_{i,\nu_i}^2 = \sum_{j=1}^{s} \frac{(N_{ij}-n_i\Pi_j^o)^2}{n_i\Pi_j^o}$$

asymptotisch χ^2-verteilt mit $\nu_i = s-1$ Freiheitsgraden. Das gleiche gilt auch für jede andere Stichprobe und daher ist

$$\chi_\nu^2 = \sum_{i=1}^{r} \sum_{j=1}^{s} \frac{(N_{ij}-n_i\Pi_j^o)^2}{n_i\Pi_j^o}$$

asymptotisch χ^2-verteilt mit $\nu = r(s-1)$ Freiheitsgraden. Diese Beziehung gilt unter der Voraussetzung, daß Π_j^o $(j = 1,2,\ldots,s)$ bekannt sind. In den meisten praktischen Anwendungen sind sie jedoch unbekannt und müssen geschätzt werden. Man faßt zu diesem Zweck alle Stichproben zusammen und schätzt Π_j^o durch $\frac{n_{.j}}{n}$ ab:

$$\hat{\Pi}_j^o = \frac{n_{.j}}{n} \qquad j = 1,2,\ldots,s$$

Dabei müssen s-1 Parameter geschätzt werden, der s-te Parameter ergibt sich durch die Randbedingung $\sum_{j=1}^{s} \hat{\Pi}_j^o = 1$.

Mithin ist in diesem Fall die Zufallsvariable X^2 asymptotisch χ^2-verteilt mit $\nu = r(s-1)-(s-1) = (r-1)(s-1)$ Freiheitsgraden. Bezüglich der Approximationsvoraussetzungen gilt die gleiche Faustregel wie bei den früher behandelten Varianten des χ^2-Tests : Die erwarteten Häufigkeiten sollten mindestens 5 betragen.

Beispiel:

Anhand der Daten der Tabelle im Abschnitt 11.3. soll geprüft werden, ob ein Zusammenhang zwischen Studiendauer und Examensergebnis besteht. Man erhält folgende empirische und theoretische Häufigkeiten (in Klammern):

Studiendauer X in Semestern	Examensnote Y 1	2	3	4	Stichprobenumfang n_i
8	2 (5,8)	8 (10,4)	40 (45,8)	150 (138)	200
9	6 (5,8)	12 (10,4)	44 (45,8)	138 (138)	200
10	10 (5,8)	15 (10,4)	52 (45,8)	123 (138)	200
11	8 (5,8)	10 (10,4)	38 (45,8)	144 (138)	200
12	3 (5,8)	7 (10,4)	55 (45,8)	135 (138)	200
$n_{.j}$	29	52	229	690	1.000
$\frac{n_{.j}}{n}$	0,029	0,052	0,229	0,690	1

Als Ausprägung der Prüfgröße erhält man

$$\chi^2 = \frac{(2-5{,}8)^2}{5{,}8} + \frac{(8-10{,}4)^2}{10{,}4} + \frac{(40-45{,}8)^2}{45{,}8} + \frac{(150-138)^2}{138} + \ldots + \frac{(135-138)^2}{138} =$$

$$= 19.5066$$

Wegen $\nu = (r-1)(s-1) = 12$ erhält man für $\alpha = 0{,}05$: $\chi^2_{0,95;12} = 21{,}026$. Die Nullhypothese (es besteht kein Zusammenhang zwischen Examensergebnis und Studiendauer) kann somit bei 5 % Irrtumswahrscheinlichkeit nicht abgelehnt werden.

Aufgaben zu Kapitel 11

11.1. In einer Multinomialverteilung seien die Parameter Π_{ij} $(i = 1,2,\ldots,r;\ j = 1,2,\ldots,s)$ unbekannt. Es gelte die Nullhypothese $H_0: \Pi_{ij} = \Pi_{i.}\Pi_{.j}$. Eine einfache Zufallsstichprobe im Umfang n ergibt die Häufigkeiten n_{ij} $(i = 1,2,\ldots,r;\ j = 1,2,\ldots,s)$. Man berechne die Maximum-Likelihood-Schätzwerte für $\Pi_{i.}$ $(i = 1,2,\ldots,r)$ und $\Pi_{.j}$ $(j = 1,2,\ldots,s)$.

11.2. Eine Zündholzfabrik bezieht eine neue Produktionsmaschine für Zündhölzer. Es soll überprüft werden, wie genau diese Maschine arbeitet. Ein Statistik-Student erhält den Auftrag, 500 Schachteln Zündhölzer auf die Zahl der nicht funktionsfähigen Zündhölzer zu untersuchen. Nach Abschluß der Prüfung ergibt sich folgende Häufigkeitsverteilung:

Zahl der fehlerhaften Zündhölzer je Schachtel x_i	Zahl der Zündholzschachteln mit x_i fehlerhaften Zündhölzern n_i
0	71
1	122
2	138
3	88
4	45
5	20
6	8
7	5
8	2
9	1

Nach einem Blick auf diese Häufigkeitsverteilung vermutet der Student, daß die Zahl der fehlerhaften Zündhölzer je Zündholzschachtel poissonverteilt sei. Wird seine Vermutung durch das Stichprobenergebnis widerlegt ($\alpha = 0{,}05$)?

11.3. Man zeige, daß für r = 2 und s = 2 der Unabhängigkeitstest identisch ist mit dem Test der Differenz zweier Anteilswerte für die Nullhypothese $H_0: \Pi_{X-Y} = \Pi^0_{X-Y} = 0$ bei Stichproben mit Zurücklegen, d.h. daß die Ausprägungen der Prüfgrößen

$$\chi^2 = \sum_{i=1}^{2}\sum_{j=1}^{2} \frac{(n_{ij} - np_{i.}p_{.j})^2}{np_{i.}p_{.j}}$$ und

$$z^2 = \frac{(p_X - p_Y)^2}{p(1-p)\left(\frac{1}{n_X} + \frac{1}{n_Y}\right)\frac{n_X + n_Y}{n_X + n_Y - 1}} \qquad \text{(vgl. 10.3.6.2.)}$$

identisch sind (bis auf den Faktor $\frac{n_X + n_Y}{n_X + n_Y - 1}$).

11.4. Von 200 zufällig ausgewählten 5-jährigen Kindern werden für einen Vorschulkurs wiederum zufällig 100 Kinder als Teilnehmer ausgewählt. Nach Ablauf eines Jahres werden alle 200 Kinder auf ihre Schulreife getestet. Das Prüfungsergebnis ist in folgender Tabelle festgehalten:

Teilnehmer am Vorschulkurs	Testergebnis bestanden	nicht bestanden	Σ
ja	85	15	100
nein	60	40	100
Σ	145	55	200

a) Welche Testverfahren stehen Ihnen zur Verfügung, um die Behauptung zu prüfen, die Teilnahme am Vorschulkurs verbessere nicht das Testergebnis?

b) Führen Sie diese Tests durch bei einer Irrtumswahrscheinlichkeit von $\alpha = 0{,}02$!

11.5. Herr H. ist der Besitzer des Lokals aus Aufgabe 7.1. Er hat sich die Mühe gemacht, an 40 Tagen die Zahl der Absagen zu notieren. Seine Tochter, die intelligente 5-jährige Ingrid, stellt das Ergebnis tabellarisch dar:

Zahl der Absagen	Häufigkeit
0	18
1	14
2	6
3	1
4	0
5	1
6	0
7	0

Prüfen Sie, ob die in Aufgabe 7.1. getroffene Unterstellung der Unabhängigkeit der einzelnen Entscheidungen vernünftig ist ($\alpha = 0{,}05$)!

11.6. In einer Nahrungsmittelfabrik ist eine Maschine für das Abfüllen von Haferflocken in Betrieb. Die Füllgewichte von 100 zufällig ausgewählten Paketen verteilen sich wie folgt:

Füllgewicht in g	Häufigkeit n_i
196 bis unter 198	1
198 bis unter 200	9
200 bis unter 202	87
202 bis unter 204	3

Prüfen Sie, ob die Füllgewichte normalverteilt sind (α = 0,05)! Die Varianz der Grundgesamtheit sei mit σ_X^2 = 0,656 vorgegeben.

11.7. Aus einer Urne mit 5 roten und 15 weißen Kugeln werden nacheinander zufällig vier Kugeln gezogen. Dieser Versuch wird 50 Mal wiederholt und man erhält folgendes Ergebnis:

Ereignis x_i (i=1,2)	Häufigkeit n_i	Ausprägung der Zufallsvariablen X
keine rote Kugel in der Stichprobe	10	0
mindestens eine rote Kugel in der Stichprobe	40	1

Prüfen Sie die Nullhypothese, die Ziehung sei mit Zurücklegen erfolgt (α = 0,05)!

12. Regressionsanalyse

12.1. Einführung

Die Regressionsanalyse gehört zu den am häufigsten verwendeten Techniken, um statistische Beziehungen zwischen zwei oder mehr Variablen aufzuzeigen. Wir werden uns in diesem Kapitel auf die Untersuchung der Beziehung zwischen zwei Variablen beschränken. Hierfür ist es notwendig, die Richtung der Abhängigkeit zwischen den Variablen in einer Hypothese festzulegen. Aufgrund dieser Hypothese kann die Unterscheidung in unabhängige (erklärende) und abhängige (erklärte) Variable getroffen werden. Über die statistische Beziehung wird die Ausprägung der abhängigen Variablen durch die unabhängige bestimmt.

Wird, wie hier, nur eine unabhängige Variable betrachtet, spricht man von Einfachregression. Ist überdies die Abhängigkeit zwischen den beiden Variablen linear, so handelt es sich un den Spezialfall der linearen Einfachregression. Nichtlineare Abhängigkeiten werden ebenso wie Beziehungen mit mehreren unabhängigen Variablen (Mehrfachregression) von der Betrachtung ausgeschlossen.

Der Begriff der statistischen Beziehung zwischen zwei Variablen bedarf der weiteren Erläuterung. Es handelt sich dabei nicht um eine funktionale Beziehung im mathematischen Sinne, wo jedem vorgegebenen Wert der unabhängigen Variablen ein Wert der abhängigen Variablen eindeutig zugeordnet ist. Statistische Beziehungen werden zusammengesetzt gedacht aus einer funktionalen Komponente und einer Zufallskomponente. Je nachdem, welchen Wert die Zufallskomponente annimmt, wird die Ausprägung der abhängigen Variablen mehr oder weniger stark von dem durch die funktionale Komponente bestimmten Wert abweichen. Jeder Ausprägung der unabhängigen Variablen sind demnach alternative Werte der abhängigen Variablen zugeordnet. Die Eindeutigkeit der Zuordnung geht durch das Wirken der Zufallskomponente verloren.

Die funktionale Komponente der statistischen Beziehung soll folgende Eigenschaft aufweisen: Wird aus den zu einem beliebigen Wert der unabhängigen Variablen gehörenden Werten der abhängigen Variablen das arithmetische Mittel gebildet, so ist dieser Mittelwert identisch mit dem Wert der funktionalen Komponente an der betrachteten Stelle der unabhängigen Variablen. Wird zu jedem Wert der unabhängigen Variablen ein solcher bedingter Mittelwert berechnet, so ist die funktionale Komponente der geometrische Ort aller dieser bedingten Mittelwerte.

Die Verknüpfung der Zufallskomponente mit der funktionalen Komponente soll in der hier betrachteten Art von statistischer Beziehung additiv sein. Dann folgt aus dem vorhergehenden unmittelbar, daß die Zufallskomponente als Zufallsvariable mit dem Erwartungswert Null gedacht werden muß. Nur dann ist es auch möglich, die funktionale Komponente als den geometrischen Ort aller bedingten Erwartungswerte der abhängigen Variablen - die ebenfalls den Charakter einer Zufallsvariablen aufweist - anzusehen.

Der Unterschied zwischen funktionaler Beziehung im mathematischen Sinne und der statistischen Beziehung besteht also in folgendem: Die Eindeutigkeit der Zuordnung von Werten der abhängigen zu Werten der unabhängigen Variablen ist bei der statistischen Beziehung nicht gegeben, da die abhängige Variable den Charakter einer Zufallsvariablen trägt. Eine funktionale Beziehung im mathematischen Sinne besteht jedoch auch in der statistischen Beziehung zwischen den Werten der unabhängigen Variablen und den Erwartungswerten der abhängigen Variablen.

Zur Illustration dieser Überlegungen nehmen wir an, daß die Beziehung zwischen Konsumausgaben und verfügbarem Einkommen der Haushalte in einem Land für eine bestimmte Zeitperiode untersucht werden soll. Sind Y die Konsumausgaben und X das verfügbare Einkommen, so erhält man bei einer Gesamtzahl von N Haushalten insgesamt N Wertepaare (x_i, y_i). Betrachtet man eine spezielle Einkommensklasse, so ist festzustellen, daß nicht alle Haushalte dieser Klasse Konsumausgaben in der gleichen Höhe tätigen. Die Abweichungen der individuellen Konsumausgaben von einem durch das verfügbare Einkommen bestimmten Durchschnitt können - wie oben ausgeführt - dem Auftreten einer Zufallskomponente zugerechnet werden. Die inhaltliche Interpretation der Zufallskomponente kann auf zwei verschiedene Weisen erfolgen:

(a) Die Höhe der Konsumausgaben wird neben dem verfügbaren Einkommen sicherlich noch von einer Vielzahl von Faktoren beeinflußt. Vorausgesetzt, daß alle Faktoren bekannt wären, könnten die Konsumausgaben eines Haushalts vollständig erklärt werden. Die Beziehung zwischen den Konsumausgaben und den ihre Höhe beeinflussenden Faktoren wäre rein deterministisch darstellbar, eine Zufallskomponente fände keinen Platz. Durch die Beschränkung der Analyse im Rahmen der linearen Einfachregression auf einen Einflußfaktor werden die Wirkungen der anderen Faktoren in der Zufallskomponente zusammengefaßt. Je größer die relative Bedeutung der vernachlässigten Faktoren ist, desto größer ist auch der Einfluß des als Zufallskomponente bezeichneten Komplexes.

Die Beschränkung der Analyse auf einen Einflußfaktor ist dennoch sinnvoll, da zum einen die vollständige Aufzählung aller Faktoren schwierig ist und zum anderen - selbst wenn dies gelänge - die quantitative Erfassung auch der allerkleinsten Faktoren unmöglich erscheint.

Die lineare Einfachregression liefert dann eine gute Annäherung an die in der Realität vorfindlichen Beziehungen, wenn es sich um solche handelt, bei denen ein dominierender Einflußfaktor existiert und die in der Zufallskomponente zusammengefaßten Faktoren zahlreich sind und von ungefähr gleichem Gewicht. Da zu erwarten ist, daß sie auch in verschiedenen Richtungen wirken, werden kleine Werte der Zufallskomponente mit höherer Wahrscheinlichkeit auftreten als große Werte, und sich die positiven und negativen Abweichungen vom Wert der funktionalen Komponente im Durchschnitt ausgleichen.

(b) Eine zweite Begründung für das Auftreten einer Zufallskomponente bei ökonomischen Zusammenhängen besteht darin, daß unabhängig von allen Einflußfaktoren, ein unvorhersehbares Zufallselement im menschlichen Verhalten liegt, das nur durch Einführung einer Zufallsvariablen berücksichtigt werden kann. Im Unterschied zur Interpretation (a) wird hier darauf verzichtet, die statistische Beziehung gedanklich in einen deterministischen und einen zufälligen Bestandteil zu zerlegen. Mit der funktionalen Komponente wird nicht die Vorstellung eines störungsfreien Wertes verbunden. Sie weist in dieser Interpretation rein statistischen Charakter auf.

Bei beiden Interpretationen der Zufallskomponente spricht man von stochastischen Störgliedern. Der im folgenden zu behandelnde Regressionsansatz bleibt unbeeinflußt von der inhaltlichen Interpretation der Zufallskomponente.

Bevor im nächsten Abschnitt aufgrund der vorausgegangenen Überlegungen die Regressionskurve bestimmt wird, soll die Herkunft des Begriffes "Regression" erläutert werden. Galton und nach ihm auch Pearson haben festgestellt, daß ein positiver Zusammenhang zwischen der Größe von Vätern und deren Söhnen besteht; große Väter werden im Durchschnitt auch große Söhne haben, kleine Väter im Durchschnitt kleine Söhne. Bemerkenswert ist jedoch, daß die Söhne großer Väter im Durchschnitt kleiner sind als ihre Väter und daß die Söhne kleiner Väter im Durchschnitt größer sind als ihre Väter. Galton hat diese Erscheinung als "Regreß" bezeichnet, als "Rückschritt" zur durchschnittlichen Größe der Menschen. Daher stammt die Bezeichnung Regressionsanalyse.

12.2. Die Bestimmung der Regressionskurve

Der erste Schritt bei der Analyse statistischer Beziehungen ist die Bestimmung der funktionalen Komponente, um die durchschnittliche Veränderung der abhängigen Variablen aufgrund einer Veränderung der unabhängigen Variablen aufzuzeigen. Zur allgemeinen Bestimmung der funktionalen Komponente (der geometrische Ort aller bedingten Mittelwerte der abhängigen Variablen), die im folgenden als Regressionskurve bezeichnet wird, ist es notwendig, die unabhängige ebenso wie die abhängige Variable als Zufallsvariable zu interpretieren. Die Gesamtheit der Wertepaare (x,y) der beiden Variablen bildet dann eine zweidimensionale Zufallsvariable mit der gemeinsamen Wahrscheinlichkeitsdichtefunktion $f_{X,Y}$. Ist diese Wahrscheinlichkeitsdichtefunktion bekannt, so kann die Regressionskurve bestimmt werden. Bei den folgenden Ableitungen werden X und Y alternativ als unabhängige bzw. abhängige Variable verwendet. Zur Bestimmung benötigen wir die Begriffe der Randverteilung und der bedingten Verteilung für stetige Variable, die bereits in 4.2.6 und 4.2.7 eingeführt wurden, jedoch der Vollständigkeit halber hier noch einmal kurz behandelt werden.

12.2.1. Randverteilungen

Für diskrete Zufallsvariable X und Y mit der gemeinsamen Wahrscheinlichkeitsfunktion $f_{X,Y}$ lauten die Randverteilungen von X und Y (vgl. 4.2.6.):

$$f_X(x_i) = \sum_j f_{X,Y}(x_i,y_j) \text{ bzw. } f_Y(y_j) = \sum_i f_{X,Y}(x_i,y_j)$$

Übertragen wir diese Definition auf zwei stetige Zufallsvariable X und Y mit der gemeinsamen Wahrscheinlichkeitsdichtefunktion $f_{X,Y}$, so ergeben sich die Randverteilungen von X und Y zu:

$$f_X(x) = \int_{-\infty}^{\infty} f_{X,Y}(x,y)\,dy \quad \text{bzw.} \quad f_Y(y) = \int_{-\infty}^{\infty} f_{X,Y}(x,y)\,dx$$

Beispiele:

a) Als einfache Illustration diene die gemeinsame Wahrscheinlichkeitsdichtefunktion

$$f_{X,Y}(x,y) = \begin{cases} 2-x-y & \text{für } 0 < x < 1\,, \quad 0 < y < 1 \\ 0 & \text{sonst} \end{cases}$$

Daraus ergeben sich die Randverteilungen

$$f_X(x) = \int_0^1 (2-x-y)\,dy = \frac{3}{2} - x \qquad 0 < x < 1$$

bzw.

$$f_Y(y) = \int_0^1 (2-x-y)\,dx = \frac{3}{2} - y \qquad 0 < y < 1$$

b) $$f_{X,Y}(x,y) = \begin{cases} \frac{1}{2}xy & \text{für } 0 < x < 2\,, \quad 0 < y < x \\ 0 & \text{sonst} \end{cases}$$

Daraus ergeben sich die Randverteilungen

$$f_X(x) = \int_0^x \frac{1}{2}xy\,dy = \left[\frac{1}{4}xy^2\right]_0^x = \frac{1}{4}x^3 \qquad 0 < x < 2$$

$$f_Y(y) = \int_y^2 \frac{1}{2}xy\,dx = \left[\frac{1}{4}x^2y\right]_y^2 = y - \frac{1}{4}y^3 = \frac{1}{4}y(4-y^2) \qquad 0 < y < 2$$

12.2.2. Bedingte Verteilungen

Auch die bedingten Verteilungen sind für diskrete Zufallsvariable X und Y bereits eingeführt (vgl. 4.2.7.). Sie lauten:

$$f_{Y|X}(y_j|x_i) = \frac{f_{X,Y}(x_i,y_j)}{f_X(x_i)} =: \frac{p_{ij}}{p_{i.}} \quad \text{bzw.}$$

$$f_{X|Y}(x_i|y_j) = \frac{f_{X,Y}(x_i,y_j)}{f_Y(y_j)} =: \frac{p_{ij}}{p_{.j}}$$

Übertragen wir diese Definition auf stetige Zufallsvariable, so ergibt sich für die bedingten Verteilungen von X und Y:

$$f_{X|Y}(x|y) = \frac{f_{X,Y}(x,y)}{f_Y(y)} \quad \text{bzw.} \quad f_{Y|X}(y|x) = \frac{f_{X,Y}(x,y)}{f_X(x)}$$

Beispiele:

a) $$f_{X,Y}(x,y) = \begin{cases} 2-x-y & 0 < x < 1\,, \quad 0 < y < 1 \\ 0 & \text{sonst} \end{cases}$$

Dann ist die bedingte Verteilung von Y gegeben durch

$$f_{Y|X}(y|x) = \frac{f_{X,Y}(x,y)}{f_X(x)} = \frac{2-x-y}{\frac{3}{2}-x} \quad 0 < x < 1\,, \quad 0 < y < 1$$

Für einen fest vorgegebenen Wert von X ist dies eine lineare Funktion von Y.

b) $$f_{X,Y}(x,y) = \begin{cases} \frac{1}{2}xy & 0 < x < 2\,, \quad 0 < y < x \\ 0 & \text{sonst} \end{cases}$$

Dann ist

$$f_{Y|X}(y|x) = \frac{f_{X,Y}(x,y)}{f_X(x)} = \frac{\frac{1}{2}xy}{\frac{1}{4}x^3} = \frac{2y}{x^2} \qquad 0 < y < 2$$

Für jeden festen Wert x ist $f_{Y|X}$ eine lineare Funktion.

(Der Leser versuche, für beide Beispiele die bedingten Verteilungen $f_{X|Y}$ zu bestimmen.)

12.2.3. Die Kurven der bedingten Erwartungswerte

Die Definition des bedingten Erwartungswertes für diskrete Zufallsvariable wurde im Abschnitt 5.1.1.1 wie folgt gegeben:

$$E(X|Y=y_j) = \sum_i x_i f_{X|Y}(x_i|y_j) = \sum_i x_i \frac{f_{X,Y}(x_i,y_j)}{f_Y(y_j)}$$

bzw.

$$E(Y|X=x_i) = \sum_j y_j f_{Y|X}(y_j|x_i) = \sum_j y_j \frac{f_{X,Y}(x_i,y_j)}{f_X(x_i)}$$

Für stetige Zufallsvariable erhält man als bedingte Erwartungswerte:

$$E(Y|X=x) =: \mu_{Y|x} \text{ und } E(X|Y=y) =: \mu_{X|y}$$

Dann ist

$$\mu_{Y|x} = \int_{-\infty}^{\infty} y f_{Y|X}(y|x)\,dy = \int_{-\infty}^{\infty} y \frac{f_{X,Y}(x,y)}{f_X(x)}\,dy$$

die Regressionskurve von Y in Abhängigkeit von X bzw.

$$\mu_{X|y} = \int_{-\infty}^{\infty} x f_{X|Y}(x|y)\,dx = \int_{-\infty}^{\infty} x \frac{f_{X,Y}(x,y)}{f_Y(y)}\,dx$$

die Regressionskurve von X in Abhängigkeit von Y.

Beispiele:

a) $$f_{X,Y}(x,y) = \begin{cases} 2-x-y & 0 < x < 1, \quad 0 < y < 1 \\ 0 & \text{sonst} \end{cases}$$

Dann ist

$$\mu_{Y|x} = \int_{-\infty}^{\infty} y \frac{f_{X,Y}(x,y)}{f_X(x)}\,dy = \int_0^1 y \frac{2-x-y}{\frac{3}{2}-x}\,dy = \frac{1}{\frac{3}{2}-x}\int_0^1 y(2-x-y)\,dy =$$

$$= \frac{1}{\frac{3}{2}-x}\left[(y^2-\frac{1}{2}xy^2-\frac{1}{3}y^3)\right]_0^1 = \frac{\frac{2}{3}-\frac{1}{2}x}{\frac{3}{2}-x} = \frac{3x-4}{6x-9} \quad \text{wobei } 0 < x < 1$$

b) $$f_{X,Y}(x,y) = \begin{cases} \frac{1}{2}xy & 0 < x < 2, \quad 0 < y < x \\ 0 & \text{sonst} \end{cases}$$

Dann ist

$$f_{Y|X}(y|x) = \frac{2y}{x^2}$$

und

$$\mu_{Y|x} = \int_0^x y\,\frac{2y}{x^2}dy = \frac{1}{x^2}\int_0^x 2y^2dy = \left[\frac{2y^3}{3x^2}\right]_0^x = \frac{2}{3}x \quad \text{wobei } 0 < x < 2$$

12.3. Die Regressionskurve der zweidimensionalen Normalverteilung

Ein wichtiger Anwendungsfall der zweidimensionalen Wahrscheinlichkeitsverteilung im Rahmen der Regressionsanalyse ist die zweidimensionale Normalverteilung. Hier ist, wie zu zeigen sein wird, die Regressionskurve eine Gerade.

12.3.1. Die Wahrscheinlichkeitsdichtefunktion der zweidimensionalen Normalverteilung

Definition

Die gemeinsame Dichtefunktion zweier normalverteilter Zufallsvariabler X und Y ist durch folgende Beziehung gegeben:

$$f_{X,Y}(x,y) = \frac{e^{-\frac{1}{2(1-\rho_{XY}^2)}\left[\left(\frac{x-\mu_X}{\sigma_X}\right)^2 - 2\rho_{XY}\left(\frac{x-\mu_X}{\sigma_X}\right)\left(\frac{y-\mu_Y}{\sigma_Y}\right) + \left(\frac{y-\mu_Y}{\sigma_Y}\right)^2\right]}}{2\pi\sigma_X\sigma_Y\sqrt{1-\rho_{XY}^2}}$$

Diese Beziehung gilt für $-1 < \rho_{XY} < 1$. Dabei ist ρ_{XY} der Korrelationskoeffizient der Zufallsvariablen X und Y (der im nächsten Kapitel behandelt wird), μ_X und μ_Y sind die Erwartungswerte, σ_X und σ_Y die Standardabweichungen der Zufallsvariablen X bzw. Y.

12.3.2. Randverteilungen der zweidimensionalen Normalverteilung

Die Randverteilungen einer zweidimensionalen Normalverteilung lauten:

$$f_X(x) = \frac{e^{-\frac{1}{2}\left(\frac{x-\mu_X}{\sigma_X}\right)^2}}{\sigma_X\sqrt{2\pi}} \qquad -\infty < x < \infty$$

$$f_Y(y) = \frac{e^{-\frac{1}{2}\left(\frac{y-\mu_Y}{\sigma_Y}\right)^2}}{\sigma_Y\sqrt{2\pi}} \qquad -\infty < y < \infty$$

Die Randverteilungen einer zweidimensionalen Normalverteilung sind also wiederum Normalverteilungen.

Beweis:

Wir führen die Ableitung für die Randverteilung von X. Die Ableitung für die Randverteilung von Y verläuft analog.

Setzt man in der Formel für die Dichtefunktion der zweidimensionalen Normalverteilung

$$\frac{x-\mu_X}{\sigma_X} = u \quad \text{und} \quad \frac{y-\mu_Y}{\sigma_Y} = v$$

dann ist $dy = \sigma_Y dv$

und

$$f_X(x) = \int_{-\infty}^{\infty} f_{X,Y}(x,y)\,dy = \frac{1}{2\pi\sigma_X\sqrt{1-\rho^2}} \int_{-\infty}^{\infty} e^{-\frac{1}{2(1-\rho^2)}(u^2-2\rho uv+v^2)}\,dv =$$

$$= \frac{1}{2\pi\sigma_X\sqrt{1-\rho^2}} \int_{-\infty}^{\infty} e^{-\frac{1}{2(1-\rho^2)}(u^2-2\rho uv+\rho^2u^2-\rho^2u^2+v^2)}\,dv =$$

$$= \frac{e^{-\frac{u^2}{2}}}{2\pi\sigma_X\sqrt{1-\rho^2}} \int_{-\infty}^{\infty} e^{-\frac{1}{2(1-\rho^2)}(v-\rho u)^2} dv$$

Setzt man

$\frac{v-\rho u}{\sqrt{1-\rho^2}} = z$, so ist $dv = dz\sqrt{1-\rho^2}$ und es ergibt sich

$$f_X(x) = \frac{e^{-\frac{u^2}{2}}}{2\pi\sigma_X} \int_{-\infty}^{\infty} e^{-\frac{z^2}{2}} dz$$

Da $\frac{1}{\sqrt{2\pi}} \int_{-\infty}^{\infty} e^{-\frac{z^2}{2}} dz = 1$ (Standardnormalverteilung), erhält man

$$f_X(x) = \frac{e^{-\frac{u^2}{2}}}{2\pi\sigma_X} \sqrt{2\pi} = \frac{e^{\frac{-u^2}{2}}}{\sigma_X\sqrt{2\pi}} = \frac{e^{-\frac{(x-\mu_X)^2}{2\sigma_X^2}}}{\sigma_X\sqrt{2\pi}}$$

Beim Spezialfall $\rho=0$ reduziert sich die Dichtefunktion der zweidimensionalen Normalverteilung auf das Produkt der beiden Randverteilungen.

Dann ist

$$f_{X,Y}(x,y) = \frac{e^{-\frac{1}{2}\left[\left(\frac{x-\mu_X}{\sigma_X}\right)^2+\left(\frac{y-\mu_Y}{\sigma_Y}\right)^2\right]}}{2\pi\sigma_X\sigma_Y} = f_X(x)\,f_Y(y)$$

Das zeigt, daß zwei normalverteilte Zufallsvariable dann unabhängig sind, wenn sie nicht korreliert sind. Auf den Zusammenhang zwischen Korrelation und Unabhängigkeit soll erst bei der Behandlung des Korrelationskoeffizienten näher eingegangen werden.

12.3.3. Bedingte Verteilungen der zweidimensionalen Normalverteilung

Für die bedingte Verteilung von Y erhält man

$$f_{Y|X}(y|x) = \frac{e^{-\frac{1}{2}\left[\frac{y-\mu_Y-\rho_{XY}\frac{\sigma_Y}{\sigma_X}(x-\mu_X)}{\sigma_Y\sqrt{1-\rho_{XY}^2}}\right]^2}}{\sigma_Y\sqrt{2\pi}\sqrt{1-\rho_{XY}^2}}$$

Beweis:

$$f_{Y|X}(y|x) = \frac{f_{X,Y}(x,y)}{f_X(x)} = \frac{e^{-\frac{1}{2}\left(\frac{v-\rho u}{\sqrt{1-\rho_{XY}^2}}\right)^2}}{\sigma_Y\sqrt{2\pi}\sqrt{1-\rho_{XY}^2}} \qquad \text{(vgl. 12.3.1 und 12.3.2)}$$

Macht man die Transformationen in u und v rückgängig, so erhält man die obige Formel für $f_{Y|X}$.

Analog erhält man die bedingte Verteilung von X.

12.3.4. Die Kurven der bedingten Erwartungswerte der zweidimensionalen Normalverteilung

Die Gestalt der Regressionskurven läßt sich aus den bedingten Verteilungen ersehen. Hier soll nur die Regressionskurve mit Y als abhängiger Variabler hergeleitet werden. Die Ableitung der Regressionskurve von X auf Y verläuft analog.

Die bedingten Verteilungen sind, wie die Randverteilung, normalverteilt. Um dies aus der Formel für $f_{Y|X}(y|x)$ zu ersehen, nehmen wir folgende Transformation vor:

$$Z = Y|x$$

$$\mu_Z = \mu_Y + \rho_{XY}\frac{\sigma_Y}{\sigma_X}(x-\mu_X)$$

$$\sigma_Z = \sigma_Y\sqrt{1-\rho_{XY}^2}$$

Daraus folgt für

$$f_{Y|X}(y|x) = f_Z(z) = \frac{1}{\sigma_Z\sqrt{2\pi}}e^{-\frac{(z-\mu_Z)^2}{2\sigma_Z^2}}$$

also die Dichtefunktion einer Normalverteilung.

Da $\mu_Z = \mu_{Y|x}$ erhält man die Funktion für die Regression von Y auf X mit

$$\mu_{Y|x} = \mu_Y + \rho_{XY}\frac{\sigma_Y}{\sigma_X}(x-\mu_X)$$

Da μ_X, μ_Y, ρ_{XY}, σ_X und σ_Y Konstanten sind, ist die Regressionskurve einer zweidimensionalen Normalverteilung eine Gerade. Für spätere Überlegungen wird es eine Rolle spielen, daß die Standardabweichungen $\sigma_{Y|x} = \sigma_Y\sqrt{1-\rho_{XY}^2}$ der bedingten Verteilungen von Y unabhängig sind vom Niveau von X (vgl. 12.4.).

12.4. Das Modell der linearen Einfachregression

Wie in den Abschnitten 12.2. und 12.3. gezeigt, würde die Kenntnis des Verteilungsgesetzes der zweidimensionalen Zufallsvariablen genügen, um den Typ der Regressionsfunktion zu bestimmen. Leider sind die Dichtefunktionen empirisch nicht zu ermitteln. Es ist zwar ein Experiment denkbar, bei dem für viele Werte der unabhängigen Variablen durch viele Wiederholungen des Experimentes die dazugehörigen Werte der abhängigen Variablen ermittelt werden. Damit wäre man in die Lage versetzt, auf die zweidimensionale Wahrscheinlichkeitsverteilung schließen zu können. Ein solches Experiment ist jedoch schon in den experimentellen Wissenschaften kaum durchführbar und noch viel weniger in den Wirtschaftswissenschaften.

Die faktische Unmöglichkeit der empirischen Ermittlung nicht nur des Verteilungsgesetzes, sondern auch der Parameter der zweidimensionalen Wahrscheinlichkeitsdichtefunktionen $f_{X,Y}$ zwingt zur Spezifizierung wenigstens des Verteilungsgesetzes in einer Hypothese. Damit ist der Funktionstyp der Regressionskurve bestimmt, deren Parameter dann aus dem vorhandenen Datenmaterial geschätzt werden müssen. Behauptet die Hypothese über das Verteilungsgesetz der Grundgesamtheit speziell eine Normalverteilung, so folgt daraus, daß die Funktion der Regressionskurve linear ist. Umgekehrt bedeutet die Formulierung einer Hypothese, die die Linearität einer Regressionskurve behauptet, daß das Verteilungsgesetz der Grundgesamtheit einer Klasse von Verteilungen angehört, für welche die Regressionskurven Geraden sind. Die Restriktion auf eine bestimmte Klasse von Verteilungsgesetzen erscheint als starke Beschneidung der Anwendungsmöglichkeiten für die lineare Einfachregression, da man keine Kenntnis davon hat, in welchem Umfang im ökonomischen Bereich Grundgesamtheiten diesen Verteilungsgesetzen folgen. Die lineare Einfachregression erlangt näherungsweise Gültigkeit in solchen Fällen, in denen die Verteilungsgesetze der Grundgesamtheiten Regressionskurven liefern, die durch Gerade approximiert werden können. Durch Preisgabe von Exaktheit wird also ihr Anwendungsbereich erweitert.

Im klassischen Modell der linearen Einfachregression wird die statistische Beziehung zwischen der unabhängigen Variablen X und der abhängigen Variablen Y durch die lineare Funktion

$$Y = \alpha + \beta X + U$$

beschrieben. Insbesondere gilt für einen Wert der unabhängigen Variablen $X = x_i$

$$Y|x_i = Y_i = \alpha + \beta x_i + U_i$$

In dieser Funktion sind α und β unbekannte Koeffizienten. Die Größe U ist eine Zufallsvariable, die der Beobachtung nicht zugänglich ist. Damit ist auch die Größe Y eine Zufallsvariable. Die Variable X kann den Charakter einer Zufallsvariablen haben; diese Annahme ist jedoch für die weitere Behandlung dieses Modells nicht nötig. Zur Bestimmung der Kurve der bedingten Erwartungswerte von Y werden nur fest vorgegebene Werte von X benötigt, seien diese durch Zufallsauswahl zustandegekommen oder durch den Leiter des Experimentes festgelegt worden. Die Variablen X und Y sollen ohne Beobachtungsfehler erfaßt sein. Das Auftreten von Beobachtungsfehlern würde eine andere Formulierung des statistischen Modells erfordern. Wenn man sie im Modell nicht immer explizit berücksichtigt, so deshalb, weil angenommen wird, ihre Bedeutung sei gering im Vergleich zu den nicht beobachteten Faktoren, die die Variable Y beeinflussen (und in der Zufallskomponente U zusammengefaßt sind). Die weiteren Annahmen des Modells, deren Bedeutung im Abschnitt 12.5. deutlich wird, lauten wie folgt:

Hypothese 1: Erwartungswert der Störvariablen $E(U_i) = 0$

Die Zufallsvariablen U_i sollen für alle Ausprägungen x_i von X den Erwartungswert $E(U_i) = 0$ haben. Diese Annahme ist auch notwendig, damit das Modell identifiziert werden kann. Würde beispielsweise die Annahme $E(U_i) = \alpha' + \beta' x_i$ getroffen, mit α' und β' als unbekannten Koeffizienten, so könnte dieser Fall wie folgt in dem geschilderten Modell behandelt werden: Es sei $U_i = \alpha' + \beta' x_i + U_i'$ mit $E(U_i') = 0$. Damit wird $Y_i = \alpha + \alpha' + (\beta+\beta')x_i + U_i' = \alpha'' + \beta'' x_i + U_i'$.

Man hätte dann α'' und β'' zu schätzen, könnte jedoch bei unbekannten Werten von α' und β' nicht eindeutig auf α und β schließen.

Mit der Annahme $E(U_i) = 0$ wird $E(Y_i) = \mu_{Y|x_i} = \alpha + \beta x_i$.

Hypothese 2: Homoskedastizität

Die Varianz der Verteilung der Variablen U_i sei unabhängig von der Zeit und dem Niveau der Beobachtungswerte x_i. Wir schreiben diese Annahme $Var(U_i) = \sigma_U^2$. Zusammen mit der Hypothese 1 hat die Variable U_i damit den gleichen Erwartungswert und die gleiche Varianz für alle beobachteten Werte x_i.

Hypothese 3: Unkorreliertheit der Störvariablen

Die Störvariablen U_i und U_j sollen unkorreliert sein, d.h. es soll gelten

$$Cov(U_i, U_j) = 0 \qquad \begin{matrix} i,j = 1,2,\ldots,n \\ i \neq j \end{matrix}$$

Besonders bei Zeitreihen besteht die Gefahr, daß diese Annahme verletzt ist. Besteht die Störvariable aus nur wenigen, aber bedeutenden Einflußgrößen, die ihrerseits im Zeitablauf korreliert sind, so wirkt sich dies auch auf die Störvariable aus und zwar derart, daß zwei zeitlich aufeinanderfolgende Werte der Störvariablen korreliert sind.

Hypothese 4: Normalverteilung der Störvariablen

Die Störvariablen U_i sollen einer Normalverteilung folgen. Diese Annahme ist jedoch nicht so fundamental wie die vorhergehenden. Sie gewinnt Bedeutung bei der Durchführung noch zu schildernder Schätz- und Testverfahren.

Das vorgestellte Modell kann unter Berücksichtigung der Hypothesen (1) - (4) wie folgt illustriert werden:

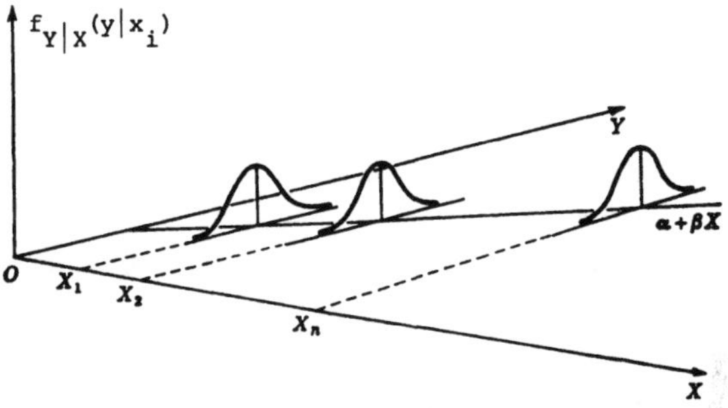

Man beachte, daß in dieses Modell zwei wichtige Eigenschaften der zweidimensionalen Normalverteilung eingegangen sind: Zum einen die Normalverteilung der Störvariablen (Hypothese 4), zum anderen die Homoskedastizität der bedingten Verteilungen von Y mit den vom Niveau von X unabhängigen Varianzen (vgl. 12.3.4.).

12.5. Die Schätzung der Regressionsgeraden

Nach der Darstellung des Modells sind Methoden zur Schätzung der Regressionsgeraden zu behandeln. Zur Illustration des Schätzvorgangs soll angenommen werden, daß die Grundgesamtheit einer zweidimensionalen Normalverteilung folgt. Die Gleichung der Regressionsgeraden lautet dann:

$$\mu_{Y|x} = \mu_Y + \rho_{XY}\frac{\sigma_Y}{\sigma_X}(x-\mu_X) \quad \text{(vgl. 12.3.4.) oder}$$

$$\mu_{Y|x} = \alpha + \beta X \quad \text{mit}$$

$$\alpha = \mu_Y - \rho_{XY}\frac{\sigma_Y}{\sigma_X}\mu_X \quad \text{und}$$

$$\beta = \rho_{XY}\frac{\sigma_Y}{\sigma_X}$$

Die in der Gleichung der Regressionsgeraden enthaltenen Grundgesamtheitsparameter μ_X, μ_Y, σ_X, σ_Y und ρ_{XY} sind unbekannt und müssen durch eine Stichprobe geschätzt werden. Die Stichprobe besteht aus einer Reihe von n Wertepaaren (x_i, y_i), die als Zeitreihe oder aus einer Querschnittserhebung gewonnen sein können. Für jeden der Grundgesamtheitsparameter ist die Schätzfunktion zu bestimmen und aus den Stichprobenergebnissen der entsprechende Schätzwert zu errechnen. Als Schätzfunktionen können $\bar{X}$, $\bar{Y}$, S_X, S_Y und der Stichprobenkorrelationskoeffizient R_{XY} herangezogen werden. Die Gleichung der geschätzten Regressionsgeraden lautet nach Substitution:

$$\hat{\mu}_{Y|x} = \bar{y} + r_{XY}\frac{s_Y}{s_X}(x-\bar{x}) = \hat{\alpha} + \hat{\beta}x$$

Als Schätzwerte für α und β erhält man

$$\hat{\alpha} = \bar{y} - r_{XY}\frac{s_Y}{s_X} \qquad \hat{\beta} = r_{XY}\frac{s_Y}{s_X}$$

Diese einfache Lösung des Schätzproblems ist aber selten anwendbar. Dazu muß, wie gesagt, die Voraussetzung einer zweidimensionalen Normalverteilung erfüllt sein; ferner muß die unabhängige Variable X eine Zufallsvariable sein. Zur Bestimmung der Parameter α und β müssen daher andere Schätzmethoden herangezogen werden, die insbesondere unabhängig sind von der speziellen Verteilung der Grundgesamtheit innerhalb der Klasse der Verteilungsgesetze mit linearen oder linear approximierbaren Regressionskurven und nicht erfordern, daß X Zufallsvariable ist.

12.5.1. Die Methode der kleinsten Quadrate

Die Regressionsgerade der Grundgesamtheit $E(Y|x) = \alpha + \beta x$ ist aus Stichprobenergebnissen zu schätzen. Das bedeutet, daß Schätzfunktionen A für α und B für β zu ermitteln sind, deren Realisationen a bzw. b als Schätzwerte für α bzw. β dienen können. Die Regressionsgerade der Grundgesamtheit wird dann durch die Regressionsgerade der Stichprobe $\tilde{y} = a + bx$ geschätzt.

Einen ersten Eindruck von der Lage der Regressionsgeraden der Stichprobe und damit vom Vorzeichen und der Größe der Koeffizienten a und b vermittelt das sogenannte Streuungsdiagramm. Dabei werden die n Beobachtungspaare (x_i, y_i) in ein x,y-Koordinatensystem eingetragen. Je nachdem, ob sich die dadurch entstandene Punktwolke bereits eng um eine Gerade verteilt oder keine vorherrschende Ausdehnungsrichtung aufweist, ist es leichter oder schwieriger, mittels Augenmaß eine Gerade einzuzeichnen, die als Schätzung für die funktionale Komponente dienen kann. Auch ist es dem Auge nicht möglich, unter mehreren, in der Punktwolke eng beieinanderliegenden Geraden diejenige herauszufinden, die als beste Schätzung in dem Sinne angesehen werden darf, daß sie dem Verlauf der Punktwolke am besten angepaßt ist. Es müssen daher rechnerische Verfahren zum Anwendung kommen, die es gestatten, die Regressionsgerade der Stichprobe objektiv zu bestimmen.

Ein solches Verfahren liefert die Methode der kleinsten Quadrate. Ihre Anwendung setzt die weitere Präzisierung des Begriffes der Güte der Anpassung voraus. Es erscheint naheliegend, als Kriterium für die Güte der Anpassung einer Geraden an eine Punktwolke ein Maß zu verwenden, in das die Abstände beobachteter y-Werte von der zu bestimmenden Geraden eingehen. Bei der Definition dieses Maßes treten zwei Probleme auf: (a) Wie soll der Abstand eines Punktes von einer Geraden gemessen werden? (b) In welcher Form soll der Abstand zwischen zwei Punkten in die Berechnung eingehen?

Unter dem Abstand eines Punktes von einer Geraden versteht man üblicherweise die Länge des Lotes von dem Punkt auf die Gerade, d.h. den senkrechten Abstand zur Geraden. Eine zweite Möglichkeit besteht darin, den Abstand eines Punktes zur Geraden zu verwenden, der parallel zur y-Achse gemessen wird. Wegen seiner einfacheren formalen Handhabung wird für die Definition des Maßes für die Güte der Anpassung der senkrecht zur Abszisse gemessene Abstand $|y_i - \tilde{y}_i|$ verwendet. Aus demselben Grund werden auch die Quadrate der Abstände der Verwendung der Abstände selbst vorgezogen. Das Rechnen mit Absolutbeträgen wird durch die Quadrierung unnötig, da die Abstandsquadrate $|y_i - \tilde{y}_i|^2$ gleich den Abweichungsquadraten $(y_i - \tilde{y}_i)^2$ sind.

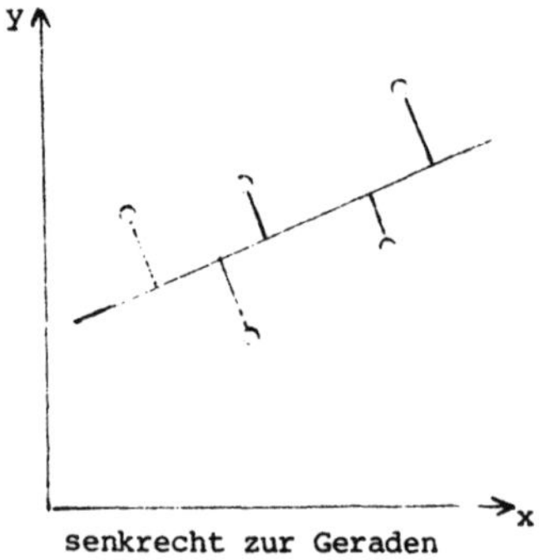

senkrecht zur Geraden gemessener Abstand

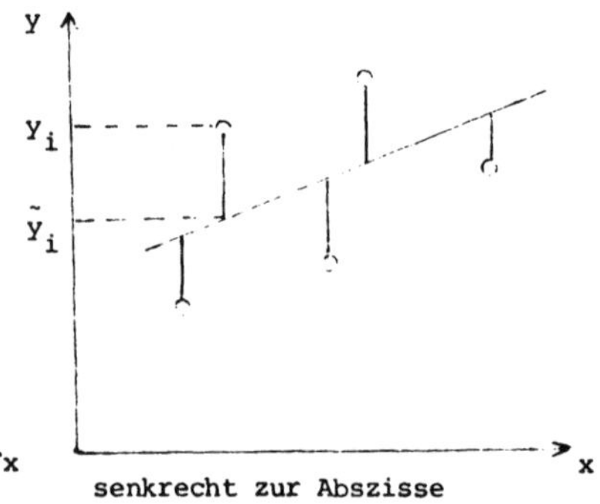

senkrecht zur Abszisse gemessener Abstand

Als besonders geeignetes Maß für die Güte der Anpassung einer Geraden an eine Punktwolke hat sich die Summe der Abstands- bzw. Abweichungsquadrate $S = \sum_{i=1}^{n} (y_i - \tilde{y}_i)^2$ herausgestellt. Eine gegebene Gerade ist eine umso bessere Anpassung an eine Punktwolke, je kleiner die Quadratsumme S ist. Hat man daher für eine gegebene Punktwolke diejenige Gerade zu bestimmen, die sich ihr am besten anpaßt, so ist eine Gerade zu suchen, für die die Quadratsumme S ein Minimum wird. Die Methode der kleinsten Quadrate, die eigentlich

Methode der kleinsten Abweichungsquadratsumme heißen müßte, besteht in der Lösung dieser Extremwertaufgabe. Formal:

$$S = \sum_{i=1}^{n} (y_i - \tilde{y}_i)^2 = \Sigma(y_i - a - bx_i)^2 = \text{Min!}$$

Um die Gerade zu berechnen, die dieser Minimum-Vorschrift entspricht, ist die obige Summe partiell nach a und b zu differenzieren. Es ergibt sich

$$\frac{\partial S}{\partial a} = -2 \sum_{i=1}^{n} (y_i - a - bx_i) \quad \text{und}$$

$$\frac{\partial S}{\partial b} = -2 \sum_{i=1}^{n} (y_i - a - bx_i)x_i$$

Setzt man diese Ableitung gleich Null, so erhält man die Bestimmungsgleichungen (notwendige Bedingungen) für die Koeffizienten a und b (alle Summen laufen von i=1 bis i=n):

$$(1) \quad \Sigma y_i = na + b\Sigma x_i$$

$$(2) \quad \Sigma x_i y_i = a\Sigma x_i + b\Sigma x_i^2$$

Diese Bestimmungsgleichungen lösen wir nach a und b auf. Aus (1) folgt sofort:

$$a = \bar{y} - b\bar{x}$$

Aus (2) ergibt sich:

$$\Sigma x_i y_i = (\tfrac{1}{n}\Sigma y_i - b\tfrac{1}{n}\Sigma x_i)\Sigma x_i + b\Sigma x_i^2$$

$$\Sigma x_i y_i = \tfrac{1}{n}\Sigma x_i \Sigma y_i - b\tfrac{1}{n}(\Sigma x_i)^2 + b\Sigma x_i^2$$

$$b = \frac{\Sigma x_i y_i - \frac{1}{n}\Sigma x_i \Sigma y_i}{\Sigma x_i^2 - \frac{1}{n}(\Sigma x_i)^2} = \frac{\Sigma(x_i-\bar{x})(y_i-\bar{y})}{\Sigma(x_i-\bar{x})^2}$$

In den folgenden Abschnitten sollen die Eigenschaften der nach der Methode der kleinsten Quadrate gewonnenen Schätzfunktionen A und B für α bzw. β betrachtet und ferner eine Schätzfunktion für die Varianz σ_U^2 der Störvariablen U hergeleitet werden. Für die in diesem Rahmen notwendigen Ableitungen verwenden wir folgende - teilweise schon bekannte - Beziehungen:

$Y\|x_i = Y_i = \alpha + \beta x_i + U_i$	Form der statistischen Beziehung zwischen X und Y für $X = x_i$
$y_i = \alpha + \beta x_i + u_i$	Realisierung eines Wertes der abhängigen Variablen (ausgedrückt mit Hilfe der Grundgesamtheitsparameter)
$E(Y_i) = \mu_{Y\|x_i} = \alpha + \beta x_i$	Wert der funktionalen Komponente an der Stelle $X = x_i$
$Y_i = A + Bx_i + V_i$	Darstellung der statistischen Beziehung mit Hilfe der Stichprobenfunktion A, B und V_i
$A = \bar{Y} - B\bar{x}$	Schätzfunktion für α
$B = \frac{\Sigma(x_i-\bar{x})(Y_i-\bar{Y})}{\Sigma(x_i-\bar{x})^2}$	Schätzfunktion für β
V_i	Störvariable bei Verwendung der Stichprobenfunktionen A und B in der statistischen Beziehung

$y_i = a + bx_i + v_i$	Realisierung eines Wertes der abhängigen Variablen (ausgedrückt mit Hilfe der Stichprobenparameter)
$a = \bar{y} - b\bar{x}$	Schätzwert für α
$b = \frac{\Sigma(x_i-\bar{x})(y_i-\bar{y})}{\Sigma(x_i-\bar{x})^2}$	Schätzwert für β
v_i	Schätzwert für u_i
$\tilde{Y}_i = A + Bx_i$	Schätzfunktion für $\mu_{Y\|x_i}$
$\tilde{y}_i = a + bx_i$	Schätzwert für $\mu_{Y\|x_i}$

12.5.1.1. Die Verteilung des Stichprobenregressionskoeffizienten B

12.5.1.1.1. Der Erwartungswert der Stichprobenfunktion B

Ist die Hypothese (1) erfüllt, so ist B eine erwartungstreue Schätzfunktion für den Grundgesamtheitsparameter β, d.h. es ist

$$E(B) = \beta$$

Beweis:

Aus $Y_i = \alpha+\beta x_i+U_i$ für $i=1,2,\ldots,n$ folgt:

$\Sigma Y_i = n\alpha+\beta\Sigma x_i+\Sigma U_i$ oder

$\bar{Y} = \alpha+\beta\bar{x}+\bar{U}$

Dann ist

$Y_i-\bar{Y} = \beta(x_i-\bar{x})+(U_i-\bar{U})$

Eingesetzt in die Formel für B ergibt sich

$$B = \frac{\Sigma(Y_i-\bar{Y})(x_i-\bar{x})}{\Sigma(x_i-\bar{x})^2} = \frac{\Sigma\left[\beta(x_i-\bar{x})+(U_i-\bar{U})\right](x_i-\bar{x})}{\Sigma(x_i-\bar{x})^2} = \frac{\beta\Sigma(x_i-\bar{x})^2+\Sigma(U_i-\bar{U})(x_i-\bar{x})}{\Sigma(x_i-\bar{x})^2} =$$

$$= \beta + \frac{\Sigma(U_i-\bar{U})(x_i-\bar{x})}{\Sigma(x_i-\bar{x})^2} = \beta + \frac{\Sigma U_i(x_i-\bar{x})}{\Sigma(x_i-\bar{x})^2} - \bar{U}\frac{\Sigma(x_i-\bar{x})}{\Sigma(x_i-\bar{x})^2}$$

Da $\Sigma(x_i-\bar{x}) = 0$ ergibt sich

$$B = \beta + \Sigma\frac{U_i(x_i-\bar{x})}{\Sigma(x_i-x)^2} = \beta + \Sigma U_i w_i \quad \text{mit} \quad w_i = \frac{x_i-\bar{x}}{\Sigma(x_i-\bar{x})^2}$$

Dann ist

$$E(B) = \beta + E(\Sigma U_i w_i)$$

Die U_i sind Zufallsvariable mit $E(U_i) = 0$ für $i=1,2,\ldots,n$ (laut Hypothese 1). Dagegen werden die Werte x_i nach Konstruktion des Modells als vorgegebene Werte und nicht als Zufallsvariable betrachtet. Die Größen w_i sind dann Konstanten und es gilt

$$E(B) = \beta + \Sigma E(w_i U_i) = \beta + \Sigma w_i E(U_i) = \beta$$

12.5.1.1.2. Die Varianz der Stichprobenfunktion B

Sind die Hypothesen (1) - (3) erfüllt, so ist die Varianz von B gegeben durch:

$$\sigma_B^2 = E(B-\beta)^2 = \frac{\sigma_U^2}{\Sigma(x_i-\bar{x})^2}$$

Die Formel zeigt, daß die Schätzung für β umso genauer ist, je niedriger die Varianz σ_U^2 der Störvariablen und je größer die Streuung der x_i-Werte ist.

Beweis:

$$\sigma_B^2 = E(B-\beta)^2 = E(\Sigma w_i U_i)^2 = E\Big(\sum_{i=1}^{n}\sum_{j=1}^{n} w_i U_i w_j U_j\Big) = E\Big(\sum_{i=1}^{n} w_i^2 U_i^2\Big) +$$

$$+ E\Big(\sum_{i=1}^{n}\sum_{\substack{j=1\\ i\neq j}}^{n} w_i w_j U_i U_j\Big) = \sum_{i=1}^{n} w_i^2 E(U_i^2) + \sum_{i=1}^{n}\sum_{\substack{j=1\\ i\neq j}}^{n} w_i w_j E(U_i \cdot U_j)$$

Die in Hypothese 3 angenommene Unkorreliertheit der Störvariablen impliziert $Cov(U_i,U_j) = E[U_i-E(U_i)][U_j-E(U_j)] = E(U_i \cdot U_j) = 0$ für alle i,j mit $i\neq j$. Dadurch wird der zweite Summand gleich Null und

$$\sigma_B^2 = \Sigma w_i^2 E(U_i^2) = \frac{\Sigma(x_i-\bar{x})^2 E(U_i^2)}{\left[\Sigma(x_i-\bar{x})^2\right]^2}$$

Nach den Hypothesen (1) und (2) ist

$$E\left[U_i - E(U_i)\right]^2 = E(U_i^2) = \sigma_U^2$$

Damit wird

$$\sigma_B^2 = \frac{\sigma_U^2 \Sigma(x_i-\bar{x})^2}{\left[\Sigma(x_i-\bar{x})^2\right]^2} = \frac{\sigma_U^2}{\Sigma(x_i-\bar{x})^2}$$

12.5.1.1.3. Das Verteilungsgesetz der Stichprobenfunktion B

Zur Ermittlung eines Verteilungsgesetzes für B ist die Kenntnis des Verteilungsgesetzes (bzw. eine Hypothese darüber) der U_i nötig. Die häufigste Hypothese über das Verteilungsgesetz der U_i ist die in Hypothese (4) festgehaltene Normalverteilung. Man kann dann folgendes Verteilungsgesetz für B angeben:

Satz 1
Sind die Hypothesen (1) - (4) erfüllt, so folgt die Verteilung der Stichprobenfunktion B einer Normalverteilung mit $E(B) = \beta$ und

$$Var(B) = \frac{\sigma_U^2}{\Sigma(x_i-\bar{x})^2}$$, d.h. die Zufallsvariable

$$Z = \frac{B-\beta}{\dfrac{\sigma_U}{\sqrt{\Sigma(x_i-\bar{x})^2}}} = \frac{(B-\beta)\sqrt{\Sigma(x_i-\bar{x})^2}}{\sigma_U}$$

ist standardnormalverteilt.

Beweis:

Nach Definition ist

$$B = \frac{\Sigma(x_i-\bar{x})(Y_i-\bar{Y})}{\Sigma(x_i-\bar{x})^2} = \Sigma w_i(Y_i-\bar{Y})$$

Ist U_i normalverteilt, dann auch Y_i und $\bar{Y}$ (vgl. 7.2.2.5. und 8.3.3.1.). Da die Summe von normalverteilten Zufallsvariablen wiederum normalverteilt ist (dies ist in 7.2.2.5. gezeigt) ist auch $Y_i-\bar{Y}$ und $w_i(Y_i-\bar{Y})$ sowie $B = \Sigma w_i(Y_i-\bar{Y})$ normalverteilt.

Die Anwendung dieser Zufallsvariablen ist jedoch nicht möglich, da die Varianz σ_U^2 der Störvariablen unbekannt ist. Folglich muß σ_U^2 geschätzt werden. Es liegt nahe, zur Schätzung von σ_U^2 die Varianz $S_{V,n}^2$ der Zufallsvariablen V_i heranzuziehen. Diese lautet nach Definition

$$S_{V,n}^2 = \frac{1}{n}\Sigma(V_i-\bar{V})^2$$

Aus $Y_i = A + Bx_i + V_i$ ergibt sich $\bar{Y} = A + B\bar{x} + \bar{V}$. Da aber $A = \bar{Y} - B\bar{x}$ aus der Kleinst-Quadrat-Schätzung folgt, ist $\bar{V} = 0$ und

$$S_{V,n}^2 = \frac{1}{n}\Sigma V_i^2$$

Eine erwartungstreue Schätzfunktion für σ_U^2 ist die Stichprobenfunktion

$$S_V^2 = \frac{1}{n-2}\Sigma V_i^2$$

Zum Beweis vgl. 12.5.1.4. Unter Verwendung von S_V^2 kann man folgende Aussage über das Verteilungsgesetz von B formulieren:

Satz 2

Sind die Hypothesen (1) - (4) erfüllt, so folgt die Zufallsvariable

$$T = \frac{(B-\beta)\sqrt{\Sigma(x_i-\bar{x})^2}}{S_V}$$

einer t-Verteilung mit $\nu = n-2$ Freiheitsgraden.

Begründung:

Die Zufallsvariable T kommt zustande durch Division der Standardnormalvariablen

$$Z = \frac{(B-\beta)\sqrt{\Sigma(x_i-\bar{x})^2}}{\sigma_U^2}$$ mit der Zufallsvariablen $\sqrt{\frac{W}{n-2}}$, wobei $W = \frac{(n-2)S_V^2}{\sigma_U^2}$

einer χ^2-Verteilung mit $\nu = n-2$ Freiheitsgraden folgt. Dabei müssen die Zufallsvariablen Z und W stochastisch unabhängig sein. Sie sind stochastisch unabhängig, wenn B und S_V^2 stochastisch unabhängig sind, da Z eine Funktion von B und W eine Funktion von S_V^2 ist. Die Unabhängigkeit von B und S_V^2 läßt sich wie folgt begründen:

Sind die Zufallsvariablen U_i normalverteilt, so folgt

$$\sum_{i=1}^{n} \frac{(U_i-E(U_i))^2}{\sigma_U^2} = \frac{\Sigma U_i^2}{\sigma_U^2}$$ einer χ^2-Verteilung mit $\nu = n$ Freiheitsgraden.

Die Zufallsvariable ΣU_i^2 läßt sich wie folgt zerlegen:
Es gilt:

$$Y_i = \alpha + \beta x_i + U_i$$

$$Y_i = A + Bx_i + V_i$$

Durch Subtraktion erhält man:

$$U_i = V_i + A - \alpha + (B-\beta)x_i$$

$$\Sigma U_i^2 = \Sigma V_i^2 + n(A-\alpha)^2 + (B-\beta)^2\Sigma x_i^2 + 2(A-\alpha)(B-\beta)\Sigma x_i + 2(A-\alpha)\Sigma V_i + $$
$$+ 2(B-\beta)\Sigma V_i x_i$$

Die beiden letzten Summanden sind gleich Null, da ΣV_i und $\Sigma V_i x_i$ entsprechend den Bestimmungsgleichungen nach der Methode der kleinsten Quadrate Null sind. Division mit σ_U^2 liefert:

$$\frac{\Sigma U_i^2}{\sigma_U^2} = \frac{\Sigma V_i^2}{\sigma_U^2} + \frac{Q}{\sigma_U^2} = \frac{(n-2)S_V^2}{\sigma_U^2} + \frac{Q}{\sigma_U^2}$$

mit

$$Q = n(A-\alpha)^2 + 2(A-\alpha)(B-\beta)\Sigma x_i + (B-\beta)^2\Sigma x_i^2 = \left[A-\alpha-(B-\beta)\bar{x}\right]^2 +$$
$$+ (B-\beta)^2 nS_{X,n}^2 = Q_1 + Q_2$$

Nach einem Theorem von Cochran kann eine χ^2-verteilte Zufallsvariable in eine Summe unabhängiger χ^2-verteilter Zufallsvariabler zerlegt werden (zum Beweis des Theorems vgl. Schneeweiß, Anhang B9). Demnach sind

$\frac{(n-2)S_V^2}{\sigma_U^2}$ und Q stochastisch unabhängig. Q besitzt 2 Freiheitsgrade,

$\frac{(n-2)S_V^2}{\sigma_U^2}$ n-2 Freiheitsgrade. Q läßt sich gleichfalls nach Cochrans Theorem in die beiden unabhängigen Zufallsvariablen Q_1 und Q_2 aufspalten. Folglich ist

$\frac{(n-2)S_V^2}{\sigma_U^2}$ unabhängig von Q_2 und damit S_V^2 unabhängig von B.

12.5.1.2. Die Verteilung der Stichprobenregressionskonstanten A

12.5.1.2.1. Der Erwartungswert der Stichprobenfunktion A

Ist die Hypothese (1) erfüllt, so ist A eine erwartungstreue Schätzfunktion für den Grundgesamtheitsparameter α, d.h. es ist

$$E(A) = \alpha$$

Beweis:

Es gilt:

$A = \bar{Y} - B\bar{x}$ und
$\bar{Y} = \alpha + \beta\bar{x} + \bar{U}$

Damit wird

$A = \alpha + (\beta - B)\bar{x} + \bar{U}$

Dann ist

$E(A) = \alpha + E(\beta - B)\bar{x} + E(\bar{U}) = \alpha + \bar{x}E(\beta - B) + \frac{1}{n}\Sigma E(U_i)$

Nun ist $E(B) = \beta$ und $E(U_i) = 0$ (Hypothese (1)), damit wird $E(A) = \alpha$

12.5.1.2.2. Die Varianz der Stichprobenfunktion A

Sind die Hypothesen (1) - (3) erfüllt, so ist die Varianz von A gegeben durch

$$\sigma_A^2 = E(A-\alpha)^2 = \frac{\sigma_U^2}{n}\left(1+\frac{n\bar{x}^2}{\Sigma(\bar{x}_i-\bar{x})^2}\right).$$

Diese Formel zeigt, daß die Schätzung für α umso genauer ist, je kleiner die Varianz σ_U^2 der Störvariablen und je größer der Stichprobenumfang sowie die Streuung der x_i-Werte ist.

Beweis:

$$\sigma_A^2 = E(A-\alpha)^2 = E[(\beta-B)\bar{x}+U]^2 = E[(\beta-B)^2\bar{x}^2] + E(\bar{U}^2) + 2E[(\beta-B)\bar{x}\bar{U}] =$$

$$= \bar{x}^2 E(\beta-B)^2 + \frac{1}{n^2}\Sigma E(U_i^2) + 2\bar{x}E(\beta-B)\bar{U} =$$

$$= \frac{\sigma_U^2\bar{x}^2}{\Sigma(x_i-\bar{x})^2} + \frac{\sigma_U^2}{n} + 2\bar{x}E\left(\frac{U_1+U_2+\ldots+U_n}{n}\cdot\frac{U_1(x_1-\bar{x})+U_2(x_2-\bar{x})+\ldots+U_n(x_n-\bar{x})}{\Sigma(x_i-\bar{x}^2)}\right) =$$

$$= \frac{\sigma_U^2}{n}\left(1+\frac{n\bar{x}^2}{\Sigma(x_i-\bar{x})^2}\right) + 2\bar{x}E\left[\frac{\Sigma U_i^2(x_i-\bar{x})+\sum_{i\neq j}\Sigma U_iU_j(x_j-\bar{x})}{n\Sigma(x_i-\bar{x})^2}\right] =$$

$$= \frac{\sigma_U^2}{n}\left(1+\frac{n\bar{x}^2}{\Sigma(x_i-\bar{x})^2}\right) + 2\bar{x}\,\frac{\Sigma(x_i-\bar{x})E(U_i^2)+\sum_{i\neq j}\Sigma(x_j-\bar{x})E(U_i\cdot U_j)}{n\Sigma(x_i-\bar{x})^2} =$$

$$= \frac{\sigma_U^2}{n}\left(1+\frac{n\bar{x}^2}{\Sigma(x_i-\bar{x})^2}\right) + 2\bar{x}\,\frac{\sigma_U^2\Sigma(x_i-\bar{x})+\sum_{i\neq j}\Sigma(x_j-\bar{x})\mathrm{Cov}(U_i,U_j)}{n\Sigma(x_i-\bar{x})^2}$$

Da $\Sigma(x_i-\bar{x}) = 0$ und $\mathrm{Cov}(U_i,U_j) = 0$ (Hypothese (3)) wird der zweite Summand gleich Null.

12.5.1.2.3. Das Verteilungsgesetz der Stichprobenfunktion A

Satz 1

Sind die Hypothesen (1) - (4) erfüllt, so folgt die Verteilung der Stichprobenfunktion A einer Normalverteilung mit $E(A) = \alpha$ und $Var(A) = \frac{\sigma_U^2}{n}(1+\frac{n\bar{x}^2}{\Sigma(x_i-\bar{x})^2})$, d.h. die Zufallsvariable

$$Z = \frac{A-\alpha}{\frac{\sigma_U}{\sqrt{n}}\sqrt{1+\frac{n\bar{x}^2}{\Sigma(x_i-\bar{x})^2}}}$$

ist standardnormalverteilt.

Beweis:

Da $\bar{Y}$ und B normalverteilt sind, ist auch $A = \bar{Y}-B\bar{x}$ normalverteilt (vgl. 7.2.2.5.).

Da σ_U^2 unbekannt ist, muß diese Größe für praktische Anwendungen durch den Schätzwert s_V^2 ersetzt werden. Unter Verwendung der Stichprobenfunktion S_V^2 gilt der folgende Satz.

Satz 2

Sind die Hypothesen (1) - (4) erfüllt, so folgt die Zufallsvariable

$$T = \frac{A-\alpha}{\frac{S_V}{\sqrt{n}}\sqrt{1+\frac{n\bar{x}^2}{\Sigma(x_i-\bar{x})^2}}}$$

einer t-Verteilung mit $\nu = n-2$ Freiheitsgraden.

Begründung:

Die Zufallsvariable T wird gebildet durch Division der Standardnormalvariablen

$$Z = \frac{A-\alpha}{\frac{\sigma_U}{\sqrt{n}}\sqrt{1+\frac{n\bar{x}^2}{\Sigma(x_i-\bar{x})^2}}}$$

mit der Zufallsvariablen

$\sqrt{\frac{W}{n-2}}$, wobei die Zufallsvariable $W = \frac{(n-2)S_V^2}{\sigma_U^2}$ einer χ^2-Verteilung

mit $\nu = n-2$ Freiheitsgraden folgt. Dabei müssen die Zufallsvariablen Z und W unabhängig sein. Sie sind unabhängig, wenn A und S_V^2 unabhängig sind. Zur Begründung vgl. die Überlegungen in 12.5.1.1.3. Satz 2. Wie dort gezeigt wurde, sind die Zufallsvariablen

$\frac{(n-2)S_V^2}{\sigma_U^2}$ und $Q_1 = [A-\alpha+(B-\beta)\bar{x}]^2$ unabhängig. Ferner sind S_V^2 und B unabhängig, daher auch S_V^2 und A.

12.5.1.3. Die Kovarianz der Stichprobenfunktionen A und B

Sind die Hypothesen (1) - (3) erfüllt, so ist die Kovarianz von A und B gegeben durch

$$Cov(A,B) = -\bar{x}\sigma_B^2$$

Diese Formel zeigt, daß eine Überschätzung von α durch A tendenziell mit einer Unterschätzung von β durch B verbunden ist und umgekehrt.

Beweis:

$$Cov(A,B) = E(A-\alpha)(B-\beta) = E[(\beta-B)\bar{x}+\bar{U}][\Sigma U_i w_i] = E[\bar{U}-\bar{x}\Sigma U_i w_i]\Sigma U_i w_i =$$

$$= E[\bar{U}\Sigma U_i w_i] - \bar{x}E(\Sigma U_i w_i)^2 = \frac{E[\bar{U}\Sigma U_i(x_i-\bar{x})]}{\Sigma(x_i-\bar{x})^2} - \frac{\bar{x}}{[\Sigma(x_i-\bar{x})^2]^2} \cdot$$

$$\cdot E[\Sigma U_i(x_i-\bar{x})]^2$$

Der erste Summand ist gleich Null, daher wird

$$Cov(A,B) = -\frac{\bar{x}}{[\Sigma(x_i-\bar{x})^2]^2}[\Sigma(x_i-\bar{x})^2 E(U_i^2)+\sum_{i\neq j}\Sigma(x_i-\bar{x})(x_j-\bar{x})E(U_i\cdot U_j)]$$

Da $E(U_i\cdot U_j) = 0$ (Hypothese (3)), gilt

$$\text{Cov}(A,B) = -\frac{\bar{x}}{(\Sigma(x_i-\bar{x})^2)^2}\sigma_U^2\Sigma(x_i-\bar{x})^2 = -\frac{\bar{x}\sigma_U^2}{\Sigma(x_i-\bar{x})^2} = -\bar{x}\sigma_B^2$$

12.5.1.4. Eine erwartungstreue Schätzfunktion für die Varianz σ_U^2 der Restkomponente

Sind die Hypothesen (1) - (3) erfüllt, so ist die Zufallsvariable

$$S_V^2 = \frac{1}{n-2}\Sigma V_i^2$$

eine erwartungstreue Schätzfunktion für die Varianz σ_U^2 der Störvariablen, d.h. es ist

$$E(S_V^2) = \sigma_U^2$$

Beweis:

Es ist

$V_i = Y_i-\tilde{Y}_i = Y_i-A-Bx_i$ und

$Y_i = \alpha+\beta x_i+U_i$

Daraus ergibt sich:

$V_i = \alpha-A+(\beta-B)x_i+U_i$

Aus den Gleichungen

$\bar{Y} = \alpha+\beta\bar{x}+\bar{U}$ und

$A = \bar{Y}-B\bar{x}$ erhält man durch Subtraktion

$0 = \alpha-A+(\beta-B)\bar{x}+\bar{U}$ oder

$\alpha-A = -(\beta-B)\bar{x}-\bar{U}$

Eingesetzt in die Formel für V_i:

$V_i = (\beta-B)(x_i-\bar{x})+U_i-\bar{U}$

$V_i^2 = (\beta-B)^2(x_i-\bar{x})^2+(U_i-\bar{U})^2+2(\beta-B)(x_i-\bar{x})(U_i-\bar{U})$

Dann ist:

$$\Sigma V_i^2 = (\beta-B)^2\Sigma(x_i-\bar{x})^2+\Sigma(U_i-\bar{U})^2+2(\beta-B)\Sigma(x_i-\bar{x})(U_i-\bar{U}) =$$

$$= (\beta-B)^2\Sigma(x_i-\bar{x})^2+\Sigma(U_i-\bar{U})^2+2(\beta-B)\Sigma U_i(x_i-\bar{x})-2(\beta-B)\bar{U}\Sigma(x_i-\bar{x})$$

Der Ausdruck $\Sigma U_i(x_i-\bar{x})$ ist gleich $(B-\beta)\Sigma(x_i-\bar{x})^2$, so daß gilt:

$$\Sigma V_i^2 = (\beta-B)^2\Sigma(x_i-\bar{x})^2+\Sigma(U_i-\bar{U})^2-2(\beta-B)^2\Sigma(x_i-\bar{x})^2 = \Sigma(U_i-\bar{U})^2-(\beta-B)^2\Sigma(x_i-\bar{x})^2$$

Die Bildung des Erwartungswertes ergibt:

$$E(\Sigma V_i^2) = \Sigma E(U_i-\bar{U})^2-E\left[(\beta-B)^2\Sigma(x_i-\bar{x})^2\right] = \Sigma E(U_i^2)+\Sigma E(\bar{U}^2)-2\Sigma E(U_i\bar{U})-\sigma_U^2 =$$

$$= n\sigma_U^2+nE(\bar{U}^2)-\frac{2}{n}\Sigma E\left[U_i^2+\sum_{i\neq j}\Sigma U_iU_j\right] - \sigma_U^2 =$$

$$= n\sigma_U^2+nE\left[\frac{1}{n^2}\Sigma U_i^2+\frac{1}{n^2}\sum_{i\neq j}\Sigma U_iU_j\right]-\frac{2}{n}\Sigma E(U_i^2)-\frac{2}{n}\sum_{i\neq j}\Sigma E(U_i\cdot U_j)-\sigma_U^2 =$$

$$= n\sigma_U^2+n\cdot\frac{1}{n^2}n\sigma_U^2-\frac{2}{n}\cdot n\sigma_U^2-\sigma_U^2 = n\sigma_U^2+\sigma_U^2-3\sigma_U^2 = (n-2)\sigma_U^2$$

Das beweist die Behauptung:

$$E\left[\frac{1}{n-2}\Sigma V_i^2\right] = E(S_V^2) = \sigma_U^2$$

12.5.1.5. Weitere Eigenschaften der Kleinst-Quadrate-Schätzung

12.5.1.5.1. Konsistenz

Sind die Hypothesen (1) - (3) erfüllt und gilt ferner $\lim\limits_{n\to\infty} s_{X,n}^2 > 0$ sowie $\lim\limits_{n\to\infty}\frac{1}{n}\Sigma x_i^2 < \infty$ mit Wahrscheinlichkeit 1, so sind die Schätzfunktionen A und B konsistent.

Beweis:

Nach 9.2.2. sind die Schätzfunktionen A und B konsistent, wenn gilt:

$E(A) = \alpha$ bzw. $E(B) = \beta$

$\lim\limits_{n\to\infty}\sigma_A^2 = 0$ $\qquad$ $\lim\limits_{n\to\infty}\sigma_B^2 = 0$

Wie gezeigt, sind beide Schätzfunktionen erwartungstreu.

Ferner ist:

$$\lim_{n\to\infty} \sigma_B^2 = \lim_{n\to\infty} \frac{\sigma_U^2}{\Sigma(x_i-\bar{x})^2} = \lim_{n\to\infty} \frac{\sigma_U^2}{ns_{X,n}^2} = 0$$

Wegen:

$$\sigma_A^2 = \frac{\sigma_U^2}{n}\left(1+\frac{n\bar{x}^2}{\Sigma(x_i-\bar{x})^2}\right) = \frac{\sigma_U^2}{n}\left(\frac{\Sigma(x_i-\bar{x})^2+n\bar{x}^2}{\Sigma(x_i-\bar{x})^2}\right) = \frac{\sigma_U^2}{n}\left(\frac{\Sigma x_i^2}{\Sigma(x_i-\bar{x})^2}\right) = \frac{\sigma_U^2}{n}\frac{\frac{1}{n}\Sigma x_i^2}{s_{X,n}^2}$$

folgt:

$$\lim_{n\to\infty} \sigma_A^2 = \lim_{n\to\infty} \frac{\sigma_U^2}{n}\frac{\frac{1}{n}\Sigma x_i^2}{s_{X,n}^2} = 0, \quad \text{falls } \lim_{n\to\infty} s_{X,n} > 0 \text{ und } \lim_{n\to\infty} \frac{1}{n}\Sigma x_i^2 < \infty$$

12.5.1.5.2. Beste lineare unverzerrte Schätzfunktion

Betrachtet man alle erwartungstreuen Schätzfunktionen für α und β, die linear in Y sind, so haben unter diesen die Kleinst-Quadrate-Schätzfunktionen A und B die kleinste Varianz. Diesen Sachverhalt drückt der folgende Satz aus:

Satz (Gauß-Markov):
Die Kleist-Quadrate-Schätzfunktionen A und B sind beste lineare unverzerrte Schätzfunktionen für α und β (Best Linear Unbiased Estimators = BLUE), falls die Hypothesen (1) - (3) erfüllt sind.

Zum Beweis dieses Satzes vgl. Aufgabe 12.1.

12.5.1.5.3. Effizienz

Sind die Hypothesen (1) - (4) erfüllt und gilt ferner $s_{X,n}^2 > 0$, $\lim_{n\to\infty} s_{X,n}^2 > 0$ und $\lim_{n\to\infty} \frac{1}{n}\Sigma x_i^2 < \infty$ mit Wahrscheinlichkeit 1, so sind die Kleinst-Quadrate-Schätzfunktionen A und B effizient.

Zum Beweis vgl. Schneeweiß, S. 71 f.

12.5.2. Die Maximum-Likelihood-Schätzung

Das Prinzip der Maximum-Likelihood-Schätzung wurde bereits in Kapitel 9 aufgezeigt. Ihm zufolge wird unter allen möglichen Regressionsgeraden diejenige ausgewählt, bei der den Beobachtungswerten (x_i,y_i) die größtmögliche Wahrscheinlichkeitsdichte zukommt. Mit anderen Worten: Die Schätzung der Regressionsparameter α, β und σ_U^2 mit Hilfe des Maximum-Likelihood-Prinzips bedeutet, diejenigen Grundgesamtheitsparameter α, β und σ_U^2 zur Spezifikation der Geradengleichung und der bedingten Verteilung auszuwählen, für die die Eintrittswahrscheinlichkeit der gegebenen Stichprobenwerte am größten ist. Diese Überlegung mag anhand der folgenden Grafik weiter verdeutlicht werden.

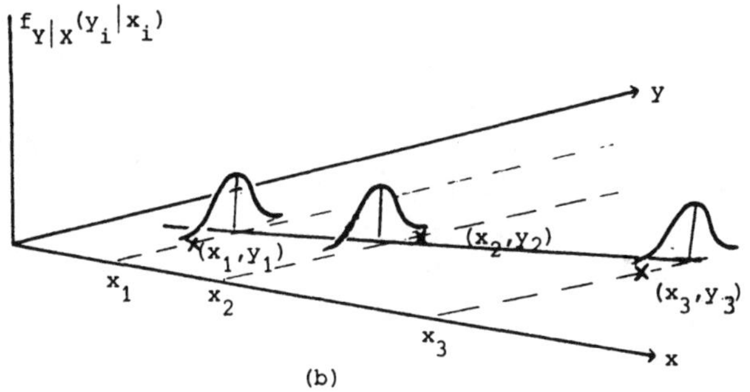

(b)

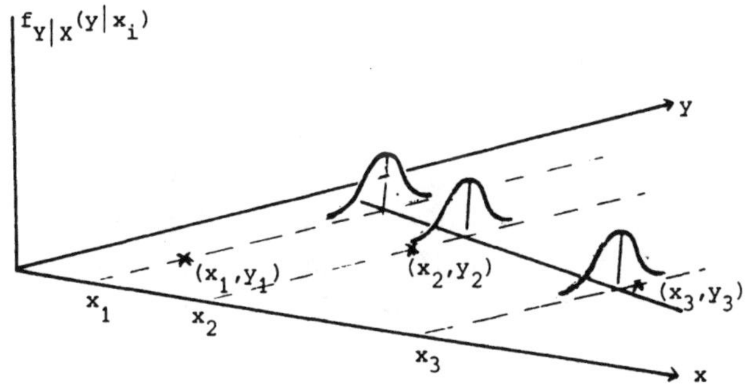

(a)

Gegeben sei die Stichprobe mit den drei Beobachtungswerten (x_1,y_1), (x_2,y_2), (x_3,y_3). Die in Teil (a) der Grafik mit ihren bedingten Verteilungen eingezeichnete Regressionsgerade sei eine Hypothese über die Regressionsgerade der Grundgesamtheit. Die Wahrscheinlichkeit, daß die vorliegende Stichprobe aus dieser Grundgesamtheit stammt, ist dann allerdings aus folgendem Grund gering: Die Wahrscheinlichkeit jedes Beobachtungswertes wird durch die Ordinate der bedingten Verteilungen in (x_i,y_i) zum Ausdruck gebracht. Da nach Hypothese (3) die Beobachtungen unkorreliert sind (was bei der Normalverteilung gleichbedeutend mit Unabhängigkeit ist, vgl. 12.3.2.), ist die gemeinsame Wahrscheinlichkeit der drei Beobachtungen gleich dem Produkt der Einzelwahrscheinlichkeiten. In Anbetracht des sehr kleinen Ordinatenwertes von y_1 ist diese Wahrscheinlichkeit gering.

Existiert eine Regressionsgerade, für die dieses Produkt größer ist, so kann wegen der erhobenen Forderung nach Maximierung der Wahrscheinlichkeit die in (a) eingezeichnete Regressionsgerade nicht als Regressionsgerade der Grundgesamtheit angesehen werden. Ganz offensichtlich ist die in Teil (b) der Grafik eingezeichnete Regressionsgerade eine solche, für die das resultierende Produkt der Wahrscheinlichkeiten größer ist. Die Aufgabe bei der Maximum-Likelihood-Schätzung besteht also darin, die Hypothese über die Regressionsparameter α und β und die dazugehörige Varianz der Störvariablen so lange zu variieren, bis dieses Produkt eine Maximum wird.

Nach der geometrischen Veranschaulichung werden die Überlegungen algebraisch gefaßt. Formale Voraussetzungen für die Anwendung der Maximum-Likelihood-Schätzung sind die Hypothesen (1) - (4). Wird, wie in Hypothese (4), Normalverteilung der Störvariablen U_i unterstellt, so ist

$$f_{U_i}(u_i) = \frac{1}{\sigma_U\sqrt{2\pi}} e^{-\frac{u_i^2}{2\sigma_U^2}}$$

Wegen Hypothese (3) ergibt sich für die gemeinsame Wahrscheinlichkeitsdichtefunktion

$$f_{U_1,\ldots,U_n}(u_1,u_2,\ldots,u_n) = \frac{1}{\sigma_U^n(\sqrt{2\pi})^n}e^{-\frac{\Sigma u_i^2}{2\sigma_U^2}}$$

Setzt man $u_i = y_i-\alpha-\beta x_i$, so erhält man daraus die gemeinsame Wahrscheinlichkeitsdichte der $Y_1,\ldots,Y_n$ bei gegebenen $x_1,\ldots,x_n$:

$$f_{Y_1,\ldots,Y_n}(y_1,\ldots,y_n|x_1,\ldots,x_n;\alpha,\beta,\sigma_U) = \frac{1}{\sigma_U^n(\sqrt{2\pi})^n}e^{-\frac{\Sigma(y_i-\alpha-\beta x_i)^2}{2\sigma_U^2}}$$

Hierbei sind die Parameter α, β und σ_U unbekannt. Sie sind so festzusetzen, daß die Wahrscheinlichkeitsdichte bei gegebenen Beobachtungsdaten $y_1,\ldots,y_n|x_1,\ldots,x_n$ ein Maximum wird. Dazu maximiert man die Likelihood-Funktion

$$L = L[\alpha,\beta,\sigma_U|(y_1,\ldots,y_n|x_1,\ldots,x_n)] = f[(y_1,\ldots,y_n|x_1,\ldots,x_n);\alpha,\beta,\sigma_U]$$

Die Lösung der Extremwertaufgabe wird durch Verwendung der logarithmierten Funktion vereinfacht. Wegen:

$$\ln L = -\frac{n}{2}\ln 2\pi - n\ln\sigma_U - \frac{1}{2\sigma_U^2}\Sigma(y_i-\alpha-\beta x_i)^2$$

ergibt sich durch partielles Differenzieren zunächst nach α und β:

$$\frac{\partial \ln L}{\partial \alpha} = \frac{1}{\sigma_U^2}\Sigma(y_i-\alpha-\beta x_i)$$

$$\frac{\partial \ln L}{\partial \beta} = \frac{1}{\sigma_U^2}\Sigma(y_i-\alpha-\beta x_i)x_i$$

Setzt man diese Ableitungen gleich Null, so erhält man für α und β die Maximum-Likelihood-Schätzwerte

$$b_{ML} = \frac{\Sigma(x_i-\bar{x})(y_i-\bar{y})}{\Sigma(x_i-\bar{x})^2} = b$$

$$a_{ML} = \bar{y} - b_{ML}\bar{x} = a$$

Diese Schätzwerte stimmen überein mit den Kleinst-Quadrate-Schätzwerten für α und β. Sie lassen sich unabhängig vom Schätzvorgang für den dritten Parameter, die Varianz σ_U^2, bestimmen und können dann für deren Schätzung verwendet werden. Partielle Differentiation der Funktion lnL nach σ_U liefert:

$$\frac{\partial \ln L}{\partial \sigma_U} = -\frac{n}{\sigma_U} + \frac{1}{\sigma_U^3}\Sigma(y_i-\alpha-\beta x_i)^2$$

Setzt man $\frac{\partial \ln L}{\partial \sigma_U} = 0$ und substituiert α durch a und β durch b, so ergibt sich als Schätzwert $\hat{\sigma}_{U,ML}^2$

$$\hat{\sigma}_{U,ML}^2 = \frac{1}{n}\Sigma(y_i-a-bx_i)^2 = \frac{1}{n}\Sigma v_i^2 = \frac{n-2}{n}s_V^2$$

Dieser Schätzwert entspricht, abgesehen von der Korrektur um die Zahl der Freiheitsgrade, dem in 12.5.1.4.

12.6. Prognosen

Ein Ziel von Untersuchungen statistischer Beziehungen ist die Durchführung von Prognosen. Durch das dargestellte Modell und seine Schätzmethoden werden solche Prognosen ermöglicht.

Für die Verwendbarkeit des Modells ist allerdings notwendig, daß seine Voraussetzungen in der Realität hinreichend erfüllt sind. Auf die eingehende Kritik dieser Voraussetzungen und die notwendigen Modifikationen des Modells können wir im Rahmen des Grundkurses nicht eingehen.

Es liegt nahe, mit Hilfe der geschätzten Regressionsgleichung eine Punktschätzung durchzuführen. Ist x_p ein Prognosewert für die unabhängige Variable, so gilt für den prognostizierten Wert $\tilde{y}_p$ der funktionalen Komponente:

$$\tilde{y}_p = a + bx_p$$

Diese Prognose ist mit einer Reihe von Fehlern behaftet. Davon sollen jedoch nur die Stichprobenfehler in den geschätzten Parametern näher betrachtet werden.

12.6.1. Tests und Konfidenzintervalle für den Regressionskoeffizienten β

Der Regressionskoeffizient ist für die ökonomische Analyse von großer Bedeutung. Er gibt die durchschnittliche Veränderung der abhängigen Variablen an, wenn sich die unabhängige Variable um eine Einheit ändert. In der Beziehung zwischen der Höhe der Konsumausgaben und dem verfügbaren Einkommen gibt der Regressionskoeffizient die Grenzneigung zum Verbrauch an (vgl. Beispiel 12.1.). Die sinnvolle Durchführung des Prognoseverfahrens setzt die Existenz einer funktionalen Komponente voraus, d.h. $\beta \neq 0$, da sonst nur eine rein zufällige gemeinsame Veränderung der Variablen X und Y erwartet werden kann. Der erste Schritt bei der Durchführung von Prognosen muß also darin bestehen, den Regressionskoeffizienten β darauf zu testen, ob er signifikant verschieden von Null ist.

Zum Test der Hypothese H_o: $\beta = \beta_o = 0$, H_a: $\beta \neq \beta_o = 0$ ist die Kenntnis von Verteilungsgesetz und Parametern der Stichprobenfunktion B erforderlich. Hier finden die Ergebnisse des Abschnitts 12.5.1.1. Verwendung. Für H_o: $\beta = \beta_o$, H_a: $\beta \neq \beta_o$ lautet die Prüfgröße:

$$T = \frac{(B-\beta_o)\sqrt{\Sigma(x_i-\bar{x})^2}}{S_V}$$

Die Zufallsvariable T folgt einer t-Verteilung mit $\nu = n-2$ Freiheitsgraden. Für H_o: $\beta = \beta_o = 0$, H_a: $\beta \neq \beta_o = 0$ reduziert sich die Prüfgröße auf:

$$T = \frac{B\sqrt{\Sigma(x_i-\bar{x})^2}}{S_V}$$

Ergibt der Test, daß β signifikant von Null verschieden ist, so kann ein Konfidenzintervall für β wie folgt berechnet werden: Für $D_t = T$ lassen sich Werte t_{α_1} und $t_{1-\alpha_2}$ unabhängig von β angeben, so daß gilt

$$P(t_{\alpha_1} \leq T \leq t_{1-\alpha_2}) = 1 - \alpha$$

Dies läßt sich in ein Zufallsintervall für β umformen:

$$P\left(t_{\alpha_1} \leq \frac{(B-\beta)\sqrt{\Sigma(x_i-\bar{x})^2}}{S_V} \leq t_{1-\alpha_2}\right) =$$

$$P\left(B-\frac{t_{1-\alpha_2}S_V}{\sqrt{\Sigma(x_i-\bar{x})^2}} \leq \beta \leq B-\frac{t_{\alpha_1}S_V}{\sqrt{\Sigma(x_i-\bar{x})^2}}\right) = 1-\alpha$$

Somit lautet das $(1-\alpha)\cdot 100$ % Konfidenzintervall für β:

$$\left[b-\frac{t_{1-\alpha_2}s_V}{\sqrt{\Sigma(x_i-\bar{x})^2}},\ b-\frac{t_{\alpha_1}s_V}{\sqrt{\Sigma(x_i-\bar{x})^2}}\right]$$

12.6.2. Konfidenzintervalle für den Erwartungswert $\mu_{Y|x_p}$ der abhängigen Variablen bei gegebenem Wert x_p der unabhängigen Variablen

Die Berechnung des Wertes $\tilde{y}_p$ für einen vorgegebenen Wert x_p der Variablen X als Schätzwert für $\mu_{Y|x_p}$ ist eine erste Möglichkeit der Prognose. Dieses Vorgehen entspricht der Punktschätzung. Als Ergänzung hierzu soll eine Intervallschätzung vorgenommen werden. Da A und B Zufallsvariable sind, ist wegen $\tilde{Y}_p = A + Bx_p$ auch $\tilde{Y}_p$ eine Zufallsvariable. Die Parameter der Stichprobenverteilung von $\tilde{Y}_p$ sind im folgenden Satz festgehalten:

Satz:
Sind die Hypothesen (1) - (3) erfüllt, so hat die Zufallsvariable $\tilde{Y}_p$ eine Stichprobenverteilung mit dem Erwartungswert $E(\tilde{Y}_p) = \mu_{Y|x_p}$ und der Varianz

$$Var(\tilde{Y}_p) = \sigma^2_{\tilde{Y}_p} = \sigma^2_U\left(\frac{1}{n}+\frac{(x_p-\bar{x})^2}{\Sigma(x_i-\bar{x})^2}\right)$$

Ist überdies Hypothese (4) erfüllt, so folgt $\tilde{Y}_p$ einer Normalverteilung.

Beweis:

$$E(\tilde{Y}_p) = E(A+Bx_p) = \alpha+\beta x_p = \mu_{Y|x_p}$$

$$\mathrm{Var}(\tilde{Y}_p) = E\left[\tilde{Y}_p - E(\tilde{Y}_p)\right]^2 = E(A+Bx_p-\alpha-\beta x_p)^2 =$$

$$= E(A-\alpha)^2 + x_p^2 E(B-\beta)^2 + 2x_p E\left[(A-\alpha)(B-\beta)\right] =$$

$$= \sigma_A^2 + x_p^2\sigma_B^2 + 2x_p\ \mathrm{Cov}(A,B) =$$

$$= \frac{\sigma_U^2}{n}\left(1 + \frac{n\bar{x}^2}{\Sigma(x_i-\bar{x})^2}\right) + x_p^2 \frac{\sigma_U^2}{\Sigma(x_i-\bar{x})^2} - 2\bar{x}x_p \frac{\sigma_U^2}{\Sigma(x_i-\bar{x})^2} =$$

$$= \sigma_U^2\left(\frac{1}{n} + \frac{(x_p-\bar{x})^2}{\Sigma(x_i-\bar{x})^2}\right)$$

Ist Hypothese (4) erfüllt, so sind A und B normalverteilt (vgl. 12.5.1.1.3. und 12.5.1.2.3.) und damit auch $\tilde{Y}_p$.

Die Varianz $\sigma^2_{\tilde{Y}_p}$ wird von zwei Komponenten bestimmt: Die erste ist abhängig vom Stichprobenumfang, die zweite vom Prognosewert x_p. Letztere ist umso größer, je weiter x_p vom Mittelwert $\bar{x}$ entfernt ist. Sie wird Null für $x_p = \bar{x}$.

Diesen Satz über die Stichprobenverteilung von $\tilde{Y}_p$ kann man folgendermaßen zur Bestimmung eines Konfidenzintervalls für $\mu_{Y|x_p}$ nutzen: Bei Gültigkeit der Hypothesen (1) - (4) gilt:

$$Z = \frac{\tilde{Y}_p - \mu_{Y|x_p}}{\sigma_{Y_p}} = \frac{\tilde{Y}_p - \mu_{Y|x_p}}{\sigma_U\sqrt{\frac{1}{n} + \frac{(x_p-\bar{x})^2}{\Sigma(x_i-\bar{x})^2}}}$$

Wird S_V^2 als Schätzfunktion für σ_U^2 verwendet, so ist

$$T = \frac{\tilde{Y}_p - \mu_{Y|x_p}}{S_V\sqrt{\frac{1}{n} + \frac{(x_p-\bar{x})^2}{\Sigma(x_i-\bar{x})^2}}}$$

t-verteilt mit ν = n-2 Freiheitsgraden. Die Begründung verläuft analog zu 12.5.1.1.3., Satz 2. Aus

$$P(t_{\alpha_1} \leq T \leq t_{1-\alpha_2}) = 1 - \alpha$$

ergibt sich das Zufallsintervall

$$P(\tilde{Y}_p - t_{1-\alpha_2} S_V \sqrt{\frac{1}{n} + \frac{(x_p-\bar{x})^2}{\Sigma(x_i-\bar{x})^2}} \leq \mu_{Y|x_p} \leq \tilde{Y}_p - t_{\alpha_1} S_V \sqrt{\frac{1}{n} + \frac{(x_p-\bar{x})^2}{\Sigma(x_i-\bar{x})^2}}) =$$

$$= 1 - \alpha$$

Das (1-α)·100 % Konfidenzintervall lautet also:

$$\left[\tilde{y}_p - t_{1-\alpha_2} s_V \sqrt{\frac{1}{n} + \frac{(x_p-\bar{x})^2}{\Sigma(x_i-\bar{x})^2}},\ \tilde{y}_p - t_{\alpha_1} s_V \sqrt{\frac{1}{n} + \frac{(x_p-\bar{x})^2}{\Sigma(x_i-\bar{x})^2}}\right]$$

12.6.3. Konfidenzintervalle für den Wert Y_p der abhängigen Variablen bei gegebenem Wert x_p der unabhängigen Variablen

In diesem Abschnitt wird erstmals die Bildung eines Konfidenzintervalls für eine Zufallsvariable erforderlich. Zur Erläuterung der Bedeutung eines solchen Konfidenzintervalls und zur Verdeutlichung des Unterschiedes zum Konfidenzintervall für eine Konstante müssen einige Vorüberlegungen angestellt werden.

Seien X_1 und X_2 Zufallsvariable und wie folgt definiert:

X_1 = "Einfacher Münzwurf mit Münze Nr. 1" und
X_2 = "Einfacher Münzwurf mit Münze Nr. 2".

Dem Ergebnis "Wappen" wird die Zahl 1 zugeordnet, dem Ergebnis "Zahl" die Zahl 0.

Für die Zufallsvariable $X_1 - X_2$ gilt folgende Werte- und Wahrscheinlichkeitstabelle (Wahrscheinlichkeiten stehen in Klammern):

X_1 \ X_2	0	1
0	0(1/4)	-1(1/4)
1	1(1/4)	0(1/4)

Es gilt beispielsweise

$P(X_1-X_2<0) = 1/4$ oder

$P(X_1<X_2) \quad = 1/4$

Es ist möglich, diese Beziehung als Zufallsintervall für die Variable X_1 zu interpretieren:

Mit der Wahrscheinlichkeit 1/4 liegt X_1 im Intervall

$]-\infty, X_2[$

Damit kann die inhaltliche Bedeutung einer Aussage von der Form

$P(X_1<X_2) = \alpha$

erläutert werden: Werden alle Ausprägungen der Zufallsvariablen X_1 und X_2 paarweise miteinander verglichen, so ist in 100α% der gebildeten Paare der Wert von X_1 kleiner als der Wert von X_2.

Graphische Veranschaulichung:

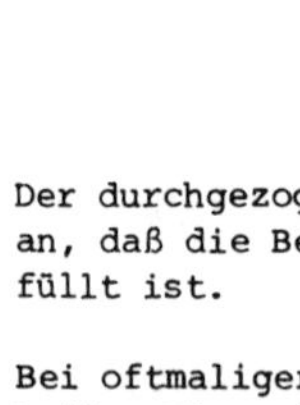

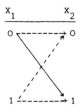

Der durchgezogene Pfeil, im Gegensatz zu den gestrichtelten, zeigt an, daß die Bedingung $X_1<X_2$ für die betreffenden Ausprägungen erfüllt ist.

Bei oftmaliger Wiederholung des Experimentes "gleichzeitiges Werfen beider Münzen" wird also Münze 1 in 25 % der Fälle eine geringere Ausprägung aufweisen als Münze 2.

Zur Interpretation des Ergebnisses der nachfolgenden Ausführungen werden die angestellten Überlegungen von Nutzen sein.

Wir nehmen nun an, es sei ein Wert x_p von X vorgegeben, der nicht mit einem der Werte x_i $(i = 1,2,...,n)$ aus unserer

Stichprobe übereinstimmt. Für diesen Wert x_p ist der zugehörige Wert y_p der abhängigen Variablen Y_p zu prognostizieren. Als erste Schätzung (Punktschätzung) von y_p können wir den Wert $\tilde{y}_p$ verwenden, der sich aus der geschätzten Regressionsgeraden ergibt. Der Wert y_p der sich tatsächlich einstellt, wird jedoch im allgemeinen von diesem Wert $\tilde{y}_p$ verschieden sein. Die Differenz $\tilde{y}_p - y_p$ heißt der Schätzfehler von y_p. Aus der Stichprobenverteilung des Schätzfehlers $\tilde{Y}_p - Y_p$ gewinnen wir ein Konfidenzintervall für den zu prognostizierenden Wert y_p. Die Stichprobenverteilung des Schätzfehlers lautet wie folgt:

Satz:

Sind die Hypothesen (1) - (4) erfüllt, so ist der Schätzfehler $\tilde{Y}_p - Y_p$ normalverteilt mit dem Erwartungswert $E(\tilde{Y}_p - Y_p) = 0$ und der Varianz

$$\operatorname{Var}(\tilde{Y}_p - Y_p) = \sigma^2_{\tilde{Y}_p - Y_p} = \sigma^2_U\left(1 + \frac{1}{n} + \frac{(x_p - \bar{x})^2}{\Sigma(x_i - \bar{x})^2}\right)$$

Beweis:

$$E(\tilde{Y}_p - Y_p) = E(\tilde{Y}_p) - E(Y_p) = 0$$

$$\operatorname{Var}(\tilde{Y}_p - Y_p) = E(\tilde{Y}_p - Y_p)^2 = E(\tilde{Y}_p - \mu_{Y|x_p} + \mu_{Y|x_p} - Y_p)^2 = E(\tilde{Y}_p - \mu_{Y|x_p} - U_p)^2 =$$

$$= E(\tilde{Y}_p - \mu_{Y|x_p})^2 + E(U_p^2) - 2E\left[(\tilde{Y}_p - \mu_{Y|x_p})U_p\right]$$

Der letzte Summand ist gleich Null. Es gilt

$$E\left[(\tilde{Y}_p - \mu_{Y|x_p})U_p\right] = E(\tilde{Y}_p U_p) - \mu_{Y|x_p} E(U_p) = E(\tilde{Y}_p U_p) = E(AU_p) + x_p E(BU_p) =$$

$$= E\left[(\bar{Y} - B\bar{x})U_p\right] + x_p E(BU_p) = E(\bar{Y}U_p) - (x_p - \bar{x})E(BU_p) =$$

$$= \frac{1}{n}\Sigma E(Y_i U_p) - (x_p - \bar{x})E(BU_p)$$

Schreibt man

$$Y_i = \alpha + \beta x_i + U_i \quad \text{und}$$

$$B = \frac{\Sigma(x_i - \bar{x})(Y_i - \bar{Y})}{\Sigma(x_i - \bar{x})^2} = \beta + \Sigma w_i(U_i - \bar{U})$$

so ist sofort ersichtlich, daß

$\frac{1}{n}\Sigma E(Y_i U_p) = 0$ und

$(x_p-\bar{x})E(BU_p) = 0$

Damit wird

$$Var(\tilde{Y}_p-Y_p) = E(\tilde{Y}_p-\mu_{Y|x_p})^2 + E(U_p^2) = \sigma^2_{Y_p} + \sigma^2_U = \sigma^2_U(1+\frac{1}{n}+\frac{(x_p-\bar{x})^2}{\Sigma(x_i-\bar{x})^2})$$

Der obige Satz kann zur Berechnung eines Konfidenzintervalls für Y_p verwendet werden. Es gilt nämlich:

$$Z = \frac{\tilde{Y}_p-Y_p}{\sigma_U\sqrt{1+\frac{1}{n}+\frac{(x_p-\bar{x})^2}{\Sigma(x_i-\bar{x})^2}}} \sim N(0;1)$$

Verwendet man S_V^2 als Schätzfunktion für σ_U^2, so folgt die Zufallsvariable

$$T = \frac{\tilde{Y}_p-Y_p}{S_V\sqrt{1+\frac{1}{n}+\frac{(x_p-\bar{x})^2}{\Sigma(x_i-\bar{x})^2}}}$$

einer t-Verteilung mit $\nu = n-2$ Freiheitsgraden. Aus

$$P(t_{1} \le T \le t_{1-\alpha_2}) = 1 - \alpha$$

erhält man durch Umformung

$$P(\tilde{Y}_p-t_{1-\alpha_2}S_V\sqrt{1+\frac{1}{n}+\frac{(x_p-\bar{x})^2}{\Sigma(x_i-\bar{x})^2}} \le Y_p \le \tilde{Y}_p - t_{\alpha_1}S_V\sqrt{1+\frac{1}{n}+\frac{(x_p-\bar{x})^2}{\Sigma(x_i-\bar{x})^2}}) =$$

$$= 1 - \alpha$$

In diesem Ausdruck ist Y_p durch ein Zufallsintervall eingegrenzt. Analog zu den einleitenden Ausführungen entwickeln wir folgende Vorstellung:

Zu vorgegebenen Werten von $x_1,\ldots,x_n$ werden durch n Zufallsziehungen die Ausprägungen $y_1,\ldots,y_n$ ermittelt. Für ein bestimmtes x_p wird der zugehörige Wert $\tilde{y}_p$ sowie das Intervall

$$\left[\tilde{y}_p - t_{1-\alpha_2} s_V \sqrt{1+\frac{1}{n}+\frac{(x_p-\bar{x})^2}{\Sigma(x_i-\bar{x})^2}},\ \tilde{y}_p - t_{\alpha_1} s_V \sqrt{1+\frac{1}{n}+\frac{(x_p-\bar{x})^2}{\Sigma(x_i-\bar{x})^2}}\right]$$

berechnet. Ebenso bestimmt man durch Zufallsziehung die Ausprägung y_p und vergleicht, ob y_p in diesem Intervall liegt. Bei häufiger Wiederholung dieses Vorgangs wird in $(1-\alpha)\cdot 100$ % der Fälle y_p in dem Konfidenzintervall liegen.

Die Breite des Konfidenzintervalls für Y_p bei alternativen Werten x_p ist schematisch in der folgenden Grafik dargestellt.

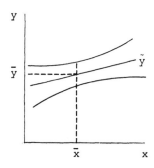

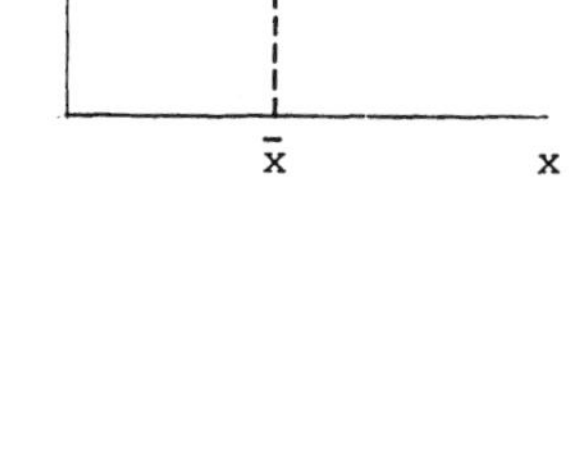

Aufgaben zu Kapitel 12

12.1. Beweisen Sie den Satz von Gauß-Markov:
Sind die Hypothesen (1) - (3) erfüllt, so sind die Kleinst-Quadrate-Schätzfunktionen A und B beste lineare unverzerrte Schätzfunktionen für α bzw. β.

12.2. Gegeben seien die Wertepaare (x_i, y_i) einer Stichprobe im Umfang n. Man zeige, daß die Summe der Abweichungen der y_i-Werte von den nach der Methode der kleinsten Quadrate berechneten $\tilde{y}_i$-Werten gleich Null ist. Ferner zeige man, daß $\bar{y} = \bar{\tilde{y}}$.

12.3. Die transformierten Wertepaare (x_i^*, y_i^*) mit $x_i^* = x_i - \bar{x}$ und $y_i^* = y_i - \bar{y}$ heißen Schwerpunktkoordinaten. Man berechne die Kleinst-Quadrate-Schätzwerte a^* für α und b^* für β unter Verwendung der Schwerpunktkoordinaten.

12.4. Man zeige, daß das Wertepaar $(\bar{x}, \bar{y})$ auf der nach der Methode der kleinsten Quadrate geschätzten Regressionsgeraden liegt.

12.5. Man leite eine Formel zur Berechnung von Konfidenzintervallen für die Varianz σ_U^2 der Störvariablen U unter den Hypothesen (1) - (4) des Regressionsmodells ab (Hinweis: Zur Gewinnung einer Schätzfunktion D_t vgl. 12.5.1.1.3., Satz 2).

12.6. Zur Analyse von Nachfragefunktionen wird in der Ökonomie häufig die "Elastizität der Nachfrage" verwendet.
Sei etwa eine Preis-Nachfragekurve NN gegeben (vgl. Skizze), welche bei alternativen hypothetischen Stückpreisen p die hypothetisch nachgefragte Stückzahl s des betreffenden Gutes beschreibt, so gilt:

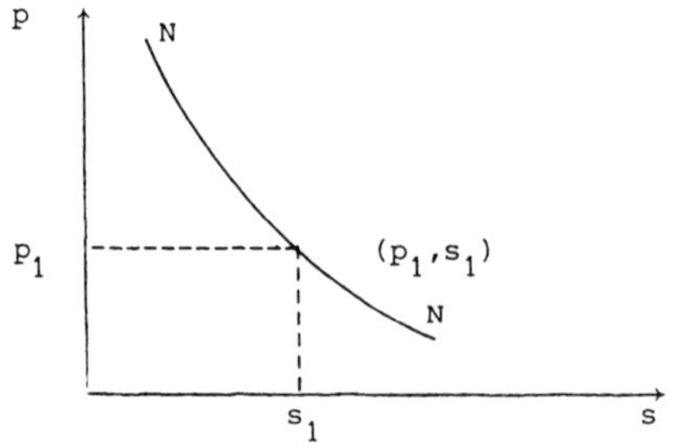

Die Preiselastizität der Nachfrage nach dem betreffenden Gut ist in einem bestimmten Punkt (p_1, s_1) der Preis-Nachfragekurve gegeben durch

$$\varepsilon_{(p_1,s_1)} = \left.\frac{\frac{ds}{dp}}{\frac{s_1}{p_1}}\right|_{(p_1,s_1)}$$ [1]

Leicht nachlässig interpretiert:
Die Preiselastizität der Nachfrage bei einer bestimmten Mengen-Preis-Kombination gibt an, um wieviel Prozent sich die Nachfrage nach einem Gut verändert, wenn sich der Preis des Gutes um 1 % erhöht.
Es sei nun angenommen, daß die Nachfragekurve der Grundgesamtheit linear ist. Aus einer Nachfrageanalyse kennen Sie folgende Stichprobengrößen (Hypothesen (1) - (4) seien erfüllt):

$$n = 30; \quad s_V^2 = 36; \quad \sum_{i=1}^{n} (s_i - \bar{s})^2 = 400; \quad b = -1{,}2.$$

Darüber hinaus kennen Sie die Mittelwerte der Grundgesamtheiten $\mu_S = 40$ und $\mu_P = 200$.

Berechnen Sie das zentrale 95 %-Konfidenzintervall für die Preiselastizität der Nachfrage im Punkt (μ_P, μ_S).

12.7. In Neubaugebieten (N) und Altbaugebieten (A) wurden je 15 zufällig ausgewählte Ehepaare nach der Anzahl ihrer Kinder unter 18 Jahren befragt, sowie nach der dem Haushalt zur Verfügung stehenden Wohnfläche in m^2.

Die Ergebnisse:

i	N		A	
	Anzahl der Kinder unter 18 Jahren (x_{N_i})	Wohnfläche in m^2 (y_{N_i})	Anzahl der Kinder unter 18 Jahren (x_{A_i})	Wohnfläche in m^2 (y_{A_i})
1	0	64	0	70
2	3	80	1	60
3	1	82	0	55
4	0	80	3	100
5	1	65	1	70
6	0	56	0	40
7	1	120	2	95
8	4	83	0	64
9	4	90	2	90
10	2	79	0	52
11	2	55	5	110
12	0	60	1	60
13	3	82	2	85
14	2	75	0	80
15	1	70	1	80

1) sprich: an der Stelle (p_1, s_1)

Zur Analyse der Befragungsergebnisse soll ein lineares Regressionsmodell zugrundegelegt werden, die Hypothesen (1) bis (4) seien gegebenenfalls erfüllt.

a) Berechnen Sie für die Neubaugebiete die Regressionsgerade zwischen Kinderzahl und Wohnfläche in m^2 mit der Wohnfläche als abhängiger Variabler!

b) Führen Sie entsprechend zu a) die Berechnungen für Albaugebiete durch!

12.8. Verwenden Sie die Daten und Angaben von Aufgabe 12.7.!

a) Wie groß ist das zentrale 95 %-Konfidenzintervall für den zu erwartenden Anstieg der Wohnfläche, der aus der Erhöhung der Kinderzahl um 1 resultiert?

b) Beantworten Sie Frage a) für Altbaugebiete!

c) Testen Sie die Nullhypothese, der Regressionskoeffizient betrage $\beta_{No} = 10$ ($\alpha = 0{,}05$).

12.9. Verwenden Sie die Daten und Angaben von Aufgabe 12.7.!
Testen Sie bei einer Irrtumswahrscheinlichkeit von $\alpha = 0{,}05$ die Nullhypothese, die beiden Regressionsgeraden weisen keine unterschiedlichen Steigungen auf.

[Hinweis: $\sigma_U^2 = 225$ sei für N und A bekannt, B_N und B_A seien voneinander unabhängig.]

12.10. Verwenden Sie die Daten und Angaben von Aufgabe 12.7.!
Wenn Sie nun in Altbaugebieten ein Ehepaar mit 4 Kindern zufällig auswählen, wie groß ist dann das zentrale 95 %-Konfidenzintervall für die durchschnittliche Wohnfläche dieser Familie in der Grundgesamtheit?
Wie unterscheidet sich davon das zentrale 95 %-Konfidenzintervall für die Wohnfläche einer zufällig ausgewählten Familie mit den genannten Merkmalen?

12.11. Ein Student der Volkswirtschaftslehre möchte sich einen Eindruck von der Entwicklung des Staatsverbrauchs (SV) relativ zu Bruttosozialprodukt (BSP) verschaffen. Er beschränkt seine Untersuchung auf die Periode von 1960 bis 1970. Nachdem er die Werte in jeweiligen Preisen deflationiert hat (zur Basis 1962), erhält er folgende Tabelle (Angaben in Mrd. DM):

Zeitraum	BSP	SV
1960	328,4	45,26
1961	364,2	48,12
1962	360,1	53,47
1963	372,5	57,19
1964	397,3	56,79
1965	419,5	59,53
1966	431,7	60,80
1967	430,8	62,71
1968	462,3	62,68
1969	499,3	66,16
1970	526,2	68,98

In einer ihm zugänglichen Untersuchung, die die säkulare Entwicklung des Verhältnisses SV : BSP zum Gegenstand hat, findet er die Angabe b = 0,14 für die Regression des Staatsverbrauchs auf das Bruttosozialprodukt. Nun ist ihm an der Beantwortung der folgenden Fragen gelegen. Die Hypothesen (1) - (4) seien erfüllt.

a) Wie groß sind die Schätzwerte a und b für die Regressionsparameter der Grundgesamtheit α und β, die er aus der von ihm gewählten Periode gewinnen kann?

b) Ist bei einer Irrtumswahrscheinlichkeit von $\alpha = 0{,}10$ der Regressionsparameter b signifikant verschieden von einem angenommenen Regressionsparameter der Grundgesamtheit $\beta_o = 0{,}14$?

(Zur vereinfachten Berechnung der sog. "Varianz der Reste" s_V^2 möchte er die Formel

$s_V^2 = \frac{1}{n-2}(\Sigma y_i^2 - a\Sigma y_i - b\Sigma x_i y_i)$ verwenden. Ist diese Formel aus

$s_V^2 = \frac{1}{n-2}\Sigma v_i^2$ ableitbar?)

c) Kann man von einer (langfristig gegebenen) Proportionalität des Staatsverbrauchs relativ zum Bruttosozialprodukt ausgehen, oder steht der Stichprobenbefund hierzu im Widerspruch ($\alpha = 0{,}05$)?

13. Korrelationsanalyse

In der Korrelationsanalyse versucht man ganz allgemein, die Intensität der statistischen Beziehung, d.h. die Stärke des Zusammenhangs zwischen zwei (oder mehreren) Zufallsvariablen zu bestimmen. Im Gegensatz zur Regressionsanalyse werden dabei beide Variablen als gleichberechtigt aufgefaßt, also keine Unterscheidung in unabhängige bzw. abhängige Variablen getroffen. Vor Behandlung des wichtigsten Korrelationsmaßes für lineare Beziehungen müssen die Produkt-Momente zweidimensionaler Verteilungen eingeführt werden. Sie wurden bereits in 5.2.3. definiert, sollen aber hier noch einmal behandelt werden.

13.1. Momente zweidimensionaler Verteilungen

Die Momente eindimensionaler Zufallsvariabler wurden bereits in allgemeiner Form eingeführt (vgl. 5.1.3.). Wichtige spezielle Momente waren Erwartungswert und Varianz (vgl. 5.1.1., 5.1.2.). Entsprechend kann man auch Momente von Verteilungen zweidimensionaler Zufallsvariabler definieren. Gegeben seien die Zufallsvariablen X und Y mit den Erwartungswerten μ_X und μ_Y und der gemeinsamen Wahrscheinlichkeitsfunktion $f_{X,Y}$ bzw. Dichtefunktion $f_{X,Y}$. Bilden wir eine Funktion g(X,Y) der Zufallsvariablen X und Y, so definieren wir ihren Erwartungswert als:

$$E[g(X,Y)] = \begin{cases} \sum\limits_i \sum\limits_j g(x_i,y_j)\, f_{X,Y}(x_i,y_j) & \text{für diskrete Zufallsvariablen} \\ \int\limits_{-\infty}^{\infty} \int\limits_{-\infty}^{\infty} g(x,y)\, f_{X,Y}(x,y)\, dy\, dx & \text{für stetige Zufallsvariablen} \end{cases}$$

Für zweidimensionale Zufallsvariablen sind spezielle Momente von besonderer Bedeutung, die als Produkt-Momente bezeichnet werden. Das Produkt-Moment um den Ursprung ist definiert als Erwartungswert der Funktion $g(X,Y) = X^r Y^s$, wobei r und s nicht-negative ganze Zahlen sind:

$$\mu'_{rs} = E(X^r \cdot Y^s) = \begin{cases} \sum\limits_i \sum\limits_j x_i^r y_j^s f_{X,Y}(x_i,y_j) & \text{für diskrete Zufallsvariablen} \\ \int\limits_{-\infty}^{\infty} \int\limits_{-\infty}^{\infty} x^r y^s f_{X,Y}(x,y)\,dydx & \text{für stetige Zufallsvariablen} \end{cases}$$

Das Produkt-Moment um den Erwartungswert ist der Erwartungswert der Funktion $g(X,Y) = (X-\mu_X)^r(Y-\mu_Y)^s$:

$$\mu_{rs} = E[(X-\mu_X)^r(Y-\mu_Y)^s] = \begin{cases} \sum\limits_i \sum\limits_j (x_i-\mu_X)^r(y_j-\mu_Y)^s f_{X,Y}(x_i,y_i) \\ \int\limits_{-\infty}^{\infty} \int\limits_{-\infty}^{\infty} (x-\mu_X)^r(y-\mu_Y)^s f_{X,Y}(x,y)\,dydx \end{cases}$$

Aus den Formeln ist leicht zu ersehen, daß die Produkt-Momente Verallgemeinerungen der Momente für eindimensionale Zufallsvariablen sind: Es ist $\mu'_{1;0} = E(X)$, $\mu'_{0;1} = E(Y)$, $\mu_{2;0} = Var(X)$ und $\mu_{0;2} = Var(Y)$. Das Produkt-Moment $\mu_{1;1}$ wurde im Abschnitt 6.3. bereits eingeführt und dort als Kovarianz bezeichnet:

$$\mu_{1;1} = Cov(X,Y) = E[(X-\mu_X)(Y-\mu_Y)]$$

Dieses Moment ist besonders wichtig, weil es bei der Definition des Korrelationskoeffizienten Verwendung findet.

13.2. Der Korrelationskoeffizient von Bravais-Pearson

13.2.1. Die Definition des Korrelationskoeffizienten

Gegeben seien die Zufallsvariablen X und Y, ihre Erwartungswerte μ_X und μ_Y, die Standardabweichungen $\sigma_X>0$ und $\sigma_Y>0$ sowie die gemeinsame Dichtefunktion $f_{X,Y}$. Wir bilden die Transformationen

$$X^* = \frac{X-\mu_X}{\sigma_X} \quad \text{und} \quad Y^* = \frac{Y-\mu_Y}{\sigma_Y}$$

Dann heißt die Größe

$$\rho_{X,Y} = \mathrm{Cov}(X^*,Y^*) = E(X^*Y^*) = E\left[\left(\frac{X-\mu_X}{\sigma_X}\right)\left(\frac{Y-\mu_Y}{\sigma_Y}\right)\right] = \frac{\mathrm{Cov}(X,Y)}{\sigma_X\sigma_Y}$$

der Bravais-Pearsonsche Korrelationskoeffizient von X und Y. Dem Korrelationskoeffizienten von Bravais-Pearson kommt in der theoretischen Statistik besondere Bedeutung zu. Er wird im folgenden kurz als Korrelationskoeffizient bezeichnet.

13.2.2. Eigenschaften des Korrelationskoeffizienten

Es sollen nun einige Eigenschaften des Korrelationskoeffizienten aufgezeigt werden. Man sieht sofort, daß er eine dimensionslose Größe ist. Die Formel für $\rho_{X,Y}$ ist eine standardisierte Form der Kovarianz. Diese Standardisierung wird durch Division mit $\sigma_X \cdot \sigma_Y$ erreicht, wodurch gleichzeitig die Dimensionen in Zähler und Nenner wegfallen.

Aus der Formel für die Kovarianz ist ferner zu ersehen, daß zunächst Produkte der Abweichungen der einzelnen Ausprägungen von X bzw. Y von ihren jeweiligen Erwartungswerten gebildet werden; diese Produkte werden gewogen mit den zugehörigen Wahrscheinlichkeiten ihres Auftretens und summiert. Die Kovarianz ist daher positiv, wenn mit unterdurchschnittlichen Ausprägungen von X (d.h. $x_i<\mu_X$) auch die zugehörigen

Ausprägungen von Y überwiegend unterhalb des arithmetischen Mittels von Y liegen und bei überdurchschnittlichen Werten von X auch die zugehörigen Y-Werte überdurchschnittlich sind. Entsprechend ist die Kovarianz negativ, wenn in der Mehrzahl der Fälle mit überdurchschnittlichen Werten von X unterdurchschnittliche Werte von Y, und mit unterdurchschnittlichen Werten von X überdurchschnittliche Werte von Y verbunden sind. Ist eine solche Tendenz nicht gegeben, gleichen sich die Summanden in etwa aus, und der Wert für die Kovarianz liegt in der Nähe von Null.

Für die Kovarianz kann man keine positive Obergrenze bzw. negative Untergrenze angeben. Durch die Standardisierung wird neben der Dimensionsbereinigung erreicht, daß eine Ober- und Untergrenze für den Korrelationskoeffizienten angegeben werden kann. Diese Eigenschaft halten wir in folgendem Satz fest:

Satz 1:

Es gilt stets $|\rho_{X,Y}| \leq 1$, d.h. der Korrelationskoeffizient kann nur Werte zwischen -1 und +1 annehmen.

Beweis:

Nach 5.2.4. und 5.1.1.2. gilt:

$Var(X^*+Y^*) = Var(X^*)+Var(Y^*)+ 2Cov(X^*,Y^*) = 2+2Cov(X^*,Y^*) = 2(1+\rho_{X,Y})$

Die linke Seite dieser Gleichung ist ≥ 0. Folglich ist auch die rechte Seite ≥ 0 und $\rho_{X,Y}$ darf nicht <-1 werden, sonst wird die rechte Seite negativ. Daraus folgt $\rho_{X,Y} \geq -1$.

Ferner ist

$Var(X^*-Y^*) = Var(X^*)+Var(Y^*)-2Cov(X^*,Y^*) = 2(1-\rho_{X,Y})$

Daraus folgt $\rho_{X,Y} \leq 1$

Insgesamt ergibt sich also $-1 \leq \rho_{X,Y} \leq 1$ oder $|\rho_{X,Y}| \leq 1$

Bereits an früherer Stelle wurde gezeigt, daß die Kovarianz (und damit auch der Korrelationskoeffizient) Null wird, wenn die Zufallsvariablen X und Y unabhängig sind (vgl. 5.2.1.). Der umgekehrte Schluß ist jedoch nicht zulässig: Ist Cov(X,Y)=

= 0, so folgt daraus nicht, daß X und Y unabhängig sind. Folgendes Beispiel soll dies erläutern: Die Zufallsvariable X nehme die Werte -2, -1, 1, 2 je mit der Wahrscheinlichkeit $\frac{1}{4}$ an. Es sei $Y = X^2$. Dann ist $\sigma_X > 0$ und $\sigma_Y > 0$ und $Cov(X,Y) = E(XY)-E(X)E(Y) = 0$, da $E(X) = 0$ und $E(XY) =$ $= \sum_i x_i y_i f_{X,Y}(x_i,y_i) = (-8-1+1+8)\frac{1}{4} = 0$. Damit wird auch $\rho_{X,Y} = 0$.

Wir sehen also, daß die allgemeine Bezeichnung Korrelationskoeffizient für die Größe $\rho_{X,Y}$ irreführend ist; sie erweckt den Eindruck, als sei $\rho_{X,Y}$ ein Maß für die Intensität des Zusammenhangs zwischen zwei Zufallsvariablen, unabhängig von der Art des funktionalen Zusammenhangs. Das Beispiel zeigt jedoch, daß $\rho_{X,Y}$ den Wert Null annehmen kann, obwohl die Veränderung der einen Zufallsvariablen ausschließlich funktional durch die der anderen Zufallsvariablen bestimmt wird. Es liegt daher die Vermutung nahe, daß $\rho_{X,Y}$ nur für eine spezielle Art des funktionalen Zusammenhangs einen sinnvollen Ausdruck für dessen Intensität liefert.

In der Tat ist der Korrelationskoeffizient nur ein sinnvolles Maß für die Annäherung der Wertepaare der beiden Zufallsvariablen X und Y durch eine lineare Beziehung (Gerade). Abweichungen vom linearen Zusammenhang werden allein der Zufallskomponenten zugeschrieben. Die Bedeutung dieser Aussage wird durch die folgende Ausführung weiter konkretisiert.

Bei endlichen Varianzen σ_X^2 und σ_Y^2 folgt aus $\rho_{X,Y} = 0$, daß zwischen X und Y keine lineare Abhängigkeit besteht. Bestimmt man in diesem Fall nach der Methode der kleinsten Quadrate für die zweidimensionale Dichtefunktion $f_{X,Y}$ den linearen Zusammenhang, so ergibt sich wegen

$$\rho_{X,Y} = \frac{Cov(X,Y)}{\sigma_X \sigma_Y} = \frac{\beta}{\sigma_Y} \cdot \sigma_X$$

sofort

$$\beta = \rho_{X,Y} \cdot \frac{\sigma_Y}{\sigma_X} = 0 \text{ (wenn } \sigma_Y < \infty \text{ und } \sigma_X > 0\text{)},$$

also eine Parallele zur Abszisse. Y bleibt somit durch Änderungen von X unbeeinflußt.

Ist bei endlichen Varianzen σ_X^2 und σ_Y^2 der Korrelationskoeffizient $\rho_{X,Y}$ in der Grundgesamtheit dem Betrage nach gleich Eins, so erklärt die lineare Beziehung die Abhängigkeit zwischen X und Y vollständig.

Satz 2:

Der Korrelationskoeffizient $\sigma_{X,Y}$ nimmt einen der Werte ± 1 dann und nur dann an, wenn X und Y linear voneinander abhängen.

Beweis:

a) Sei $Y = \alpha+\beta X+U$ mit $U \equiv 0$,

$$\rho_{X,Y} = \frac{Cov(X,Y)}{\sigma_X\sigma_Y} = \frac{Cov(X,\alpha+\beta X)}{\sigma_X\sigma_{\alpha+\beta X}} = \frac{\beta Cov(X,X)}{|\beta|\sigma_X\sigma_X} = \frac{\beta}{|\beta|} = \begin{cases} 1 & \text{für } \beta>0 \\ -1 & \text{für } \beta<0 \end{cases}$$

b) Sei $\rho_{X,Y} = 1$, dann ist

$Var(X^*-Y^*) = 2(1-\rho_{X,Y}) = 0.$

Das bedeutet, die Variable X^*-Y^* nimmt nur einen Wert c an:

$X^*-Y^* = c$ oder

$Y^* = X^* - c$

$$\frac{Y-E(Y)}{\sigma_Y} = \frac{X-E(X)}{\sigma_X} - c$$

$$Y = \frac{\sigma_Y}{\sigma_X} X - \frac{\sigma_Y}{\sigma_X} E(X) - c\sigma_Y + E(Y)$$

Diese Gleichung läßt sich nun in der Form schreiben:

$Y = \alpha+\beta X$

mit $\alpha = -\frac{\sigma_Y}{\sigma_X} E(X) - c\sigma_Y + E(Y)$

und $\beta = \frac{\sigma_Y}{\sigma_X}$

Für $\rho_{X,Y} = -1$ ist die Beweisführung entsprechend.

Der Korrelationskoeffizient gibt demnach bei linearer Abhängigkeit ein Maß für die Größe der Zufallskomponente. Je geringer ihr Einfluß ist, desto näher liegt der Korrelationskoeffizient dem Betrag nach bei 1.

Eine weitere Eigenschaft des Korrelationskoeffizienten ist noch zu erwähnen. Der Wert des Koeffizienten ist unabhängig vom Ursprung und der Maßeinheit der Variablen X und Y; denn es ist für $b_1>0$, $b_2>0$

$$\rho_{a_1+b_1X,a_2+b_2Y} = \frac{b_1b_2\mathrm{Cov}(X,Y)}{b_1b_2\sigma_X\sigma_Y} = \rho_{XY}$$

13.3. Der Korrelationskoeffizient der Stichprobe

Gegeben sei eine zweidimensionale Zufallsvariable (X,Y) mit der gemeinsamen Wahrscheinlichkeitsdichtefunktion $f_{X,Y}$. Aus dieser Grundgesamtheit wird eine einfache Zufallsstichprobe im Umfang n gezogen. Man erhält die Ausprägungen (x_1,y_1), $(x_2,y_2),\ldots,(x_n,y_n)$ der zweidimensionalen Zufallsvariablen (X,Y). Der Stichprobenkorrelationskoeffizient ist definiert als

$$r_{X,Y} = \frac{s_{X,Y;n}}{s_{X,n}\cdot s_{Y,n}} = \frac{s_{X,Y}}{s_Xs_Y} = \frac{\Sigma(x_i-\bar{x})(y_i-\bar{y})}{\sqrt{\Sigma(x_i-\bar{x})^2\Sigma(y_i-\bar{y})^2}}$$

Die Formel für $r_{X,Y}$ ergibt sich, wenn in der Definition von $\rho_{X,Y}$ anstelle der Grundgesamtheitsmomente die Stichprobenmomente eingesetzt werden. Statt E(X), E(Y), σ_X, σ_Y setzt man $\bar{x}$, $\bar{y}$, $s_{X,n}$ (bzw. s_X), $s_{Y,n}$ (bzw. s_Y). Für Cov(X,Y) wird häufig auch $\sigma_{X,Y}$ geschrieben; dann ist $s_{X,Y,n} = \frac{1}{n}\Sigma(x_i-\bar{x})(y_i-\bar{y})$ die Stichprobenkovarianz ($s_{X,Y} = \frac{1}{n-1}\Sigma(x_i-\bar{x})(y_i-\bar{y})$).

Auch für den Korrelationskoeffizienten $\rho_{X,Y}$ kann mit Hilfe der Maximum-Likelihood-Methode ein Schätzwert $\hat{\rho}_{ML}$ bestimmt werden. Ist $f_{X,Y}$ eine zweidimensionale Normalverteilung, so gilt $\hat{\rho}_{ML} = r_{X,Y}$. Zum Beweis dieser Behauptung vgl. Aufgabe

13.3.1. Die Verteilung des Stichprobenkorrelationskoeffizienten $R_{X,Y}$

Die Verteilung des Stichprobenkorrelationskoeffizienten $R_{X,Y}$ kann nur dann angegeben werden, wenn die gemeinsame Dichtefunktion $f_{X,Y}$ der Zufallsvariablen (X,Y) eine Normalverteilung ist. In diesem Fall hat die Stichprobenfunktion $R_{X,Y}$ eine Verteilung mit der Dichtefunktion

$$f_R(r) = \frac{n-2}{\pi}(1-\rho^2)^{\frac{n-1}{2}}(1-r^2)^{\frac{n-4}{2}} \int_0^1 \frac{x^{n-2}}{(1-\rho rx)^{n-1}\sqrt{1-x^2}}\,dx$$

wobei ρ und R als Kurzschreibweise für $\rho_{X,Y}$ bzw. $R_{X,Y}$ steht.

Zur Ableitung dieser Dichtefunktion vgl. Fisz, S. 297 ff.

Bei festem Stichprobenumfang n hängt die Verteilung des Koeffizienten $R_{X,Y}$ nur vom Korrelationskoeffizienten $\rho_{X,Y}$ ab. Die Verteilung von $R_{X,Y}$ strebt zwar für $n\to\infty$ gegen eine Normalverteilung; diese Konvergenz geht jedoch sehr langsam vor sich, da die Verteilung von $R_{X,Y}$ um so schiefer ist, je weiter $\rho_{X,Y}$ von Null abweicht. Für n = 9 ist die Verteilung von $R_{X,Y}$ bei $\rho_{X,Y}$ = 0 und $\rho_{X,Y}$ = 0,8 in der folgenden Graphik dargestellt.

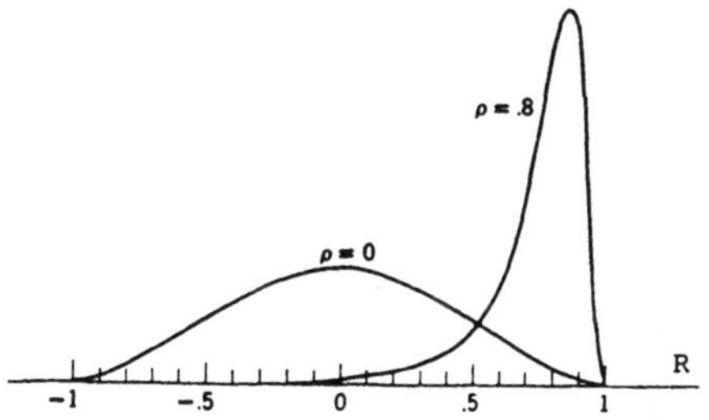

Hat man einen Stichprobenumfang von $n \geq 500$, so ist es zulässig, für $R_{X,Y}$ eine Normalverteilung anzunehmen mit

$$E(R_{X,Y}) \doteq \rho_{X,Y}$$

$$Var(R_{X,Y}) \doteq \frac{(1-\rho_{X,Y}^2)^2}{n}$$

Da in praktischen Anwendungen selten so große Stichprobenumfänge vorliegen, ist hier ein Ausweg zu suchen. Es gibt folgende Möglichkeiten:

(a) Für viele Anwendungen interessiert die Verteilung von $R_{X,Y}$ für den Fall $\rho_{X,Y} = 0$, z.B. dann, wenn die Nullhypothese H_0: $\rho_{X,Y} = \rho^0_{X,Y} = 0$ getestet werden soll. In diesem Fall folgt die Zufallsvariable

$$T = \frac{R_{X,Y}}{\sqrt{1-R^2_{X,Y}}} \cdot \sqrt{n-2}$$

einer t-Verteilung mit $\nu = n-2$ Freiheitsgraden. Zur Ableitung vgl. Fisz, S. 300.

(b) R.A. Fisher hat gezeigt, daß die Transformation

$$U = \frac{1}{2} \ln \frac{1+R_{X,Y}}{1-R_{X,Y}} \doteq 1,1513 \log \frac{1+R_{X,Y}}{1-R_{X,Y}}$$

asymptotisch normalverteilt ist mit den Parametern

$$E(U) = \frac{1}{2} \ln \frac{1+\rho_{X,Y}}{1-\rho_{X,Y}}$$

$$Var(U) = \frac{1}{n-3}$$

und bereits für $n \geq 25$ gute Annäherungen liefert. Sofern der Stichprobenumfang hinreichend groß ist und die Grundgesamtheit einer zweidimensionalen Normalverteilung folgt, kann die Zufallsvariable U zur Durchführung von Tests und Berechnung von Konfidenzintervallen für den Korrelationskoeffizienten verwendet werden.

13.3.2. Tests und Konfidenzintervalle für den Korrelationskoeffizienten $\rho_{X,Y}$ der Grundgesamtheit

Die Ergebnisse des Abschnitts 13.3.1. sollen nun verwendet werden, um Tests für $\rho_{X,Y}$ durchzuführen und Konfidenzintervalle zu berechnen. Stets ist dabei Voraussetzung, daß die gemeinsame Dichtefunktion von X und Y eine Normalverteilung ist.

Lautet die Nullhypothese H_0: $\rho_{X,Y} = \rho^0_{X,Y} = 0$, so kann diese Hypothese mit Hilfe der Zufallsvariablen

$$T = \frac{R_{X,Y}}{\sqrt{1-R^2_{X,Y}}}\sqrt{n-2}$$

für beliebige Stichprobenumfänge geprüft werden.

Beispiel:

Eine zweidimensionale Zufallsvariable (X,Y) sei normalverteilt. Eine einfache Zufallsstichprobe im Umfang n = 18 ergibt einen Stichprobenkorrelationskoeffizienten $r_{X,Y} = 0{,}30$. Bei einem Signifikanzniveau von $\alpha = 0{,}05$ ist die Hypothese zu prüfen, $\rho_{X,Y}$ sei Null.

Die Hypothesen dieses zweiseitigen Tests lauten:

H_0: $\rho_{X,Y} = \rho^0_{X,Y} = 0$

H_a: $\rho_{X,Y} \neq \rho^0_{X,Y}$

Man erhält den Stichprobenwert

$$t = \frac{r_{X,Y}\sqrt{n-2}}{\sqrt{1-r^2_{X,Y}}} = \frac{0{,}3\sqrt{18-2}}{\sqrt{1-0{,}09}} = 1{,}26$$

Bei 16 Freiheitsgraden ist $t_{0,975} = 2{,}12$. Die Nullhypothese kann daher nicht abgelehnt werden.

Liegt aber ein Stichprobenumfang $n \geq 25$ vor, so kann jede Nullhypothese H_0: $\rho_{X,Y} = \rho^0_{X,Y}$ (also auch $\rho^0_{X,Y} = 0$) mit Hilfe der Fisherschen Transformation

$$U = \frac{1}{2}\ln\frac{1+R_{X,Y}}{1-R_{X,Y}}$$

getestet werden. Zur Durchführung des Tests verwendet man die Standardnormalvariable

$$Z = \frac{U-E(U)}{\sigma_U} = \frac{\frac{1}{2}\ln\frac{1+R_{X,Y}}{1-R_{X,Y}} - \frac{1}{2}\ln\frac{1+\rho^O_{X,Y}}{1-\rho^O_{X,Y}}}{\sqrt{\frac{1}{n-3}}}$$

Beispiel:

Eine einfache Zufallsstichprobe vom Umfang n = 28 aus einer normalverteilten Grundgesamtheit ergab einen Korrelationskoeffizienten $r_{X,Y} = 0{,}75$. Bei einem Signifikanzniveau von $\alpha = 0{,}05$ ist die Hypothese $\rho^O_{X,Y} = 0{,}60$ zu testen.

Es gilt

H_O: $\rho_{X,Y} = \rho^O_{X,Y} = 0{,}60$

Man berechnet:

$$u = 1{,}1513 \log \frac{1+0{,}75}{1-0{,}75} = 0{,}973$$

$$E(U) = 1{,}1513 \log \frac{1+0{,}6}{1-0{,}6} = 0{,}6931$$

$$\sigma_U = \frac{1}{\sqrt{n-3}} = 0{,}2$$

$$z = \frac{0{,}973-0{,}6932}{0{,}2} = 1{,}399$$

Da $z<z_{0,975} = 1{,}96$, kann die Nullhypothese nicht abgelehnt werden.

Hinweis:

Die Werte der Fisherschen Transformation von r in u(r) sind in einigen Tabellenwerken zur Statistik enthalten.

Zur Berechnung von Konfidenzintervallen für $\rho_{X,Y}$ ist von der Standardnormalvariablen

$$Z = \frac{U - \frac{1}{2}\ln\frac{1+\rho_{X,Y}}{1-\rho_{X,Y}}}{\sqrt{\frac{1}{n-3}}}$$

auszugehen. Dann gilt:

$$P(z_{\alpha_1} \leq (U - \frac{1}{2} \ln \frac{1+\rho_{X,Y}}{1-\rho_{X,Y}} \sqrt{n-3} \leq z_{1-\alpha_2}) =$$

$$P(U - \frac{z_{1-\alpha_2}}{\sqrt{n-3}} \leq \frac{1}{2} \ln \frac{1+\rho_{X,Y}}{1-\rho_{X,Y}} \leq U - \frac{z_{\alpha_1}}{\sqrt{n-3}} = 1 - \alpha$$

Nun läßt sich die Areatangensfunktion (Artanh) anwenden. Es gilt:

$$\text{Artanh } \rho_{X,Y} = \frac{1}{2} \ln \frac{1+\rho_{X,Y}}{1-\rho_{X,Y}}$$

Daher lautet das Zufallsintervall:

$$P(U - \frac{z_{1-\alpha_2}}{\sqrt{n-3}} \leq \text{Artanh } \rho_{X,Y} \leq U - \frac{z_{\alpha_1}}{\sqrt{n-3}}) = 1 - \alpha$$

Die Umkehrfunktionen der Areafunktionen sind die Hyperbelfunktionen. So ist der Hyperbeltangens (tanh) die Umkehrfunktion zu Artanh und es gilt dann:

$$P[\tanh(U - \frac{z_{1-\alpha_2}}{\sqrt{n-3}}) \leq \rho_{X,Y} \leq \tanh(U - \frac{z_{\alpha_1}}{\sqrt{n-3}})] = 1 - \alpha$$

Damit lautet das $(1-\alpha)\cdot 100$ %-Konfidenzintervall für $\rho_{X,Y}$.

$$[\tanh(u - \frac{z_{1-\alpha_2}}{\sqrt{n-3}}), \quad \tanh(u - \frac{z_{\alpha_1}}{\sqrt{n-3}})]$$

Beispiel:

Aus einer Grundgesamtheit mit einer zweidimensionalen Normalverteilung wird eine einfache Zufallsstichprobe im Umfang n = 100 gezogen. Der errechnete Stichprobenkorrelationskoeffizient beträgt $r_{X,Y}$ = 0,674. Für $\rho_{X,Y}$ ist das zentrale 95 %-Konfidenzintervall zu berechnen.

Es gilt

$$P(U - \frac{z_{0,975}}{\sqrt{n-3}} \leq \frac{1}{2} \ln \frac{1+\rho_{X,Y}}{1-\rho_{X,Y}} \leq U + \frac{z_{0,975}}{\sqrt{n-3}}) = 0,95$$

Das 95 %-Konfidenzintervall für E(U) lautet:

$$[\frac{1}{2} \ln \frac{1+0,674}{1-0,674} - 1,96 \cdot \frac{1}{\sqrt{97}} , \frac{1}{2} \ln \frac{1+0,674}{1-0,674} + 1,96 \cdot \frac{1}{\sqrt{97}}] = [0,62;1,02]$$

Die zu 0,62 bzw. 1,02 gehörigen Werte des Hyperbeltangens (nachzuschlagen z.B. bei Bronstein-Semendjajew, S. 37) bilden die Grenzen des 95 %-Konfidenzintervalls für $\rho_{X,Y}$:

[0,55;0,77]

Will man das Nachschlagen des Hyperbeltangens umgehen, so muß die Ungleichung

$$0{,}62 \leq \frac{1}{2} \ln \frac{1+\rho_{X,Y}}{1-\rho_{X,Y}} \leq 1{,}02$$

nach $\rho_{X,Y}$ aufgelöst werden. Weitere Umformung ergibt:

$$1{,}24 \leq \ln \frac{1+\rho_{X,Y}}{1-\rho_{X,Y}} \leq 2{,}04$$

$$e^{1,24} \leq \frac{1+\rho_{X,Y}}{1-\rho_{X,Y}} \leq e^{2,04}$$

$$3{,}455 \leq \frac{1+\rho_{X,Y}}{1-\rho_{X,Y}} \leq 7{,}691$$

$$0{,}55 \leq \rho_{X,Y} \leq 0{,}77$$

Aufgaben zu Kapitel 13

13.1. Eine zweidimensionale Zufallsvariable (X,Y) folge einer zweidimensionalen Normalverteilung. Man berechne den Maximum-Likelihood-Schätzwert für den Korrelationskoeffizienten $\rho_{X,Y}$.

13.2. Aus der zu einer zweidimensionalen Zufallsvariablen (X,Y) gehörigen Grundgesamtheit werde eine einfache Zufallsstichprobe im Umfang n gezogen. Die erhaltenen Wertepaare werden mit (x_i,y_i), $i = 1,2,\dots,n$ bezeichnet. Die Regressionsgerade der Stichprobe, mit Y als abhängiger Variabler, werde mit $\tilde{y} = a_o+b_o x$ bezeichnet. Dann gilt bekanntlich nach der Methode der kleinsten Quadrate:

$$a_o = \bar{y} - b_o\bar{x}$$

$$b_o = \frac{\Sigma(x_i-\bar{x})(y_i-\bar{y})}{\Sigma(x_i-\bar{x})^2}$$

a) Man berechne die Regressionsgerade der Stichprobe $\tilde{x} = a_1+b_1 y$ mit X als abhängiger Variabler ebenfalls nach der Methode der kleinsten Quadrate.

b) Man zeige, daß gilt

$$r^2_{X,Y} = b_o b_1$$

13.3. Aus der zur zweidimensionalen Zufallsvariablen (X,Y) gehörigen Grundgesamtheit wird eine einfache Zufallsstichprobe im Umfang n gezogen. Aus den Wertepaaren (x_i,y_i) wird die Summe der quadrierten Abweichungen der y-Werte vom arithmetischen Mittel $\bar{y}$ berechnet:

$$\Sigma(y_i-\bar{y})^2$$

a) Man zeige, daß sich diese Quadratsumme in eine Quadratsumme der durch die Regressionsgerade der Stichprobe (mit Y als abhängiger Variablen) erklärten Abweichungen $\tilde{y}_i-\bar{y}$ und eine Quadratsumme der durch die Regressionsgerade nicht erklärten Abweichungen $y_i-\tilde{y}_i$ zerlegen läßt, d.h. daß gilt:

$$\Sigma(y_i-\bar{y})^2 = \Sigma(y_i-\tilde{y}_i)^2+\Sigma(\tilde{y}_i-\bar{y})^2$$

b) Der Anteil der durch die Regressionsgerade erklärten Varianz der y-Werte an der Gesamtvarianz, also

$$D = \frac{\frac{1}{n}\Sigma(\tilde{y}_i-\bar{y})^2}{\frac{1}{n}\Sigma(y_i-\bar{y})^2} = \frac{\Sigma(\tilde{y}_i-\bar{y})^2}{\Sigma(y_i-\bar{y})^2}$$

heißt Determinationskoeffizient oder Bestimmtheitsmaß. Man zeige, daß gilt:

$$D = r^2_{X,Y} .$$

13.4. a) Eine Stichprobe im Umfang $n = 27$ aus einer Grundgesamtheit mit einer zweidimensionalen Normalverteilung ergibt einen Korrelationskoeffizienten von $r_{X,Y} = 0{,}50$. Kann bei einem Signifikanzniveau von $\alpha = 0{,}05$ (einseitig) die Behauptung abgelehnt werden, es sei $\rho_{X,Y} = 0$?

b) Welches ist der Mindeststichprobenumfang, damit ein Korrelationskoeffizient von 0,50 bei $\alpha = 0{,}05$ (einseitig) signifikant von Null verschieden ist?

13.5. Eine zweidimensionale Zufallsvariable (X,Y) folge einer zweidimensionalen Normalverteilung. Aus einer Stichprobe im Umfang $n = 18$ wird ein Korrelationskoeffizient $r_{X,Y} = 0{,}35$ ermittelt. Bei einem Signifikanzniveau von $\alpha = 0{,}05$ ist die Behauptung zu prüfen, die Zufallsvariablen X und Y seien unabhängig.

13.6. Aus einer Stichprobe im Umfang $n = 28$ aus einer Grundgesamtheit mit einer zweidimensionalen Normalverteilung wird der Korrelationskoeffizient zu $r_{X,Y} = 0{,}70$ berechnet. Man prüfe die Behauptung, der Korrelationskoeffizient der Grundgesamtheit betrage $\rho_{X,Y} = 0{,}6$ ($\alpha = 0{,}05$ einseitig).

13.7. Eine Grundgesamtheit folge einer zweidimensionalen Normalverteilung. Aus einer Stichprobe im Umfang $n = 36$ wird der Korrelationskoeffizient zu $r_{X,Y} = 0{,}80$ ermittelt. Man berechne das zentrale 95 %-Konfidenzintervall für $\rho_{X,Y}$.

13.8. Die Wertepaare (x_i, y_i), $i = 1,2,\ldots,n$ einer Stichprobe werden wie folgt standardisiert:

$$x_i^* = \frac{x_i - \bar{x}}{s_{X,n}} \qquad y_i^* = \frac{y_i - \bar{y}}{s_{Y,n}}$$

Man berechne die Regressionsgerade $\tilde{y}^* = a^* + b^* x^*$ nach der Methode der kleinsten Quadrate. Welche Größe stellt der Koeffizient b^* dar?

13.9. Die Faktorenanalyse eines Intelligenztests mit 9 paarweise zweidimensional normalverteilten Variablen bei 22 Personen ergibt 36 Korrelationskoeffizienten oberhalb der Hauptdiagonalen. Von welchem numerischen Wert an sind diese Korrelationskoeffizienten bei $\alpha = 0{,}05$ signifikant von Null verschieden?

13.10. Eine Untersuchung des Zusammenhanges zwischen der Veränderung des Geldvolumens (M_1) und der Veränderung des Preisniveaus (Preisindex für die Lebenshaltung) ergab für 2 Länder A und B Korrelationskoeffizienten von $r_A = 0{,}48$ und $r_B = 0{,}72$.

Besteht zwischen diesen aufgrund von $n_A = 27$ und $n_B = 32$ Perioden berechneten Koeffizienten bei $\alpha = 0{,}05$ ein statistisch signifikanter Unterschied?

In beiden Ländern sollen die Variablen "Veränderung des Geldvolumens" und "Veränderung des Preisniveaus" einer zweidimensionalen Normalverteilung folgen. Ferner erfolge die Ziehung der Stichproben in beiden Ländern voneinander unabhängig.

13.11. Um die Frage zu beantworten, ob sich Bordeaux-Weine (mit der Auszeichnung "premier cru") auch als Geldanlage eignen, kalkuliert ein Spekulant den Korrelationskoeffizienten zwischen dem Alter und den Preisen von 25 aus verschiedenen Jahrgängen stammenden Weinen. Er erhält einen Koeffizienten von $r_{X,Y} = 0,67$.

Testen Sie bei einer Irrtumswahrscheinlichkeit von $\alpha = 0,01$ die Hypothesen:

a) $H_0: \rho_{X,Y} = \rho^0_{X,Y} = 0$; $H_a: \rho_{X,Y} \neq \rho^0_{X,Y} = 0$

b) $H_0: \rho_{X,Y} \geqq \rho^0_{X,Y} = 0,5$; $H_a: \rho_{X,Y} < \rho^0_{X,Y} = 0,5$

c) Berechnen Sie das zentrale 95 %-Konfidenzintervall für $\rho_{X,Y}$.

Die Verteilungsvoraussetzungen seien gegeben.

Anhang

Lösungshinweise zu den Aufgaben

Lösungen zu Kapitel 8

8.1. Auswahlvorschrift: Gleichzeitiges Werfen beider Würfel und Bilden der Augensumme. Es gibt 36 verschiedene gleichwahrscheinliche Elementarereignisse, von denen jedes eine Zahl von 0 bis 35 darstellt.

8.2. a) Zum Beweis betrachten wir die Stichprobe als Abfolge von Ziehungen. Es gibt insgesamt N^n verschiedene Pfade (Stichproben). Die Wahrscheinlichkeit, das Element a_k beim i-ten Versuch zu ziehen $(i=1,2,\ldots,n)$, ist dann gleich dem Anteil der Pfade mit dem Element a_k an der i-ten Stelle (und beliebigen Elementen an den übrigen n-1 Stellen) an der Gesamtzahl der Pfade. Es gibt insgesamt $N^{i-1}\cdot 1\cdot N^{n-i} = N^{n-1}$ Pfade mit a_k an der i-ten Stelle. Folglich ist die Wahrscheinlichkeit für das Element a_k an der i-ten Stelle gleich

$$P_i(a_k) = \frac{N^{n-1}}{N^n} = \frac{1}{N}$$

Die gesuchte Wahrscheinlichkeit ist damit von der Nummer der Ziehung unabhängig.

b) Jede der Zufallsvariablen X_i kann die Ausprägung 0 oder 1 annehmen. Die Wahrscheinlichkeit für die Ausprägung $X_i = 1$ ist gleich der Wahrscheinlichkeit, bei dem i-ten Versuch eine der Personen $a_1,\ldots,a_M$ auszuwählen. Damit wird

$$P(X_i=1) = P_i(a_1)+P_i(a_2)+\ldots P_i(a_M) = \underbrace{\frac{1}{N}+\frac{1}{N}+\ldots\frac{1}{N}}_{M\text{-mal}} = \frac{M}{N} = \Pi$$

Entsprechend ist die Wahrscheinlichkeit

$$P(X_i=0) = \frac{N-M}{N} = 1-\Pi$$

Da die gefundene Lösung nicht von der Ziehung Nr. i abhängt, haben alle Zufallsvariablen die gleiche Verteilung. Ferner stimmen die gefundenen Verteilungen der X_i mit der Verteilung von X überein.

c) n Zufallsvariable $X_1,X_2,\ldots,X_n$ heißen stochastisch unabhängig, wenn gilt

$$P(X_1=x_1,X_2=x_2,\ldots,X_n=x_n) = P(X_1=x_1)P(X_2=x_n)\cdot\ldots\cdot P(X_n=x_n)$$

für alle n-tupel von Ausprägungen $(x_1,\ldots,x_n)$ der Zufallsvariablen $X_1,\ldots,X_n$, wobei $x_1\varepsilon\{0,1\}$; $x_2\varepsilon\{0,1\}$;...;$x_n\varepsilon\{0,1\}$. Insgesamt ist also die obige Beziehung für 2^n n-tupel nachzuweisen.

Für den Fall $x_1=1,x_2=1,\ldots,x_n=1$ ist

$$P(X_1=1,X_2=1,\ldots,X_n=1) = \frac{M\cdot M\cdot\ldots\cdot M}{N^n} =$$

$$= \underbrace{\frac{M}{N}\cdot\frac{M}{N}\cdot\ldots\cdot\frac{M}{N}}_{n\text{ Faktoren}} = \Pi^n = P(X_1=1)P(X_2=1)\cdot\ldots\cdot P(X_n=1)$$

Die Darstellung dieses Falles zeigt, daß sich der Ausdruck $P(X_1=x_1,\ldots,X_n=x_n)$ als Produkt von n Faktoren schreiben läßt. Der i-te Faktor (i=1,2,...,n) ist

$$\frac{M}{N} = \Pi, \text{ falls } X_i=1 \text{ oder } \frac{N-M}{N} = 1-\Pi \text{ für } X_i = 0.$$

Daher gilt für jedes der 2^n möglichen n-tupel:

$$P(X_1=x_1,X_2=x_2,\ldots,X_n=x_n) = P(X_1=x_1)P(X_2=x_2)\ldots P(X_n=x_n)$$

8.3. a) Es gibt insgesamt $\frac{N!}{(N-n)!}$ verschiedene Pfade (Stichproben). Die Zahl der Pfade mit dem Element a_k an der i-ten Stelle ist gleich $(N-1)(N-2)\ldots(N-i+1)\cdot 1\cdot(N-i)(N-i-1)\ldots(N-n+1)$. Damit wird die Wahrscheinlichkeit, das Element a_k an der i-ten Stelle zu ziehen, gleich

$$P_i(a_k) = \frac{(N-1)(N-2)\ldots(N-i+1)\cdot 1\cdot(N-i)(N-i-1)\ldots(N-n+1)}{\frac{N!}{(N-n)!}} =$$

$$= \frac{(N-1)(N-2)\ldots(N-i+1)\cdot 1\cdot(N-i)(N-i-1)\ldots\cdot 2\cdot 1}{N\cdot(N-1)(N-2)\ldots\cdot 2\cdot 1} = \frac{1}{N}$$

b) Jede der Zufallsvariablen X_i kann die Ausprägung 0 oder 1 annehmen. Die Wahrscheinlichkeit für die Ausprägung $X_i = 1$ ist:

$$P(X_i=1) = P_i(a_1)+P_i(a_2)+\ldots+P_i(a_M) = \underbrace{\frac{1}{N} + \frac{1}{N} + \ldots + \frac{1}{N}}_{\text{M-mal}} = \frac{M}{N} = \Pi$$

Entsprechend ist

$$P(X_i=0) = P_i(a_{M+1})+P_i(a_{M+2})+\ldots+P_i(a_N) = \frac{N-M}{N} = 1-\Pi$$

Da die gefundene Lösung nicht von der Ziehung Nr. i abhängt, haben alle Zufallsvariablen die gleiche Verteilung. Ferner stimmen die gefundenen Verteilungen der X_i mit der Verteilung von X überein.

8.4. Es gibt insgesamt $\frac{N!}{(N-n)!}$ Stichproben. Die Zahl der Stichproben mit a_r an der i-ten und a_s an der j-ten Stelle ist gleich: $(N-2)(N-3)\cdot\ldots\cdot(N-i)\cdot 1\cdot(N-i-1)(N-i-2)\ldots(N-j+1)\cdot 1\cdot(N-j)\cdot(N-j-1)\ldots$ $\ldots(N-n+1)$. Folglich ist

$$f_{i,j}(a_r,a_s) = \frac{(N-2)(N-3)\ldots(N-i)\cdot 1\cdot(N-i-1)\ldots(N-j+1)\cdot 1\cdot(N-j)\ldots(N-n+1)}{\frac{N!}{(N-n)!}} =$$

$$= \frac{1}{N(N-1)}$$

8.5. a) $P(\bar{X}\leq 2.746) = P(Z\leq \frac{\bar{x}-\mu_X}{\sigma_{\bar{X}}}) = P(Z\leq \frac{2.746-2.750}{\sqrt{\frac{49}{35}}}) =$

$= P(Z\leq -3,38) = 0,000362 = 0,0362\ \%$

b) $P(\bar{X}\leq 2.751) = P(Z\leq \frac{\bar{x}-\mu_X}{\sigma_{\bar{X}}} = P(Z\leq 1) = 0,841345 \doteq 84,13\ \%$

Der gewählte Stichprobenumfang n ergibt sich aus

$\sigma_{\bar{X}} = \sqrt{\frac{\sigma_X^2}{n}} = 1$

also: n = 49

c) $P(2.748\leq\bar{X}\leq 2.752) = P(-1,69\leq Z\leq 1,69) = 0,909031 \doteq 90,90\ \%$

8.6. $P(\bar{X}\leq 6.970) \doteq P(Z\leq \frac{\bar{x}-\mu_X}{\frac{\sigma_X}{\sqrt{n}}\sqrt{\frac{N-n}{N-1}}}) = P(Z\leq -2,4\bar{4}) = 0,007254 \doteq 0,7254\ \%$

8.7. a) $E(X) = \mu_X = 3$

$$\sigma_X^2 = \frac{\sum_{i=1}^{6}(a_i-\mu_X)^2}{6} = \frac{\sum_{i=1}^{6}a_i^2}{6} - \mu_X^2 = \frac{82}{6} - 9 = \frac{14}{3} = 4,66\bar{6}$$

b)

(0,0)	(0,1)	(0,2)	(0,4)	(0,5)	(0,6)
(1,0)	(1,1)	(1,2)	(1,4)	(1,5)	(1,6)
(2,0)	(2,1)	(2,2)	(2,4)	(2,5)	(2,6)
(4,0)	(4,1)	(4,2)	(4,4)	(4,5)	(4,6)
(5,0)	(5,1)	(5,2)	(5,4)	(5,5)	(5,6)
(6,0)	(6,1)	(6,2)	(6,4)	(6,5)	(6,6)

Es sind insgesamt $N^n = 6^2 = 36$ Stichproben möglich.

c) Berechnung der Mittelwerte $\bar{x}$:

0	0,5	1	2	2,5	3
0,5	1	1,5	2,5	3	3,5
1	1,5	2	3	3,5	4
2	2,5	3	4	4,5	5
2,5	3	3,5	4,5	5	5,5
3	3,5	4	5	5,5	6

$W_{\bar{X}} = \{0;\ 0,5;\ 1;\ 1,5;\ 2;\ 2,5;\ 3;\ 3,5;\ 4;\ 4,5;\ 5;\ 5,5;\ 6\}$

$\bar{x}_i$	0	0,5	1	1,5	2	2,5	3	3,5	4	4,5	5	5,5	6	Summe
$h(\bar{x}_i)$	1	2	3	2	3	4	6	4	3	2	3	2	1	36
$f_{\bar{X}}(\bar{x}_i)$	$\frac{1}{36}$	$\frac{2}{36}$	$\frac{3}{36}$	$\frac{2}{36}$	$\frac{3}{36}$	$\frac{4}{36}$	$\frac{6}{36}$	$\frac{4}{36}$	$\frac{3}{36}$	$\frac{2}{36}$	$\frac{3}{36}$	$\frac{2}{36}$	$\frac{1}{36}$	1

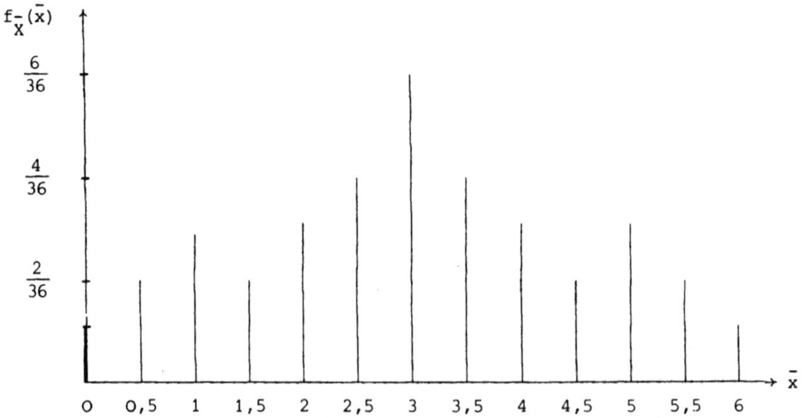

d) $$E(\bar{X}) = \frac{\sum_{i=1}^{13} \bar{x}_i h(\bar{x}_i)}{36} = \frac{108}{36} = 3$$

$$\mathrm{Var}(\bar{X}) = \frac{\sum_{i=1}^{13} [\bar{x}_i - E(\bar{X})]^2 h(\bar{x}_i)}{36} = \frac{\sum_{i=1}^{13} (\bar{x}_i - 3)^2 h(\bar{x}_i)}{36} = \frac{84}{36} = \frac{7}{3} = 2{,}333$$

Nach 8.3.1. hätte man sofort hinschreiben können:

$E(\bar{X}) = E(X) = 3$; nach 8.3.2.1. ist

$$\mathrm{Var}(\bar{X}) = \frac{\sigma_X^2}{n} = \frac{14/3}{2} = \frac{7}{3}$$

8.8. a)

$M_1\ M_2\ K_1$	$M_1\ M_2\ K_2$	$M_1\ M_2\ K_3$	$M_1\ K_1\ K_2$	$M_1\ K_1\ K_3$
$M_1\ K_1\ M_2$	$M_1\ K_2\ M_2$	$M_1\ K_3\ M_2$	$M_1\ K_2\ K_1$	$M_1\ K_3\ K_1$
$M_2\ M_1\ K_1$	$M_2\ M_1\ K_2$	$M_2\ M_1\ K_3$	$K_1\ M_1\ K_2$	$K_1\ M_1\ K_3$
$M_2\ K_1\ M_1$	$M_2\ K_2\ M_1$	$M_2\ K_3\ M_1$	$K_1\ K_2\ M_1$	$K_1\ K_3\ M_1$
$K_1\ M_1\ M_2$	$K_2\ M_1\ M_2$	$K_3\ M_1\ M_2$	$K_2\ M_1\ K_1$	$K_3\ K_1\ M_1$
$K_1\ M_2\ M_1$	$K_2\ M_2\ M_1$	$K_3\ M_2\ M_1$	$K_2\ K_1\ M_1$	$K_3\ M_1\ K_1$
$M_1\ K_2\ K_3$	$M_2\ K_1\ K_2$	$M_2\ K_1\ K_3$	$M_2\ K_2\ K_3$	$K_1\ K_2\ K_3$
$M_1\ K_3\ K_2$	$M_2\ K_2\ K_1$	$M_2\ K_3\ K_1$	$M_2\ K_3\ K_2$	$K_1\ K_3\ K_2$
$K_2\ M_1\ K_3$	$K_1\ M_2\ K_2$	$K_1\ M_2\ K_3$	$K_2\ M_2\ K_3$	$K_2\ K_1\ K_3$

$K_2\ K_3\ M_1$ $\quad K_1\ K_2\ M_2$ $\quad K_1\ K_3\ M_2$ $\quad K_2\ K_3\ M_2$ $\quad K_2\ K_3\ K_1$

$K_3\ M_1\ K_2$ $\quad K_2\ M_2\ K_1$ $\quad K_3\ M_2\ K_1$ $\quad K_3\ M_2\ K_2$ $\quad K_3\ K_1\ K_2$

$K_3\ K_2\ M_1$ $\quad K_2\ K_1\ M_2$ $\quad K_3\ K_1\ M_2$ $\quad K_3\ K_2\ M_2$ $\quad K_3\ K_2\ K_1$

b) Berechnung der Stichprobenanteilswerte p für Knaben:

$\frac{1}{3}$ (6mal), $\frac{1}{3}$ (6mal), $\frac{1}{3}$ (6mal), $\frac{2}{3}$ (6mal), $\frac{2}{3}$ (6mal),

$\frac{2}{3}$ (6mal), $\frac{2}{3}$ (6mal), $\frac{2}{3}$ (6mal), $\frac{2}{3}$ (6mal), 1 (6mal).

$W_X = \{\frac{1}{3}, \frac{2}{3}, 1\}$

p_i	$\frac{1}{3}$	$\frac{2}{3}$	1	Summe
$h(p_i)$	18	36	6	60
$f_P(p_i)$	$\frac{3}{10}$	$\frac{6}{10}$	$\frac{1}{10}$	1

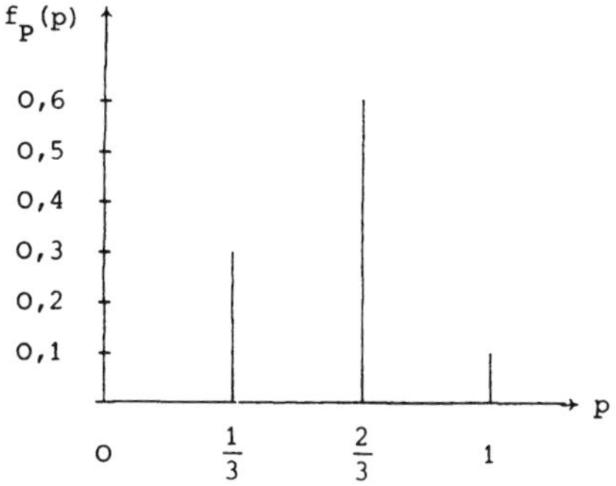

$$E(P) = \frac{1}{3}\cdot\frac{3}{10} + \frac{2}{3}\cdot\frac{6}{10} + 1\cdot\frac{1}{10} = 0{,}6 = \Pi \text{ (vgl. 8.4.1.)}$$

$$Var(P) = (\frac{1}{3} - 0{,}6)^2 \cdot \frac{3}{10} + (\frac{2}{3} - 0{,}6)^2 \cdot \frac{6}{10} + (1 - 0{,}6)^2 \cdot \frac{1}{10} = \frac{1}{25} = 0{,}04$$

Berechnung von Var(P) nach 8.4.2.2.

$$Var(P) = \frac{\Pi(1-\Pi)}{n}\,\frac{N-n}{N-1} = \frac{0{,}24}{3}\cdot\frac{2}{4} = 0{,}04$$

8.9. $\Pi = 0{,}2 \qquad E(P) = \Pi = 0{,}2 \qquad Var(P) = \frac{\Pi(1-\Pi)}{n} = 0{,}0053$

	Stichproben-anteilswert p	exakte Verteilung $F_B(np;30;0,2)$	Näherung	
			z-Wert	$F_N(np;0,2;0,0053)$
a)	$p<0{,}3 \Leftrightarrow np<9$	0,871350	$z = \frac{0{,}3-\frac{1}{2n}-0{,}2}{\sqrt{0{,}0053}} \doteq 1{,}14$	0,873083
b)	$p>0{,}2 \Leftrightarrow np>6$	0,393030	$z = \frac{0{,}2+\frac{1}{2n}-0{,}2}{\sqrt{0{,}0053}} \doteq 0{,}23$	0,409739
c)	$0{,}2<p<0{,}4 \Leftrightarrow$ $\Leftrightarrow 6<np<12$	0,383537	$z_2 = \frac{0{,}4-\frac{1}{2n}-0{,}2}{\sqrt{0{,}0053}} \doteq 2{,}51$ $z_1 \doteq 0{,}23$	$F_N(z_2)-F_N(z_1) =$ $= 0{,}403709$

8.10. a) $Var(S_X^2) = E(S_X^2-E(S_X^2))^2 = E(S_X^2-\sigma_X^2)^2 = E[(S_X^2)^2]-2\sigma_X^2 E(S_X^2)+\sigma_X^4 =$

$$= E(S_X^4)-\sigma_X^4$$

b) $$E(S_X^4) = E[(\frac{\sum_{i=1}^{n}(X_i-\bar{X})^2}{n-1})^2] = E[(\frac{\sum_{i=1}^{n}(Z_i-\bar{Z})^2}{n-1})^2] =$$

$$= \frac{1}{(n-1)^2} E(\sum_{i=1}^{n} Z_i^2 + \sum_{i=1}^{n} \bar{Z}^2 - 2\cdot\bar{Z}\sum_{i=1}^{n} Z_i)^2 =$$

$$= \frac{1}{(n-1)^2} E[(\sum_{i=1}^{n} Z_i^2)^2 - 2n\bar{Z}^2 \sum_{i=1}^{n} Z_i^2 + n^2\bar{Z}^4]$$

c) Zum Beweis werden zunächst die drei Summanden in Teil b) dieser Aufgabe umgeformt.

(1) Es ist

$$E[(\sum_{i=1}^{n} Z_i^2)^2] = n\mu_4 + n(n-1)\sigma_X^4$$

Dies läßt sich wie folgt zeigen:

Es ist

$$(\sum_{i=1}^{n} Z_i^2)^2 = \sum_{i=1}^{n}\sum_{j=1}^{n} Z_i^2 Z_j^2 = \sum_{i=1}^{n} Z_i^4 + \sum_{i=1}^{n}\sum_{\substack{j=1\\ i\neq j}}^{n} Z_i^2 Z_j^2$$

Dann ist

$$E[(\sum_{i=1}^{n} Z_i^2)^2] = \sum_{i=1}^{n} E(Z_i^4) + \sum_{i\neq j}\sum E(Z_i^2 Z_j^2)$$

Der erste Summand enthält n, der zweite n(n-1) Glieder. Ferner gilt wegen der Unabhängigkeit der Ziehungen:

$E(Z_i^2 Z_j^2) = E(Z_i^2)E(Z_j^2)$. Dann wird: $E[(\Sigma Z_i^2)^2] = n\mu_4 + n(n-1)\sigma_X^4$.

(2) Es ist

$$E(\bar{Z}^2 \sum_{i=1}^{n} Z_i^2) = \frac{1}{n}\mu_4 + \frac{n-1}{n}\sigma_X^4$$

Wegen:

$$\bar{Z}^2 \sum_{i=1}^{n} Z_i^2 = \frac{1}{n^2}(\sum_{i=1}^{n} Z_i)^2 \sum_{i=1}^{n} Z_i^2 = \frac{1}{n^2}(\sum_{i=1}^{n} Z_i^2 + \sum_{i\neq j}\sum Z_i Z_j)\cdot \sum_{i=1}^{n} Z_i^2 =$$

$$= \frac{1}{n^2}[(\sum_{i=1}^{n} Z_i^2)^2 + \sum_{i\neq j}\sum Z_i Z_j \sum_{i=1}^{n} Z_i^2] =$$

$$= \frac{1}{n^2}[(\sum_{i=1}^{n} Z_i^2)^2 + \sum_{i\neq j}\sum Z_i^3 Z_j + \sum_{i\neq j}\sum Z_i Z_j^3 + \sum_{i=1}^{n}\sum_{\substack{j=1\\ i\neq j\neq k,\\ i\neq k}}^{n}\sum_{k=1}^{n} Z_i Z_j Z_k^2] =$$

$$= \frac{1}{n^2}[(\sum_{i=1}^{n} Z_i^2)^2 + 2\sum_{i\neq j}\sum Z_i^3 Z_j + \sum_{\substack{i\neq j\neq k,\\ i\neq k}}\sum\sum Z_i Z_j Z_k^2]$$

Der erste Summand enthält n^2, der zweite 2n(n-1), der dritte n(n-1)(n-2) Glieder, insgesamt also n^3 Glieder. Dann wird wegen der Unabhängigkeit der Ziehungen:

$$\sum_{i\neq j}\sum E(Z_i^3 Z_j) = \sum_{i\neq j}\sum E(Z_i^3)E(Z_j) = 0 \text{ da } E(Z_j) = 0$$

$$\sum_{\substack{i\neq j\neq k,\\ i\neq k}}\sum\sum E(Z_i Z_j Z_k^2) = \sum_{\substack{i\neq j\neq k,\\ j\neq k}}\sum\sum E(Z_i)E(Z_j)E(Z_k^2) = 0$$

Damit ergibt sich:

$$E(\bar{Z}^2 \sum_{i=1}^{n} Z_i^2) = \frac{1}{n^2} E(\sum_{i=1}^{n} Z_i^2)^2 = \frac{\mu_4}{n} + \frac{n-1}{n}\sigma_X^4$$

(3) Es ist

$$E(\bar{Z}^4) = \frac{\mu_4}{n^3} + \frac{3(n-1)}{n^3}\sigma_X^4$$

wegen:

$$\bar{Z}^4 = \frac{1}{n^4}[(\sum_{i=1}^{n} Z_i^2)^2 + (\sum_{i\neq j}\sum Z_i Z_j)^2 + 2\sum_{i=1}^{n} Z_i^2 \sum_{i\neq j}\sum Z_i Z_j]$$

Der erste Summand hat n^2, der zweite $n^2(n-1)^2$, der dritte $2n^2(n-1)$ Glieder, insgesamt also n^4.

Der zweite Summand läßt sich umformen in:

$$(\sum_{i\neq j}\sum Z_iZ_j)^2 = 2\sum_{i\neq j}\sum Z_i^2Z_j^2+4\sum_{i=1}^{n}\sum_{\substack{j=k\\ i\neq j\neq k,\\ i\neq k}}^{n}\sum_{k=1}^{n} Z_iZ_jZ_k^2+\sum_{i=1}^{n}\sum_{\substack{j=1\\ i\neq j\neq k\neq l,\\ i\neq k,\, j\neq l\neq i}}^{n}\sum_{k=1}^{n}\sum_{l=1}^{n} Z_iZ_jZ_kZ_l$$

Davon wiederum hat der erste Summand $2n(n-1)$, der zweite $4n(n-1)(n-2)$, der dritte $n(n-1)(n-2)(n-3)$ Glieder, insgesamt $n^2(n-1)^2$.

Damit wird:

$$\bar{Z}^4 = \frac{1}{n^4}\,[(\sum Z_i^2)^2+2\sum_{i\neq j}\sum Z_i^2Z_j^2+4\sum_{i\neq j\neq k}\sum\sum Z_iZ_jZ_k^2+\sum_{\substack{i\neq j\neq k\neq l,\\ i\neq k,\, j\neq l\neq i}}\sum\sum\sum Z_iZ_jZ_kZ_l+$$

$$+2\sum Z_i^2\sum_{i\neq j}\sum Z_iZ_j]$$

Bei der Berechnung von $E(\bar{Z}^4)$ werden wegen der Unabhängigkeit der Ziehungen der dritte, vierte und fünfte Summand gleich Null; die Erwartungswerte der beiden ersten wurden in (1) berechnet, so daß sich ergibt:

$$E(\bar{Z}^4) = \frac{1}{n^4}\,[n\mu_4+n(n-1)\sigma_X^4+2n(n-1)\sigma_X^4] = \frac{\mu_4}{n^3} + \frac{3(n-1)}{n^3}\,\sigma_X^4$$

Im letzten Schritt schließlich werden die Teilergebnisse zusammengefaßt.

Es wird:

$$E(S_X^4) = \frac{1}{(n-1)^2}\,[n\mu_4+n(n-1)\sigma_X^4-2n\cdot(\frac{1}{n}\,\mu_4+\frac{n-1}{n}\,\sigma_X^4)+n^2(\frac{\mu_4}{n^3}+\frac{3(n-1)}{n^3}\,\sigma_X^4)] =$$

$$= \frac{\mu_4}{n} + \frac{\sigma_X^4(n^2-2n+3)}{n(n-1)}$$

Dann wird die gesuchte Größe:

$$\mathrm{Var}(S_X^2) = E(S_X^4)-\sigma_X^4 = \frac{\mu_4}{n} - \frac{n-3}{n(n-1)}\,\sigma_X^4$$

d) $$\mathrm{Var}(S_{X,n}^2) = \mathrm{Var}(\frac{n-1}{n}\,S_X^2) = \frac{(n-1)^2}{n^2}\,\mathrm{Var}(S_X^2) =$$

$$= \frac{1}{n^3}\,((n-1)^2\mu_4-(n-1)(n-3)\sigma_X^4)$$

e) $$\mathrm{Var}(S_{X,n}^2) = \frac{\sigma_X^4}{n^3}\,((n-1)^2\,\frac{\mu_4}{\sigma_X^4}-(n-1)(n-3)) = \frac{2(n-1)}{n^2}\cdot\sigma_X^4$$

8.11. a)

-	(5,6)	(5,7)	(5,8)	(5,9)
(6,5)	-	(6,7)	(6,8)	(6,9)
(7,5)	(7,6)	-	(7,8)	(7,9)
(8,5)	(8,6)	(8,7)	-	(8,9)
(9,5)	(9,6)	(9,7)	(9,8)	-

Es gibt insgesamt $\frac{N!}{(N-n)!} = \frac{5!}{3!} = 20$ Stichproben.

b) Berechnung der Stichprobenvarianzen $s^2_{X,n} = \frac{\sum\limits_{i=1}^{2} (x_i-\bar{x})^2}{2}$

-	0,25	1	2,25	4
0,25	-	0,25	1	2,25
1	0,25	-	0,25	1
2,25	1	0,25	-	0,25
4	2,25	1	0,25	-

c) $W_X = \{0,25;1;2,25;4\}$

$s^2_{X,n}$	0,25	1	2,25	4	Summe
$h(s^2_{X,n})$	8	6	4	2	20
$F_{s^2_{X,n}}(s^2_{X,n})$	$\frac{4}{10}$	$\frac{3}{10}$	$\frac{2}{10}$	$\frac{1}{10}$	1

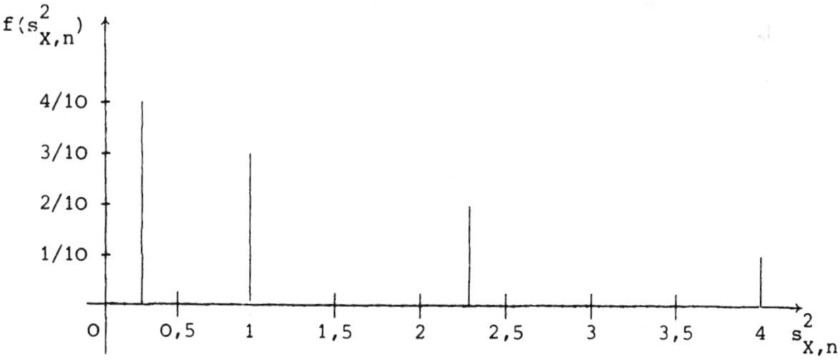

8.12. $P(0 \leq \frac{n \cdot s^2_{X,n}}{\sigma^2_X} \leq a) = 0,9$

hieraus ergibt sich nach Ablesen aus Tabelle:

$\frac{n \cdot s^2_{X,n}}{\sigma^2_X} \leq a = 23,54$

und hieraus

$$s^2_{X,n} \le \frac{23,54 \cdot 0,81}{17} = 1,12$$

8.13. Formalisierung des Problems

$$P(0,8\sigma^2_X \le s^2_{X,n} \le 1,2\sigma^2_X) = 0,5$$

$$P\left(\frac{n \cdot 0,8\sigma^2_X}{\sigma^2_X} \le \frac{n\, s^2_{X,n}}{\sigma^2_X} \le \frac{n\, 1,2\sigma^2_X}{\sigma^2_X}\right) = 0,5$$

$$P\left(n \cdot 0,8 \le \frac{n\, s^2_{X,n}}{\sigma^2_X} \le n \cdot 1,2\right) = 0,5$$

Die Größe $\frac{n\, s^2_{X,n}}{\sigma^2_X}$ ist χ^2-verteilt mit n-1 Freiheitsgraden.

Die Anzahl der Freiheitsgrade kann aber nicht angegeben werden, da die Größe n ja erst durch die Rechnung bestimmt werden soll.

Hier muß als Ausweg ein iteratives Verfahren gewählt werden; dabei wird willkürlich ein n_0 als Anfangswert bestimmt.

$n_0 = 10$

$P(8 \le \chi^2 \le 12) \doteq 0,787-0,466 = 0,321$

Hier ist der Stichprobenumfang zu klein; n_1 muß also größer als n_0 gewählt werden.

$n_1 = 30$

$P(24 \le \chi^2 \le 36) \doteq 0,826-0,271 = 0,555$

n_1 erfüllt die Bedingung besser als gefordert; da der minimale Stichprobenumfang gesucht ist, kann n_2 etwas kleiner gewählt werden:

$$n_0 < n_2 < n_1$$

$n_2 = 24$

$P(19,2 \le \chi^2 \le 28,8) \doteq 0,813-0,310 = 0,503$

Bei der Genauigkeit der zugrundeliegenden Tabellen kann $n_2 = 24$ als minimaler Stichprobenumfang angesehen werden, der die vorgegebenen Bedingungen erfüllt.

8.14. a) Gesucht ist die Wahrscheinlichkeit

$P(\bar{X}-\bar{Y} \leq 100)$

Die Größe

$$Z = \frac{\bar{X}-\bar{Y}-E(\bar{X}-\bar{Y})}{\sqrt{\frac{\sigma_X^2}{n_X} + \frac{\sigma_Y^2}{n_Y}}}$$

ist für die vorliegenden Stichprobenumfänge annähernd normalverteilt. Der Korrekturfaktor wird dabei vernachlässigt. Dann ist

$$z = \frac{100-200}{\sqrt{\frac{(500)^2}{300} + \frac{(800)^2}{200}}} = -\frac{100}{63,5} = -1,57$$

Dann ist

$P(\bar{X}-\bar{Y} \leq 100) = P(Z \leq -1,57) = 0,0577$

b) $P(\bar{X}-\bar{Y} > 200) = P(Z > 0) = 0,5$

8.15. a)

(m_1,m_3)	(m_2,m_3)	(k_1,m_3)	(k_2,m_3)	(k_3,m_3)
(m_1,m_4)	(m_2,m_4)	(k_1,m_4)	(k_2,m_4)	(k_3,m_4)
(m_1,k_4)	(m_2,k_4)	(k_1,k_4)	(k_2,k_4)	(k_3,k_4)
(m_1,k_5)	(m_2,k_5)	(k_1,k_5)	(k_2,k_5)	(k_3,k_5)

ba) $E(X) = 0,4 = \Pi_X$ $\qquad E(Y) = 0,5 = \Pi_Y$

$Var(X) = 0,24$ $\qquad Var(Y) = 0,25$

bb) Tabelle zur Berechnung des Wertebereichs von X-Y

$X(e_{x_i})-Y(e_{y_j})$	e_{x_1}	e_{x_2}	e_{x_3}	e_{x_4}	e_{x_5}
e_{y_1}	0	0	-1	-1	-1
e_{y_2}	0	0	-1	-1	-1
e_{y_3}	1	1	0	0	0
e_{y_4}	1	1	0	0	0

Wertebereich $W_{X-Y} = \{-1, 0, 1\}$

Wahrscheinlichkeitsfunktion von X-Y:

$P(X-Y = -1) = \frac{3}{10}$

$P(X-Y = 0) = \frac{5}{10}$

$P(X-Y = 1) = \frac{2}{10}$

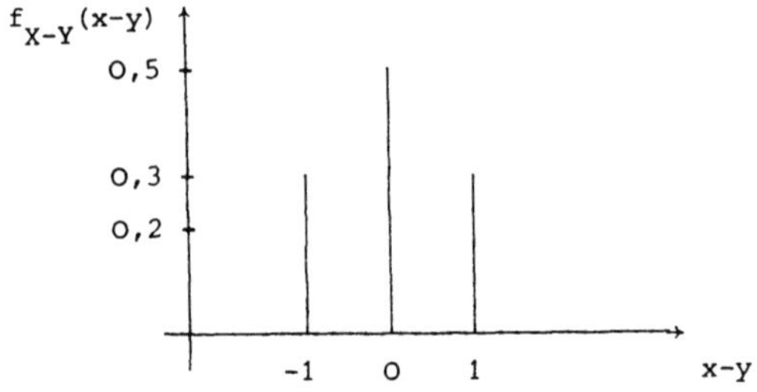

$E(X-Y) = E(X)-E(Y) = -0,1$

$Var(X-Y) = Var(X)+Var(Y) = 0,49$

(X und Y sind unabhängig)

ca)

Stichproben aus E_X	P_{X_i}	Stichproben aus E_X	P_{X_i}
(m_1,m_2)	1	(k_1,k_2)	0
(m_1,k_1)	0,5	(k_1,k_3)	0
(m_1,k_2)	0,5	(k_2,m_1)	0,5
(m_1,k_3)	0,5	(k_2,m_2)	0,5
(m_2,m_1)	1	(k_2,k_1)	0
(m_2,k_1)	0,5	(k_2,k_3)	0
(m_2,k_2)	0,5	(k_3,m_1)	0,5
(m_2,k_3)	0,5	(k_3,m_2)	0,5
(k_1,m_1)	0,5	(k_3,k_1)	0
(k_1,m_2)	0,5	(k_3,k_2)	0

cb) Wertebereich:

$W_x = \{0;\ 0,5;\ 1\}$

Wahrscheinlichkeitsfunktion:

$Prob(P_X = 0) = 0,3$

$Prob(P_X = 0,5) = 0,6$

$Prob(P_X = 1) = 0,1$

Bemerkung:

Prob steht hier für Wahrscheinlichkeit

cc) $E(P_X) = \Pi_X = 0{,}4$

$$Var(P_X) = \frac{\Pi_X(1-\Pi_X)}{n_X} \cdot \frac{N_X-n_X}{N_X-1} = 0{,}09$$

cd)

Stichproben aus E_Y	p_{Y_j}	Stichproben aus E_Y	p_{Y_j}
(m_3,m_4)	1	(k_4,m_3)	0,5
(m_3,k_4)	0,5	(k_4,m_4)	0,5
(m_3,k_5)	0,5	(k_4,k_5)	0
(m_4,m_3)	1	(k_5,m_3)	0,5
(m_4,k_4)	0,5	(k_5,m_4)	0,5
(m_4,k_5)	0,5	(k_5,k_4)	0

Wertebereich:

$W_Y = \{0;\ 0{,}5;\ 1\}$

Wahrscheinlichkeitsfunktion:

$Prob(P_Y=0) = \frac{1}{6}$

$Prob(P_Y=0{,}5) = \frac{4}{6}$

$Prob(P_Y=1) = \frac{1}{6}$

Bemerkung:

Prob steht hier für Wahrscheinlichkeit

$E(P_Y) = \Pi_Y = 0{,}5$

$$Var(P_Y) = \frac{\Pi_Y(1-\Pi_Y)}{n_Y} \cdot \frac{N_Y-n_Y}{N_Y-1} = \frac{1}{12}$$

da)

$p_{X_i}-p_{Y_j}$	$p_{Y_1} = 0$	$p_{Y_2} = 0{,}5$	$p_{Y_3} = 1$
$p_{X_1} = 0$	0	-0,5	-1
$p_{X_2} = 0{,}5$	0,5	0	-0,5
$p_{X_3} = 1$	1	0,5	0

db) Es gilt wegen der Unabhängigkeit der Ziehungen

$$f(p_{x_i}-p_{y_j}) = Prob(P_x=p_{x_i}) \cdot Prob(P_y=p_{y_j})$$

$f(p_{X_i}-p_{Y_j})$	$p_{Y_1}=0$	$p_{Y_2}=0{,}5$	$p_{Y_3}=1$
$p_{X_1}=0$	$\frac{3}{60}$	$\frac{12}{60}$	$\frac{3}{60}$
$p_{X_2}=0{,}5$	$\frac{6}{60}$	$\frac{24}{60}$	$\frac{6}{60}$
$p_{X_3}=1$	$\frac{1}{60}$	$\frac{4}{60}$	$\frac{1}{60}$

dc) Aus den beiden obigen Tabellen erhält man die folgende Wahrscheinlichkeitsfunktion von P_X-P_Y:

$$\text{Prob}(P_X-P_Y=-1) = \frac{3}{60}$$

$$\text{Prob}(P_X-P_Y=-\tfrac{1}{2}) = \frac{18}{60}$$

$$\text{Prob}(P_X-P_Y=0) = \frac{28}{60}$$

$$\text{Prob}(P_X-P_Y=\tfrac{1}{2}) = \frac{10}{60}$$

$$\text{Prob}(P_X-P_Y=1) = \frac{1}{60}$$

$$E(P_X-P_Y) = -0{,}1$$

$$\text{Var}(P_X-P_Y) = \text{Var}(P_X)+\text{Var}(P_Y) = 0{,}173$$

8.16. $P(P_X-P_Y \geq 0{,}1) = P(Z \geq z)$, wobei

$$z = \frac{p_X-p_Y-E(P_X-P_Y)}{\sqrt{\frac{\Pi_X(1-\Pi_X)}{n_X}\frac{N_X-n_X}{N_X-1}+\frac{\Pi_Y(1-\Pi_Y)}{n_Y}\frac{N_Y-n_Y}{N_Y-1}}} =$$

$$= \frac{0{,}1}{\sqrt{0{,}006\cdot 0{,}61+0{,}004\cdot 0{,}705}} = 1{,}24$$

Für z = 1,24 lesen wir aus der Tabelle der Verteilungsfunktion der Normalverteilung ab:

$$P(Z \geq 1{,}24) = 0{,}107070 = 10{,}71\ \%$$

Lösungen zu Kapitel 9

9.1. Die Poisson-Verteilung hat die Wahrscheinlichkeitsfunktion

$$f_P(x;\mu) = e^{-\mu} \frac{\mu^x}{x!}$$

Die Likelihood-Funktion lautet:

$$L(\mu|x_1,\ldots,x_n) = e^{-\mu} \frac{\mu^{x_1}}{x_1!} \cdot e^{-\mu} \frac{\mu^{x_2}}{x_2!} \cdot \ldots e^{-\mu} \frac{\mu^{x_n}}{x_n!} = e^{-n\mu} \frac{\mu^{\Sigma x_i}}{x_1!x_2!\ldots x_n!}$$

Dann gilt:

$$\ln L(\mu|x_1,\ldots,x_n) = -n\mu+\Sigma x_i \ln\mu-\ln(x_1!x_2!\ldots x_n!)$$

$$\frac{\partial \ln L}{\partial \mu} = -n+ \frac{\Sigma x_i}{\mu}$$

$$\frac{\partial \ln L}{\partial \mu} = 0 \Rightarrow n = \frac{\Sigma x_i}{\hat{\mu}}$$

$$\hat{\mu} = \frac{1}{n} \sum_{i=1}^{n} x_i$$

Folglich ist das arithmetische Mittel $\bar{x}$ der Stichprobe der Maximum-Likelihood-Schätzwert für μ. Das Stichprobenmittel $\bar{X}$ ist die Maximum-Likelihood-Schätzfunktion für μ.

9.2. Die Likelihood-Funktion lautet:

$$L(\mu|x_1,\ldots,x_n) = \prod_{i=1}^{n} \frac{1}{\sqrt{2\pi}} e^{-\frac{(x_i-\mu)^2}{2}} = \frac{1}{(\sqrt{2\pi})^n} e^{-\frac{1}{2}\Sigma(x_i-\mu)^2}$$

Dann gilt:

$$\ln L(\mu|x_1,\ldots,x_n) = \ln\frac{1}{(\sqrt{2\pi})^n} - \frac{1}{2}\Sigma(x_i-\mu)^2$$

$$\frac{\partial \ln L}{\partial \mu} = +\Sigma(x_i-\mu) = \Sigma x_i-n\mu$$

$$\frac{\partial \ln L}{\partial \mu} = 0 \Rightarrow n\,\hat{\mu} = \Sigma x_i$$

$$\hat{\mu} = \frac{1}{n}\Sigma x_i = \bar{x}$$

Die Stichprobenfunktion $\bar{X}$ ist also die Maximum-Likelihood-Schätzfunktion für den Erwartungswert einer normalverteilten Zufallsvariablen.

9.3. Die Likelihood-Funktion lautet:

$$L(\sigma_X^2|x_1,\dots,x_n) = \frac{1}{(\sigma_X^2 2\pi)^{n/2}} e^{-\Sigma \frac{(x_i-\mu)^2}{2\sigma_X^2}}$$

Daraus ergibt sich:

$$\ln L(\sigma_X^2|x_1,\dots,x_n) = -\frac{n}{2}\ln\sigma_X^2 - \frac{n}{2}\ln 2\pi - \Sigma\frac{(x_i-\mu)^2}{2\sigma_X^2}$$

$$\frac{\partial \ln L}{\partial\sigma_X^2} = -\frac{n}{2}\frac{1}{\sigma_X^2} + \Sigma\frac{(x_i-\mu)^2}{2\sigma_X^4}$$

$$\frac{\partial \ln L}{\partial\sigma_X^2} = 0 \Rightarrow \Sigma\frac{(x_i-\mu)^2}{2(\hat\sigma_X^2)^2} = \frac{n}{2\hat\sigma_X^2}$$

$$\Sigma(x_i-\mu)^2 = n\hat\sigma_X^2$$

$$\hat\sigma_X^2 = \frac{1}{n}\sum_{i=1}^{n}(x_i-\mu)^2$$

Die Maximum-Likelihood-Schätzfunktion für σ_X^2 ist demnach

$$D = \frac{1}{n}\sum_{i=1}^{n}(X_i-\mu)^2$$

9.4. Die Likelihood-Funktion der Multinomialverteilung lautet:

$$L = L(\Pi_1,\dots,\Pi_r|n_1,\dots,n_r) = \prod_{i=1}^{r}\Pi_i^{n_i} = \Pi_1^{n_1}\Pi_2^{n_2}\dots\Pi_{r-1}^{n_{r-1}}(1-\Pi_1-\dots-\Pi_{r-1})^{n_r}$$

Durch Logarithmieren erhält man:

$$\ln L = \sum_{i=1}^{r-1} n_i\ln\Pi_i + n_r\ln(1-\Pi_1-\dots\Pi_{r-1})$$

Die partiellen Ableitungen ergeben

$$\frac{\partial\ln L}{\partial\Pi_i} = \frac{n_i}{\Pi_i} - \frac{n_r}{1-\Pi_1-\dots\Pi_{r-1}} \qquad i = 1,2,\dots,r-1$$

Setzt man diese Ableitungen gleich Null, so erhält man:

$$\frac{n_i}{\hat\Pi_i} = \frac{n_r}{1-\hat\Pi_1-\dots\hat\Pi_{r-1}} = \frac{n_r}{\hat\Pi_r} \qquad i = 1,2,\dots,r-1,$$

d.h. es ist

$$\frac{n_1}{\hat\Pi_1} = \frac{n_2}{\hat\Pi_2} = \dots \frac{n_{r-1}}{\hat\Pi_{r-1}} = \frac{n_r}{\hat\Pi_r}$$

Daraus ergibt sich

$$\hat{\Pi}_i = \frac{n_i}{n_r}\hat{\Pi}_r \qquad i = 1,2,\dots,r-1$$

Ferner gilt

$$\hat{\Pi}_1+\hat{\Pi}_2+\dots\hat{\Pi}_{r-1} = \sum_{i=1}^{r-1}\hat{\Pi}_i = \sum_{i=1}^{r-1}\frac{n_i}{n_r}\hat{\Pi}_r = \frac{\hat{\Pi}_r}{n_r}\sum_{i=1}^{r-1} n_i$$

Da $\sum_{i=1}^{r-1}\hat{\Pi}_i = 1-\hat{\Pi}_r$ und $\frac{\hat{\Pi}_r}{n_r}\sum_{i=1}^{r-1} n_i = \frac{\hat{\Pi}_r}{n_r}(n-n_r)$

erhält man

$$1-\hat{\Pi}_r = \frac{\hat{\Pi}_r}{n_r}(n-n_r)$$

$$1 = \frac{n\hat{\Pi}_r}{n_r}$$

$$\hat{\Pi}_r = \frac{n_r}{n}$$

Aus

$$\frac{n_i}{\hat{\Pi}_i} = \frac{n_r}{\hat{\Pi}_r} = n$$

erhält man

$$\hat{\Pi}_i = \frac{n_i}{n} \qquad i = 1,2,\dots,r-1$$

Somit lauten die Maximum-Likelihood-Schätzwerte der Parameter Π_i:

$$\hat{\Pi}_i = \frac{n_i}{n} \qquad i = 1,2,\dots,r$$

9.5. Die Wahrscheinlichkeitsfunktion der Poisson-Verteilung lautet

$$f_p(x;\mu) = e^{-\mu}\frac{\mu^x}{x!}$$

Der Parameter läßt sich schreiben als:

$$\mu_1' = g_1(\mu) = \mu$$

Dann lautet die Schätzfunktion D für μ:

$$D = M_1' = \bar{X}$$

9.6. Der Parameter α läßt sich als Funktion von μ_1' wie folgt schreiben:

$$\mu_1' = g_1(\alpha) = \frac{\alpha}{\alpha-1}$$

denn es gilt

$$E(X) = \int_1^\infty x\alpha x^{-\alpha-1}dx = \int_1^\infty \alpha x^{-\alpha}dx = [\frac{\alpha}{1-\alpha} x^{-\alpha+1}]_1^\infty$$

für $\alpha>1$ wird

$$E(X) = \frac{\alpha}{1-\alpha}(0-1) = \frac{\alpha}{\alpha-1}$$

Zur Schätzung von α schreibt man:

$$M_1' = \frac{D}{D-1}$$

Dann ist

$$(D-1)M_1' = D$$

$$DM_1'-D = M_1'$$

$$D(M_1'-1) = M_1'$$

$$D = \frac{M_1'}{M_1'-1} = \frac{\bar{X}}{\bar{X}-1}$$

9.7. Da $E(X) = \frac{a+b}{2}$ und $Var(X) = \frac{(b-a)^2}{12}$ (vgl. 7.2.1.), lassen sich a und b wie folgt als Funktion von μ_1' und μ_2' schreiben:

$$\mu_1' = g_1(a,b) = \frac{a+b}{2}$$

$$\mu_2' = g_2(a,b) = (\frac{a+b}{2})^2 + \frac{(b-a)^2}{12} = \frac{a^2+b^2+ab}{3}$$

Zur Schätzung von a und b schreibt man

$$M_1' = \frac{D_1+D_2}{2}$$

$$M_2' = \frac{D_1^2+D_2^2+D_1D_2}{3}$$

Die erste Gleichung nach D_2 aufgelöst und in die zweite eingesetzt ergibt:

$$D_2 = 2M_1'-D_1$$

$$M_2' = \frac{2D_1^2+4M_1'^2-4M_1'D_1+2M_1'D_1-D_1^2}{3}$$

$$M_2' = \frac{D_1^2-2M_1'D_1+4M_1'^2}{3}$$

Daraus ergibt sich

$$D_1^2-2M_1'D_1+4M_1'^2-3M_2' = 0$$

$$D_1 = M_1' \pm \sqrt{3(M_2'-M_1'^2)}$$

$$D_2 = 2M_1'-D_1 = M_1' \mp \sqrt{3(M_2'-M_1'^2)}$$

D_1 ist ein Schätzwert für a, D_2 Schätzwert für b; da a<b, erhält man

$$D_1 = M_1'-\sqrt{3(M_2'-M_1'^2)} = \bar{X}-\sqrt{3(\frac{1}{n}\,\Sigma X_i^2-\bar{X}^2)}$$

$$D_2 = M_1'+\sqrt{3(M_2'-M_1'^2)} = \bar{X}+\sqrt{3(\frac{1}{n}\,\Sigma X_i^2-\bar{X}^2)}$$

9.8. Es gilt

$$\mathrm{Var}(S_{X,n}) = E(S_{X,n}^2)-[E(S_{X,n})]^2 = \frac{n-1}{n}\,\sigma_X^2-[E(S_{X,n})]^2$$

Ferner ist

$$\mathrm{Var}(S_{X,n}) = \frac{\mu_4-\mu_2^2}{4\mu_2 n}$$

(Vgl. Kendall-Stuart, Vol. I, S. 243) und damit

$$\lim_{n\to\infty} \mathrm{Var}(S_{X,n}) = 0$$

Ferner folgt aus

$$\lim_{n\to\infty} \mathrm{Var}(S_{X,n}) = \lim_{n\to\infty} \frac{n-1}{n}\,\sigma_X^2-\lim_{n\to\infty}[E(S_{X,n})]^2 =$$

$$= \sigma_X^2-\lim_{n\to\infty}[E(S_{X,n})]^2 = 0$$

$$\lim_{n\to\infty}[E(S_{X,n})]^2 = \sigma_X^2$$

$$\lim_{n\to\infty} E(S_{X,n}) = \sigma_X$$

Da $S_{X,n}$ asymptotisch erwartungstreu ist und die $\mathrm{Var}(S_{X,n})$ für $n\to\infty$ verschwindet, ist $S_{X,n}$ eine konsistente Schätzfunktion für σ_X.

9.9. Es gilt:

$$l = \bar{x}+z_{1-\frac{\alpha}{2}} \frac{\sigma_X}{\sqrt{n}} - \bar{x}+z_{1-\frac{\alpha}{2}} \frac{\sigma_X}{\sqrt{n}} = \frac{2z_{1-\frac{\alpha}{2}}\sigma_X}{\sqrt{n}}$$

$$\frac{l}{\sigma_X} = \frac{2z_{1-\frac{\alpha}{2}}}{\sqrt{n}}$$

a) Für $\alpha = 0{,}1$ ist $z_{1-\frac{\alpha}{2}} = 1{,}645$ und $\frac{l}{\sigma_X} = \frac{3{,}29}{\sqrt{n}}$

d.h. die Länge des Konfidenzintervalls ist umgekehrt proportional zur Wurzel aus dem Stichprobenumfang.

b) Für $n = 16$ wird $\frac{l}{\sigma_X} = \frac{1}{2} z_{1-\frac{\alpha}{2}}$

d.h. die Länge des Konfidenzintervalls ist direkt proportional zum Wert des Konfidenzkoeffizienten.

9.10. $l = \bar{x}-z_{\alpha_1} \frac{\sigma_X}{\sqrt{n}} - \bar{x}+z_{1-\alpha_2} \frac{\sigma_X}{\sqrt{n}} = \frac{\sigma_X}{\sqrt{n}} (z_{1-\alpha_2}-z_{\alpha_1})$

Dann gilt:

$$\frac{dl}{dz_{\alpha_1}} = \frac{\sigma_X}{\sqrt{n}} \left(\frac{dz_{1-\alpha_2}}{dz_{\alpha_1}} -1\right)$$

Ohne Beweis sei die Beziehung zwischen z_{α_1} und $z_{1-\alpha_2}$ angegeben:

$$\frac{dz_{1-\alpha_2}}{dz_{\alpha_1}} = \frac{f(z_{\alpha_1})}{f(z_{1-\alpha_2})}$$

Dann ergibt sich:

$$\frac{dl}{dz_{\alpha_1}} = \frac{\sigma_X}{\sqrt{n}} \left(\frac{f(z_{\alpha_1})}{f(z_{1-\alpha_2})} -1\right)$$

Ein Minimum der Funktion l ergibt sich für

$\frac{dl}{dz_{\alpha_1}} = 0$ d.h. für $f(z_{\alpha_1}) = f(z_{1-\alpha_2})$

Dies impliziert für die Normalverteilung:

$z_{\alpha_1} = z_{1-\alpha_2}$ oder $z_{\alpha_1} = -z_{1-\alpha_2}$

Die erste Lösung würde bedeuten $\alpha_1 = 1-\alpha_2$ oder $\alpha_1+\alpha_2 = \alpha = 1$, und steht damit in Widerspruch zur Voraussetzung $1-\alpha>0$. Dann genügt nur noch $z_{\alpha_1} = -z_{1-\alpha_2}$ der Minimierungsbedingung. Wegen der Symmetrie der Normalverteilung gilt ferner

$P(Z<z_{\alpha_1}) = \alpha_1 = P(Z>z_{1-\alpha_2}) = \alpha_2$ und somit $\alpha_1 = \alpha_2$. Da $\alpha_1+\alpha_2 = \alpha$, wird $\alpha_1 = \alpha_2 = \frac{\alpha}{2}$ und es gilt:

$$z_{\alpha_1} = z_{\frac{\alpha}{2}}$$

$$z_{1-\alpha_2} = z_{1-\frac{\alpha}{2}}$$

9.11. $P(-z_{1-\frac{\alpha}{2}} \leq \frac{P-\Pi}{\sqrt{\Pi(1-\Pi)}}\sqrt{n} \leq z_{1-\frac{\alpha}{2}}) = P(\left|\frac{P-\Pi}{\sqrt{\Pi(1-\Pi)}}\sqrt{n}\right| \leq z_{1-\frac{\alpha}{2}}) = 1-\alpha$

Der Einfachheit wegen schreiben wir $z_{1-\frac{\alpha}{2}} = z$. Durch Quadrieren und quadratische Ergänzung erhält man in der Klammer:

$$\left|\frac{P-\Pi}{\sqrt{\Pi(1-\Pi)}}\sqrt{n}\right|^2 = \frac{(P-\Pi)^2}{\Pi(1-\Pi)}\,n \leq z^2$$

$$n(P-\Pi)^2 \leq z^2\Pi(1-\Pi)$$

$$nP^2+n\Pi^2-2nP\Pi \leq z^2\Pi-z^2\Pi^2$$

$$\Pi^2(n+z^2)-2\Pi(nP+\frac{z^2}{2}) \leq -nP^2$$

$$\Pi^2(1+\frac{z^2}{n})-2\Pi(P+\frac{z^2}{2n}) \leq -P^2$$

$$\Pi^2-2\Pi\frac{P+\frac{z^2}{2n}}{1+\frac{z^2}{n}} \leq -\frac{P^2}{1+\frac{z^2}{n}}$$

Durch quadratische Ergänzung erhält man:

$$\left(\Pi-\frac{P+\frac{z^2}{2n}}{1+\frac{z^2}{n}}\right)^2 \leq \frac{(P+\frac{z^2}{2n})^2-P^2(1+\frac{z^2}{n})}{(1+\frac{z^2}{n})^2}$$

$$\left(\Pi-\frac{P+\frac{z^2}{2n}}{1+\frac{z^2}{n}}\right)^2 \leq \frac{z^2(\frac{z^2}{4n^2}+\frac{P(1-P)}{n})}{(1+\frac{z^2}{n})^2}$$

oder:

$$\left| \Pi - \frac{P + \frac{z^2}{2n}}{1 + \frac{z^2}{n}} \right| \leq \frac{z\sqrt{\frac{z^2}{4n^2} + \frac{P(1-P)}{n}}}{1 + \frac{z^2}{n}}$$

Daraus erhält man das Zufallsintervall für Π:

$$P\left(\frac{P + \frac{z^2}{n} - z\sqrt{\frac{z^2}{4n^2} + \frac{P(1-P)}{n}}}{1 + \frac{z^2}{n}} \leq \Pi \leq \frac{P + \frac{z^2}{n} + z\sqrt{\frac{z^2}{4n^2} + \frac{P(1-P)}{n}}}{1 + \frac{z^2}{n}}\right) = 1-\alpha$$

Für hinreichend großen Stichprobenumfang n kann man $\frac{z^2}{n}$ und $\frac{z^2}{4n^2}$ vernachlässigen und erhält die in 9.4.3.2.2. dargestellte Näherung

$$P\left(P - z\sqrt{\frac{P(1-P)}{n}} \leq \Pi \leq P + z\sqrt{\frac{P(1-P)}{n}}\right) = 1-\alpha$$

9.12. Wegen $n \geq 30$, $\frac{n}{N} < 0{,}05$, σ_X und Verteilungsgesetz der Grundgesamtheit unbekannt, lautet das Konfidenzintervall:

$$[\hat{\mu}_u, \hat{\mu}_o] = [\bar{x} - z_{1-\frac{\alpha}{2}} \frac{s_X}{\sqrt{n}}, \bar{x} + z_{1-\frac{\alpha}{2}} \frac{s_X}{\sqrt{n}}] =$$

$$[8{,}4 - 1{,}96 \cdot \frac{1{,}3}{10} ; 8{,}4 + 1{,}96 \cdot \frac{1{,}3}{10}] = [8{,}15 ; 8{,}63]$$

Damit bewegt sich der jährliche gesamte Futterbedarf F im Intervall $8{,}15 \cdot 365 \cdot 2.000 \text{ g} \leq F \leq 8{,}65 \cdot 365 \cdot 2.000 \text{ g}$ oder $5.946 \text{ kg} \leq F \leq 6.318 \text{ kg}$.

9.13. Umformung der Ungleichung zur Bestimmung des Stichprobenumfangs (9.4.2.1.3.) liefert

$$z_{1-\frac{\alpha}{2}} \leq \frac{l_o \sqrt{n}}{2\sigma_X}$$

$$z_{1-\frac{\alpha}{2}} \leq \frac{2\sqrt{49}}{2 \cdot 3{,}5}$$

$$z_{1-\frac{\alpha}{2}} \leq 2$$

Das zugehörige Vertrauensniveau beträgt also höchstens 95,45 %.

9.14. Die Abfrage der Angaben, entsprechend dem in Übersicht 9.1. gezeigten Schema, führt zur Wahl der Schätzfunktion

$$D_t = Z = \frac{\bar{X} - \mu_X}{\sqrt{\frac{\hat{\sigma}_X^2}{n}}}$$

und damit zu dem zentralen $(1-\alpha)100$ %-Konfidenzintervall

$$\left[\bar{x}-z_{1-\frac{\alpha}{2}}\frac{s_X}{\sqrt{n}},\ \bar{x}+z_{1-\frac{\alpha}{2}}\frac{s_X}{\sqrt{n}}\right]$$

Eingesetzt erhält man $\left[9{,}3-2{,}575\,\frac{2{,}9}{\sqrt{64}};\ 9{,}3+2{,}575\,\frac{2{,}9}{\sqrt{64}}\right]$

also $8{,}37 \leq \mu_X \leq 10{,}23$ (Minuten).

9.15. a) Da das Verteilungsgesetz der Grundgesamtheit und ihr Parameter σ_X unbekannt sind und der Auswahlsatz $\frac{n}{N} < 0{,}05$ ist, berechnet man das zentrale 95 %-Konfidenzintervall nach der Formel

$$[\hat{\mu}_u,\hat{\mu}_o] = \left[\bar{x}-z_{0,975}\frac{s_X}{\sqrt{n}},\ \bar{x}+z_{0,975}\frac{s_X}{\sqrt{n}}\right] = [1.266\text{ g},\ 1.334\text{ g}]$$

b) Der Wert V der Farm liegt also im Bereich

$15.000\cdot 1{,}266\cdot 1{,}8$ DM $\leq V \leq 15.000\cdot 1{,}334\cdot 1{,}8$ DM

34.183 DM $\leq V \leq 36.017$ DM

9.16. a) Es stehen wahlweise zur Verfügung

$$(1)\ Z = \frac{P-\Pi}{\sqrt{\frac{N-n}{4n(N-1)}}} \quad \text{bzw.} \quad (2)\ Z = \frac{P-\Pi}{\sqrt{\frac{(N-1)p(1-p)(N-n)}{N(n-1)(N-1)}}}$$

b) Das zentrale 95 %-Konfidenzintervall lautet

$$(1)\ \left[0{,}4-1{,}96\sqrt{\frac{320}{200\cdot 369}};\ 0{,}4+1{,}96\sqrt{\frac{320}{200\cdot 369}}\right] = [0{,}271;\ 0{,}529]$$

bzw.

$$(2)\ \left[0{,}4-1{,}96\sqrt{\frac{0{,}6\cdot 0{,}4\cdot 320}{370\cdot 49}};\ 0{,}4+1{,}96\sqrt{\frac{0{,}4\cdot 0{,}6\cdot 320}{370\cdot 49}}\right] =$$

$$= [0{,}272;\ 0{,}528]$$

c) $$n \geq \frac{1{,}96^2\cdot 370}{1{,}96^2+369\cdot 0{,}1^2} = 188{,}7$$

Der Stichprobenumfang muß mindestens 189 betragen.

9.17. Für den Anteilswert Π der mangelhaften Turbinenschaufeln ist das zentrale 90 %-Konfidenzintervall zu ermitteln. Für $[\hat{\Pi}_u,\hat{\Pi}_o]$ gilt:

$$F_H(np;N,n,\hat{M}_o) \leq \frac{\alpha}{2} \text{ und } F_H(np-1;N,n,\hat{M}_u) \geq 1-\frac{\alpha}{2} \quad \text{bzw.}$$

$$F_H(2;10,5,\hat{M}_o) \leq 0{,}05 \text{ und } F_H(1;10,5,\hat{M}_u) \geq 0{,}95.$$

Wegen $\hat{M}_o > n$ liest man aus der hypergeometrischen Verteilung ab:

$n = \hat{M}_o = 8$ und hieraus $\hat{\Pi}_o = \frac{8}{N} = 0{,}8.$

Für $\hat{M}_u$ ergibt sich: $\hat{M}_u = 1$, d.h. $\hat{\Pi}_u = 0{,}1.$

Das zentrale 90 %-Konfidenzintervall des Anteilswertes Π lautet dann:

$$[\hat{\Pi}_u, \hat{\Pi}_o] = [0{,}1; 0{,}8]$$

Nach dem Prinzip der vorsichtigen Schätzung werden die untere Grenze mit 0,1 und die obere Grenze mit 0,8 sicher zu weit gewählt, da ja die vorhandenen defekten bzw. guten Schaufeln schon die höhere Untergrenze von 0,2 als Mindestwert bzw. die niedrigere Obergrenze von 0,7 als Höchstwert ergeben. Der zusätzliche Arbeitsaufwand wird also zwischen 2 und 7 Tagen liegen.

9.18. a) Man verwendet die Stichprobenfunktion

$$D_t = T = \frac{\bar{X}-\bar{Y}-(\mu_X-\mu_Y)}{\sqrt{(n_X-1)S_X^2+(n_Y-1)S_Y^2}} \sqrt{\frac{n_X n_Y (n_X n_Y -2)}{n_X+n_Y}}$$

(Vgl. 8.11.2.). mit $\nu = n_X+n_Y-2$ Freiheitsgraden. Dann lassen sich Werte $t_{1-\frac{\alpha}{2}}$ und $t_{\frac{\alpha}{2}} = -t_{1-\frac{\alpha}{2}}$ finden, so daß gilt:

$$P(-t_{1-\frac{\alpha}{2}} \leq T \leq t_{1-\frac{\alpha}{2}}) = 1-\alpha$$

Setzt man für T die obige Formel ein und löst die Ungleichung nach $\mu_X-\mu_Y$ auf, so ergibt sich das zentrale $(1-\alpha)100$ %-Konfidenzintervall für $\mu_X-\mu_Y$ zu:

$$[\bar{x}-\bar{y}-t_{1-\frac{\alpha}{2}} \frac{\sqrt{(n_X-1)s_X^2+(n_Y-1)s_Y^2}}{\sqrt{\frac{n_X n_Y(n_X+n_Y-2)}{n_X+n_Y}}} \leq \mu_X-\mu_Y \leq \bar{x}-\bar{y}+t_{1-\frac{\alpha}{2}} \frac{\sqrt{(n_X-1)s_X^2+(n_Y-1)s_Y^2}}{\sqrt{\frac{n_X n_Y(n_X+n_Y-2)}{n_X+n_Y}}}]$$

b) $n_X = 10; (n_X-1)s_X^2 = 0{,}639$

$n_Y = 10; (n_Y-1)s_Y^2 = 0{,}243$

$$[\hat{\mu}^u_{X-Y}, \hat{\mu}^o_{X-Y}] = [0{,}092; 0{,}508]$$

Lösungen zu Kapitel 10

10.1. a) Nullhypothese H_o: $\mu \leq \mu_o = 2{,}95$

Alternativhypothese: H_a: $\mu > \mu_o = 2{,}95$

Prüfgröße:
Es gilt:
1. Grundgesamtheit beliebig verteilt,
2. σ_X bekannt,
3. Stichprobenumfang groß,
4. Ziehung ohne Zurücklegen und
5. $\frac{n}{N} < 0{,}05$, da angenommen werden kann, daß die Anzahl aller Wohnungen im Lk. Bonn größer als 2.000 ist. Folglich ist die Prüfgröße $\bar{X}$ asymptotisch normalverteilt mit $f_N(\bar{x};2{,}95;0{,}0121)$.

Kritischer Bereich:

$R =]\bar{x}_{1-\alpha},\infty[$ (einseitiger Signifikanztest)

$$P(\bar{X} > \bar{x}_{1-\alpha} | \mu_X = \mu_o = P(Z > z_{1-\alpha} = \frac{\bar{x}_{1-\alpha} - E(\bar{X})}{\sqrt{Var(\bar{X})}} | \mu_X = \mu_o) = \alpha = 0{,}05$$

Daraus ergibt sich

$$z_{1-\alpha} = \frac{\bar{x}_{1-\alpha} - 2{,}95}{0{,}11} = 1{,}645 \text{ und hieraus } \bar{x}_{1-\alpha} = 3{,}13$$

Somit gilt für den kritischen Bereich

$R =]3{,}13;\infty[$

Testurteil:
Da die Ausprägung $\bar{x} = 3{,}80$ der Prüfgröße $\bar{X}$ in den kritischen Bereich fällt, ist die Nullhypothese abzulehnen.

b) Nullhypothese, Alternativhypothese, Prüfgröße > siehe a)

Kritischer Bereich: $R =]3{,}29;\infty[$

Testurteil:
Da $\bar{x} = 3{,}80 > 3{,}29 = \bar{x}_{1-\alpha}$, ist bei einem Signifikanzniveau von 0,001 die Nullhypothese abzulehnen.

c) Die Berechnung des notwendigen Stichprobenumfangs erfolgt über den kritischen Wert $\bar{x}_{1-\alpha}$:

$R =]\bar{x}_{1-\alpha},\infty[=]3,\infty[$

$P(\bar{X} \leq 3{,}0 | \mu_X = \mu_o) = 0{,}04$

Hieraus ergibt sich

$$z_{1-\alpha} = \frac{3{,}00 - 2{,}95}{\frac{1{,}1}{\sqrt{n}}} = 1{,}751 \text{ und somit}$$

$n \geq 1.484$

10.2. Nullhypothese $H_o: \mu_X \leq \mu_o = 51$

Alternativhypothese: $H_a: \mu_X > \mu_o$

Prüfgröße:

Die Prüfgröße $\bar{X}$ ist näherungsweise normalverteilt mit

$f_N(\bar{x};51,\frac{16}{400}\cdot\frac{6.400}{6.799})$

Kritischer Bereich:

$R =]\bar{x}_{1-\alpha},\infty[$

$P(\bar{X} \leq \bar{x}_{1-\alpha} | \mu_X = \mu_o) = 0,95$

Hieraus ergibt sich folgende Gleichung

$$\frac{\bar{x}_{1-\alpha}-51}{\sqrt{\frac{16}{400}\cdot\frac{6.400}{6.799}}} = 1,645 \text{ und damit } \bar{x}_{1-\alpha} = 51,32$$

Testurteil:

Da der Wert der Prüfgröße $\bar{x} = 52,4$ in den kritischen Bereich fällt, ist die Nullhypothese abzulehnen.

10.3. Die Lebensdauer X der Fische ist exponentialverteilt, d.h. es ist

$f_X(x) = \frac{1}{\beta}e^{-\frac{x}{\beta}}$ (vgl. 7.2.3.1.1.)

Dann ist $E(X) = \beta$ und $Var(X) = \beta^2$ (vgl. 7.2.3.1.2.)

Damit ist die Varianz der Grundgesamtheit durch das Verteilungsgesetz festgelegt. Es ist $H_o: \beta \geq \beta_o = 1$ und $H_a: \beta < \beta_o = 1$. Folglich ist die Zufallsvariable

$$Z = \frac{\bar{X}-\beta_o}{\frac{\beta_o}{\sqrt{36}}} = 6(\bar{X}-1)$$

asymptotisch normalverteilt. Bei $\alpha = 0,05$ ist

$z_{0,05} = -1,645 = 6(\bar{x}_{0,05}-1)$ und

$\bar{x}_{0,05} = 0,73$

Da der empirische Befund $\bar{x} = 0,9 > \bar{x}_{0,05} = 0,73$, kann die Nullhypothese nicht abgelehnt werden.

Für diesen Test kann man auch eine exakte Verteilung verwenden. Wegen der Reproduktivitätseigenschaft folgt eine Summe von n identisch exponentialverteilten Zufallsvariablen mit Parameter β einer Gammaverteilung mit Parametern β und n und $\bar{X}$ ist gammaverteilt mit Parametern $\frac{\beta}{n}$ und n (vgl. 7.2.3.1.3.).
Zum Nachschlagen kritischer Werte empfiehlt es sich, diese Gammaverteilung speziell in der Form einer χ^2-Verteilung zu schreiben. Dazu verwendet man die momenterzeugende Funktion. Sie lautet

$M_{X_{EX}}(\Theta) = \frac{1}{1-\beta\Theta}$ für die Exponentialverteilung.

Daraus gewinnt man:

$$M_{\Sigma X_i}(\Theta) = \frac{1}{(1-\beta\Theta)^n}$$

$$M_{\bar{X}}(\Theta) = M_{\frac{1}{n}\Sigma X_i}(\Theta) = \frac{1}{(1-\frac{\beta}{n}\Theta)^n}$$

Für die Zufallsvariable $\frac{2n}{\beta}\bar{X}$ erhält man:

$$M_{\frac{2n}{\beta}\bar{X}}(\Theta) = \frac{1}{(1-\frac{\beta}{n}\cdot\frac{2n}{\beta}\Theta)^n} = \frac{1}{(1-2\Theta)^n} = \frac{1}{(1-2\Theta)^{\frac{2n}{2}}}$$

d.h. Zufallsvariable $\frac{2n}{\beta}\bar{X}$ ist χ^2-verteilt mit $\nu = 2n$ Freiheitsgraden.
Im betrachteten Beispiel ist n = 36 und damit 2n = 72. Man erhält daher den Wert $\chi^2_{72;0,05}$ mit Hilfe der Näherung

$$\chi^2_{\nu,\alpha} \doteq \nu\left(1-\frac{2}{9\nu}+z_\alpha\sqrt{\frac{2}{9\nu}}\right)^3 \text{ zu:}$$

$$\chi^2_{72;0,05} \doteq 72\left(1-\frac{2}{9\cdot 72}-1{,}645\sqrt{\frac{2}{9\cdot 72}}\right)^3 = 53{,}46.$$

Damit ergibt sich für das arithmetische Mittel der kritische Wert

$$\bar{x}_{0,05} = \frac{\beta}{2n}\chi^2_{72;0,05} = \frac{1}{72}\cdot 53{,}46 = 0{,}7425.$$

10.4. 1. Möglichkeit:

H_o: $\mu_X \geq \mu_o = \frac{10.000}{120}g = 83{,}\bar{3}g$

H_a: $\mu_X < \mu_o$

Die Prüfgröße $\bar{X}$ ist asymptotisch normalverteilt mit $f_N(\bar{x};83{,}\bar{3};\frac{225}{30}\cdot\frac{90}{119})$

Für den kritischen Wert $\bar{x}_\alpha = \bar{x}_{0,04}$ gilt:

$P(\bar{X} \leq \bar{x}_\alpha | H_o: \mu_X = 83{,}\bar{3}) = \alpha = 0{,}04$

Daraus ergibt sich:

$\bar{x}_{0,04} = 83{,}\bar{3}\,g - 1{,}751\cdot 2{,}382\,g = 79{,}16\,g$

Wegen $\bar{x} = 95\,g > 79{,}16$ g steht die Aussage des Hansl-Bauern nicht im Widerspruch zum Stichprobenbefund; eine Bestätigung der Nullhypothese kann jedoch durch den Test nicht erbracht werden, deshalb wird der Test unter Vertauschung der Null- und Alternativhypothese erneut durchgeführt.

2. Möglichkeit:

H_o: $\mu_X \leq \mu_o = 83{,}3$ g

H_a: $\mu_X > \mu_o$

Unter Verwendung der obigen Prüfgröße $\bar{X}$ gilt:

$P(\bar{X} > \bar{x}_{1-\alpha} | H_o: \mu_X = \mu_o) = \alpha = 0{,}04$

Daraus ergibt sich

$\bar{x}_{1-\alpha} = 87{,}50$ g

Wegen $\bar{x} = 95\text{ g} > 87{,}50\text{ g} = \bar{x}_{1-\alpha}$ ist die Nullhypothese abzulehnen. Die Behauptung des Hansl-Bauern (Alternativhypothese) ist damit bestätigt.

10.5. $H_o: \mu_X \geq \mu_o = 30$

$H_a: \mu_X < \mu_o$

Die Prüfgröße $T = \dfrac{(\bar{X}-\mu_o)\sqrt{n-1}}{S_{X,n}}$ ist t-verteilt mit n-1 Freiheitsgraden.

Da nach dem Stichprobenumfang n gefragt ist, diese Größe aber auch die Zahl der Freiheitsgrade bestimmt, muß durch Einsetzen alternativer Werte von n in einem iterativen Verfahren der Mindestumfang der Stichprobe ermittelt werden.

$n = 5$: $t = -\sqrt{n-1} = -2$

Wegen $t_{0,05;4} = -2{,}132 < -2$ kann H_o noch nicht abgelehnt werden ($\nu = n-1 = 4$)

$n = 6$: $t = -2{,}24$

Wegen $t_{0,05;5} = -2{,}015 > -2{,}24$ wird H_o abgelehnt ($\nu = n-1 = 5$)

Für die Untersuchung mußten also mindestens 6 Verkaufsstellen befragt werden.

10.6. Es liegt ein zweiseitiger Test vor mit

$H_o: \Pi_{X-Y} = \Pi^o_{X-Y} = 0$ und

$H_a: \Pi_{X-Y} \neq \Pi^o_{X-Y}$

Wegen der Stichprobenziehung ohne Zurücklegen und einem Auswahlsatz von mehr als 5 % ist die Prüfgröße P_X-P_Y asymptotisch normalverteilt (Parameter s. 10.3.6.2.)

Es gilt:

$z_{0,005} = -2{,}576$ und $z_{0,995} = 2{,}576$

Da $p = \dfrac{350\cdot 0{,}2+350\cdot 0{,}22}{700} = 0{,}21$, ergibt sich für den transformierten Stichprobenbefund:

$$\frac{0{,}2-0{,}22}{\sqrt{\frac{700}{699}\cdot\frac{3.999}{4.000}\cdot 0{,}21\cdot 0{,}79\cdot 2\cdot\frac{1.650}{350\cdot 1.999}}} = -0{,}7146 > -2{,}5762$$

Da der Stichprobenbefund in den Nichtablehnungsbereich fällt, hat der deutsche Protest keine Aussicht auf Erfolg.

10.7. Einseitiger Signifikanztest mit

$H_o: \mu_X \geq \mu_o = 800$

$H_a: \mu_X < \mu_o = 800$

Wegen $n \geq 30$ ist die Prüfgröße $\bar{X}$ annähernd normalverteilt mit

$f_N(\bar{x}; \mu_o, \frac{s_X^2}{n})$

(Die exakt t-verteilte Prüfgröße T ist ebenfalls anwendbar)

Da $z_{0,01} = -2,327$, gilt für den kritischen Wert des Tests:

$\bar{x}_{0,01} = 800-2,327 \sqrt{169/100} \doteq 796,98$

Der Stichprobenbefund von 799,3 $^m/sec$ liegt also im Nichtablehnungsbereich und steht damit nicht im Widerspruch zur Nullhypothese.
Testet man analog die Nullhypothese $H_o: \mu_X \leq \mu_o = 800$ gegen die Alternativhypothese $H_a: \mu_X > \mu_o$, so liegt der Stichprobenbefund ebenfalls im Nichtablehnungsbereich.

Mithin konnte durch die Aktion des Geheimdienstes dem Käufer keine Entscheidungshilfe geboten werden.

10.8. $\bar{x} = 15,4\ m^2$ $\quad s_X = 1,2\ m^2$ $\quad n_X = 30$

$\bar{y} = 14,6\ m^2$ $\quad s_Y = 0,9\ m^2$ $\quad n_Y = 30$

$H_o: \mu_{X-Y} = 0$

$H_a: \mu_{X-Y} \neq 0$

Bei nicht normalverteilten Grundgesamtheiten ist die Prüfgröße $\bar{X}-\bar{Y}$ asymptotisch normalverteilt.

Es ist

$$z = \frac{\bar{x}-\bar{y}}{\sqrt{\frac{s_X^2}{n_X} + \frac{s_Y^2}{n_Y}}} = \frac{15,4-14,6}{\sqrt{\frac{1,44}{30} + \frac{0,81}{30}}} = 2,92$$

Es gilt $-z_{0,025} = z_{0,975} = 1,96$. Die Nullhypothese wird daher abgelehnt.

10.9. Es ist

$\bar{x} = 128$ cm $\quad s_X = 6,5$ cm $\quad n_X = 400$

$\bar{y} = 130$ cm $\quad s_Y = 7,0$ cm $\quad n_Y = 500$

Die Nullhypothese lautet:

$H_o: \mu_{X-Y} \leq -1$

$H_a: \mu_{X-Y} > -1$

Man verwendet die für große Stichproben asymptotisch normalverteilte Prüftgröße T. Ihre Ausprägung ist

$$t = \frac{\bar{x}-\bar{y}-\mu^{o}_{X-Y}}{\sqrt{\frac{s_X^2}{n_X}+\frac{s_Y^2}{n_Y}}} = \frac{-2+1}{\sqrt{\frac{42,25}{400}+\frac{49}{500}}} = -2,2161$$

Da bei einseitigem Test der kritische Wert $z_{0,95} = 1,645$, kann die Nullhypothese nicht abgelehnt werden.

10.10. Es ist

H_o: $\Pi \geq \Pi_o = 0,7$

H_a: $\Pi < \Pi_o = 0,7$

Auswahlsatz $\frac{n}{N} < 0,05$, $n > \frac{9}{0,21}$, N groß; folglich ist die Prüfgröße P asymtotisch normalverteilt mit

$$f_N(p;\Pi_o, \frac{\Pi_o(1-\Pi_o)}{n})$$

Es ist

$$z = \frac{\frac{318}{500}-0,7}{\sqrt{\frac{0,7\cdot 0,3}{500}}} = -3,12$$

$z_{0,01} = -2,33$. Die Nullhypothese ist daher abzulehnen. Die Studenten sind besser als ihr Ruf.

10.11. Berechnung der Stichprobenmittel und Varianzen liefert die Werte

$\bar{x} = 12,5$ $\quad s_X^2 = 4,7$

$\bar{y} = 8$ $\quad s_Y^2 = 4,4$

H_o: $\mu_{X-Y} = 0$

H_a: $\mu_{X-Y} > 0$ (einseitiger Test)

Ist die Grundgesamtheit normalverteilt, so folgt die Prüfgröße T annähernd einer t-Verteilung mit $\nu = n_X+n_Y-2$ Freiheitsgraden.

Es ist

$$t = \frac{\bar{x}-\bar{y}-\mu^{o}_{X-Y}}{\sqrt{\frac{s_X^2}{n_X}+\frac{s_Y^2}{n_Y}}} = \frac{12,5-8}{\sqrt{\frac{4,7}{6}+\frac{4,4}{6}}} = 3,65$$

Nun ist $t_{0,95;10} = 1,812$ bei einseitigem Test (und $\nu = 10$). Die Nullhypothese ist abzulehnen.

10.12. a) $H_o: \Pi = \Pi_o = 0{,}5$

$H_a: \Pi \neq \Pi_o = 0{,}5$

Gefragt ist nach dem oberen Teil des kritischen Bereichs. Der obere kritische Wert werde mit x bezeichnet. Dann ist x so zu bestimmen, daß gilt:

$$\sum_{np=x+1}^{n} f_B(np;n,\Pi_o) = \sum_{np=x+1}^{15} f_B(np;15;0{,}5) = 1-F_B(x;15;0{,}5) \leq 0{,}06$$

Der gesuchte Wert für x ist so festzulegen, daß die linke Seite der Ungleichung dem Wert 0,06 möglichst nahe kommt. Aus der Tabelle der Binomialverteilung liest man bei $\Pi = 0{,}5$ ab:

$1-F_B(10;15;0{,}5) = 0{,}059$

Folglich ist x = 10 der kritische Wert und x+1 = 11 die Mindestzahl der richtig zu beantwortenden Fragen (der kritische Wert x = 10 gehört noch zum Nichtablehnungsbereich).

b) $\sum_{x=o}^{10} f_B(x;n,\Pi_a) = F_B(10;15;0{,}7) = 0{,}485$

10.13. a) Die Fräulein Erika betreffenden Angaben seien mit X, die Fräulein Idi betreffenden Angaben mit Y bezeichnet.

$H_o: \Pi_{X-Y} = \Pi^o_{X-Y} = -0{,}03$

$H_a: \Pi_{X-Y} = \Pi^a_{X-Y} = 0{,}0$

Es liegt ein allgemeiner Test vor mit

$N_X = 120.000$ $\quad N_Y = 80.000$

$n_X = 1.000$ $\quad n_Y = 2.000$

$p_X = 0{,}06$ $\quad p_Y = 0{,}065$

$p_{X-Y} = -0{,}005$

Die Prüfgröße $P_X - P_Y$ ist asymptotisch normalverteilt, Korrekturfaktoren werden wegen $\frac{n}{N} < 0{,}05$ vernachlässigt.

$$\frac{-0{,}05-(-0{,}03)}{\sqrt{\frac{0{,}06\cdot 0{,}94}{999}+\frac{0{,}065\cdot 0{,}935}{1.999}}} = 2{,}68 > 1{,}645 = z_{0,95}$$

Damit wird die Nullhypothese abgelehnt und der Betriebsrat befürwortet die Nivellierung der Lohndifferenzen.

b) Allgemeiner Test

$H_o: \mu_{X-Y} = \mu^o_{X-Y} = 0$

$H_a: \mu_{X-Y} = 0{,}2$

Die Prüfgröße $\bar{X}-\bar{Y}$ ist asymptotisch normalverteilt. Der kritische Wert $(\bar{x}-\bar{y})_{0,95}$ ergibt sich durch

$$\frac{(\bar{x}-\bar{y})_{0,95}-0}{\sqrt{\frac{0,01}{1.000}+\frac{0,09}{2.000}}} = \frac{(\bar{x}-\bar{y})_{0,95}}{0,0074} = 1,645 \text{ oder } (\bar{x}-\bar{y})_{0,95} = 0,012$$

Wegen $\bar{x}-\bar{y} = 0,1$ ist die Nullhypothese abzulehnen.

c) $P(\bar{X}-\bar{Y} \leq 0,012 \mid H_a) = \beta$

$P(\frac{\bar{X}-\bar{Y}-0,2}{0,0074} \leq -25,40) = \beta$

Damit liegt β sehr nahe bei Null. Dies ist die Wahrscheinlichkeit, die Alternativhypothese abzulehnen, obwohl sie richtig ist.

d) $H_o: \mu^o_{X-Y} = 0$
$H_a: \mu^a_{X-Y} = 0,2$

$\alpha = 0,05$
$\beta = 0,1$

Ansatz:

(1) $P(\bar{X}-\bar{Y} > (\bar{x}-\bar{y})_{1-\alpha} \mid H_o) = \alpha$
(2) $P(\bar{X}-\bar{Y} \leq (\bar{x}-\bar{y})_{1-\alpha} \mid H_a) = \beta$

Hieraus ergibt sich

$$\frac{(\bar{x}-\bar{y})_{0,95}-0}{\sqrt{\frac{0,09+0,09}{n}}} = 1,645 \text{ und } \frac{(\bar{x}-\bar{y})_{0,95}-0,2}{\sqrt{\frac{0,09+0,09}{n}}} = -1,283$$

Damit gilt nach Auflösung der Gleichungen

$n \geq 39$ und $(\bar{x}-\bar{y})_{0,95} = 0,112$

e) Ansatz für die Gütefunktion M

$P(\bar{X}-\bar{Y} > 0,112 \mid H_a: \mu_{X-Y} = \Theta)$

θ	0	0,1	0,2	0,3
M	0,05 = α	0,428	0,9 = 1-β	0,997

10.14. a) $\beta = P(\bar{X} \leq \bar{x}_{0,95} \mid \mu = \mu_a) = P(Z \leq \frac{\bar{x}_{0,95}-\mu_a}{\sigma_X} \sqrt{n}) =$

$= P(Z \leq \frac{\bar{x}_{0,95}-\mu_o-(\mu_a-\mu_o)}{\sigma_X} \sqrt{n}) = P(Z \leq (\lambda_{0,95}-\lambda_a) \sqrt{n}) =$

$= P(Z \leq 0,029 \cdot 5) = P(Z \leq 0,145) = 0,5576 = 55,76$ %

b)

λ	0	0,1	0,2	0,3	0,4	
L(R,λ)	0,9500	0,8739	0,7405	0,5576	0,3613	
λ	0,5	0,6	0,7	0,8	0,9	1,0
L(R,λ)	0,1963	0,0877	0,0318	0,0093	0,0022	0,0004

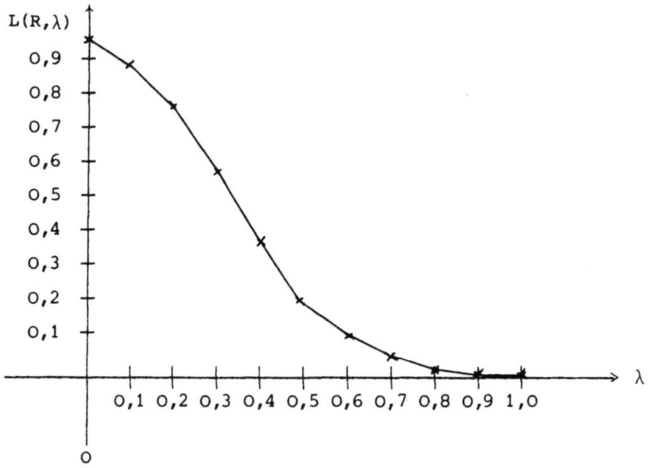

10.15. Es sei

$H_o: \mu_X = \mu_o$

$H_a: \mu_X = \mu_a$

Dann wird die kritische Region so festgelegt, daß gilt:

$$\frac{f(\xi;\mu_a)}{f(\xi;\mu_o)} \geq \delta'$$

Da die Zufallsvariable X normalverteilt ist, wird

$$f(\xi;\mu_o) = \frac{1}{(\sigma_X\sqrt{2\pi})^n} e^{-\frac{1}{2}\Sigma\frac{(x_i-\mu_o)^2}{\sigma_X^2}}$$

$$f(\xi;\mu_a) = \frac{1}{(\sigma_X\sqrt{2\pi})^n} e^{-\frac{1}{2}\Sigma\frac{(x_i-\mu_a)^2}{\sigma_X^2}}$$

Damit gilt

$$\frac{f(\xi;\mu_a)}{f(\xi;\mu_o)} = e^{\frac{1}{2\sigma_X^2}\Sigma(x_i-\mu_o)^2 - \frac{1}{2\sigma_X^2}\Sigma(x_i-\mu_a)^2} \geq \delta'$$

Durch Logarithmieren erhält man:

$$\frac{1}{2\sigma_X^2}\Sigma(x_i-\mu_o)^2 - \frac{1}{2\sigma_X^2}\Sigma(x_i-\mu_a)^2 \geq \ln\delta'$$

$$\Sigma(x_i-\mu_o)^2-\Sigma(x_i-\mu_a)^2 \geq 2\sigma_X^2 \ln\delta'$$

$$\Sigma x_i^2+n\mu_o^2-2\mu_o\Sigma x_i-\Sigma x_i^2-n\mu_a^2+2\mu_a\Sigma x_i \geq 2\sigma_X^2 \ln\delta'$$

$$(\mu_a-\mu_o)\Sigma x_i \geq \sigma_X^2\ln\delta' + \frac{n}{2}(\mu_a^2-\mu_o^2)$$

a) Sei H_a: $\mu_X = \mu_a > \mu_o$, dann gilt

$$\frac{1}{n}\Sigma x_i = \bar{x} \geq \frac{\sigma_X^2\ln\delta'}{n(\mu_a-\mu_o)} + \frac{\mu_a^2-\mu_o^2}{2(\mu_a-\mu_o)} = A$$

Die Prüfgröße ist folglich $\bar{X}$, die kritische Region besteht aus den Ausprägungen $\bar{X} \geq A$. Ferner gilt:

$$\alpha = P(\bar{X} \geq A | H_o\colon \mu_X = \mu_o) = P(Z \geq z_{1-\alpha} = \frac{A-\mu_o}{\sigma_X/\sqrt{n}}$$

Aus der Gleichung

$$z_{1-\alpha} = \frac{A-\mu_o}{\sigma_X/\sqrt{n}}$$

erhält man

$$A = \mu_o + z_{1-\alpha}\frac{\sigma_X}{\sqrt{n}}$$

Folglich ist $R_1 =]\,\mu_o + z_{1-\alpha}\frac{\sigma_X}{\sqrt{n}}, \infty\,[$ ein bester Test.

Da R_1 unabhängig ist vom Wert der Alternativhypothese und da in den bisherigen Ableitungen nur die Einschränkung $\mu_a > \mu_o$ gemacht wurde, ist R_1 ferner ein gleichmäßig bester Test bezüglich aller Alternativhypothesen H_a: $\mu_X = \mu_a > \mu_o$.

b) Sei nun $\mu_a < \mu_o$, dann gilt

$$\frac{1}{n}\Sigma x_i = \bar{x} \leq \frac{\sigma_X^2\ln\delta'}{n(\mu_a-\mu_o)} + \frac{\mu_a^2-\mu_o^2}{2(\mu_a-\mu_o)} = A$$

Die kritische Region besteht aus den Ausprägungen $\bar{X} \leq A$. Ferner gilt

$$\alpha = P(\bar{X} \leq A | H_o\colon \mu_X = \mu_o) = P(Z \leq z_\alpha = \frac{A-\mu_o}{\sigma_X/\sqrt{n}})$$

Aus der Gleichung

$$z_\alpha = \frac{A-\mu_o}{\sigma_X/\sqrt{n}}$$

erhält man

$$A = \mu_o + z_\alpha \frac{\sigma_X}{\sqrt{n}} = \mu_o - z_{1-\alpha} \frac{\sigma_X}{\sqrt{n}}$$

Folglich ist $R_2 =]-\infty, \mu_o + z_\alpha \frac{\sigma_X}{\sqrt{n}}]$ ein bester Test. Da R_2 unabhängig ist vom Wert der Alternativhypothese H_a und da bei der Ableitung nur die Einschränkung $\mu_a < \mu_o$ gemacht wurde, ist R_2 ein gleichmäßig bester Test bezüglich aller Alternativhypothesen $H_a: \mu_X = \mu_a < \mu_o$

10.16. a) Es ist

$$P(\bar{X} \leq \bar{x}_{0,025} | H_o: \mu_X = 0) = P(Z \leq z_{0,05} = -1,96 = \bar{x}_{0,025} \cdot 4) \text{ und}$$

$$P(\bar{X} > \bar{x}_{0,975} | H_o: \mu_X = 0) = P(Z > z_{0,975} = 1,96 = \bar{x}_{0,975} \cdot 4)$$

Daraus ergibt sich $\bar{x}_{0,025} = -0,49$ und $\bar{x}_{0,975} = 0,49$

b)

μ	-0,1	-0,9	-0,8	-0,7	-0,6	-0,5	-0,4	-0,3	-0,2	-0,1	0
$M(R_3,\mu)$	0,979	0,949	0,893	0,800	0,670	0,516	0,359	0,224	0,126	0,069	0,05
$M(R_2,\mu)$	0,991	0,975	0,940	0,876	0,775	0,639	0,482	0,328	0,199	0,107	0,05

μ	0	0,1	0,2	0,3	0,4	0,5	0,6	0,7	0,8	0,9	1,0
$M(R_3,\mu)$	0,05	0,069	0,126	0,224	0,359	0,516	0,670	0,800	0,893	0,949	0,979
$M(R_2,\mu)$	0,05	0,107	0,199	0,328	0,482	0,639	0,775	0,876	0,940	0,975	0,991

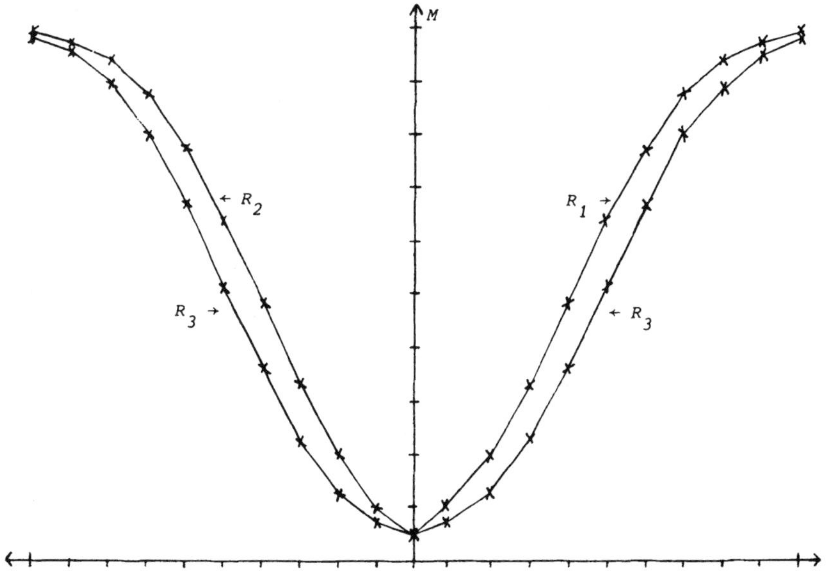

Lösungen zu Kapitel 11

11.1. $L = L(\Pi_{11},\ldots,\Pi_{rs}|n_{11},\ldots,n_{rs}) = \prod_{i=1}^{r}\prod_{j=1}^{s}\Pi_{ij}^{n_{ij}}$

$$\ln L = \sum_{i=1}^{r}\sum_{j=1}^{s} n_{ij}\ln\Pi_{ij}$$

Bei Gültigkeit der Nullhypothese

$H_o: \Pi_{ij} = \Pi_{i.}\Pi_{.j}$ $\qquad i = 1,2,\ldots,r;\ j = 1,2,\ldots,s$

wird

$$\ln L = \sum_{i=1}^{r}\sum_{j=1}^{s} n_{ij}\ln(\Pi_{i.}\Pi_{.j}) = \sum_{i=1}^{r}\sum_{j=1}^{s}\left[n_{ij}\ln\Pi_{i.}+n_{ij}\ln\Pi_{.j}\right] =$$

$$= \sum_{i=1}^{r}\sum_{j=1}^{s} n_{ij}\ln\Pi_{i.} + \sum_{i=1}^{r}\sum_{j=1}^{s} n_{ij}\ln\Pi_{.j} = \sum_{i=1}^{r} n_{i.}\ln\Pi_{i.} + \sum_{j=1}^{s} n_{.j}\ln\Pi_{.j} =$$

$$= \sum_{i=1}^{r-1} n_{i.}\ln\Pi_{i.}+n_{r.}\ln(1-\Pi_{1.}-\ldots-\Pi_{r-1.})+\sum_{j=1}^{s-1} n_{.j}\ln\Pi_{.j}+$$

$$+n_{.s}\ln(1-\Pi_{.1}-\ldots-\Pi_{.s-1})$$

Partielle Differentiation der Funktion lnL nach $\Pi_{i.}$ $(i = 1,2,\ldots, r-1)$ ergibt:

$$\frac{\partial\ln L}{\partial\Pi_{i.}} = \frac{n_{i.}}{\Pi_{i.}} - \frac{n_{r.}}{1-\Pi_{1.}-\ldots-\Pi_{r-1.}} = \frac{n_{i.}}{\Pi_{i.}} = \frac{n_{r.}}{\Pi_{r.}} \qquad i = 1,2,\ldots,r-1$$

Aus $\frac{\partial\ln L}{\partial\Pi_{i.}} = 0$ folgt $\frac{n_{i.}}{\hat{\Pi}_{i.}} = \frac{n_{r.}}{\hat{\Pi}_{r.}}$ $\qquad i = 1,2,\ldots,r-1$

Damit erhält man

$$\hat{\Pi}_{i.} = \frac{\hat{\Pi}_{r.}}{n_{r.}}n_{i.} \qquad i = 1,2,\ldots,r-1$$

und ferner

$$\sum_{i=1}^{r-1}\hat{\Pi}_{i.} = \frac{\hat{\Pi}_{r.}}{n_{r.}}\sum_{i=1}^{r-1}n_{i.} \quad \text{oder} \quad 1-\hat{\Pi}_{r.} = \frac{\hat{\Pi}_{r.}}{n_{r.}}(n-n_r)$$

$$1 = \hat{\Pi}_{r.}\left(1+\frac{n-n_{r.}}{n_{r.}}\right)$$

$$1 = \hat{\Pi}_{r.}\frac{n}{n_{r.}}$$

$$\Pi_{r.} = \frac{n_{r.}}{n}$$

Wegen $\hat{\Pi}_{i.} = \frac{\hat{\Pi}_{r.}}{n_{r.}} n_{i.}$

erhält man

$$\hat{\Pi}_{i.} = \frac{\frac{n_{r.}}{n}}{n_{r.}} n_{i.} = \frac{n_{i.}}{n} \qquad i = 1,2,...,r-1$$

Damit lauten die Maximum-Likelihood-Schätzwerte

$$\hat{\Pi}_{i.} = \frac{n_{i.}}{n} \qquad i = 1,2,...,r$$

Analog liefert die partielle Differentiation der Funktion lnL nach $\Pi_{.j}$ die Maximum-Likelihood-Schätzwerte

$$\hat{\Pi}_{.j} = \frac{n_{.j}}{n} \qquad j = 1,2,...,s$$

11.2.

Zahl der fehlerhaften Zündhölzer je Schachtel x_i	Zahl der Schachteln mit x_i fehlerhaften Hölzern n_i		$n\Pi_{io}$		Für den Test gebildete Klassen	$\frac{(n_i-n\Pi_{io})^2}{n\Pi_{io}}$
0	71		61,23		0	1,56
1	122		128,58		1	0,34
2	138		135,01		2	0,07
3	88		94,51		3	0,45
4	45		49,62		4	0,43
5	20		20,84		5	0,03
6	8	> 16	7,29	> 10,22 für $x \geq 6$	≥ 6	3,26
7	5		2,19			
8	2		0,57			
≥ 9	1		0,16			
						6,14

Das arithmetische Mittel $\bar{x}$ der Häufigkeitsverteilung ist der Maximum-Likelihood-Schätzwert für den Parameter μ_X der Poisson-Verteilung. Unter Verwendung von $\hat{\mu}_X = \bar{x} = 2,1$ erhält man die theoretischen Häufigkeiten $n\,\Pi_{io}$. Da für alle Werte $x_i \geq 7$ die theoretische Häufigkeit < 5 ist, muß eine Klasse mit $x_i \geq 6$ gebildet werden. Die Zahl der Freiheitsgrade ist $\nu = k-2 = 7-2 = 5$. Bei $\nu = 5$ ist $\chi^2_{0,05;5} = 11,07$.

Die Behauptung des Studenten wird also durch das Testergebnis nicht widerlegt.

11.3. Es gilt

$$\chi^2 = \sum_{i=1}^{2}\sum_{j=1}^{2} \frac{(n_{ij}-np_{i.}p_{.j})^2}{np_{i.}p_{.j}} = \sum_{i=1}^{2}\sum_{j=1}^{2} \frac{(n_{ij}-\frac{n_{i.}n_{.j}}{n})^2}{\frac{n_{i.}n_{.j}}{n}} =$$

$$= \sum_{i=1}^{2}\sum_{j=1}^{2} \frac{(nn_{ij}-n_{i.}n_{.j})^2}{nn_{i.}n_{.j}}$$

Um den Vergleich mit dem Test der Differenz zweier Anteilswerte für die Nullhypothese $H_o: \Pi_{X-Y} = \Pi^o_{X-Y} = 0$ durchzuführen (vgl. 10.3.6.2.), müssen die Bezeichnungen abgestimmt werden. Dazu seien, wie in Aufgabe 11.4., die Merkmale Teilnahme am Vorschulkurs und Bestehen des Schulreifetests betrachtet. Beim Unabhängigkeitstest lautet die Hypothese: Die beiden Merkmale sind unabhängig. Beim Test der Differenz der Anteilswerte lautet die Nullhypothese: Die Anteile Π_X (= Anteil der schulreifen Kinder mit Vorschulkurs an den Kindern mit Vorschulkurs) und Π_Y (= Anteil der schulreifen Kinder ohne Vorschulkurs an den Kin- dern ohne Vorschulkurs) sind gleich. Dementsprechend ist die folgende 2 x 2 Kontingenztabelle und die Abstimmung der Bezeichnungen zwischen dem Verteilungstest und dem Parametertest aufgebaut.

Teilnahme am Vorschulkurs	Schulreifetest bestanden ja	nein	
ja	n_{11}	n_{12}	$n_{1.}$
nein	n_{21}	n_{22}	$n_{2.}$
	$n_{.1}$	$n_{.2}$	n

Man setzt:

$n_{1.} = n_X$

$n_{2.} = n_Y$ $\qquad \frac{n_{11}}{n_{1.}} = p_X \qquad \frac{n_{21}}{n_{2.}} = p_Y$

$n = n_X+n_Y$

Daraus ergibt sich

$n_{11} = n_{1.}p_X = n_Xp_X$

$n_{12} = n_{1.}-n_{11} = n_X-n_Xp_X = n_X(1-p_X)$

$n_{21} = n_{2.}p_Y = n_Yp_Y$

$n_{22} = n_{2.}-n_{21} = n_Y(1-p_Y)$

$n_{.1} = n_{11}+n_{21} = n_Xp_X+n_Yp_Y$

$n_{.2} = n_{12}+n_{22} = n_X(1-p_X)+n_Y(1-p_Y)$

Eingesetzt in die Formel für χ^2 erhält man:

$$\chi^2 = \frac{(nn_{11}-n_{1.}n_{.1})^2}{nn_{1.}n_{.1}} + \frac{(nn_{12}-n_{1.}n_{.2})^2}{nn_{1.}n_{.2}} + \frac{(nn_{21}-n_{2.}n_{.1})^2}{nn_{2.}n_{.1}} + \frac{(nn_{22}-n_{2.}n_{.2})^2}{nn_{2.}n_{.2}} =$$

$$= \frac{\left[nn_X p_X - n_X(n_X p_X + n_Y p_Y)\right]^2}{nn_X(n_X p_X + n_Y p_Y)} = \frac{\left[nn_X(1-p_X) - n_X(n_X(1-p_X) + n_Y(1-p_Y))\right]^2}{nn_X(n_X(1-p_X) + n_Y(1-p_Y))} +$$

$$+ \frac{\left[nn_Y p_Y - n_Y(n_X p_X + n_Y p_Y)\right]^2}{nn_Y(n_X p_X + n_Y p_Y)} + \frac{\left[nn_Y(1-p_Y) - n_Y(n_X(1-p_X) + n_Y(1-p_Y))\right]^2}{nn_Y(n_X(1-p_X) + n_Y(1-p_Y))}$$

$$\chi^2 = \frac{n_X n_Y^2 (p_X-p_Y)^2}{n(n_X p_X + n_Y p_Y)} + \frac{n_X n_Y^2 (p_Y-p_X)^2}{n(n_X(1-p_X) + n_Y(1-p_Y))} + \frac{n_X^2 n_Y (p_X-p_Y)^2}{n(n_X p_X + n_Y p_Y)} +$$

$$+ \frac{n_Y n_X^2 (p_X-p_Y)^2}{n(n_X(1-p_X) + n_Y(1-p_Y))} =$$

$$= \frac{n_X n_Y^2 (p_X-p_Y)^2 + n_X^2 n_Y (p_X-p_Y)^2}{n(n_X p_X + n_Y p_Y)} + \frac{n_X n_Y^2 (p_Y-p_X)^2 + n_Y n_X^2 (p_X-p_Y)^2}{n(n_X(1-p_X) + n_Y(1-p_Y))} =$$

$$= \frac{n_X n_Y (p_X-p_Y)^2 (n_X+n_Y)}{n(n_X p_X + n_Y p_Y)} + \frac{n_X n_Y (p_X-p_Y)^2 (n_X+n_Y)}{n(n_X(1-p_X) + n_Y(1-p_Y))} =$$

$$= \frac{n_X n_Y (p_X-p_Y)^2}{n_X p_X + n_Y p_Y} + \frac{n_X n_Y (p_X-p_Y)^2}{n_X(1-p_X) + n_Y(1-p_Y)} =$$

$$= \frac{n_X n_Y (p_X-p_Y)^2 \left[n_X p_X + n_Y p_Y + n_X(1-p_X) + n_Y(1-p_Y)\right]}{(n_X p_X + n_Y p_Y)\left[n_X(1-p_X) + n_Y(1-p_Y)\right]} =$$

$$= \frac{n_X n_Y (p_X-p_Y)^2 (n_X+n_Y)}{(n_X p_X + n_Y p_Y)\left[n_X(1-p_X) + n_Y(1-p_Y)\right]}$$

Setzt man

$$p = \frac{n_X p_X + n_Y p_Y}{n_X + n_Y}$$

so wird

$$p(1-p) = \frac{(n_X p_X + n_Y p_Y)(n_X(1-p_X) + n_Y(1-p_Y))}{(n_X+n_Y)^2}$$

und damit

$$\chi^2 = \frac{n_X n_Y (p_X-p_Y)^2 (n_X+n_Y)}{(n_X+n_Y)^2 p(1-p)} = \frac{(p_X-p_Y)^2}{p(1-p)\left(\frac{1}{n_X} + \frac{1}{n_Y}\right)}$$

Der letzte Ausdruck ist jedoch bis auf den Faktor $\frac{n_X+n_Y}{n_X+n_Y-1}$ identisch mit dem Quadrat der in 10.3.6.2. abgeleiteten Standardnormalvariablen für Stichproben mit Zurücklegen:

$$f_N\left(\frac{p_X-p_Y}{\sqrt{p(1-p)\left(\frac{1}{n_X}+\frac{1}{n_Y}\right)\frac{n_X+n_Y}{n_X+n_Y-1}}}\,;\,0{,}1\right)$$

11.4. a) 1. Lösungsweg: Unabhängigkeitstest
2. Lösungsweg: Test der Differenz zweier Anteilswerte, wobei
Π_X = Anteil der schulreifen Kinder in der Grundgesamtheit der Kinder mit Vorschulausbildung
Π_Y = Anteil der schulreifen Kinder in der Grundgesamtheit der Kinder ohne Vorschulausbildung

Die Nullhypothese dieses Tests lautet:

$H_o: \Pi_{X-Y} = \Pi^o_{X-Y} = 0$

$H_a: \Pi_{X-Y} \neq \Pi^o_{X-Y} = 0$

Der Leser rufe sich noch einmal ins Gedächtnis, daß der Parametertest der Differenz zweier Anteilswerte und der Unabhängigkeitstest bei einer 2 x 2 Kontingenztafel identisch sind (vgl. Aufgabe 11.3.).

b) 1. Lösungsweg: Unabhängigkeitstest
Es ergibt sich folgende Tabelle theoretischer Häufigkeiten (empirische Häufigkeiten in Klammern):

Teilnahme am Vorschulkurs	Testergebnis bestanden	Testergebnis nicht bestanden	
ja	$n\hat{\Pi}_{1.}\hat{\Pi}_{.1} = 72{,}5$ (85)	$n\hat{\Pi}_{1.}\hat{\Pi}_{.2} = 27{,}5$ (15)	100 ($\hat{\Pi}_{1.} = 0{,}5$)
nein	$n\hat{\Pi}_{2.}\hat{\Pi}_{.1} = 72{,}5$ (60)	$n\hat{\Pi}_{2.}\hat{\Pi}_{.2} = 27{,}5$ (40)	100 ($\hat{\Pi}_{2.} = 0{,}5$)
	145 ($\hat{\Pi}_{.1} = 0{,}725$)	55 ($\hat{\Pi}_{.2} = 0{,}725$)	200

Damit erhält man

$$\chi^2 = \frac{(85-72{,}5)^2}{72{,}5}+\frac{(15-27{,}5)^2}{27{,}5}+\frac{(60-72{,}5)^2}{72{,}5}+\frac{(40-27{,}5)^2}{27{,}5} =$$

$$= 2{,}16+5{,}68+2{,}16+5{,}68 = 15{,}68$$

Bei $\nu = (r-1)(s-1) = 1$ Freiheitsgrad ist $\chi^2_{0,98} = 5,41$. Die Behauptung, Testergebnis und Teilnahme am Vorschulkurs seien unabhängig voneinander, ist daher abzulehnen.

2. Lösungsweg: Test der Differenz zweier Anteilswerte.

Es ist

$H_o: \Pi_{X-Y} = \Pi^o_{X-Y} = 0$

$H_a: \Pi_{X-Y} \neq \Pi^o_{X-Y} = 0$

$p_X = 0,85 \qquad p_Y = 0,60 \qquad p = \frac{145}{200} = 0,725$

$$\sigma_{P_X-P_Y} = \sqrt{\frac{200}{199}\left(\frac{1}{100}+\frac{1}{100}\right)0,725\cdot 0,275)} = 0,0633$$

Damit wird

$$z = \frac{P_X-P_Y}{\sigma_{P_X-P_Y}} = \frac{0,25}{0,0633} = 3,95$$

Da $z_{0,99} = 2,58$, ist die Nullhypothese abzulehnen.

11.5. Wenn die Nullhypothese lautet, die einzelnen Entscheidungen seien voneinander unabhängig, dann bedeutet dies, daß die Zufallsvariable X binomialverteilt ist ($\Pi = 0,1$ vorgegeben).
Diese Hypothese ist mit Hilfe des χ^2-Anpassungstests zu testen.

Absagen	n_i	$\Pi_{io} = f_B(x;7;0,1)$	$e_i = n\,\Pi_{io}$	$\frac{(n_i-e_i)^2}{e_i}$
0	18	0,478	19,13	0,067
1	14	0,372	14,88	0,052
2	6	0,124	4,96	
3	1	0,023	0,92	
4	0	0,003	0,09	0,676
5	1	0,000	0,01	
6	0	0,000	0,00	
7	0	0,000	0,00	
Σ	40	1,000		$\chi^2 = 0,795$

Der berechnete Wert ist $\chi^2 = 0,795$
Da für $\nu = 2$ Freiheitsgrade gilt: $\chi^2_{0,95;2} = 5,99 > 0,795$, steht die Nullhypothese nicht im Widerspruch zum Stichprobenbefund.

11.6. Da der Parameter μ_X der Normalverteilung unbekannt ist, tritt an seine Stelle der ML-Schätzwert

$\hat{\mu}_X = \bar{x}$

Es gilt

$\hat{\mu}_X = \bar{x} = 200,84$ und

$\sigma_X^2 = 0,656$

Die Arbeitstabelle lautet:

Füllgewicht in g	n_i	Π_{io}	$e_i = n\Pi_{io}$	$\frac{(n_i-e_i)^2}{e_i}$
unter 198	1	0,0002	0,02	1,656
198 - u. 200	9	0,1496	14,96	
200 - u. 202	87	0,7741	77,41	1,188
202 und mehr	3	0,0760	7,60	2,788
Σ	100			$\chi^2 = 5,633$

Da bei $\nu = 3-1-1 = 1$ Freiheitsgrad $\chi^2_{0,95} = 3,84 < 5,633$, steht der Stichprobenbefund im Widerspruch zur Nullhypothese. Die Nullhypothese, es liege eine normalverteilte Grundgesamtheit mit $\sigma_X^2 = 0,656$ vor, ist abzulehnen.

11.7. Es stehen zwei Lösungswege zur Verfügung. Beiden gemeinsam ist, daß bei Gültigkeit der Nullhypothese von einer binomialverteilten Grundgesamtheit ausgegangen werden muß.

1. Weg:

$P(X = 0) = 0,316 = \Pi_{1o}$

$P(1 \leq X \leq 4) = 0,684 = \Pi_{2o}$

Ausprägung von X	n_i	Π_{io}	e_i	$\frac{(n_i-e_i)^2}{e_i}$
0	10	0,316	15,8	2,14
1	40	0,684	34,2	0,99
Σ	50			$\chi^2 = 3,13$

Da für einen Freiheitsgrad $\chi^2_{0,95} = 3,84 > 3,13 = \chi^2$, steht der Stichprobenbefund nicht im Widerspruch zur Nullhypothese.

2. Weg:

$H_o: \Pi_1 = \Pi_{1o} = 0,316$

$H_a: \Pi_1 \neq \Pi_{1o}$

Für n = 50 ist die Prüfgröße $\frac{N_1}{n}$ asymptotisch normalverteilt mit

$E(\frac{N_1}{n}) = \Pi_{1o}$ und $Var(\frac{N_1}{n}) = \frac{\Pi_{1o}(1-\Pi_{1o})}{n} = 0,0043$

Für den zweiseitigen Signifikanztest gelten die kritischen Werte

$-z_{0,025} = z_{0,975} = 1,96$

Da für den Stichprobenbefund gilt

$$z = \frac{0,2-0,316}{\sqrt{0,0043}} = -1,77 > -1,96 = z_{0,025}$$

steht die Nullhypothese nicht im Widerspruch zum Stichprobenbefund.

Lösungen zu Kapitel 12

12.1. Hinweis:

Der Lösungsablauf wird nur für B dargestellt, für A verläuft er analog.

1. Schritt: Grundgedanke
Es ist zu zeigen, daß unter allen linearen unverzerrten Schätzfunktionen B* für β die K-Q-Schätzfunktion B minimale Varianz besitzt.

2. Schritt:
Die Schätzfunktion B ist eine lineare Funktion der Zufallsvariablen Y_i, denn

$$B = \frac{\Sigma(x_i-\bar{x})(Y_i-\bar{Y})}{\Sigma(x_i-\bar{x})^2} = \Sigma\frac{(x_i-\bar{x})}{\Sigma(x_i-\bar{x})^2}(Y_i-\bar{Y}) = \Sigma\frac{(x_i-\bar{x})}{\Sigma(x_i-\bar{x})^2}Y_i$$

mit den gegebenen Konstanten $\frac{x_i-\bar{x}}{\Sigma(x_i-\bar{x})^2} =: w_i$

3. Schritt:
Wenn B eine lineare Schätzfunktion für β ist, dann ist jede andere lineare Schätzfunktion B^* für β von der Form

$$B^* = \Sigma c_i Y_i$$

mit $c_i = w_i+d_i$ und d_i als beliebige Konstante, dh.

$$B^* = \Sigma w_i Y_i + \Sigma d_i Y_i = B + \Sigma d_i Y_i$$

4. Schritt:
Bedingung dafür, daß B^* unverzerrt ist: Es muß gelten $E(B^*) = \beta$ oder ausführlicher (Hypothese 1 ist nach Voraussetzung erfüllt):

$$E(B^*) = E\left[\Sigma c_i Y_i\right] = E\left[\alpha\Sigma c_i + \beta\Sigma c_i x_i + \Sigma c_i U_i\right] = \alpha\Sigma c_i + \beta\Sigma c_i x_i = \beta$$

Die letzte Gleichung gilt genau dann, wenn

$\Sigma c_i = 0$ und $\Sigma c_i x_i = 1$, d.h.

$\Sigma w_i + \Sigma d_i = 0$ und $\Sigma w_i x_i + \Sigma d_i x_i = 1$.

Wegen $\Sigma w_i = 0$ und $\Sigma w_i x_i = \Sigma w_i(x_i-\bar{x}) = 1$ ist dies gleichbedeutend mit den Bedingungen

$\Sigma d_i = 0$ und $\Sigma d_i x_i = \Sigma d_i(x_i-\bar{x}) = 0$

5. Schritt:
Berechnung von $Var(B^*)$:

$$Var(B^*) = E\left[(B^*-E(B^*))^2\right] = E\left[(B^*-\beta)^2\right] = E\left[(\Sigma c_i U_i)^2\right] =$$

$$= E\left[c_1^2U_1^2+\ldots+c_n^2U_n^2+2c_1c_2U_1U_2+\ldots+2c_{n-1}c_nU_{n-1}U_n\right]$$

Wegen

$E(U_i^2) = \sigma_u^2$ (Hyp. 2) und

$\underset{i \neq j}{E(U_i U_j)} = 0$ (Hyp. 3) gilt

$Var(B^*) = \sigma_U^2 \Sigma c_i^2$

und damit wegen $\Sigma w_i d_i = 0$

$$Var(B^*) = \sigma_U^2 \Sigma w_i^2 + \sigma_U^2 \Sigma d_i^2 = \sigma_U^2 \frac{\Sigma(x_i-\bar{x})^2}{(\Sigma(x_i-\bar{x})^2)^2} + \sigma_U^2 \Sigma d_i^2 = Var(B) + \sigma_U^2 \Sigma d_i^2$$

6. Schritt:
Vergleich von $Var(B^*)$ und Var (B). Wegen

$\sigma_U^2 \geq 0$, $d_i^2 \geq 0$ gilt

$Var(B^*) \geq Var(B)$

für jede beliebige lineare unverzerrte Schätzfunktion B^* von β. Damit ist die K-Q-Schätzfunktion beste lineare unverzerrte Schätzfunktion von β.

12.2. $\sum_{i=1}^{n} (y_i-\tilde{y}_i) = \Sigma(y_i-a-bx_i) = 0$ nach der ersten Bestimmungsgleichung für die Kleinst-Quadrate-Schätzung. Aus

$\Sigma(y_i-\tilde{y}_i) = 0$ folgt

$\Sigma y_i = \Sigma\tilde{y}_i$ oder

$\frac{1}{n}\Sigma y_i = \frac{1}{n}\Sigma\tilde{y}_i$

$\bar{y} = \bar{\tilde{y}}$

12.3. $\Sigma(y_i^*-\tilde{y}_i^*)^2 = \text{Min!}$

I. $\Sigma y_i^* = na^* + b^*\Sigma x_i^*$

II. $\Sigma x_i^* y_i^* = a^*\Sigma x_i^* + b^*\Sigma x_i^{*2}$

Aus I. ergibt sich wegen $\Sigma y_i^* = \Sigma x_i^* = 0$ sofort

$a^* = 0$

Aus II. erhält man dann

$$b^* = \frac{\Sigma x_i^* y_i^*}{\Sigma x_i^{*2}}$$

so daß die Geradengleichung lautet:

$$\tilde{Y}^* = b^* X^* = \frac{\Sigma x_i^* y_i^*}{\Sigma x_i^{*2}} X^*$$

12.4. Es ist

$\tilde{y}_i = a+bx_i = \bar{y}-b(x_i-\bar{x})$

Für $x_i = \bar{x}$ wird $\tilde{y}_i = \bar{y}$

12.5. Man verwendet die Schätzfunktion

$$D_t = \frac{(n-2)s_V^2}{\sigma_U^2}$$

Diese Zufallsvariable folgt einer χ^2-Verteilung mit $\nu = n-2$ Freiheitsgraden (vgl. 12.5.1.1.3.). Dann lassen sich Werte $\chi^2_{\alpha_1}$ und $\chi^2_{1-\alpha_2}$ finden, so daß gilt

$$P(\chi^2_{\alpha_1} \leq \frac{(n-2)s_V^2}{\sigma_U^2} \leq \chi^2_{1-\alpha_2}) = \alpha$$

Umformung der Ungleichung ergibt:

$$P(\frac{(n-2)s_V^2}{\chi^2_{1-\alpha_2}} \leq \sigma_U^2 \leq \frac{(n-2)s_V^2}{\chi^2_{\alpha_1}}) = \alpha$$

so daß das $(1-\alpha)$ 100 %-Konfidenzintervall für σ_U^2 lautet:

$$\left[\frac{(n-2)s_V^2}{\chi^2_{1-\alpha_2}}, \frac{(n-2)s_V^2}{\chi^2_{\alpha_1}}\right]$$

12.6. p kann als unabhängige Variable gewählt werden. Für die Grundgesamtheit gilt:

$$\varepsilon(\mu_P;\mu_S) = \frac{\frac{ds}{dp}}{\frac{\mu_S}{\mu_P}} = \beta\frac{\mu_P}{\mu_S}$$

Das zentrale 95 %-Konfidenzintervall für β lautet:

$$\left[b - \frac{t_{1-\frac{\alpha}{2}} s_V}{\sqrt{\Sigma(s_i-\bar{s})^2}}, b + \frac{t_{1-\frac{\alpha}{2}} s_V}{\sqrt{\Sigma(s_i-\bar{s})^2}}\right]$$

Multipliziert mit $\frac{\mu_P}{\mu_S}$ ergibt sich das zentrale 95 %-Konfidenzintervall für $\varepsilon(\mu_P;\mu_S)$: $(\nu = 28)$

$$\left[\left(b - \frac{t_{1-\frac{\alpha}{2}} s_V}{\sqrt{\Sigma(s_i-\bar{s})^2}}\right)\frac{\mu_P}{\mu_S};\quad \left(b + \frac{t_{1-\frac{\alpha}{2}} s_V}{\sqrt{\Sigma(s_i-\bar{s})^2}}\right)\frac{\mu_P}{\mu_S} \right] = [-9,072;-2,928]$$

12.7. Die Schätzung der Regressionsgeraden erfolgt nach der Methode der kleinsten Quadrate.

a) Arbeitstabelle (N):

i	x_{N_i}	y_{N_i}	$x_{N_i}y_{N_i}$	$x_{N_i}^2$
1	0	64	0	0
2	3	80	240	9
3	1	82	82	1
4	0	80	0	0
5	1	65	65	1
6	0	56	0	0
7	1	120	120	1
8	4	83	332	16
9	4	90	360	16
10	2	79	158	4
11	2	55	110	4
12	0	60	0	0
13	3	82	246	9
14	2	75	150	4
15	1	70	70	1
Σ	24	1.141	1.933	66

$\bar{x}_N = 1,6$

$\bar{y}_N = 76,07$

$$b_N = \frac{\Sigma x_{N_i}y_{N_i} - \frac{1}{n}\Sigma x_{N_i}\Sigma y_{N_i}}{\Sigma x_{N_i}^2 - \frac{1}{n}(\Sigma x_{N_i})^2} = \frac{1933 - \frac{1}{15}\,24\cdot 1141}{66 - \frac{1}{15}\,576} = 3,89$$

$$a_N = \bar{y}_N - b_N\bar{x}_N = 76,07-3,89\cdot 1,6 = 69,84$$

$$\tilde{y}_{N_i} = 69,84+3,89x_{N_i}$$

b) Arbeitstabelle (A):

i	x_{A_i}	y_{A_i}	$x_{A_i}y_{A_i}$	$x_{A_i}^2$
1	0	70	0	0
2	1	60	60	1
3	0	55	0	0
4	3	100	300	9
5	1	70	70	1
6	0	40	0	0
7	2	95	190	4
8	0	64	0	0
9	2	90	180	4
10	0	52	0	0
11	5	110	550	25
12	1	60	60	1
13	2	85	170	4
14	0	80	0	0
15	1	80	80	1
Σ	18	1.111	1.660	50

$\bar{x}_A = 1{,}2$

$\bar{y}_A = 74{,}07$

$$b_A = \frac{1660 - \frac{1}{15}18 \cdot 1111}{50 - \frac{1}{15}324} = 11{,}51$$

$a_A = 60{,}26$

$\tilde{y}_{A_i} = 60{,}26 + 11{,}51 x_{A_i}$

12.8.a) Das zentrale 95 %-Konfidenzintervall für β_N lautet:

$$\left[b_N - \frac{t_{0,975} s_V}{\sqrt{\Sigma(x_{N_i} - \bar{x}_N)^2}} \, , \; b - \frac{t_{0,025} s_V}{\sqrt{\Sigma(x_{N_i} - \bar{x}_N)^2}} \right]$$

wobei $s_V = \sqrt{\frac{1}{n-2} \Sigma v_{N_i}^2}$

i	x_{N_i}	$x_{N_i}-\bar{x}_N$	$(x_{N_i}-\bar{x}_N)^2$	y_{N_i}	$\tilde{y}_{N_i}$	$v_{N_i} = y_{N_i}-\tilde{y}_{N_i}$	$v_{N_i}^2$
1	0	-1,6	2,56	64	69,84	- 5,84	34,11
2	3	1,4	1,96	80	81,51	- 1,51	2,29
3	1	-0,6	0,36	82	73,73	8,27	68,36
4	0	-1,6	2,56	80	69,84	10,16	103,21
5	1	-0,6	0,36	65	73,73	- 8,73	76,25
6	0	-1,6	2,56	56	69,84	-13,84	191,56
7	1	-0,6	0,36	120	73,73	46,27	2140,74
8	4	2,4	5,76	83	85,41	- 2,41	5,79
9	4	2,4	5,76	90	85,41	4,59	21,11
10	2	0,4	0,16	79	77,62	1,38	1,90
11	2	0,4	0,16	55	77,62	-22,62	511,81
12	0	-1,6	2,56	60	69,84	- 9,84	96,84
13	3	1,4	1,96	82	81,51	0,49	0,24
14	2	0,4	0,16	75	77,62	- 2,62	6,88
15	1	-0,6	0,36	70	73,73	- 3,73	13,93
Σ	24	0	27,60	1.141	1.141,00	0,00	3275,01

Damit ergibt sich

$$s_V = \sqrt{\frac{1}{13}\cdot 3.275{,}01} = 15{,}87$$

und bei 13 Freiheitsgraden lautet das zentrale 95 %-Konfidenzintervall für β_N:

$$\left[3{,}89 - \frac{2{,}16\cdot 15{,}87}{5{,}25},\ 3{,}89 + \frac{2{,}16\cdot 15{,}87}{5{,}25}\right] = [-2{,}63;10{,}42]$$

b) Analoges Vorgehen wie bei a) ergibt das zentrale 95 %-Konfidenzintervall für β_A:

$[6{,}97;16{,}04]$

c) H_o: $\beta_N = \beta_{N_o} = 10$

H_a: $\beta_N \neq \beta_{N_o} = 10$

Die Prüfgröße $T = \dfrac{(B_N-\beta_{N_o})\sqrt{\Sigma(x_{N_i}-\bar{x}_N)^2}}{S_V}$ folgt einer t-Verteilung mit $\nu = 13$ Freiheitsgraden.

Für das Stichprobenergebnis gilt somit

$$t = \frac{(3{,}89-10)\sqrt{27{,}6}}{15{,}87} = -2{,}02$$

Wegen $t_{0,025} = -2{,}16 < -2{,}02 = t$ steht die Nullhypothese nicht im Widerspruch zum Stichprobenbefund (bei $\alpha = 0{,}05$).

12.9. Nullhypothese

H_o: $\beta_{N_o} = \beta_{A_o}$, d.h. $\beta_{N_o} - \beta_{A_o} = 0$

Alternativhypothese

H_a: $\beta_{N_o} - \beta_{A_o} \neq 0$

Als Prüfgröße bietet sich die Stichprobenfunktion $B_N - B_A$ an. Da B_N normalverteilt ist mit bekannter Dichte (vgl. 12.5.1.1.3.) und unabhängig von der ebenfalls normalverteilten Schätzfunktion B_A, gilt:

$B_N - B_A$ ist normalverteilt mit der Wahrscheinlichkeitsdichte

$f_N(b_N - b_A; \beta_N - \beta_A, \mathrm{Var}(B_N) + \mathrm{Var}(B_A))$

Damit ist die Prüfgröße

$$\frac{B_N - B_A}{\sqrt{\frac{\sigma_V^2}{\Sigma(x_{N_i} - \bar{x}_N)^2} + \frac{\sigma_V^2}{\Sigma(x_{A_i} - \bar{x}_A)^2}}} = Z$$

standardnormalverteilt. Der Stichprobenbefund ergibt hierbei den Wert

$$\frac{3{,}89 - 11{,}51}{\sqrt{\frac{225}{27{,}6} + \frac{225}{28{,}4}}} = -1{,}90$$

Da $z_{0,025} = -1{,}96$, kann die Nullhypothese nicht abgelehnt werden.

12.10. Wesentlich ist folgendes:
Im ersten Teil der Aufgabe ist gefragt nach dem Konfidenzintervall für den Erwartungswert $\mu_{Y_A|x_p}$ mit $x_p = 4$, während im zweiten Teil das Konfidenzintervall für den Wert von Y_p bei gegebenem $x_p = 4$ zu bestimmen ist.

Das zentrale 95 %-Konfidenzintervall für $\mu_{Y_A|4}$ lautet (vgl. 12.6.2.):

$$\left[106{,}3 - 2{,}16 \cdot 11{,}19\sqrt{\frac{1}{15} + \frac{(4-1{,}2)^2}{28{,}40}};\ 106{,}3 + 2{,}16 \cdot 11{,}19\sqrt{\frac{1}{15} + \frac{(4-1{,}2)^2}{28{,}40}}\right] =$$

$$= [91{,}74; 120{,}84]$$

Das zentrale 95 %-Konfidenzintervall für Y_p bei gegebenem $x_p = 4$ lautet (vgl. 12.6.3.):

$$\left[106{,}3 - 2{,}16 \cdot 11{,}19\sqrt{1 + \frac{1}{15} + \frac{2{,}8^2}{28{,}40}};\ 106{,}3 + 2{,}16 \cdot 11{,}19\sqrt{1 + \frac{1}{15} + \frac{2{,}8^2}{28{,}40}}\right] =$$

$$= [78{,}29; 134{,}28]$$

12.11. a) Es ist

$\Sigma x_i = 4.592{,}3$, $\Sigma y_i = 641{,}69$, $\bar{x} = 417{,}48$, $\bar{y} = 58{,}34$,

$\Sigma x_i y_i = 272.052{,}768$, $\Sigma x_i^2 = 1.954.605{,}75$

Wir erhalten für

$$b = \frac{\Sigma(x_i-\bar{x})(y_i-\bar{y})}{\Sigma(x_i-\bar{x})^2} = \frac{\Sigma x_i y_i - \frac{1}{n} x_i \Sigma y_i}{\Sigma x_i^2 - \frac{1}{n}(\Sigma x_i)^2} \approx 0{,}1112$$

und damit $a = \bar{y}-b\bar{x} = 58{,}34-0{,}1112\cdot 417{,}48 = 11{,}92$

b) Es ist

$$s_V^2 = \frac{1}{n-2}\Sigma(v_i-\bar{v})^2 = \frac{1}{n-2}\Sigma v_i^2 = \frac{1}{n-2}\Sigma(y_i-\tilde{y}_i)^2$$

Da $\tilde{y}_i = a+bx_i$, gilt

$$s_V^2 = \frac{1}{n-2}\Sigma(y_i-a-bx_i)^2 =$$

$$= \frac{1}{n-2}\left[\Sigma y_i(y_i-a-bx_i)-a\Sigma(y_i-a-bx_i)-b\Sigma x_i(y_i-a-bx_i)\right]$$

Nun ist

$\Sigma(y_i-a-bx_i) = \Sigma y_i-na-b\Sigma x_i) = 0$ und

$\Sigma x_i(y_i-a-bx_i) = \Sigma x_i y_i-a\Sigma x_i-b\Sigma x_i^2 = 0$ (vgl. 12.5.1.)

Daher wird

$$s_V^2 = \frac{1}{n-2}(\Sigma y_i^2-a\Sigma y_i-b\Sigma x_i y_i)$$

Eingesetzt erhält man

$$s_V^2 = \frac{1}{11-2}(37.956{,}02-11{,}92\cdot 641{,}69-0{,}1112\cdot 272.052{,}768) = 6{,}70$$

Test:

$H_o: \beta = \beta_o = 0{,}14$ $\quad H_a: \beta \neq \beta_o$

Die Prüfgröße lautet:

$$T = \frac{(B-\beta_o)\sqrt{\Sigma(x_i-\bar{x})^2}}{s_V}$$

$$t = \frac{(0{,}1112-0{,}14)\sqrt{37.404}}{\sqrt{6{,}09}} = -2{,}152$$

Bei einer Irrtumswahrscheinlichkeit von $\alpha = 0{,}10$ und $\nu = 9$ Freiheitsgraden ist zwischen dem angenommenen Grundgesamtheitsparameter β_o und dem Stichprobenparameter b kein signifikanter Unterschied festzustellen, da $t_{0,05} = -2{,}262 < -2{,}152$

c) Proportionalität der Entwicklung bedingt einen Achsenabschnitt der Regressionsgeraden der Grundgesamtheit von Null.

$H_o: \alpha = \alpha_o = 0 \qquad H_a: \alpha \neq \alpha_o$

Der Test des Achsenabschnitts auf Null erfolgt mit Hilfe der Prüfgröße (vgl. 12.5.1.2.2.2).

$$T = \frac{A-\alpha_o}{\sqrt{\frac{s_v}{\sqrt{n}}\sqrt{1+\frac{n\bar{x}^2}{\Sigma(x_i-\bar{x})^2}}}}$$

$$t = \frac{11,92}{\sqrt{\frac{6,09}{11}\sqrt{1+\frac{11\cdot 417,48^2}{37.404}}}} = 2,112 < 2,262 = t_{0,95}$$

Auch hier lautet das Ergebnis, daß der Stichprobenbefund jedenfalls nicht im Widerspruch zur Nullhypothese steht.

Lösungen zu Kapitel 13

13.1. Die Dichtefunktion der zweidimensionalen Normalverteilung lautet:

$$f_{X,Y}(x,y) = \frac{1}{2\pi\sigma_X\sigma_Y\sqrt{1-\rho^2_{X,Y}}}\, e^{-\frac{1}{2(1-\rho^2_{X,Y})}\left[\frac{(x-\mu_X)^2}{\sigma^2_X}+\frac{(y-\mu_Y)^2}{\sigma^2_X}-2\rho_{X,Y}\frac{x-\mu_X}{\sigma_X}\cdot\frac{y-\mu_Y}{\sigma_Y}\right]}$$

$\sigma_X > 0$, $\sigma_Y > 0$, $-1 < \rho < 1$.

Die Likelihood-Funktion lautet:

$$L = L(\mu_X,\mu_Y,\sigma_X,\sigma_Y,\rho_{X,Y} \mid (x_1,y_1),\ldots,(x_n,y_n)) =$$

$$= \left(\frac{1}{2\pi\sigma_X\sigma_Y\sqrt{1-\rho^2_{X,Y}}}\right)^n\cdot e^{-\frac{1}{2(1-\rho^2_{X,Y})}\left[\frac{\Sigma(x_i-\mu_X)^2}{\sigma^2_X}+\frac{\Sigma(y_i-\mu_Y)^2}{\sigma^2_Y}-2\rho_{X,Y}\frac{\Sigma(x_i-\mu_X)(y_i-\mu_Y)}{\sigma_X\sigma_Y}\right]}$$

Durch Logarithmieren erhält man:

$$\ln L = -n\ln 2\pi - n\ln\sigma_X - n\ln\sigma_Y - \frac{n}{2}\ln(1-\rho^2_{X,Y}) -$$

$$-\frac{1}{2(1-\rho^2_{X,Y})}\left[\frac{\Sigma(x_i-\mu_X)^2}{\sigma^2_X}+\frac{\Sigma(y_i-\mu_Y)^2}{\sigma^2_Y}-2\rho_{X,Y}\frac{\Sigma(x_i-\mu_X)(y_i-\mu_Y)}{\sigma_X\sigma_Y}\right]$$

Partielle Ableitung der Funktion lnL nach den Parametern μ_X, μ_Y, σ_X, σ_Y bzw. $\rho_{X,Y}$ ergibt die folgenden fünf Beziehungen:

$$(1)\quad \frac{\partial \ln L}{\partial\mu_X} = \frac{\Sigma(x_i-\mu_X)}{(1-\rho^2_{X,Y})\sigma^2_X} - \frac{\rho\Sigma(y_i-\mu_Y)}{(1-\rho^2_{X,Y})\sigma_X\sigma_Y}$$

$$(2)\quad \frac{\partial \ln L}{\partial\mu_Y} = \frac{\Sigma(y_i-\mu_Y)}{(1-\rho^2_{X,Y})\sigma^2_Y} - \frac{\rho_{X,Y}\Sigma(x_i-\mu_X)}{(1-\rho^2_{X,Y})\sigma_X\sigma_Y}$$

$$(3)\quad \frac{\partial \ln L}{\partial\sigma_X} = -\frac{n}{\sigma_X} - \frac{1}{1-\rho^2_{X,Y}}\left[-\frac{\Sigma(x_i-\mu_X)^2}{\sigma^3_X}+\frac{\rho_{X,Y}\Sigma(x_i-\mu_X)(y_i-\mu_Y)}{\sigma^2_X\sigma_Y}\right]$$

$$(4)\quad \frac{\partial \ln L}{\partial\sigma_Y} = -\frac{n}{\sigma_Y} - \frac{1}{1-\rho^2_{X,Y}}\left[-\frac{\Sigma(y_i-\mu_Y)^2}{\sigma^3_Y}+\frac{\rho_{X,Y}\Sigma(x_i-\mu_X)(y_i-\mu_Y)}{\sigma_X\sigma^2_Y}\right]$$

(5) $$\frac{\partial \ln L}{\partial \rho_{X,Y}} = \frac{n\rho_{X,Y}}{1-\rho_{X,Y}^2} + \frac{1}{1-\rho_{X,Y}^2}\,\frac{\Sigma(x_i-\mu_X)(y_i-\mu_Y)}{\sigma_X\sigma_Y}$$

$$-\frac{\rho_{X,Y}}{(1-\rho_{X,Y}^2)^2}\left[\frac{\Sigma(x_i-\mu_X)^2}{\sigma_X^2} + \frac{\Sigma(y_i-\mu_Y)^2}{\sigma_Y^2} - 2\rho_{X,Y}\frac{\Sigma(x_i-\mu_X)(y_i-\mu_Y)}{\sigma_X\sigma_Y}\right]$$

Die Schätzwerte für μ_X und μ_Y werden aus den beiden ersten Gleichungen abgeleitet. Null- setzen von (1) und (2) ergibt:

$$\frac{\partial \ln L}{\partial \mu_X} = 0 \Rightarrow$$

$$\frac{\Sigma(x_i-\hat{\mu}_X)}{\hat{\sigma}_X} - \frac{\hat{\rho}\Sigma(y_i-\hat{\mu}_Y)}{\hat{\sigma}_Y} = 0$$

oder

(6) $$\hat{\sigma}_Y\Sigma(x_i-\hat{\mu}_X) - \hat{\sigma}_X\hat{\rho}\Sigma(y_i-\hat{\mu}_Y) = 0$$

$$\frac{\partial \ln L}{\partial \mu_Y} = 0 \Rightarrow$$

$$\frac{\Sigma(y_i-\hat{\mu}_Y)}{\hat{\sigma}_Y} - \frac{\hat{\rho}\Sigma(x_i-\hat{\mu}_X)}{\hat{\sigma}_X} = 0$$

oder

(7) $$\hat{\sigma}_X\Sigma(y_i-\hat{\mu}_Y) - \hat{\sigma}_Y\hat{\rho}_{X,Y}\Sigma(x_i-\hat{\mu}_X) = 0$$

Die Gleichungen (6) und (7) werden beide gleichzeitig nur dann gleich Null, wenn gilt:

$$\Sigma(y_i-\hat{\mu}_Y) = 0$$
$$\Sigma(x_i-\hat{\mu}_X) = 0,$$

da ja $\hat{\sigma}_X > 0$ und $\hat{\sigma}_Y > 0$ nach Voraussetzung.

Wären $\Sigma(y_i-\hat{\mu}_Y) \neq 0$ und $\Sigma(x_i-\hat{\mu}_X) \neq 0$, so würde aus (6) und (7) folgen: $\hat{\rho} = 1$. Dieser Wert ist jedoch nicht zulässig. Wäre eine der beiden Summen ungleich Null, z.B. $\Sigma(x_i-\hat{\mu}_X) \neq 0$, so wäre nach Gleichung (6) ferner $\hat{\rho} = 0$ erforderlich, Gleichung (7) aber wäre ungleich Null. Beide Gleichungen werden also nur dann Null, wenn gilt:

$$\Sigma(x_i-\hat{\mu}_X) = 0 = \Sigma x_i - n\hat{\mu}_X$$

$$\Sigma(y_i-\hat{\mu}_Y) = 0 = \Sigma y_i - n\hat{\mu}_Y$$

Daraus erhält man die Schätzwerte

$$\hat{\mu}_X = \frac{1}{n}\Sigma x_i = \bar{x}$$

$$\hat{\mu}_Y = \frac{1}{n}\Sigma y_i = \bar{y}$$

Setzt man die Ableitungen (3) und (4) gleich Null, so erhält man:

$$(8)\quad \frac{\Sigma(x_i-\hat{\mu}_X)^2}{\hat{\sigma}_X^2} = n(1-\hat{\rho}_{X,Y}^2)+\frac{\hat{\rho}_{X,Y}\Sigma(x_i-\hat{\mu}_X)(y_i-\hat{\mu}_Y)}{\hat{\sigma}_X\hat{\sigma}_Y}$$

$$(9)\quad \frac{\Sigma(y_i-\hat{\mu}_Y)^2}{\hat{\sigma}_Y^2} = n(1-\hat{\rho}_{X,Y}^2)+\frac{\hat{\rho}_{X,Y}\Sigma(x_i-\hat{\mu}_Y)(y_i-\hat{\mu}_Y)}{\hat{\sigma}_X\hat{\sigma}_Y}$$

Addition von (8) und (9) ergibt:

$$(10)\quad \frac{\Sigma(x_i-\hat{\mu}_X)^2}{\hat{\sigma}_X^2}+\frac{\Sigma(y_i-\hat{\mu}_Y)^2}{\hat{\sigma}_Y^2}-\frac{2\hat{\rho}_{X,Y}\Sigma(x_i-\hat{\mu}_X)(y_i-\hat{\mu}_Y)}{\hat{\sigma}_X\hat{\sigma}_Y} = 2n(1-\hat{\rho}_{X,Y}^2)$$

Durch Nullsetzen von (5) erhält man:

$$(11)\quad n\hat{\rho}_{X,Y}+\frac{\Sigma(x_i-\hat{\mu}_X)(y_i-\hat{\mu}_Y)}{\hat{\sigma}_X\hat{\sigma}_Y}-\frac{\hat{\rho}_{X,Y}}{1-\hat{\rho}_{X,Y}^2}\left[\frac{\Sigma(x_i-\hat{\mu}_X)^2}{\hat{\sigma}_X^2}+\frac{\Sigma(y_i-\hat{\mu}_Y)^2}{\hat{\sigma}_Y^2}-\right.$$

$$\left.-2\rho_{X,Y}\frac{\Sigma(x_i-\hat{\mu}_X)(y_i-\hat{\mu}_Y)}{\hat{\sigma}_X\hat{\sigma}_Y}\right] = 0$$

Einsetzen von (10) in (11) ergibt:

$$n\hat{\rho}_{X,Y}+\frac{\Sigma(x_i-\hat{\mu}_X)(y_i-\hat{\mu}_Y)}{\hat{\sigma}_X\hat{\sigma}_Y}-\frac{\hat{\rho}_{X,Y}}{1-\hat{\rho}_{X,Y}^2}\,2n(1-\hat{\rho}_{X,Y}^2) = 0,$$

das heißt

$$(12)\quad n\hat{\rho}_{X,Y} = \frac{\Sigma(x_i-\hat{\mu}_X)(y_i-\hat{\mu}_Y)}{\hat{\sigma}_X\hat{\sigma}_Y}$$

Zur Bestimmung von $\hat{\sigma}_X$ setzt man (12) in (8) ein und erhält:

$$\frac{\Sigma(x_i-\hat{\mu}_X)^2}{\hat{\sigma}_X^2} = n(1-\hat{\rho}_{X,Y}^2)+n\hat{\rho}_{X,Y}^2 = n$$

Daraus ergibt sich

$$\hat{\sigma}_X^2 = \frac{1}{n}\Sigma(x_i-\hat{\mu}_X)^2 = \frac{1}{n}\Sigma(x_i-\bar{x})^2$$

Zur Bestimmung von $\hat{\sigma}_Y^2$ setzt man (12) in (9) ein und erhält:

$$\hat{\sigma}_Y^2 = \frac{1}{n}\Sigma(y_i-\bar{y})^2$$

Damit kann man $\hat{\rho}$ aus (12) berechnen:

$$\hat{\rho} = \frac{\frac{1}{n}\Sigma(x_i-\hat{\mu}_X)(y_i-\hat{\mu}_Y)}{\hat{\sigma}_X\hat{\sigma}_Y} = \frac{\Sigma(x_i-\bar{x})(y_i-\bar{y})}{\sqrt{\Sigma(x_i-\bar{x})^2\Sigma(y_i-\bar{y})^2}}$$

13.2. a) Mit X als abhängiger Variablen lautet die Minimierungsvorschrift:

$$S = \Sigma(x_i-\tilde{x}_i)^2 = \Sigma(x_i-a_1-b_1y_i)^2 = \text{Min!}$$

Daraus erhält man die Bestimmungsgleichungen

(1) $\Sigma x_i = na_1+b_1\Sigma y_i$

(2) $\Sigma x_i y_i = a_1\Sigma y_i+b_1\Sigma y_i^2$

Daraus ergibt sich

$$a_1 = \bar{x}-b_1\bar{y}$$

$$b_1 = \frac{\Sigma(x_i-\bar{x})(y_i-\bar{y})}{\Sigma(y_i-\bar{y})^2}$$

b) Es ist

$$b_o b_1 = \frac{[\Sigma(x_i-\bar{x})(y_i-\bar{y})]^2}{\Sigma(x_i-\bar{x})^2\Sigma(y_i-\bar{y})^2} = r_{X,Y}^2$$

13.3. a) $\Sigma(y_i-\bar{y})^2 = \Sigma(y_i-\tilde{y}_i+\tilde{y}_i-\bar{y})^2 = \Sigma(y_i-\tilde{y}_i)^2+\Sigma(\tilde{y}_i-\bar{y})^2+2\Sigma(y_i-\tilde{y}_i)(\tilde{y}_i-\bar{y})$

Der dritte Summand ist jedoch Null, denn es gilt

$$\Sigma(y_i-\tilde{y}_i)(\tilde{y}_i-\bar{y}) = \Sigma(y_i-a-bx_i)(a+bx_i-\bar{y}) =$$

$$= a\Sigma(y_i-a-bx_i)+b\Sigma x_i(y_i-a-bx_i)-\bar{y}\Sigma(y_i-a-bx_i) = 0,$$

da nach den beiden Bestimmungsgleichungen der Methode der kleinsten Quadrate gilt:

$$\Sigma(y_i-a-bx_i) = 0$$

$$\Sigma\, x_i(y_i-a-bx_i) = 0$$

Damit ergibt sich wie zu beweisen war:

$$\Sigma(y_i-\bar{y})^2 = \Sigma(y_i-\tilde{y}_i)^2+\Sigma(\tilde{y}_i-\bar{y})^2$$

b) $\Sigma(\tilde{y}_i-\bar{y})^2 = \Sigma(a+bx_i-a-b\bar{x})^2 = b^2\Sigma(x_i-\bar{x})^2 = \dfrac{[\Sigma(x_i-\bar{x})(y_i-\bar{y})]^2}{\Sigma(x_i-\bar{x})^2}$

Daher wird:

$$D = \frac{\Sigma(\tilde{y}_i-\bar{y})^2}{\Sigma(y_i-\bar{y})^2} = \frac{[\Sigma(x_i-\bar{x})(y_i-\bar{y})]^2}{\Sigma(x_i-\bar{x})^2\Sigma(y_i-\bar{y})^2} = r^2_{X,Y}$$

13.4. a) Die Hypothesen lauten:

$H_o: \rho_{X,Y} = \rho^o_{X,Y} = 0$

$H_a: \rho_{X,Y} \neq \rho^o_{X,Y} = 0$

Zur Prüfung der Nullhypothese wird die Prüfgröße

$T = \dfrac{R_{X,Y}\sqrt{n-2}}{\sqrt{1-R^2_{X,Y}}}$ verwendet.

Man erhält:

$$t = \frac{0{,}5\ \sqrt{25}}{\sqrt{1-0{,}25}} = 2{,}89$$

Bei $\nu = n-2 = 25$ Freiheitsgraden ist $t_{0,95} = 1{,}708$. Die Nullhypothese ist daher abzulehnen.

b) Bei $\alpha = 0{,}05$ (einseitig) muß der Stichprobenumfang n so bestimmt werden, daß gilt:

$\dfrac{0{,}5\sqrt{n-2}}{\sqrt{1-0{,}25}} = t_{0,95}$ für $\nu = n-2$ Freiheitsgraden, oder

$0{,}5774\sqrt{n-2} = t_{0,95}$

Die Lösung dieser Gleichung muß iterativ erfolgen.

n	ν	$t_{\nu;0,95}$	$0{,}5774\ \sqrt{n-2}$
18	16	1,746	2,309
11	9	1,833	1,732
12	10	1,812	1,826
13	11	1,796	1,915

Die obige Tabelle zeigt, daß für n = 12 gilt:

$t_{10;0,95} \approx 0{,}5774\ \sqrt{10}$

Der erforderliche Stichprobenumfang ist daher $n \geq 12$.

13.5. Die Zufallsvariablen X und Y sind bei einer gemeinsamen Normalverteilung genau dann unabhängig, wenn sie unkorreliert sind (vgl. 12.3.2.). Die Hypothese, X und Y seien unabhängig, ist daher äquivalent der Nullhypothese:

$$H_o: \rho_{X,Y} = \rho^o_{X,Y} = 0$$

$$H_a: \rho_{X,Y} \neq \rho^o_{X,Y} = 0$$

Zur Prüfung dieser Hypothese verwendet man die Prüfgröße

$$T = \frac{R_{X,Y}\sqrt{n-2}}{\sqrt{1-R^2_{X,Y}}}$$

Man erhält:

$$t = \frac{r_{X,Y}\sqrt{n-2}}{\sqrt{1-r^2_{X,Y}}} = \frac{0{,}35\sqrt{16}}{\sqrt{1-0{,}1225}} = 1{,}495$$

Bei $\nu = n-2 = 16$ Freiheitsgraden ist $t_{0,95} = 1{,}75$. Die Nullhypothese kann daher nicht abgelehnt werden.

13.6. Man verwendet die normalverteilte Prüfgröße

$$U = \frac{1}{2}\ln\frac{1+R_{X,Y}}{1-R_{X,Y}} = 1{,}1513\ \ln\frac{1+R_{X,Y}}{1-R_{X,Y}}$$

$$\text{mit } E(U) = \frac{1}{2}\ln\frac{1+\rho_{X,Y}}{1-\rho_{X,Y}}$$

$$Var(U) = \frac{1}{n-3}$$

Die Nullhypothese lautet:

$$H_o: \rho_{X,Y} = \rho^o_{X,Y} = 0{,}60$$

$$H_a: \rho_{X,Y} \neq \rho^o_{X,Y} = 0{,}60$$

Man erhält:

$$u = 1{,}1513\ \ln\frac{1+0{,}70}{1-0{,}70} = 0{,}867$$

$$E(U) = 1{,}1513\ \ln\frac{1+0{,}60}{1-0{,}60} = 0{,}693$$

$$\sigma_U = \frac{1}{\sqrt{n-3}} = \frac{1}{\sqrt{25}} = 0{,}20$$

Damit wird:

$$z = \frac{u-E(U)}{\sigma_U} = \frac{0{,}867-0{,}693}{0{,}20} = 0{,}87$$

Wegen $z_{0,95} = 1{,}645 > 0{,}87 = z$ kann die Nullhypothese nicht abgelehnt werden.

13.7. Es gilt:

$$U = 1{,}1513 \ln\frac{1+0{,}80}{1-0{,}80} = 1{,}0986$$

$$\left[\hat{\rho}^{u}_{X,Y}, \hat{\rho}^{o}_{X,Y}\right] = \left[\tanh\left(u - \frac{z_{1-\frac{\alpha}{2}}}{\sqrt{n-3}}\right), \tanh\left(u + \frac{z_{1-\frac{\alpha}{2}}}{\sqrt{n-3}}\right)\right] \doteq$$

$$\doteq \left[\tanh 0{,}76; \tanh 1{,}44\right] = \left[0{,}6396; 0{,}8937\right]$$

13.8. $\Sigma(y_i^* - \tilde{y}_i^*)^2 = \Sigma(y_i^* - a^* - b^* x_i^*)^2 = \text{Min!}$

Daraus erhält man die Bestimmungsgleichungen:

(1) $\Sigma y_i^* = na^* + b^* \Sigma x_i^*$

(2) $\Sigma x_i^* y_i^* = a^* \Sigma x_i^* + b^* \Sigma x_i^{*2}$

Man erhält sofort:

$a^* = 0$

$$b^* = \frac{\Sigma x_i^* y_i^*}{\Sigma x_i^{*2}} = \frac{\dfrac{\Sigma(x_i-\bar{x})(y_i-\bar{y})}{s_{X,n}\, s_{Y,n}}}{\dfrac{\Sigma(x_i-\bar{x})^2}{s_{X,n}^2}} = \frac{\Sigma(x_i-\bar{x})(y_i-\bar{y})}{n s_{X,n}\, s_{Y,n}} = r_{X,Y}$$

Somit ist b^* der Stichprobenkorrelationskoeffizient.

13.9. Die Prüfgröße lautet:

$$T = \frac{R_{X,Y}\sqrt{n-2}}{\sqrt{1-R_{X,Y}^2}}$$

Der kritische Wert eines jeden der 36 Korrelationskoeffizienten ergibt sich nach Umformung aus der Beziehung:

$$r_{X,Y}^2 = \frac{t^2_{1-\frac{\alpha}{2}}}{t^2_{1-\frac{\alpha}{2}} + n-2} = \frac{2{,}086^2}{2{,}086^2+20} = 0{,}179 \qquad (\nu = 20)$$

und somit

$r_{X,Y} = \pm\, 0{,}423$

13.10. Wir testen die Nullhypothese

$H_o: \rho_A = \rho_B$

gegen die Alternativhypothese

$H_a: \rho_A \neq \rho_B$

Dazu modifizieren wir die Prüfgröße Z wie folgt:

$$Z = \frac{U_A - U_B - \left[E(U_A) - E(U_B)\right]}{\sigma_{U_A - U_B}}$$

$$z = \frac{u_A - u_B - 0}{\sqrt{\frac{1}{n_A - 3} + \frac{1}{n_B - 3}}} = \frac{0{,}523 - 0{,}908}{\sqrt{\frac{1}{27-3} + \frac{1}{32-3}}}$$

$z = -1{,}394$

Bei zweiseitigem Test ist $z_{\frac{\alpha}{2}} = -1{,}96$. Die Nullhypothese steht nicht im Widerspruch zum Stichprobenbefund.

13.11. a) $$T = \frac{R_{X,Y}}{\sqrt{1 - R^2_{X,Y}}} \sqrt{n-2}$$

$$t = \frac{r_{X,Y}}{\sqrt{1 - r^2_{X,Y}}} \sqrt{n-2} = \frac{0{,}67}{\sqrt{1{,}067^2}} \sqrt{25-2}$$

$t = 4{,}328$

Bei $\nu = 23$ Freiheitsgraden und zweiseitigem Test ist $t_{1-\frac{\alpha}{2}} = 2{,}807$. Die Nullhypothese ist daher abzulehnen.

b) $$Z = \frac{U - E(U)}{\sigma_U}$$

$$z = \frac{U(r_{X,Y}) - u(\rho^o_{X,Y})}{\sqrt{\frac{1}{n-3}}} = \frac{0{,}811 - 0{,}549}{\sqrt{\frac{1}{22}}}$$

$z = 1{,}226$

Bei einseitigem Test ist $z_{0{,}01} = -2{,}33$. Die Nullhypothese kann nicht abgelehnt werden.

c) $P\left(U - \frac{z_{1-\frac{\alpha}{2}}}{\sqrt{n-3}} \leq \frac{1}{2}\ln \frac{1+\rho_{X,Y}}{1-\rho_{X,Y}} \leq U - \frac{z_{\frac{\alpha}{2}}}{\sqrt{n-3}}\right) = 1-\alpha$

$P\left(0{,}811 - \frac{1{,}96}{\sqrt{22}} \leq E(U) \leq 0{,}811 + \frac{1{,}96}{\sqrt{22}}\right) = 0{,}95$

$P(0{,}39 \leq E(U) \leq 1{,}23) = 0{,}95$

und damit

$0{,}37 \leq \rho_{X,Y} \leq 0{,}84$

Das Konfidenzintervall lautet also:

$[0{,}37;0{,}84]$

Literaturhinweise

Beyer, H.B. (ed.): Handbook of Tables for Probability and Statistics, Cleveland 1966.

Bronstein, I.N., Semendjajew, K.A.: Taschenbuch der Mathematik, 8. Aufl., Zürich und Frankfurt/Main 1968.

Brownlee, K.A.: Statistical Theory and Methodology in Science and Engineering, 2. Aufl., New York-London-Sydney 1965.

Cochran, W.G.: The χ^2-Test of Goodness of Fit, in: Annals of Mathematical Statistics, 1952, Band 23, S. 315-345.

Cramér, H.: Mathematical Methods of Statistics, 10. Aufl., Princeton 1963.

Fisz, M.: Wahrscheinlichkeitsrechnung und mathematische Statistik, Berlin 1965.

Hansen, M.H., Hurwitz, W.N., Madow, W.G.: Sample Survey Methods and Theory, Vol. II, 3. Aufl., New York-London 1960.

Hoel, P.: Introduction to Mathematical Statistics, 4. Aufl., New York-London-Sydney-Toronto 1971.

Kendall, M.G., Stuart, A.: The Advanced Theory of Statistics, Vol. 1, Distribution Theory, 1. Aufl., London 1958 Vol. 2, Inference and Relationship, 3. Aufl., London 1973.

Schaich, E., Köhle, D., Schweitzer, W., Wegner, F.: Statistik II für Volkswirte, Betriebswirte und Soziologen, 2. Aufl., München 1981.

Schneeweiß, H.: Ökonometrie, Würzburg-Wien 1971.

Stegmüller, W.: Personelle und statistische Wahrscheinlichkeit. Zweiter Halbband: Statistisches Schließen - Statistische Begründung - Statistische Analyse, Berlin-Heidelberg-New York 1973.

Wetzel, W.: Statistische Grundausbildung für Wirtschaftswissenschaftler, II. Schließende Statistik, Berlin-New York 1972.

Wilks, S.S.: Mathematical Statistics, New York-London 1962.

Sachregister